高等职业教育“十三五”精品规划教材

（计算机网络技术系列）

局域网组建与管理项目教程
（第二版）

主 编 高良诚

副主编 刘 杰 朱 俊

中国水利水电出版社
www.waterpub.com.cn
·北京·

内 容 提 要

本书按照工学结合一体化的思路，以“项目引导，任务驱动”的方式编写，教材内容的组织围绕10个项目展开，教学内容循序渐进，符合学习规律，教材易学、易懂、易用。项目和任务来自工作实际，完成项目、任务的操作过程描述详尽，实用性、针对性、目的性强。

本书共12个单元，主要内容包括：组建SOHO网络、组建中小型局域网、管理局域网资源、搭建自己的Web站点、组建Intranet、创建虚拟局域网、创建虚拟专用网络、安全管理局域网、组建无线局域网、配置接入路由器、网络安全、配置IPv6网络。

本书既可作为高等职业学校、高等专科学校、成人高校及本科院校计算机网络技术、计算机应用技术及相关专业的教材，同时也可作为非计算机专业和继续教育的网络课程教材，还可作为广大计算机网络爱好者的自学参考书。

本书提供电子教案，读者可以从中国水利水电出版社和万水书苑网站免费下载，网址为：http://www.waterpub.com.cn/softdown/和 http://www.wsbookshow.com。另有丰富的立体化教学资源（工程案例、电子教案、实训指导、操作视频、习题等），可到“局域网组建与管理”省级精品课程网站下载，网址为：http://60.173.61.15:1702。

图书在版编目（CIP）数据

局域网组建与管理项目教程 / 高良诚主编. -- 2版. -- 北京 : 中国水利水电出版社, 2017.3(2018.8重印)
高等职业教育“十三五”精品规划教材. 计算机网络技术系列
ISBN 978-7-5170-5238-8

Ⅰ. ①局… Ⅱ. ①高… Ⅲ. ①局域网－高等职业教育－教材 Ⅳ. ①TP393.1

中国版本图书馆CIP数据核字(2017)第055480号

策划编辑：石永峰　　责任编辑：夏雪丽　　封面设计：李　佳

书　名	高等职业教育“十三五”精品规划教材（计算机网络技术系列） 局域网组建与管理项目教程（第二版） JUYUWANG ZUJIAN YU GUANLI XIANGMU JIAOCHENG
作　者	主　编　高良诚 副主编　刘　杰　朱　俊
出版发行	中国水利水电出版社 （北京市海淀区玉渊潭南路1号D座　100038） 网址：www.waterpub.com.cn E-mail：mchannel@263.net（万水） sales@waterpub.com.cn 电话：（010）68367658（营销中心）、82562819（万水）
经　售	全国各地新华书店和相关出版物销售网点
排　版	北京万水电子信息有限公司
印　刷	三河市铭浩彩色印装有限公司
规　格	184mm×260mm　16开本　22.5印张　557千字
版　次	2011年5月第1版　2011年5月第1次印刷 2017年3月第2版　2018年8月第2次印刷
印　数	3001—7000册
定　价	42.00元

再版前言

21 世纪是信息的时代，信息化进程不断加快，网络技术不断发展，社会对网络技术人才的需求日益扩大。企业信息化、社会公共服务领域信息化、电子商务、电子政务等必须以计算机网络作为支撑，网络技术人才在信息化社会中发挥着越来越重要的作用。在信息化社会中，人们在工作、学习、生活中接触到的网络基本都是局域网，因此掌握基本的局域网技术，解决工作和生活中的实际问题，不仅是高等职业学校计算机专业学生必备的技能，同时也是对其他专业学生的基本要求。

本书着眼于局域网技术的普及与提高，面向没有网络技术基础的读者，既可作为高等职业学校、高等专科学校、成人高校及本科院校计算机网络技术、计算机应用技术及相关专业的教材，也可作为非计算机专业和继续教育的网络课程教材，还可作为广大计算机网络爱好者的自学参考书。

本书按照工学结合的思路进行编写，是一本理实一体化的教材，将实际工作过程与学习过程相结合，重视学生的技能培养。学生在全面认识和了解局域网技术的同时，培养工作能力，即解决实际问题的能力，训练学生的局域网组建与管理能力，提升学生的职业发展能力。通过学习必要的理论知识，可以避免因缺乏理论知识的指导，而造成学生只会简单地模仿操作；同时，大量切合工作实际的项目教学，又可以使学生在学习枯燥理论知识的同时，体会到网络技术的魅力，从而加深对理论知识的理解，使学生在学习中学会工作。

本书打破了传统的学科知识体系，以“项目引导，任务驱动”的方式编写，教材内容的组织围绕 10 个项目展开。编者结合实际工作经验设计项目，项目设计遵循由浅入深、循序渐进的原则，符合职业成长规律和学习规律。围绕一个个项目来组织教学内容，教材内容以完成项目和任务需要为度，完成项目和任务时暂时用不到的，但又确实非常重要的知识，安排到后续单元或本单元和章节的最后进行介绍，从而避免了在传统的学科知识体系教材中，过分强调知识体系的完整性，使学生在学习过程中感到很多知识没有用，或不知道怎么运用知识来解决问题，从而加大学习的难度，造成学生产生畏惧心理。本书的实用性、针对性、目的性、可操作性强，有助于提高学生的学习兴趣。

本书的编者有着丰富的教学经验，并与有丰富实践经验的企业工程技术人员密切联系，相互合作，精心设计项目、任务，教材中的项目和任务在实际应用中都能找到原型，为解决工作生活中的实际问题提供参考，能够学以致用。项目设计中贯穿实际工作过程，即确定任务—制定方案—确定方案—实施方案—检查控制—评估反馈六个步骤。因此，完成项目的过程，也就是完成一个实际工作任务的过程。我们将实践能力的训练和理论知识的教学穿插在这六个步骤中，实践能力的训练围绕来自工作实践的工作任务展开，理论知识的讲授以满足完成项目和任务为度，避免了教学过程中因过多理论知识的堆砌而使学生产生畏难心理，使学生能很好地将专业技能转换为工作能力。学生在学习过程中，既掌握了必备的理论知识，又掌握了解决工作中实际问题的能力，同时在模拟的工作过程中，培养学生分析问题的能力和组织协调能力，使学生的工作能力得到提升。

本书中的项目、任务教学分为任务展示、任务分析和任务实施三个过程，操作过程描述得很详尽，相关知识点通过“知识链接”模块讲解，在保证操作连贯的同时，兼顾知识的传授，既方便教师教学，也方便学生自学。本书既可作为局域网理论知识学习与实践的训练教材，也可作为网络技术课程的实训指导教材。

本书操作系统采用 Windows Server 2008，路由交换设备为 H3C，共 12 个单元，单元 1 介绍 SOHO 网络的组建与配置，单元 2 介绍中小型局域网的组建，单元 3 介绍局域网软硬件资源的共享与管理，单元 4 介绍 Web 站点创建，单元 5 介绍 Intranet 网络各种服务器的创建与配置，单元 6 介绍虚拟局域网的创建与配置，单元 7 介绍虚拟专用网络的应用，单元 8 介绍安全管理局域网的措施，单元 9 介绍无线局域网的组建与管理，单元 10 介绍中小型局域网中接入路由器的配置与管理，单元 11 介绍网络安全的相关知识，单元 12 介绍配置 IPv6 网络。

本书提供丰富的立体化教学资源，为授课教师提供电子教案和完成项目任务的微课资源，可帮助教师进行翻转课堂教学。还将紧密跟踪局域网技术的发展，更新内容并及时通过网络发布。读者可到“局域网组建与管理”省级精品课程网站下载，网址为：http://60.173.61.15:1702。

本书由高良诚主编，并负责全书的总体策划与统稿、定稿工作，刘杰、朱俊任副主编，各单元编写分工如下：单元 1、2、4、5、11 及 3.1、3.3、3.4 节、附录 A～F 由高良诚编写，3.2 节由朱俊编写，单元 6、7 由柯亮亮编写，单元 8、9 由葛晓玢编写，单元 10 由刘杰编写。本书吸纳了省级精品课程“局域网组建与管理”的建设成果，课题组刘晶璘博士在本书编写过程中给予了关心与指导。在与企业实践专家座谈过程中，还得到了中国电信上海分公司许浩、安徽志成商贸科技有限公司洪成刚、铜陵海平线网络有限公司程东升的支持。本书教学项目设计过程中还得到了李婷、方才学的帮助与支持，在此一并表示感谢。此外，还要感谢中国水利水电出版社万水分社石永峰副总经理，在本书的策划与编写过程中，提出了很好的建议。

由于时间仓促和水平有限，书中不当和欠妥之处在所难免，敬请各位专家、读者批评指正。

编　者

2016 年 12 月于铜陵

目　　录

单元 1
组建 SOHO 网络

单元导读

SOHO（Small Office Home Office）网络是指小型办公网络或家庭网络，应用范围很广，本单元我们要完成的任务是组建一个 SOHO 网络。通过组建 SOHO 网络，学习计算机网络的基本概念和分类，双绞线、水晶头、桌面交换机的选购，网络资源共享的概念，网络体系结构模型，计算机网络及因特网的发展历程等方面的知识。训练双绞线与水晶头连接、网线与网络设备连接、安装操作系统、配置 IP 地址、网络资源共享、电话接入 Internet 等简单网络的组建与管理方面的技能。

单元学习目的

- 使学生初步具备选购、安装 SOHO 网络设备、制作跳线的能力
- 使学生初步具备配置网络资源共享、打印机共享的能力
- 使学生初步具备通过 ADSL 接入 Internet 的能力
- 使学生初步具备 SOHO 网络组建方案的设计能力

学前基础要求

在开始学习本单元内容之前，学生必须完成下列模块的学习，具备下列知识基础。

- 计算机软硬件常识
- 熟悉一种 Windows 操作系统的操作

单元学习要点

- 计算机网络的概念、分类

- 双绞线的性能参数、双绞线与水晶头连接、桌面交换机与接入路由器
- 安装操作系统、网卡驱动、配置 IP 地址
- 文件夹与打印机共享
- 拨号接入 Internet 配置

李先生创办了开拓信息咨询公司，有员工 10 人，每人 1 台计算机，公司有固定电话。现李先生想在单位组建一个局域网，能够实现网络文件共享和打印共享，并能访问 Internet。试为李先生设计组网方案并实施。

经过与用户交流（可由教师扮演用户角色），确定组建小型办公网络，具体要求：

1. 组建 SOHO 网络，使计算机之间能够互相访问。
2. 共享文件夹和打印机。
3. 能够接入到 Internet。
4. 设备数量要求。

（1）网络中计算机数量为 11 台。

（2）打印机 1 台。

其他设备综合考虑功能需求和经济性方面的要求。

1. 学习计算机网络的基本概念、SOHO 网络的基本概念、双绞线、网卡、交换机、路由器等方面的知识。
2. 选择合适的方案。
3. 购买设备。
4. 安装设备与软件。
5. 资源共享配置。
6. 电话接入 Internet 配置。

1.1 什么是计算机网络

21 世纪是信息的时代，计算机网络在我们的学习生活中起到越来越重要的作用。计算机网络给人们的生活、工作带来深远的影响，我们可以通过任意一台连接互联网的计算机与远在千里之外的同学、朋友、家人进行交谈或视频聊天，给他们发送电子邮件；能够浏览远在千里之外的网站，查阅资料或网上购物等。图 1-1-1 是一个最简单的计算机网络。

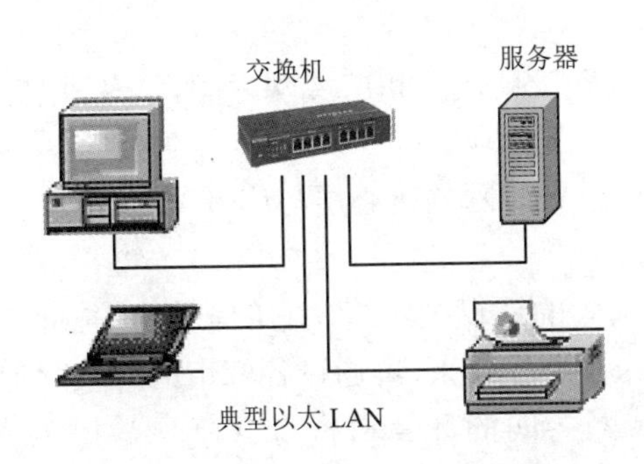

图 1-1-1　一个简单的办公网络

计算机网络（Computer Network）可以这样定义：为了实现计算机之间的通信联络、资源共享和协同工作，将地理位置分散的、具备独立自主功能的多个计算机通过各种通信方式有机地连接起来，这样组成的多计算机复合系统就是计算机网络。

上述计算机网络的定义包含以下三个要点：

（1）一个计算机网络包含多台具有“自主”功能的计算机。所谓的“自主”是指这些计算机脱离开计算机网络后，也能独立地工作和运行。通常将网络中这些“自主”的计算机称为主机（Host）。

（2）组成计算机网络需要使用通信手段，把众多的计算机有机地连接起来。所谓“有机地连接”是指连接时必须遵循所规定的约定和规则，这些约定和规则就是通信协议。这些通信协议有些是有关的国际组织颁布的国际标准，有些是网络设备和软件生产厂商自己开发的通信协议。

（3）建立计算机网络的主要目的是为了实现通信联络、信息资源的交流、计算机数据资源的共享，或者是计算机之间的协同工作。一般将计算机资源共享作为计算机网络最主要的功能和最基本的特征。

1.2　网络的分类

计算机网络的分类方法有很多种，按照网络的覆盖范围可以分为局域网（LAN，Local Area Network）、城域网（MAN，Metropolitan Area Network）和广域网（WAN，Wide Area Network）；按照网络上各主机的组网方式可以分为对等网络、客户机/服务器模式网络、浏览器/服务器模式网络；按照信息交换方式可以分为电路交换网、报文交换网和分组交换网等。

1.2.1　局域网、城域网和广域网

1. 局域网

局域网是指覆盖范围很小的局部区域的计算机网络，局域网往往只覆盖连接一片校园、一个企业、一座或几座楼宇内的计算机，如办公网络。

SOHO，即小型办公网络和家庭办公网络，SOHO 网络是一个小型的局域网。计算机和网络的普及使家庭办公逐渐成为当今一种潮流，可以称之为 SOHO 文化。

2. 城域网

城域网的规模和覆盖范围介于局域网和广域网之间。一些电信运营商在城市中规划建设了覆盖城市范围的城域网，从而为当地许许多多的局域网提供因特网的接入服务，把当地的众多局域网连接汇聚在一起，通过城域网的核心层与广域网相连接。

3. 广域网

广域网是覆盖地理范围很大的计算机网络，它的覆盖范围通常是一个国家或一个大洲。广域网把各个城市的城域网相互连接起来，再通过各城市的城域网把城市里的许多局域网连接在一起，这样实现众多局域网之间的计算机资源共享。最广为人知的广域网就是因特网（Internet），它将全世界范围内众多计算机连接在一起。

1.2.2 Internet 和 Intranet

Internet 称为因特网或国际互联网，它是由全世界各种网络互联形成的。Intranet 是指企业内部互联网，即企业内联网，通常称为内部网、企业网或单位内部网，是指采用 Internet 技术建立的相对比较独立的，供机构、企业或单位内部使用的计算机网络系统，主要侧重机构内部的信息管理、内部通信等。简单地说，Intranet 是企业内部使用的计算机网络，是采用 TCP/IP 协议的企业内部私有网络，而 Internet 是谁都可以去使用的公用网络。

1.2.3 对等网和基于服务器的网络

按照组网方式的不同，即网络中计算机之间的地位和关系的不同，可将网络分为对等网和基于服务器的网络。

对等网（Peer-to-Peer Networks）是指网络中没有专用的服务器（Server），每一台计算机的地位平等，每一台计算机既可充当服务器又可充当客户机（Client）的网络。

基于服务器（Server-based）的网络是指服务器在网络中起核心作用的组网模式。基于服务器的网络与对等网不同，网络中必须至少有一台采用网络操作系统（如 Windows Server 2008、Linux、UNIX 等）的服务器，其中服务器可以扮演多种角色，如文件和打印服务器、应用服务器、电子邮件服务器等。

1.3 跳线制作

在局域网中，连接计算机和网络设备需要跳线，使用压线钳、测线仪等工具，制作跳线。

【任务分析】

制作跳线，需要用网线、水晶头、压线钳、测线仪等材料和工具，可以按照 T568A 或 T568B 两种标准来制作跳线。

【任务实施步骤】

1. 确定双绞线线序标准

通常双绞线共有 8 根、4 对线，在制作跳线时，线对的顺序非常重要，直接关系到网络的连通性和网络的传输速度。

线序有两种标准，即 T568A 标准和 T568B 标准，具体排列见表 1-3-1。

表 1-3-1　T568A 标准和 T568B 标准线序比较

	1	2	3	4	5	6	7	8
T568A	白绿	绿	白橙	蓝	白蓝	橙	白棕	棕
T568B	白橙	橙	白绿	蓝	白蓝	绿	白棕	棕
绕对	同一绕对		与 6 同一绕对	同一绕对		与 3 同一绕对	同一绕对	

2. 操作步骤

第一步，初排序。如果以深颜色的四根线为参照对象，手中的四对双绞线从左到右排成：橙，蓝，绿，棕。

第二步，分线。分开每一对双绞线，将浅色线排在左，深色线排在右。

第三步，跳线。将白蓝和白绿两根线对调位置，对照 T568B 标准，线序应为：白橙，橙，白绿，蓝，白蓝，绿，白棕，棕。

第四步，理直排齐。将八根线并拢，再上下、左右抖动，使八根线整齐排列，前后（正对操作者）都构成一个平面，最外两根线位置平行。注意根部尽量不要扭绕。

第五步，剪齐。用夹线钳将双绞线多余部分剪掉，切口应与外侧线相垂直，与双绞线外套间留有 1.2～1.5cm 的长度，注意不要留太长（如果太长，外套可能压不到水晶头内，这样线压不紧，容易松动，导致网线接触故障），也不能过短（如果太短，八根线头不易全送到槽位，导致铜片与线不能可靠连接，使得 RJ-45 头制作达不到要求或制作失败）。

第六步，送线。将八根线头送入水晶头槽内，送入后，从水晶头的头部看，应能看到八根铜线头整齐到位。

第七步，压线。检查线序及送线的质量后，就可以完成最后一道压线工序。压线时，应注意先缓用力，最后才可以用力压并压到位。开始时切不可用力过猛，因为用力过猛容易使铜片变形，若不能刺破导线绝缘层，就会导致铜片与线芯连接不可靠。

第八步，测试。压好线后，就可以用测线仪检测导通状况了。指示灯依次跳亮，则表示双绞线制作成功。做好的双绞线如图 1-3-1 所示。

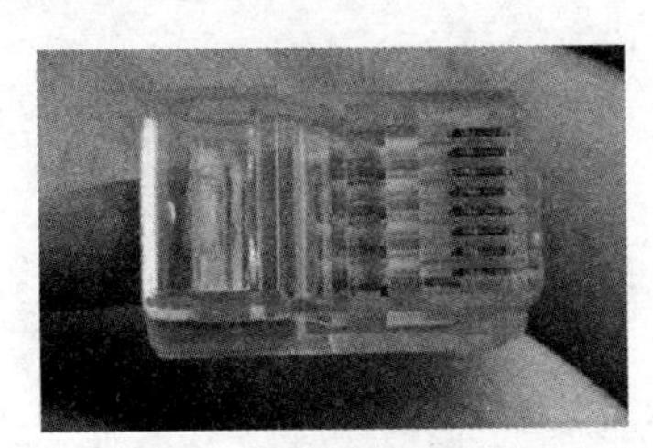

图 1-3-1　与水晶头连接的网线

知识链接

Ⅰ. 双绞线分类

双绞线（Twisted Pair）由两根具有绝缘保护层的铜导线组成，把两根绝缘的铜导线按一定密度互相绞在一起，两根导线之间的电磁波会互相抵消，可降低内部信号干扰程度，如图 1-3-2 所示。一对双绞线由两根 22～26 号绝缘铜导线相互缠绕而成，如果把一对或多对双绞线放在一个绝缘套管中便成了双绞线电缆。

图 1-3-2　双绞线

（1）按有无屏蔽层分

按有无屏蔽层可分为屏蔽（Shielded Twisted Pair，STP）和非屏蔽（Unshielded Twisted Pair，UTP）两种。所谓屏蔽双绞线是指在双绞线内部信号线与绝缘外皮之间包裹一层金属网，形成屏蔽层，屏蔽层可以有效地隔离外界电磁信号的干扰。但屏蔽双绞线价格较贵，目前局域网中使用更多的是 UTP。

（2）按传输性能分

按传输性能可分为一类、二类、三类、四类、五类、超五类、六类、七类线。在计算机网络中使用三类以上的双绞线，目前普遍使用超五类线。

Ⅱ. 双绞线选购参考依据

（1）品牌

双绞线的知名品牌主要有 AMP、中国普天、清华同方等。

（2）性能比较

STP 的双绞线内有一层金属隔离膜，在数据传输时可减少电磁干扰，所以它的稳定性较高。而 UTP 内没有这层金属膜，所以它的稳定性较差，但价格便宜是其优势。

Ⅲ. 双绞线品质鉴别

双绞线质量的优劣是决定局域网带宽的关键因素之一，只有标准的超五类或六类双绞线才能达到 100Mb/s 或 1000Mb/s 速率的传输，而品质低劣的双绞线是无法满足高速率传输的。在选择网线的时候我们要注意以下几点。

（1）看手感

在通常情况下可以通过用手触摸双绞线的外皮加以初步判断。为节省成本，伪劣线大多采用劣质材料，手感发黏，有一定的停滞感。正牌线手感舒适，外表光滑，感觉相当饱满，而且可以随意弯曲，布线方便。

（2）看包装箱质地和印刷

仔细检查线缆的箱体包装是否完好，很多厂家在产品外包装上贴了防伪标签。

（3）看外皮的颜色及标志

双绞线绝缘皮上应当印有产地、标准、产品类别、线长之类的字样。

（4）看缠绕密度

为了降低信号的干扰，双绞线中的每一对线都以逆时针方向相互缠绕而成，质量好的双绞线缠绕密度高。

（5）看导线颜色

剥开双绞线的外层胶皮后，可以看见里面有颜色不同的四对芯线。需要注意的是，这些颜色不是后来用染料染上去的，而是用相应颜色的塑料制成。

（6）闻气味

正品双绞线无任何异味，而劣质双绞线则有种刺鼻塑料味。点燃双绞线的外皮，正品双绞线采用聚乙烯，应当基本无味；劣质双绞线采用聚氯乙烯，味道刺鼻。

1.4　计算机之间的物理连接

李先生需要通过网线直接连接两台计算机，或通过交换机连接两台以上的计算机。

【任务分析】

李先生通过网线直接连接两台计算机，需要使用交叉线；通过交换机连接两台以上计算机，则需要使用直通线。

【任务实施步骤】

1.4.1　使用跳线直接连接计算机

使用跳线直接连接计算机只能同时连接两台计算机，连接时跳线直接插到计算机网卡上，且制作跳线时必须采用交叉线标准，即一端使用 T568B 标准，另一端使用 T568A 标准，如图 1-4-1 所示。

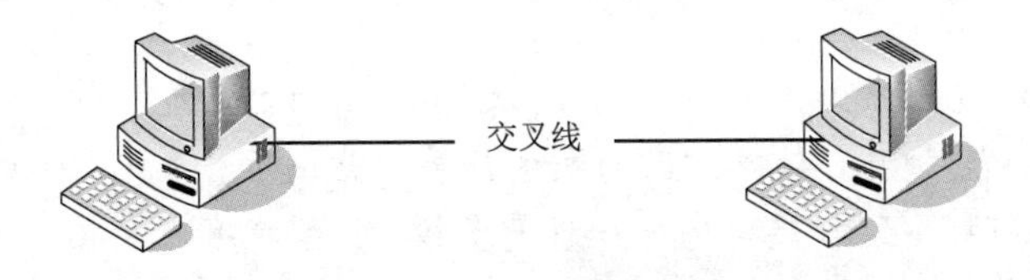

图 1-4-1　直连网络

知识链接

网络适配器（Network Interface Card，NIC）即网卡，它是构成计算机局域网络系统中最基本的、必不可少的连接设备，计算机通过网卡接入局域网。

I．按总线接口类型分

按网卡的总线接口类型一般可分为 ISA 总线网卡、PCI 总线网卡、PCI-X 总线网卡、PCMCIA 总线网卡和 USB 接口网卡。

（1）ISA 总线网卡。这是早期的一种接口类型网卡。在 20 世纪 80 年代末到 90 年代初期，几乎所有内置板卡都是采用 ISA 总线接口类型，一直到 20 世纪 90 年代末期都还有部分这种接口的网卡。

（2）PCI 总线网卡。这种类型的网卡目前普遍在台式机上使用，如图 1-4-2 所示，也是目前最主流的一种网卡。

图 1-4-2　PCI 网卡

（3）PCI-X 总线网卡。这种类型的网卡主要用在服务器上，它与原来的 PCI 网卡相比在 I/O 速度方面提高了一倍。

（4）PCMCIA 总线网卡。这是笔记本电脑专用网卡，考虑到笔记本电脑的空间限制，其体积比 PCI 接口网卡小。

（5）USB 接口网卡。USB（Universal Serial Bus，通用串行总线）接口技术，其传输速率远远大于传统的并行口和串行口，设备安装简单并且支持热插拔，已经被广泛应用于鼠标、键盘、打印机、扫描仪、Modem、音箱等各种设备。USB 网卡也支持热插拔，使用较多的是无线网卡。

Ⅱ．按带宽划分

随着网络技术的发展，网络带宽也在不断提高，目前主流的网卡有 100Mb/s 以太网卡、1000Mb/s 千兆以太网卡、自适应网卡。

（1）10Mb/s 网卡。10Mb/s 网卡是比较老式、低档的网卡，现在市场上已不销售。

（2）100Mb/s 网卡。100Mb/s 网卡是目前普遍使用的网卡，它的传输 I/O 带宽可达到 100Mb/s。

（3）1000Mb/s 以太网卡。千兆以太网（Gigabit Ethernet）是一种高速局域网技术，它能够在铜线上提供 1Gb/s 的带宽，与之对应的网卡就是千兆网卡。千兆网卡的网络接口有两种类型，一种是普通的双绞线 RJ-45 接口，另一种是多模 SC 型标准光纤接口。

（4）自适应网卡。自适应网卡也是目前应用较为普及的一种网卡类型，因为它能自动适应不同带宽的网络需求，兼容多种带宽的网络，从而可以保护用户的网络投资。

Ⅲ．按网络接口划分

目前常见的接口主要有以太网的 RJ-45 接口、细同轴电缆的 BNC 接口和粗同轴电缆的 AUI 接口、FDDI 接口、ATM 接口等。而且有的网卡为了适用于更广泛的应用环境，提供了两种或多种类型的接口，如有的网卡会同时提供 RJ-45、BNC 接口或 AUI 接口。

Ⅳ．网卡的选购

选购网卡主要考虑以下因素。

（1）网卡的制作工艺和材质

第一看制作工艺，网卡制作工艺主要体现在焊接质量、板面光洁度。第二看网卡的板材，目前比较好的板材通常采用喷锡板。第三看板材的面积，很多网卡为了降低成本，选用了 12cm×4cm 以下的小号电路板（质量较好的应选用 12cm×6cm 的大板），这在很大程度上影响了网卡在布局上的合理性，导致其稳定性降低。

（2）选择恰当的品牌

网卡品牌主要有 3COM、Intel、D-Link、Accton 等一线大牌，以及实达、TP-Link、D-Link 等知名品牌。

（3）根据网络类型选择网卡

由于网卡种类繁多，不同类型的网卡使用环境可能是不一样的。因此，在选购网卡之前，最好应明确网卡使用的网络及传输介质类型、与之相连的网络设备的带宽等情况。

（4）根据使用环境来选择网卡

为了能使选择的网卡与计算机协同高效地工作，我们还应该根据使用环境来选择合适的网卡。网卡用在服务器上、笔记本电脑上与用在普通计算机上，对性能要求有很大不同。

1.4.2 通过交换机连接计算机

交换机是局域网中的重要设备，当要连接两台以上的计算机时，就需要通过交换机来扩展端口，另外，交换机还能起到转发数据的作用，使数据能够高效地通过交换机到达目标主机。通过交换机连接计算机如图 1-4-3 所示。

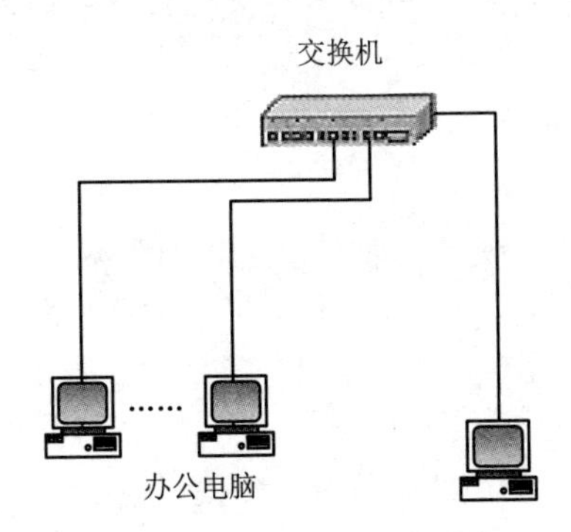

图 1-4-3 有交换机的网络

在 SOHO 网络中，一般只需要一台最简单的交换机，俗称桌面交换机。网络中能够连接的计算机数量取决于交换机所拥有的端口数量，因此，在购买时应着重考虑交换机的端口数量。

知识链接

在 SOHO 网络中，交换机的性能参数主要考虑端口数量和带宽，其分类也主要考虑这两个方面。

Ⅰ. 按端口数量来分

目前主流交换机主要有 8 口、16 口和 24 口几种，但也有少数品牌提供非标准端口数。图 1-4-4 所示是一款 16 口交换机。

Ⅱ. 按带宽划分

按照交换机所支持的带宽不同，通常可分为 100Mb/s、1000Mb/s、100/1000Mb/s 三种。对于 100/1000Mb/s 自适应的交换机，其内部内置了 100Mb/s 和 1000Mb/s 两条内部总线，可以手动或自动完成 100/1000Mb/s 的切换。

图 1-4-4　NETGEAR 16 口交换机

1.5　安装操作系统

为局域网中的计算机安装合适的操作系统，并对安装进行合理规划。

【任务分析】

安装 Windows 7 或 Windows Server 2008 操作系统，并合理规划安装方式和引导方式。

【任务实施步骤】

1. 选择操作系统

操作系统是管理和控制计算机硬件与软件资源的计算机程序，是用户和计算机之间的接口。一方面操作系统管理着所有计算机系统资源，另一方面操作系统为用户提供了一个抽象概念上的计算机。在操作系统的帮助下，用户使用计算机时，避免了对计算机系统硬件的直接操作，大大降低了操作难度。

通常操作系统有桌面操作系统和网络操作系统两大类，桌面操作系统主要用于个人计算机，如 Windows 7。网络操作系统主要用于服务器，如 Windows Server 2008。

知识链接

在计算机发展过程中，出现了许许多多的操作系统，不外乎两大类：桌面操作系统和网络操作系统。桌面操作系统主要有 MS-DOS、Windows 9x、Mac OS、Windows xp、Windows 7。网络操作系统主要有 UNIX、Windows NT、Windows Server 系列、NetWare 系列、Linux 等。不同的操作系统有各自不同的特点，有的侧重于服务功能、稳定性和安全性，有的侧重于易用性和经济性，并且不同的操作系统对硬件配置的要求也很不一样，因此，我们在选择操作系统时，应该结合硬件条件以及实际需求等来选择合适的操作系统。下面对操作系统进行简单的介绍。

Ⅰ. 桌面操作系统

（1）MS-DOS。MS-DOS 是最早的运行在 Intel x86 系列的 PC 机上的操作系统，是由微软公司开发的产品，曾经是微型机上主流的操作系统，但 20 世纪 90 年代中期已被淘汰。

（2）Windows 9x。Windows 9x 也是微软公司的产品，从 Windows 3.x 发展而来，是基于 Intel x86 系列的 PC 机上的主要操作系统，其最大特点是面向桌面、面向个人用户和图形化界面，20 世纪 90 年代中期在 PC 中使用较为普遍。

（3）Windows Me。Windows Me 是微软公司推出的面向家庭的桌面操作系统，其特点是用户使用更加方便，界面更友好，自带丰富的驱动程序库，使用户免去安装 PCI 硬件驱动的麻烦，是 Windows XP 出现前的过渡产品。

（4）Windows XP。Windows XP 是目前微软最为成功的桌面操作系统，相对于 Windows 9x 和 Windows Me 来说，它有更好的界面、更好的色彩、更强的网络功能和多媒体功能，同时也采用了 NT 技术，提高了安全性，是桌面操作系统的最佳选择。

Windows XP 在硬件配置上，相对以前的 Windows 版本，要求要高许多，但对目前的计算机硬件配置来说，基本不成问题。Windows XP 要求的最低配置为：CPU 为 233MHz 以上的主频，128MB 内存，1.5GB 剩余磁盘空间，SVGA（800 × 600 分辨率）显卡和显示器，CD-ROM 或者 DVD 驱动器。对于硬盘来说，还要支持 Ultra-ATA66 或者 ATA100 IDE。显卡要带有 4MB 缓存，最好选择 AGP 显示卡。

（5）Windows 7。Windows 7 是微软继 Windows XP、Vista 之后的桌面操作系统，它比 Vista 性能更高、启动更快、兼容性更强，具有很多新特性和优点，比如提高了屏幕触控支持和手写识别，支持虚拟硬盘，改善多内核处理器，改善开机速度等。

（6）Windows 10。Windows 10 可用于 PC、智能手机、平板电脑、Xbox 甚至是穿戴式设备，界面优化更扁平 更美观，支持虚拟桌面，开机比起 win 7 和前代系统快 10 秒左右。

Ⅱ．网络操作系统

（1）UNIX。UNIX 操作系统是一个真正稳健、实用、强大的操作系统，但是由于众多厂商在其基础上开发了有自己特色的 UNIX 版本，所以影响了整体应用。目前常用的 UNIX 系统版本主要有：UNIX SUR 4.0、HP-UX 11.0、SUN 的 Solaris 8.0 等。UNIX 支持网络文件系统服务，提供数据等应用，功能强大。这种网络操作系统稳定性和安全性能非常好，但由于它多数是以命令方式来进行操作的，不容易掌握，不适合初级用户和家庭使用。因此，UNIX 一般用于大型的网站或大型企事业单位局域网。

（2）NetWare。NetWare 操作系统是 Windows NT 系统推出之前最为流行的局域网操作系统，但现在已失去了当年的地位。

（3）Linux。这是一种新型的网络操作系统，它是 UNIX 大家族中的一员，其最大的特点就是源代码开放，可以免费得到许多应用程序。目前也有中文版本的 Linux，它与 UNIX 有许多类似之处，其安全性和稳定性在国内得到了用户充分的肯定。但目前这类操作系统受到支持的应用程序少、硬件兼容性差等问题的制约，使用还不普遍，主要应用于中高档服务器中。

（4）Windows Server。微软的网络操作系统主要有：Windows NT 4.0 Server、Windows Server 2000/Advance Server、Windows Server 2003/Advance Server、Windows Server 2008 和 Windows Server 2012。微软的网络操作系统与其桌面操作系统一样，具有界面友好、操作简便、应用程序多、服务功能较强等特点。但由于它采用图形界面，消耗较多的服务器资源，因此对服务器的硬件要求较高，且稳定性不是很高，所以微软的网络操作系统一般只用在中低档服务器中，高端服务器通常采用 UNIX、Linux 或 Solaris 等非 Windows 操作系统。

2. 操作系统安装规划

操作系统安装规划主要是确定安装方式和系统启动方式，如果使用 GHOST 盘进行安装，则无法进行安装规划。安装 Windows 7 或 Windows Server 2008 时，要事先备份 C 盘的数据。

（1）确定安装方式。Windows 7 或 Windows Server 2008 支持升级安装方式与全新安装方式。升级安装是指将计算机上的操作系统从 Windows Server 2003 升级到 Windows 2008，这种安装方式可以保留原来系统的用户账号、组和用户权限以及安装的应用程序。

全新安装是指在没有安装操作系统的磁盘分区上安装 Windows Server 2008，或者是安装 Windows Server 2008 的同时，删除以前版本的操作系统。

（2）确定引导系统的方式。Windows 7 或 Windows Server 2008 支持多重启动，所谓多重启动是指每次计算机启动时允许用户在几个不同的操作系统之间选择启动。使用 Windows Server 2008 的全新安装方式可以实现多重启动。

3. 安装操作系统

确定操作系统并进行安装规划后，可以进行操作系统的安装了。在使用安装盘进行安装时，运行安装程序后，按照屏幕提示输入相关个人信息即可。

1.6 共享对等网资源

开拓信息咨询公司员工计算机之间文件资料需要共享，公司只有一台打印机，也需要大家共享使用。

【任务分析】

首先需要对局域网中的计算机进行配置，保证计算机能够互相访问，然后在安装 Windows Server 2008 操作系统的计算机上，进行文件夹共享和打印机共享设置。

【任务实施步骤】

对等网配置主要包括网卡驱动程序和 TCP/IP 协议、网络标识的配置，驱动程序一般在安装操作系统时已自动配置完成。

1.6.1 配置对等网

1. TCP/IP 协议配置

在桌面上右击“网上邻居”，在快捷菜单中选择“属性”，在“网络和共享中心”窗口左侧单击“管理网络连接”，在“网络连接”窗口中选择正确的网络连接，右击，选择“属性”，打开如图 1-6-1 所示对话框。

选中“Internet 协议版本 4（TCP/IP）”，再单击“属性”按钮，在“Internet 协议版本 4（TCP/IP）属性”对话框中输入 IP 地址，如 192.168.0.31，如图 1-6-2 所示。

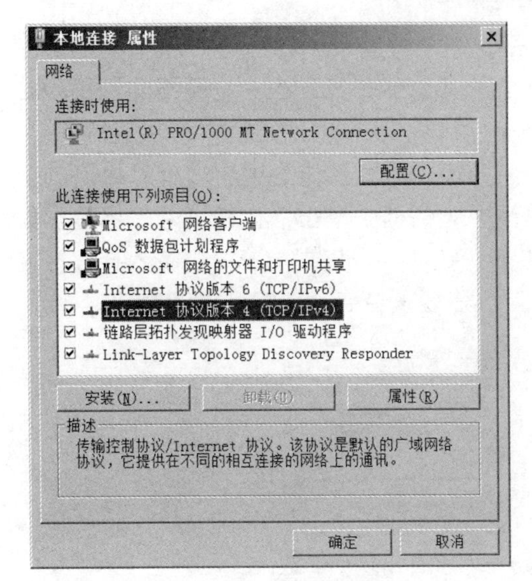

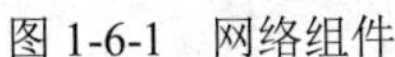
图 1-6-1　网络组件

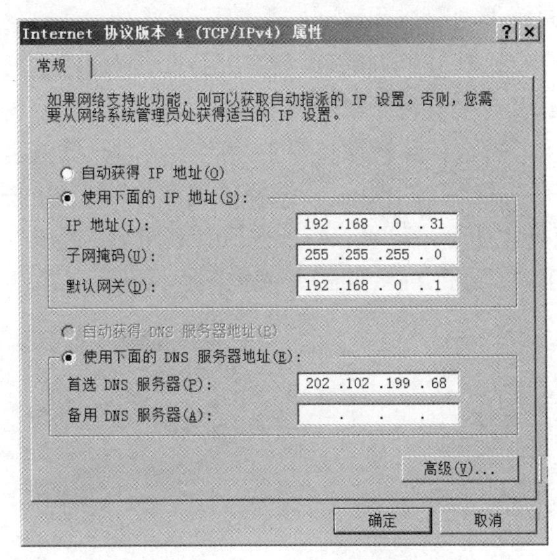

图 1-6-2　TCP/IP 属性

知识链接

IP 地址是 Internet 中的主机标识，目前使用的是 IPv4。IPv4 是 Internet Protocol version 4（网际协议版本 4）的英文简称。

Ⅰ．IP 地址分类

根据网络规模分，常见的 IP 地址分为三类，即 A 类、B 类、C 类。根据网络位置分，IP 地址分为公有地址和私有地址，私有地址用于局域网中。私有地址范围如下：

A 类地址：10.0.0.1～10.255.255.254。

B 类地址：172.16.0.1～172.31.255.254。

C 类地址：192.168.0.1～192.168.255.254。

Ⅱ．子网掩码

子网掩码与 IP 地址一起使用，其作用是将某个 IP 地址划分成网络地址和主机地址两部分，从而判定两个 IP 地址是否属于同一网络。如果子网掩码为 255.255.255.0，两个 IP 地址的前三位相同，则属于同一网络，例如，子网掩码为 255.255.255.0，IP 地址 192.168.1.10 与 192.168.1.81 属于同一网络。

Ⅲ．默认网关

默认网关的作用是将网络中的数据转到另一个网络，在局域网中负责与 Internet 进行数据转换，通常在局域网中，用路由器充当网关，即路由器的 IP 地址即为默认网关的地址。

Ⅳ．DNS 服务器

DNS 服务器负责对域名进行解析，我们在浏览器中输入了网站的域名，由 DNS 服务器负责解析成 IP 地址，从而能正常访问目标计算机。

2．计算机的网络标识配置

Windows 7 提供了家庭网络模式，它可以把使用对等网络的计算机组成一个工作组。打开“网上邻居”，可以发现工作组名称相同的计算机，其名称集中在一起显示，每个名称都对应网络中的一台计算机。

这种分组方法可以帮助用户方便地找到网络上的其他计算机。在安装网络的过程中，计算机会提示为计算机确定名字、工作组和网络密码。

每台计算机应该设置彼此不同的计算机名，避免产生冲突。查看或更改计算机名的方法是右击“我的电脑”，选择“属性”，在“系统属性”对话框中单击“计算机名”标签，如图1-6-3所示，可以查看或更改计算机名。单击“更改”按钮，在出现的窗口中输入计算机名，可更改计算机名。需要注意的是，更改计算机名后，需要重新启动计算机才能生效。

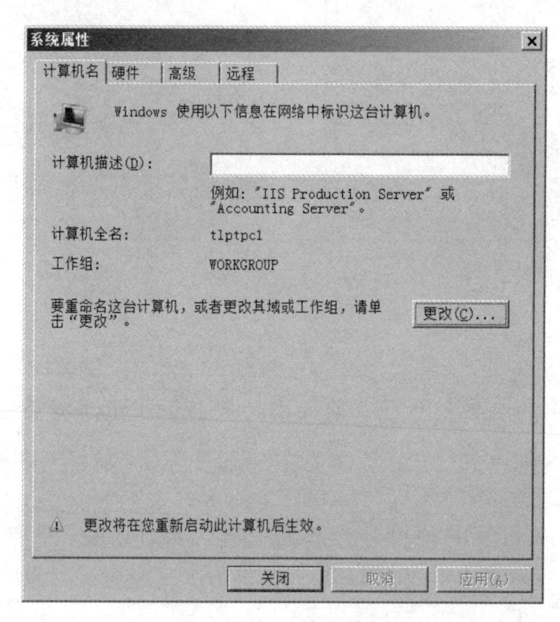

图 1-6-3　计算机标识

1.6.2　共享文件

1. 设置共享文件夹

右击要共享的文件夹图标，在快捷菜单中选择“共享”项，打开如图1-6-4所示对话框，在“选择要与其共享的用户”下方的下拉列表中选择用户，如选中“Everyone”，单击“添加”按钮，完成相关设置后，单击“共享”按钮，完成设置。注意共享名一般为共享文件夹的名称。文件夹只有设置了共享，另一台计算机才能对其进行信息与数据读取、复制等操作。能实现的操作还跟共享权限的设置有关系，如共享没有提供“修改”权限，就不能实现网络“删除”操作。

知识链接

Ⅰ. 共享权限

共享权限分为读取、更改和完全控制。读取权限只允许用户对共享文件源进行读操作。更改权限允许用户对共享文件进行读操作和修改文件操作，但不能删除文件本身。完全控制权限则允许对共享文件进行所有操作。

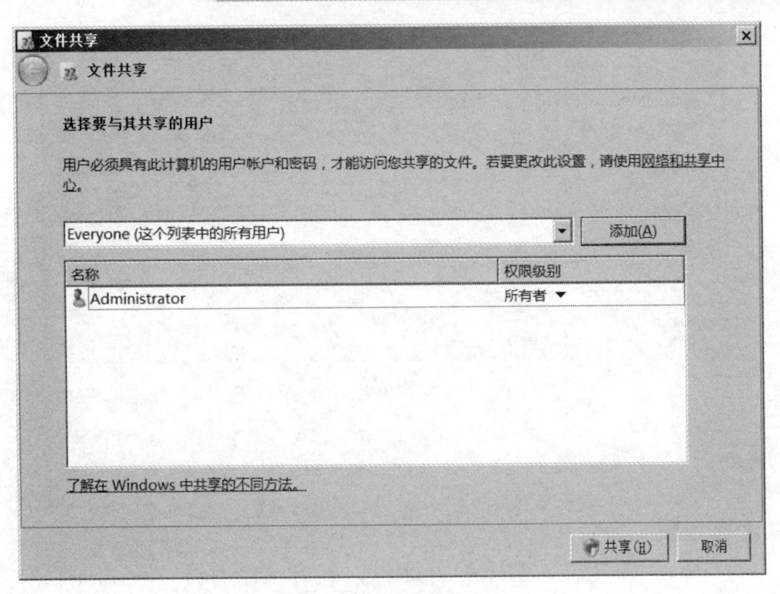

图 1-6-4　文件共享

Ⅱ. 高级共享权限设置

右击要设置的文件夹图标，在快捷菜单中选择“属性”项，在新窗口中单击“共享”→“高级共享”，在窗口中单击“权限”，打开如图 1-6-5 所示对话框，设置共享权限。只有勾选“更改”或“完全控制”后，才能实现对共享文件夹进行修改等操作。

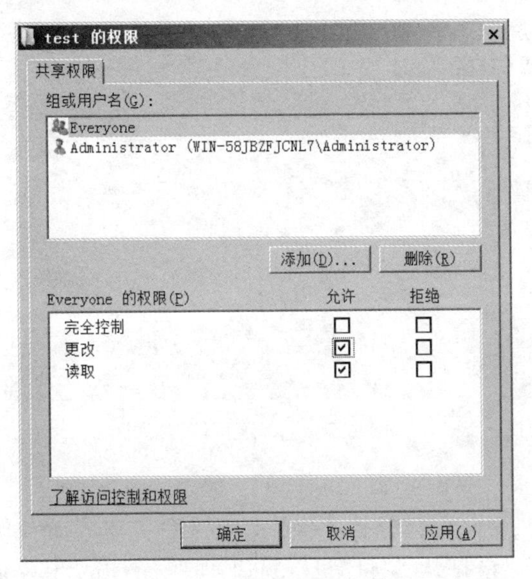

图 1-6-5　共享权限设置

2. 访问共享资源

双击“网上邻居”图标，就可以看到对方的计算机。也可以鼠标双击“网上邻居”，打开如图 1-6-6 所示的窗口，在窗口右上方输入框中输入对方计算机名或 IP 地址后，会在右侧的窗口中出现搜索的结果。打开搜索到的计算机，然后再打开共享文件夹，即可访问共享文件夹中的资源。

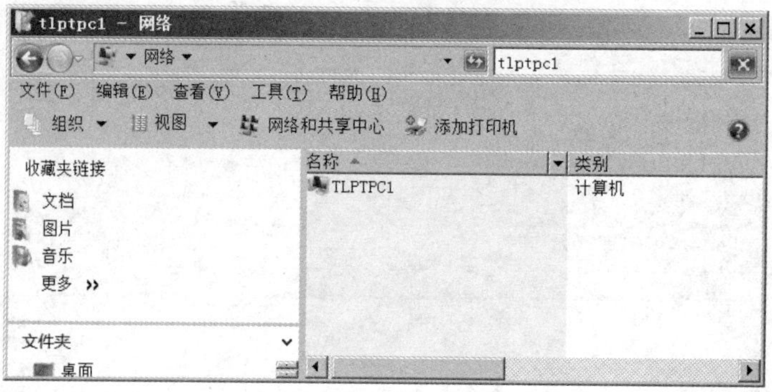

图 1-6-6　搜索网络中的计算机

1.6.3　共享打印机

1. 安装本地打印机

要设置共享打印机，需要先安装本地打印机，其方法是打开“控制面板”，再打开“打印机”窗口，右击窗口空白处，选择“添加打印机”，单击“下一步”按钮，在图 1-6-7 所示对话框中选择“添加本地打印机”，在新窗口中选择连接端口“LPT1”，单击“下一步”按钮，然后为打印机选择正确的厂商和型号，设置打印机共享名，即可完成安装。

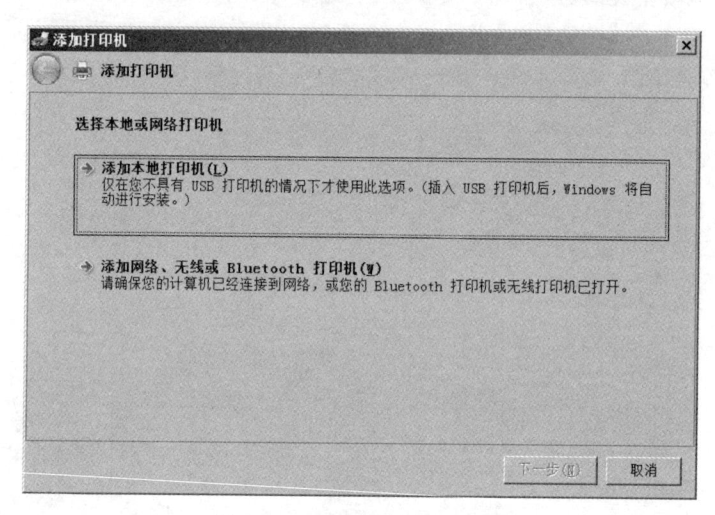

图 1-6-7　选择连接的打印机

2. 设置打印机共享

如果打印机未设置共享，则需执行此操作，与文件共享设置类似。在连接打印机的计算机上，打开“控制面板”，再打开“打印机”窗口，鼠标右击要共享的打印机图标，在快捷菜单中选择“共享”项，在打开的如图 1-6-8 所示的打印机属性对话框中，确定共享名称，再单击“确定”按钮，完成设置。

3. 安装网络共享打印机

要在某台计算机上使用网络共享打印机，需要安装网络打印机，常用安装方法有两种。

一种方法是通过“控制面板”中的“打印机”，打开“打印机”对话框，右击窗口空白处，选择“添加打印机”，单击“下一步”按钮，根据添加打印机向导，选择“添加网络、无线或

Bluetooth 打印机”，单击“下一步”按钮，如图 1-6-9 所示，输入打印机所在的计算机名及打印机共享名，其中，tlpt-2 为计算机名，hp 为打印机共享名，然后单击“下一步”，确定网络上的打印机并安装网络打印机驱动程序。

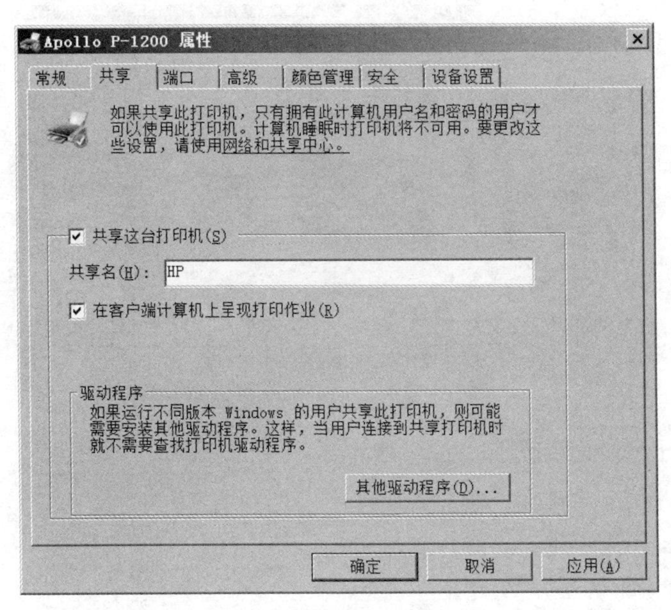

图 1-6-8　共享打印机

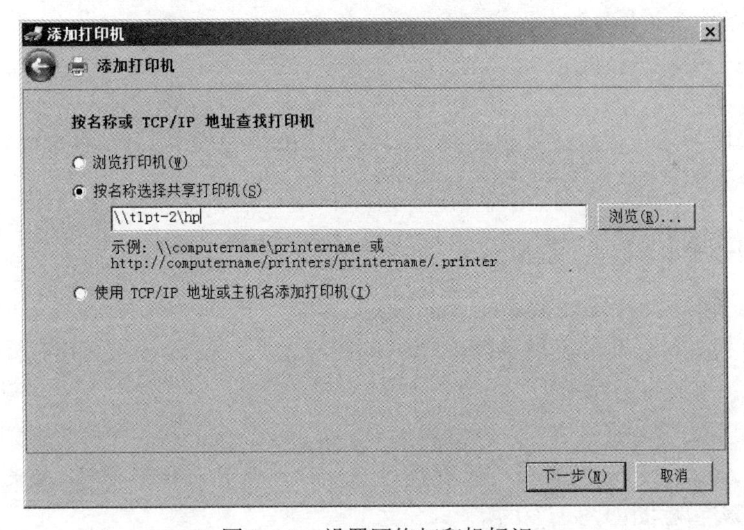

图 1-6-9　设置网络打印机标识

另一种方法是，打开“网上邻居”窗口，找到指定计算机名，如 tlpt-2，双击图标，若看到共享打印机图标，双击之，可以根据提示完成网络打印机驱动程序的安装。

4. 设置默认打印机

如果使用网络共享打印机的计算机上安装了两个及以上的打印机驱动程序，还需要正确设置默认打印机，如图 1-6-10 所示。

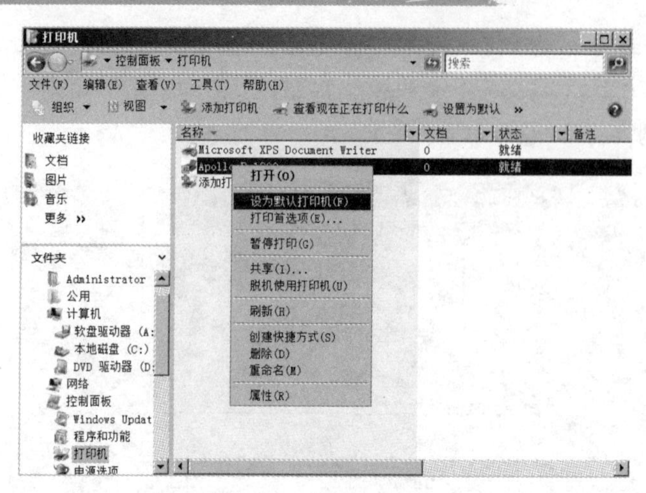

图 1-6-10　设置默认打印机

1.7　通过电话线接入 Internet

开拓信息咨询公司所有员工的计算机因业务需要，需要接入 Internet，请选择合适的接入方式，并设计方案。

【任务分析】

本任务中局域网的若干台计算机需要接入到 Internet 中，我们可以直接通过 ADSL 接入，也可以通过路由器和 ADSL 来接入到 Internet 中。

【任务实施步骤】

通过 ADSL 接入 Internet，需要向 Internet 服务商（ISP），如中国电信、中国网通等提出申请，与之签订相关协议，并获取 ADSL 上网账号与密码，然后对 ADSL 进行配置。

1.7.1　配置 ADSL 接入

通过 ADSL 接入，既方便经济，又能满足两三台计算机上网的需求，这是典型的 SOHO 网络，其网络结构示意图如图 1-7-1 所示。

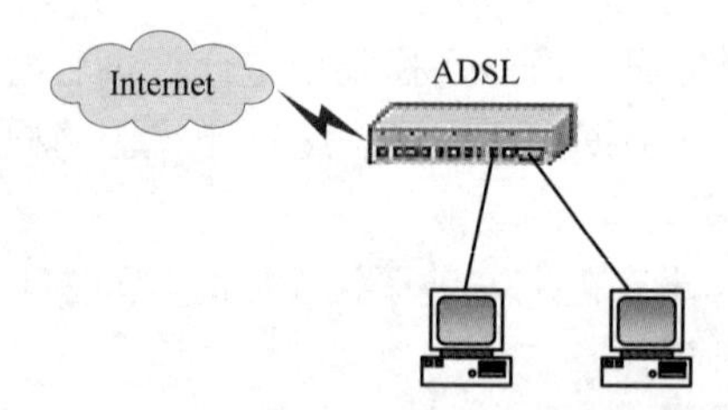

图 1-7-1　使用 ADSL 的 SOHO 网络结构示意图

1. 连接 ADSL

ADSL 上也有 RJ-45 接口，因此，与网线的连接与我们前面介绍的连接交换机类似，与电话线连接也很简单。

2. 配置客户机

在客户机上需要配置虚拟拨号连接，我们可以使用 Windows 7 自带的虚拟拨号软件，当然也可以使用第三方的专用拨号工具，如“星空极速”。配置 Windows 7 自带的虚拟拨号软件的步骤如下：

（1）右击“网上邻居”，选择“属性”，在窗口中单击“设置新的连接或网络”，如图 1-7-2 所示。

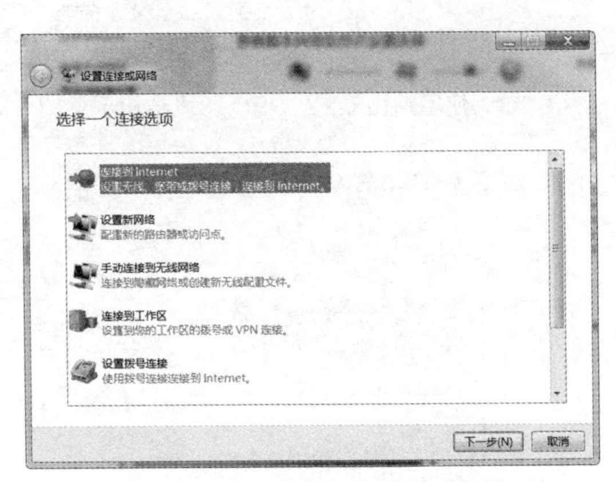

图 1-7-2　设置连接或网络

（2）选择“连接到 Internet”，单击“下一步”，创建新连接，选择“宽带（PPOE）”。

（3）在用户名和密码处输入从 ISP 处获取的账号信息，在连接名称处输入虚拟拨号名称，如“adsl”。

（4）单击“连接”按钮，在硬件连接正常的情况下，即可完成。

1.7.2　配置 SOHO 路由器

直接通过 ADSL 接入方式连接的计算机数量有限，如果 SOHO 网络中计算机数量较多，且不想在计算机上拨号，则需要通过路由器、ADSL 和交换机来完成接入，其网络结构如图 1-7-3 所示。SOHO 路由器可以将多台计算机接入到 Internet 中，且计算机连接 Internet 时无需运行拨号软件。

1. 连接路由器和 ADSL

ADSL 与电话线连接很简单，ADSL 上的 RJ-45 接口通过双绞线与路由器连接，路由器再通过跳线连接交换机。

2. 配置 SOHO 路由器

（1）登录路由器

一般路由器都提供了 Web 登录方式，我们可以在浏览器地址栏中输入路由器的地址，如 192.168.1.1，在登录窗口中输入用户名和密码，用户名和密码在设备出厂时默认相同，如 admin，如图 1-7-4 所示。

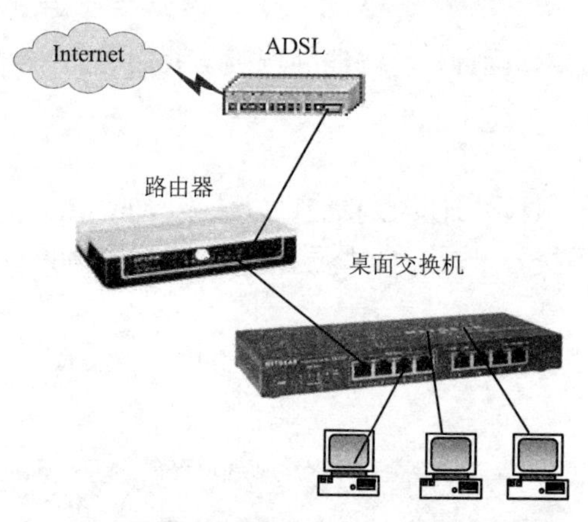

图 1-7-3　使用路由器的 SOHO 网络结构示意图

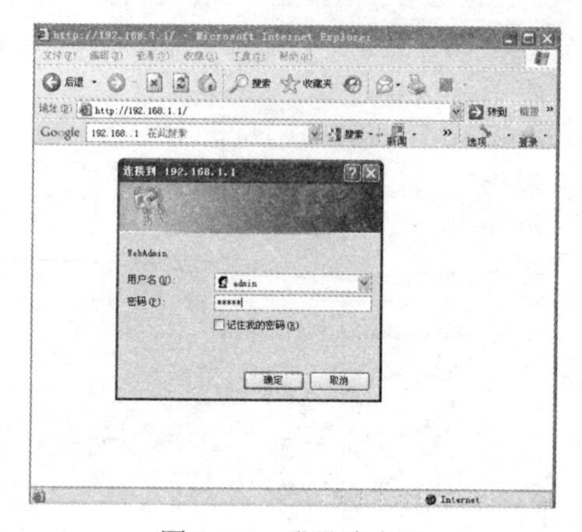

图 1-7-4　登录路由器

（2）配置 WAN 口

登录成功后需要对路由器的 WAN 口进行配置，主要需要配置 WAN 口的连接类型、使用 PPPoE（虚拟拨号协议）所用的账号与密码，如图 1-7-5 所示。

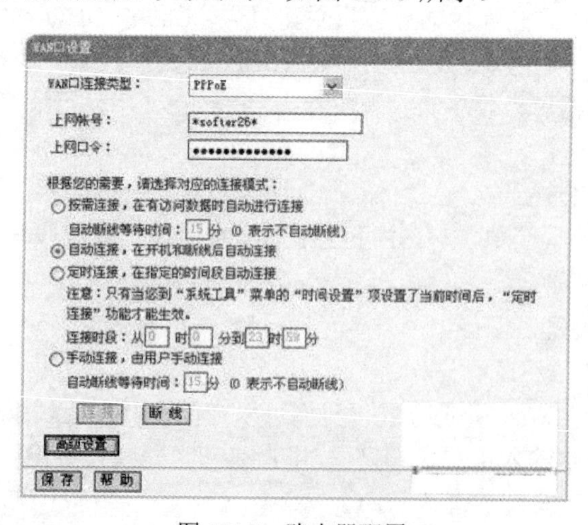

图 1-7-5　路由器配置

路由器配置完成后，每次开启路由器后，都会实现自动拨号，而无须在计算机上执行拨号操作。如果使用的宽带路由器的自动拨号功能比较强大，还可以实现按需拨号，可以设定为自动拨号、计算机有访问网络请求时再拨号或者设置固定时间段的拨号以及某时间自动断开连接等，如图 1-7-5 所示。

（3）设置 DHCP 服务

网络中的计算机如果没有分配固定 IP 地址，则可通过路由器的 DHCP 服务功能，自动分配 IP 地址信息。如图 1-7-6 所示，启用 DHCP 服务器，并设置 IP 地址池的开始地址为 192.168.0.100，结束地址为 192.168.0.150。

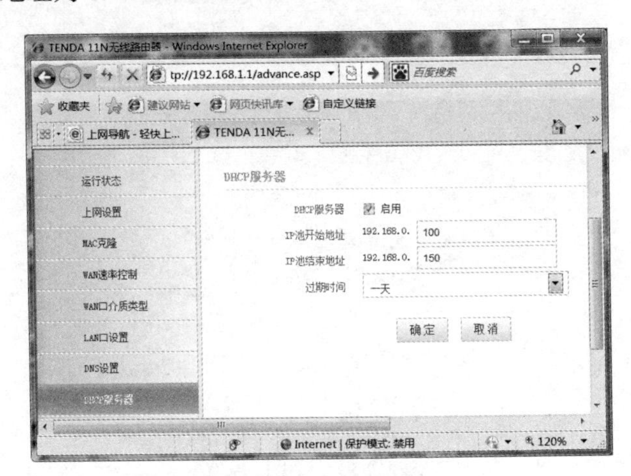

图 1-7-6　DHCP 设置

如图 1-7-7 所示，设置 DHCP 分配地址信息中的默认网关为 192.168.1.1（此地址为路由器的 IP 地址），子网掩码为 255.255.255.0。

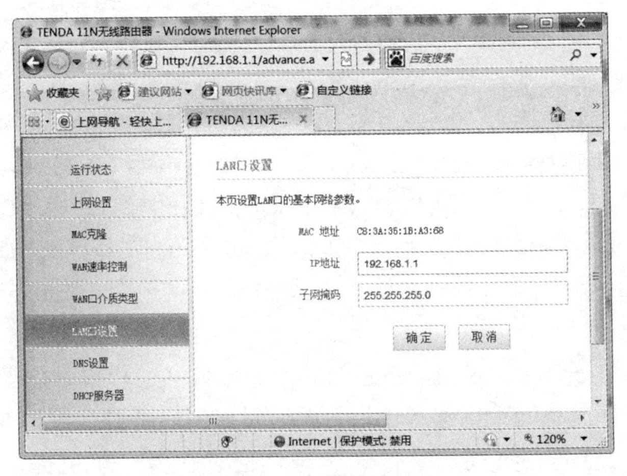

图 1-7-7　网关设置

最后，设置 Internet 中 DNS 服务器的 IP 地址，此 IP 需要咨询 ISP，如可设置为 202.102.199.68。

3. 客户机设置

在路由器中设置 DHCP 服务后，还需要对网络中计算机的 TCP/IP 属性进行设置，方法是在桌面上右击“网上邻居”，在快捷菜单中选择“属性”，在“网络和共享中心”窗口左侧单击“管理网络连接”，在“网络连接”窗口中选择正确的网络连接，右击，选择“属性”，在打开的对话框中选择“Internet 协议（TCP/IP）”，再单击“属性”按钮，在图 1-7-8 所示的对话框中选择“自动获得 IP 地址”和“自动获得 DNS 服务器地址”，然后单击“确定”按钮两次，在路由器处于开启状态时，网络中计算机即可自动获取 IP 地址信息，而不需要手工设置 IP 地址、子网掩码、默认网关、DNS 服务器地址等信息。

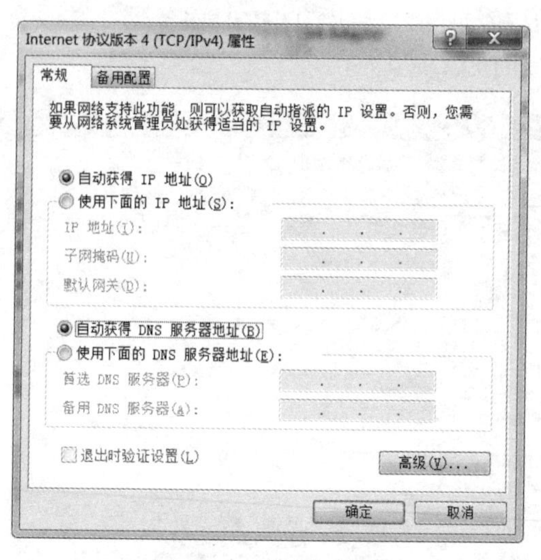

图 1-7-8　客户机设置

1.7.3　Internet 接入方式

1. 普通 Modem 接入

Modem 是 Modulator 和 Demodulator 的缩写，即调制解调器，也就是我们俗称的“猫”。普通 Modem 接入技术属于窄带接入技术，用户使用一台 Modem 通过电话线与 ISP 端服务器连接，从而实现 Internet 的接入。在 20 世纪 90 年代初，这种 Internet 接入方式曾风靡一时，Modem 的速率也从 14.4Kb/s 提高到 56Kb/s。但这种 Internet 接入方式存在两个缺陷：一是要占用电话线的语音通道，因而无法实现语音和数据的同时传输，即在上网时无法接听电话；二是这种接入方式的最高传输速率仅为 56Kb/s，而这样的速率目前已远远不能满足人们对 Internet 的应用需求，所以这种 Internet 接入方式 21 世纪初已淡出 Internet 接入市场。

2. ADSL 接入技术

ADSL（Asymmetric Digital Subscriber Line，对称数字用户线）是一种非对称的数字用户环路，即用户线的上行速率和下行速率不同，根据用户使用各种多媒体业务的特点，上行速率较低，下行速率则比较高，特别适合传输多媒体信息业务。可以提供传输速率为 1.544～8.192Mb/s 下行单向数据传输通道和传输速率为 16～640Kb/s 的上行速率的数据通道。

3. 光纤接入技术

所谓光纤接入网（Optical Access Network，OAN）就是采用光纤传输技术的接入网，泛指本地交换机或远端模块与用户之间采用光纤通信或部分采用光纤通信的系统。

光纤由于其容量大、保密性好、不怕干扰和雷击、重量轻等诸多优点，正在得到迅速发展和应用。主干网线路迅速光纤化，光纤在接入网中的广泛应用也在快速发展。光纤接入网分为光纤到小区（FTTZ）、光纤到户（FTTH）、光纤到路边（FTTC）、光纤到大楼（FTTB）、光纤到楼层（FTTF）、光纤到办公室（FTTO）等几种类型，其中 FTTH 将是未来宽带接入网发展的最终形式。

4. Cable Modem 接入技术

HFC（Hybrid Fiber Coaxial）网是指光纤同轴电缆混合网，它是一种新型的宽带网络，采用光纤到服务区，而在进入用户的“最后 1 英里”采用同轴电缆，可以有效解决接入带宽问题，同时也可降低成本。HFC 网比较合理有效地利用了当前先进成熟的技术，融数字与模拟传输为一体，集光电功能于一身，同时提供较高质量和较多频道的传统模拟广播电视节目信号、较好性能价格比的电话服务、高速数据传输服务和多种信息增值服务，还可以逐步开展交互式数字视频应用，加快了三网合一的进程。

5. 无线接入技术

无线接入技术（Wireless Access Technology）是指从交换节点到用户终端部分或全部采用无线手段的接入技术。无线接入系统具有建网简便、扩容简便等优点，所以在发达地区可以作为有线网的补充，能迅速及时替代有故障的有线系统或提供短期临时业务；在发展中国家或边远地区可广泛用来替换有线用户环路，节省时间和投资。因此无线接入技术已成为通信界备受关注的热点。

无线接入技术可分为移动接入（经由移动通信网络的 Internet 接入技术和卫星接入技术）和固定接入两大类。固定接入是从交换节点到固定用户终端采用无线接入，它实际上是 PSTN/ISDN 网的无线延伸。

1.8 组建一个典型小型局域网

李先生创办了开拓信息咨询公司，有员工 30 人，每人一台计算机，公司有固定电话。现李先生想在单位组建一个局域网，能够实现网络文件共享和打印共享，能支持无线接入，并能在计算机上不需要拨号就能访问 Internet。试为李先生设计组网方案并实施。

【任务分析】

此任务需要在进行项目背景分析的基础上，根据一定的设计原则，总结出功能需求，根据功能需求设计网络结构图，完成设备选型并实施。

【任务实施步骤】

1. 项目背景分析

网络已深入到人们的生活、工作中，人们已经离不开网络，家庭、办公室上网已是很平常的事，组建 SOHO 网络会经常遇到。

本任务中组建的 SOHO 网络将提供文件共享和打印机共享功能，并能提供灵活的无线接入功能，方便本单位及外来人员接入网络。

2. SOHO网络的设计原则

（1）实用性

SOHO网络需要具备良好的网络性能，以满足工作和生活的全方位需要。

（2）经济性

由于SOHO网络功能较为单一，实效性和经济性就显得尤为重要，注重性价比是搭建SOHO网络的重要原则。

（3）可扩展性

SOHO网络必须满足用户根据实际需要方便地对网络实现扩展，而不必增加另外的网络设备。

3. 功能需求分析

SOHO网络的主要功能有以下几项。

（1）局域网资源共享功能

通过将SOHO家庭中的所有计算机连接起来，使得所有的资源在局域网内部实现文件、打印等共享。

（2）共享上网功能

所有计算机都能共享一条线路实现对Internet的访问，并能实现享受Internet提供的各种服务。

（3）灵活的无线接入功能

SOHO网络能根据用户的需要灵活地接入WLAN设备，为用户省去了布线的麻烦，同时使用户在家庭任何角落都能自由实现对局域网和Internet的访问。

（4）快捷配置计算机和访问Internet

通过路由器自动分配IP地址信息功能，快捷配置计算机，同时不需要拨号，快捷访问Internet。

4. 网络结构设计

网络结构设计如图1-8-1所示。

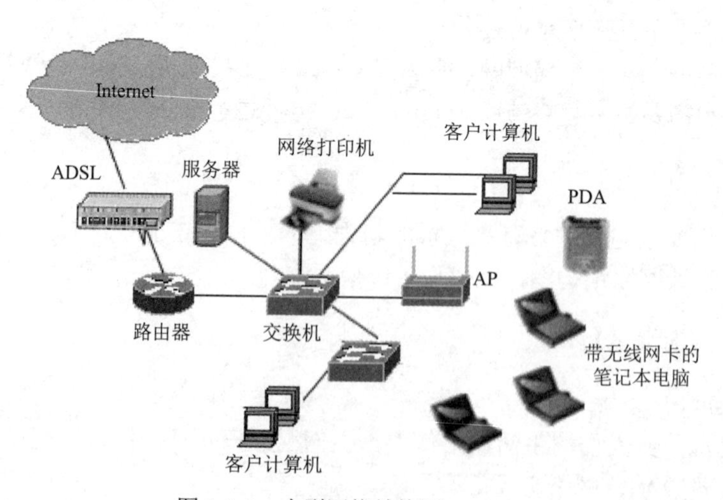

图1-8-1 小型网络结构图

5. 设备选择与造价

所选设备的型号与数量如表 1-8-1 所示。

表 1-8-1　所选设备的型号与数量

序号	设备名称	型号	数量	单价	价格
1	交换机	LS-S2600-26C-SI	2	600	1200
2	路由器	TP-Link TL-WDR4320	1	500	500
3	打印机	三星 C410W	1	1650	1650
4	客户机	联想锋行 K315（631/4GB/500GB）	30	3450	103500
5	服务器	HP Z440	1	13000	13000
6	无线 AP	H3C WA2110-GN	1	1066	1066
7	宽带上网		1 年	2000	2000
8	网线	AMP 超五类	1 箱	700	700
合计					123616

6. 实施步骤

（1）购买设备（教学过程可由学生通过 Internet 选择设备）

（2）连接水晶头与双绞线

（3）连接网线与网卡、ADSL（或交换机）

（4）安装操作系统，并配置网卡信息

（5）设置文件共享

（6）设置打印机共享

（7）配置拨号接入

1.9　网络体系结构模型

1.9.1　网络体系结构的概念

网络体系结构是指通信系统的整体设计，它为网络硬件、软件、协议、存取控制和拓扑提供标准。由于它从全局出发研究、探讨计算机网络，所以对促进网络的合理化、标准化、高性能化、通用化，产生了巨大影响。

世界上第一个计算机网络体系结构是由美国 IBM 公司 1974 年公布的 SNA（System Network Architecture，系统网络体系结构），1983 年国际标准化组织（ISO，International Organization for Standardization）提出了开放系统互连参考模型，称为 ISO/OSI 参考模型，简称 OSI。在工业生产中与 ISO/OSI 网络体系结构竞争的是 TCP/IP。在 Internet 所使用的协议中，传输层使用 TCP 协议，网络层使用 IP 协议，现在人们经常用 TCP/IP 表示 Internet 的网络体系结构。

1.9.2　ISO/OSI 开放系统互连参考模型

国际标准化组织在 1977 年 3 月召开的第九次全会上决定成立一个新的分技术委员会 ISO/

TC97/SC16，经过卓有成效的工作，于 1980 年 12 月发表了第一个草拟的开放系统互连参考模型（OSI/RM，Open System Interconnection/Reference Model）的建议书，并在 1983 年春天，把“基本参考模型”正式批准为国际标准，即著名的 ISO 7498 国际标准，这就是 ISO/OSI 开放互连参考模型。ISO/OSI 参考模型只给出了一些原则性的说明，并不是针对一个真正具体的网络，它将整个网络系统分成七层（Layer），每层各自负责特定的功能和工作。这七层按照从低到高分别是：物理层、数据链路层、网络层、传输层、会话层、表示层、应用层。

1. OSI 的分层原则

（1）网络中各节点都有相同的层次。

（2）不同节点的同等层具有相同的功能。

（3）同一节点内相邻层之间通过接口通信。

（4）每一层使用下层提供的服务，并向其上层提供服务。

（5）不同节点的同等层按照协议实现对等层之间的通信。

2. 几个重要概念

（1）协议：网络协议是网络上所有设备（网络服务器、计算机及交换机、路由器、防火墙等）之间通信规则的集合，它定义了通信时信息必须采用的格式和这些格式的意义。

网络协议三要素是指语法、语义、交换规则（或称时序/定时关系）。

（2）接口：是指网络分层结构中各相邻层之间的通信标准。

（3）服务：是指网络体系结构中下一层向上一层提供的功能。

图 1-9-1 以国家元首电话会晤为例，说明分层、接口与服务的概念。

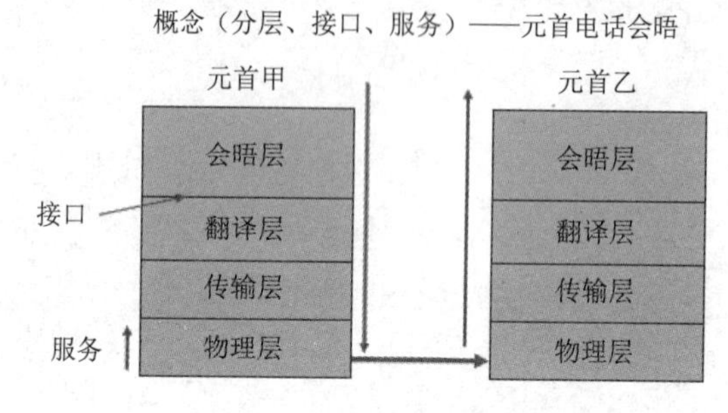

图 1-9-1　接口与服务的关系

1.9.3　ISO/OSI 各层功能描述

1. 物理层（Physical Layer）

物理层是 OSI 参考模型的第一层也是最底层，规定通信设备的机械、电气、功能和规程等方面的特性，用以建立、维护和拆除物理链路连接。物理层负责在通信信道里比特流的传输，信道可以是同轴电缆、双绞线、光缆、卫星通信链路等。

2. 数据链路层（Data Link Layer）

数据链路层是 OSI 参考模型的第二层，在物理层提供比特流服务的基础上，建立相邻节点之间的数据链路，通过差错控制提供数据帧（Frame）在信道上无差错的传输。数据链路层在不可靠的物理介质上提供可靠的传输。该层的作用包括：物理地址寻址、数据的成帧、流量控制、数据的检错、重发等。

数据链路层传输数据的单位称为帧，发送方把输入的数据分装在数据帧（Data Frame）里，按顺序传送各帧。数据链路层中的数据封装是指封装的数据信息中包含了地址段和数据段。地址段含有发送节点和接收节点的地址，控制段用来表示数据连接帧的类型，数据段包含实际要传输的数据。数据链路层地址就是 NIC（网络接口卡）地址，又称 MAC 地址，也就是网络的物理地址。数据链路层在 IEEE 的规范下又分为逻辑链路控制子层（Logical Link Control，LLC）和媒体访问控制子层（Medium Access Control，MAC）。

3. 网络层（Network Layer）

在计算机网络中进行通信的两个计算机之间可能会经过很多个数据链路，也可能还要经过很多通信子网。网络层的任务就是选择合适的网间路由和交换节点，确保数据及时传送。网络层将数据链路层提供的帧组成数据包，包中封装有网络层包头，其中含有逻辑地址信息，即源节点和目的节点的网络地址。因此，网络层具有路由选择功能。路由选择的好坏在很大程度上决定了网络的性能，如网络吞吐量、平均延迟时间、资源的有效利用率等。路由选择是广域网中非常重要的问题，局域网则比较简单，甚至可以不需要路由选择功能。

4. 传输层（Transport Layer）

传输层是 OSI 参考模型的第四层，是主机-主机协议层，为上层提供端到端（最终用户到最终用户）的透明的、可靠的数据传输服务。所谓透明的传输是指在通信过程中传输层对上层屏蔽了通信传输系统的具体细节。

传输层是真正意义上的从源端到目的端的“端到端”层。也就是说，源端机上的某程序，利用报文头和控制报文与目的端机上的类似程序进行对话。在传输层以下的各层中，协议是每台机器和它物理上直接相邻的机器之间的协议，而不是最终的源端机器与目的端机器之间的协议。

5. 会话层（Session Layer）

会话层是 OSI 参考模型的第五层，它使用传输层提供的可靠的端到端的通信服务，会话层不参与具体的传输，它提供包括访问验证和会话管理在内的建立和维护应用之间通信的机制，如服务器验证用户登录便是由会话层完成的。

会话层的功能有：为不同机器上的用户之间建立、维持、终结会话关系，包括用户身份的鉴别（如核对口令字），选择会话所需的设施和操作方式，管理和控制会话中的“对话”，例如对话数据交换控制、报文界定、操作同步等。

6. 表示层（Presentation Layer）

表示层是 OSI 参考模型的第六层，主要解决用户信息的语法表示问题。它将欲交换的数据从适合于某一用户的抽象语法，转换为适合于 OSI 系统内部使用的传送语法，即提供格式化的表示和转换数据服务。数据的压缩和解压缩、加密和解密等工作都由表示层负责。例如图像格式的显示，就是由位于表示层的协议来支持。

7. 应用层（Application Layer）

应用层是 OSI 参考模型的最高层，即第七层，应用层直接与使用者面对面，是用户程序与网络沟通的“操作接口”。用户在计算机屏幕上看见的网络软件，如电子邮件、文件传输与远程登录、浏览器以及 Web 服务器等都属于应用层。

1.9.4 TCP/IP 体系结构

TCP/IP 体系结构由四个层次组成：网络接口层、互联网层、传输层、应用层。OSI 参考模型和 TCP/IP 协议模型区别如表 1-9-1 所示。

表 1-9-1　OSI 参考模型和 TCP/IP 协议模型的对比表

OSI 中的层	功能	TCP/IP 中的层	TCP/IP 协议族
应用层	文件传输、电子邮件、文件服务、虚拟终端	应用层	TFTP、HTTP、SNMP、FTP、SMTP、DNS、Telnet
表示层	数据格式化、代码转换、数据加密		
会话层	解除或建立与别的节点的联系		
传输层	提供端对端的接口	传输层	TCP、UDP
网络层	为数据包选择路由	互联网层	IP、ICMP、RIP、OSPF、BGP、IGMP
数据链路层	传输有地址的帧以及错误检测功能	网络接口层	PPP、ARP、RARP，以太网、令牌环网、FDDI、WLAN、广域网协议
物理层	以二进制数据形式在物理媒体上传输数据		同轴电缆、双绞线、光缆、无线连接

网络接口层（Network Interface Layer）是 TCP/IP 的最底层，完成 OSI 模型中物理层和数据链路层的功能，依据网络的具体类型，提供比特和数据帧传输服务，负责从互联网层接收 IP 数据报并加上网络接口层的物理帧头，然后通过网络发送出去；或者从网络上接收物理帧，抽出 IP 数据报，交给互联网层。网络接口层所用的协议是通信子网本身固有的协议，例如以太网的 IEEE 802.3 协议、令牌环网的 IEEE 802.5 协议以及分组交换网的 X.25 协议等。这些通信子网的固有协议不是 TCP/IP 协议的一部分，但它们是 TCP/IP 赖以存在的与通信子网之间的接口。TCP/IP 对网络接口层并没有给出具体的规定，而仅仅是利用各种局域网或广域网的网络接口层向上一层——互联网层提供服务。

互联网层（Internet Layer）负责相邻网络设备之间的通信，通过多个网络向目的节点传送数据包，其功能与 OSI 模型的网络层类似。本层功能包括三方面：一是处理来自传输层的分组发送请求，收到请求后，将分组装入 IP 数据包，填充报头，选择 IP 数据包传送的路径，然后将数据包发往适当的网络接口。二是处理输入数据包，首先检查其合法性，然后进行寻径，假如该数据包已到达目的主机，则去掉报头，将剩下部分交给适当的传输协议；假如该数据包尚未到达目的主机，则转发该数据包。三是处理路径、流控、拥塞等问题。

传输层（Transport Layer）提供应用程序间的通信，与 OSI 模型传输层的功能相同。其功能包括：一是格式化信息流；二是提供可靠性和流控制。为实现后者，传输层协议规定接收端必须发回确认，并且假如分组丢失，必须重新发送。传输层为应用层程序提供端到端的通信功能。传输层有两个主要协议：传输控制协议（TCP）和用户数据报协议（UDP）。

应用层（Application Layer）向用户提供一组常用的应用程序，比如电子邮件、文件传输访问、远程登录等。远程登录使用 Telnet 协议提供在网络其他主机上注册的接口，使用户能够通过虚拟终端访问远程主机。文件传输访问使用 FTP 协议来提供网络内机器间的文件传输功能。

习题一

一、分析思考题

1．SOHO 网络的组建一般分成哪几个步骤？
2．简述网络组建时经济性与功能需求之间的关系，如何处理？

二、简答题

1．对等网与基于服务器的网络有何区别？
2．传输介质分为几大类？
3．常见的有线传输介质有哪些？
4．非屏蔽双绞线（UTP）和屏蔽双绞线（STP）之间有什么区别？
5．双绞线可以分为哪几类？5 类非屏蔽双绞线的最大传输距离和速率是多少？
6．写出 EIA/TIA 568A 和 EIA/TIA 568B 标准的线序排列。
7．直连跳线与交叉跳线有何区别？
8．如何对非屏蔽双绞线进行导通性测试？
9．网卡的基本功能是什么？网卡有哪些种类？
10．选择网卡时，要考虑哪些主要因素？
11．利用交换机、双绞线组网时应遵循哪些规则？
12．简述网络共享打印机的安装步骤。
13．简述 Internet 接入方式各自的特点。
14．OSI 体系结构的分层原则是什么？简述七层的功能。
15．对比 OSI 体系结构与 TCP/IP 体系结构。

三、实践题

为自家或朋友家设计 SOHO 网络方案，调查网络的功能需求，设计网络组建方案，并计划或实施网络的组建。

单元 2 组建中小型局域网

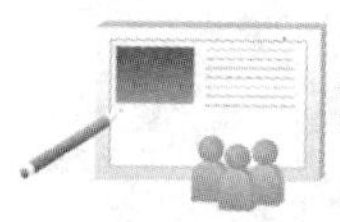

单元导读

局域网是一种覆盖一座或几座大楼、一个校园或者一个企业等地理区域的小范围的计算机网络。本单元我们完成的工作是组建一个局域网。

本单元通过对网络的拓扑结构、局域网常见类型、以太网布线标准的学习，了解光纤连接、交换机的基本配置、局域网的综合布线、光纤的接入方式等方面的知识，并理解 IP 地址规划与管理，掌握中小型网络的组建与管理方面的技能，将初步具备进行中小型局域网方案规划设计与实施的能力。

单元学习目的

- 使学生初步了解网络的拓扑结构及交换机的相关知识
- 使学生初步掌握综合布线方面的知识，并具备布线能力
- 使学生初步了解光纤的接入方法
- 使学生初步掌握 IP 地址的规划与分配

学前基础要求

在开始学习本单元内容之前，学生必须完成下列模块的学习，具备下列知识基础。

- 计算机软硬件常识
- 熟悉 Windows Server 2008 系统的操作

单元学习要点

- 网络拓扑结构与以太网布线标准

- 光纤基本特性与应用
- 交换机基本登录与工作原理
- 局域网综合布线的标准、实施与测试
- Internet 接入方式
- IP 地址规划与管理

某学校有网络中心、办公楼、图书馆、5 栋教学楼，网络中心和图书馆均有若干计算机房，网络中心 Web 服务器与 Internet 连接。现该学校欲组建一个校园网，能够实现网络文件共享和打印共享，并能访问 Internet。试为该校设计组网方案并实施。

组建校园网络，具体要求：

1. 组建之前规划整个网络的拓扑结构；各栋楼房内部布线按照综合布线标准实施。
2. 选用合理的网络设备。
3. 能够合理地分配整个网络的 IP 地址。
4. 能够通过合适的方式接入到 Internet。
5. 设备要求。

（1）网络中计算机数量根据校园用户的数量计算。

（2）服务器要求使用专用服务器。

其他设备综合考虑功能需求和经济性方面的要求。

1. 学习网络拓扑结构与以太网标准、综合布线等知识。
2. 参考网络组建方案，进行以下过程。
3. 购买设备。
4. 按照综合布线标准安装设备，配置设备与软件，并对网络设备进行测试。
5. 光纤接入 Internet。
6. 进行 IP 地址规划。
7. 归纳分析方案，形成新方案。

2.1 有线局域网概述

2.1.1 网络拓扑结构

网络拓扑结构是指用传输介质互连各种设备的物理布局，就是用什么方式把网络中的计算机等设备连接起来。拓扑图标明网络中服务器、工作站相互间的连接关系，网络拓扑结构主要有总线型结构、星型结构、环型结构、树型结构、网状结构等。

1. 总线型结构

总线型结构由一条高速公用主干电缆即总线连接若干个节点构成网络。网络中所有的节点通过总线进行信息的传输，如图 2-1-1 所示。

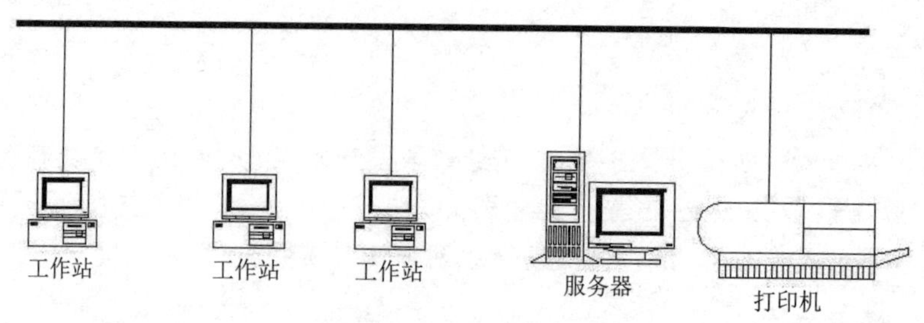

图 2-1-1　总线型结构

总线型拓扑结构的优点：

（1）总线型结构所需要的电缆数量少。

（2）总线型结构简单，又是无源工作，有较高的可靠性。

总线型拓扑结构的缺点：

（1）总线的传输距离有限，通信范围受到限制。

（2）故障诊断和隔离较困难。

（3）分布式协议不能保证信息的及时传送，不具有实时功能。

2. 星型结构

星型结构由中央节点（集线器或交换机）与各个节点连接组成。网络各节点必须通过中央节点才能实现通信，如图 2-1-2 所示。

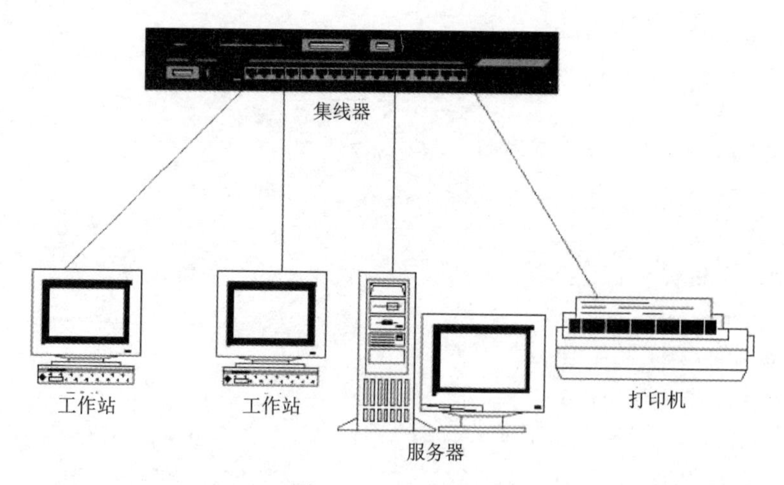

图 2-1-2　星型结构

星型拓扑结构具有以下优点：

（1）控制简单。

（2）故障诊断和隔离容易。

（3）方便服务。

星型拓扑结构的缺点：

（1）电缆长度和安装工作量较大。

（2）中央节点的负担较重，容易形成瓶颈。

3. 环型结构

环型结构由各节点首尾相连形成一个闭合环型线路。环型网络中的信息传送是单向的，即沿一个方向从一个节点传到另一个节点；每个节点需安装中继器，用来接收、放大、发送信号，如图 2-1-3 所示。

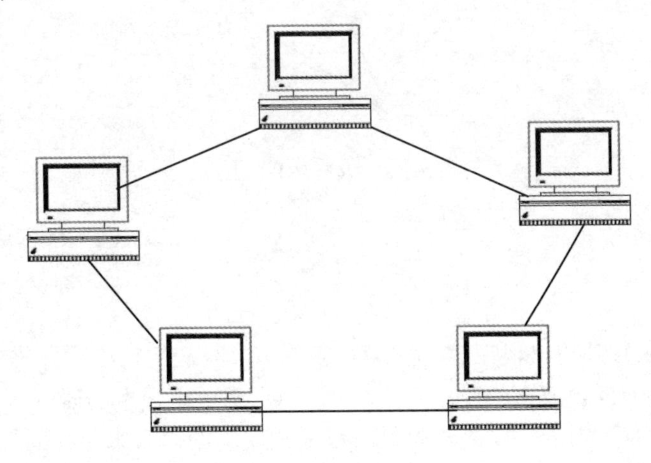

图 2-1-3　环型结构

环型拓扑结构的优点：

（1）电缆长度短。

（2）增加或减少工作站时，仅需简单的连接操作。

（3）可使用光纤。

环型拓扑结构的缺点：

（1）节点的故障会引起全网故障。

（2）故障检测困难。

环型拓扑结构网络通过令牌来控制网络中信息的传输，在负载很轻时，信道利用率相对来说就比较低，但是负载很重时，也不至于造成网络瘫痪。

4. 树型拓扑结构

树型拓扑从总线拓扑演变而来，形状像一棵倒置的树，顶端是树根，树根以下带分支，每个分支还可再包含子分支。

树型拓扑结构的优点：

（1）易于扩展。

（2）故障隔离较容易。

树型拓扑结构的缺点是各个节点对根的依赖性太大。

5. 网状拓扑结构

如图 2-1-4 所示，网状拓扑结构是由各个节点之间点到点两两连接，各个节点之间的连接组成了网状的连接结构，在网络拓扑结构中，任意两个节点之间有多条通路可以到达，节点之间有多条路径可以选择。网状拓扑结构主要用在城域网或广域网的建设中，网络各个节点设备主要使用路由器。网状拓扑结构主要优点是网络系统的可靠性高，个别节点发生故障对整个网络影响不大，它的缺点是系统的结构复杂，相应的建设成本较高。

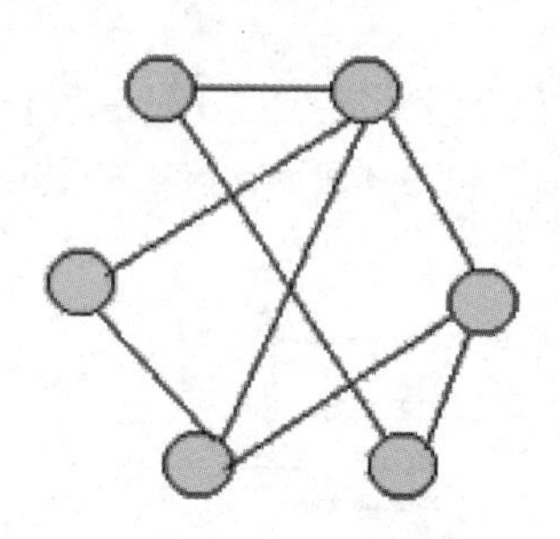

图 2-1-4　网状拓扑结构

2.1.2　常见网络类型

1. 以太网

以太网（Ethernet）最初出现在 20 世纪 60 年代末，其最初核心设计思想是多个设备共享传输通道。以太网这个概念被正式提出是 1973 年，它源于该技术的研制人之一 Metcalf 所写的一篇备忘录，其中有一句为“电磁辐射是可以通过发光的以太来传播的”。以太网的最初速度被定为 2.94Mb/s。1980 年 DEC 公司、Intel 公司和 Xerox 公司三方组成的企业联盟（DIX），共同开发研究并起草制订了以太网规范。后来它被电气与电子工程师协会（IEEE）所采纳，成为国际上公认的标准，称为 802.3 标准。

由于以太网的性能、价格和管理维护的成本优势使其他局域网技术相形见绌，因此目前组建局域网首选以太网。

2. 令牌环网（Token Ring）

令牌环网（Token Ring）是 IBM 公司于 20 世纪 70 年代初成功开发的一种网络技术，20 世纪 90 年代曾是 IBM 公司主要的局域网技术。使用令牌环技术构建的网络就是令牌环网，之所以称为令牌环网，是因为这种网络的物理结构具有环的形状。环上有多个站点与环相连，相邻站点之间是一种点对点的链路，因此令牌环与广播方式的 Ethernet 不同，它是一种顺序向下一站广播的局域网。令牌环网一个很大的优势是，即使负载很重，仍具有确定的响应时间。但是令牌传递的方法较复杂，所需硬件设备较为昂贵，网络内新增或删除节点也较为麻烦。所以，令牌网不如以太网应用范围广泛。

令牌环所遵循的标准是 IEEE 802.5，它规定了 3 种操作速率：1Mb/s、4Mb/s 和 16Mb/s。开始时，UTP 电缆只能在 1Mb/s 的速率下工作，STP 电缆可工作在 4Mb/s 和 16Mb/s 速率下，现已有多家厂商的产品突破了这种限制。传输介质有 IBM Type 6 电缆、9 针 STP 双绞线、RJ-45 UTP 双绞线、光纤等。

3. FDDI 网

光纤分布数据接口（FDDI）是早期的局域网技术中传输速率较高的一种，但和现在的千兆、万兆以太网相比，已经没有速度方面的优势了。这种传输速率达 100Mb/s 的网络技术所依据的标准是 ANSIX3T9.5。该网络具有定时令牌协议的特性，支持多种拓扑结构，传输媒体为光纤。使用光纤作为传输媒体具有多种优点：

（1）较长的传输距离：相邻站点间的最大长度可达 2km，最大站点间距离为 200km。

（2）较大的带宽：FDDI 的设计带宽为 100Mb/s。

（3）抗干扰：具有对电磁和射频干扰的抑制能力，在传输过程中不受电磁和射频噪声的影响，也不影响其他设备。

（4）安全：光纤可以防止传输过程中被偷听，也杜绝了辐射波的窃听，因而是最安全的传输介质。

由光纤构成的 FDDI，其基本结构为逆向双环。一个环为主环，另一个环为备用环。当主环上的设备失效或光缆发生故障时，通过从主环向备用环的切换可以继续维持 FDDI 的正常工作。

4. ATM 网

异步传送模式（Asynchronous Transfer Mode，ATM），是一种集传输与交换于一体的通信模式，是在传统的电路转移模式和分组交换模式基础上发展起来的新兴信息转移模式。它具有传输速度快、距离不受限制等特点，其集语言、图像和声音传输于一体的特色，尤其适合多媒体业务的应用，它能够提供视频点播、现场直播、全动画电子邮件、LAN 互联等业务。比如银行系统的自动取款机，大部分采用 ATM 技术。但是 ATM 网由于造价和配置不太方便的原因，较少用在局域网上。

2.1.3 以太网布线标准

1. 传统以太网

传统以太网包括 10Base-5、10Base-2、10Base-T、10Base-F 等多种网络结构。

（1）10Base-5 粗缆以太网。粗缆以太网是最早的以太网标准，使用直径 10mm 的 RG-11 型 50Ω粗同轴电缆为传输介质，采用总线型拓扑结构。站点网卡的接口为 DB-15 连接器，通过 AUI 电缆，用 MAU 装置栓接到同轴电缆上，末端用 50Ω/1W 的电阻端接（一端接在电气系统的地线上，以防止信号反射）。

10Base-5 表示的含义是：工作速率为 10Mb/s，采用基带信号传输，最大支持网段长为 500m。

（2）10Base-2 细缆以太网。细缆以太网是为降低 10Base-5 的安装成本和复杂性而设计的。使用廉价的 RG-58 型 50Ω细同轴电缆和 BNC-T 型连接器（又称“T”型头），采用总线拓扑结构，末端连接 50Ω端接器，每一个节点通过 BNC-T 连接器和带有 BNC 接口的网卡连入网内。

10Base-2 表示的含义是：工作速率为 10Mb/s，采用基带信号传输，最大支持网段长为 185m。

（3）10Base-T 双绞线以太网。10Base-T 是 1990 年通过的以太网标准。10Base-T 使用三类或三类以上非屏蔽双绞线作为传输介质，采用星型拓扑结构，中央节点通常为 Hub（集线器）或交换机，用 RJ-45 模块作为端接器。

10Base-T 表示的含义是：工作速率为 10Mb/s，采用基带信号传输，使用的传输介质为双绞线。

10Base-T 的有关布线标准：

- 网段最大允许距离为 100m。
- 每个网段允许有 1024 个站点。

- 保持了 10Base-5 的 4 中继器/5 网段的设计能力。
- 使用 RJ-45 连接器。针 1 和针 2 用于传输，针 3 和针 6 用于接收。

（4）10Base-F 光纤以太网。10Base-F 光纤以太网使用两根光纤进行通信，其中一根光纤传送数据，另一根光纤接收数据。10Base-F 根据使用环境的不同又分为 10Base-FL、10Base-FB 和 10Base-FP 三种。其中 10Base-FL 在以太网中的使用要普遍一些，它的一个网的最大长度为 2000m。

2. 快速以太网

随着双绞线和光纤作为传输介质的结构化布线的推广，以太网相关技术已经非常成熟，相关产品也比较丰富。1992 年传输速率为 100Mb/s 的以太网问世时，被称为快速以太网。100Base-T 是 IEEE 正式接受的 100Mb/s 以太网规范，它采用非屏蔽双绞线（UTP）或屏蔽双绞线（STP）作为网络介质，媒体访问控制（MAC）层与 IEEE 802.3 协议所规定的 MAC 层兼容，通过 IEEE 802.3 规范补充标准 802.3u 公布。

100Base-T 沿用了 IEEE 802.3 规范所采用的 CSMA/CD 技术，实现 10Base-T 和 100Base-T 两种不同网络环境的共存和平滑过渡。

根据所使用的网络介质类型的不同，100Base-T 分为 100Base-TX、100Base-FX、100Base-T4 和 100Base-T2 四种。

（1）100Base-TX 双绞线快速以太网。100Base-TX 快速以太网使用两对 UTP（五类或五类以上）或两对 150Ω STP 作为传输介质，其中一对用来发送数据，另一对用来接收数据，因而 100Base-TX 是全双工的系统。其最大网段长度为 100m。

（2）100Base-FX 光纤快速以太网。100Base-FX 光纤快速以太网使用光纤作为传输介质。使用 ST 或 SC 连接器连接网卡、交换机。但在以太网中多使用价格较为低廉的 SC 连接器。

由于光纤、光/电转换器和接头都比相应的铜介质部件要贵，且安装更加困难。所以光纤一般只是在特殊场合使用，如在长距离、高带宽或对安全性要求高的环境中应用。

（3）100Base-T4 UTP 快速以太网。100Base-T4 使用四对三类或三类以上的非屏蔽双绞线作为传输介质。其中：三对线用来同时传送数据。第四对线则用作冲突检测时的接收通道。由于没有单独专用的发送和接收线，所以它不能实现全双工通信。

（4）100Base-T2 UTP 快速以太网。100Base-T4 存在两个明显的缺点：一是它要求使用四对三类以上 UTP，但早期的一些三类线只提供了两对线；二是参与数据传输的三类线只能同时接收或者发送数据，因而无法实现全双工通信。100Base-T2 使用两对三类或三类以上的 UTP，实现 100Mb/s 的数据传输速率，并能够实现全双工通信，使传输速率在理论上比 100Base-T4 提高一倍。

但是，由于 100Base-T2 相关的接口电路的设计非常复杂，相关标准和产品的推出时间也较迟，所以现在在局域网中基本不用。

3. 千兆位以太网

随着快速以太网的使用，IEEE 将千兆位以太网网络传输速率确定为 1000Mb/s，并于 1998 年 6 月推出的 802.3Z（草案）中规定了相关标准。

目前，由于千兆以太网技术的成熟以及千兆以太网设备价格的下降，千兆以太网已成为目前组网的主流。同现有的其他高速网络技术（如 ATM）相比，千兆位以太网最大的优点是它对现有以太网具有兼容性。同快速以太网一样，千兆位以太网使用与 10Mb/s 以太网相同的帧格式和帧大小，并保持与 CSMA/CD 协议的兼容性。因此，广大的以太网用户能够在保留现有的应用程序、操作系统、IP 协议以及网络管理平台与工具的同时，对现有以太网进行平滑的、无须中断的升级，并且不需增加附加的协议栈和中间件。

4. 万兆位以太网

万兆位以太网技术是一种高速以太网技术，它适用于新型的网络结构，能够实现全网技术统一。这种以太网采用 IEEE 802.3 以太网媒体访问控制（MAC）协议、帧格式和帧长度。万兆位以太网同快速以太网和千兆位以太网一样，采用全双工模式。它的优点是减少网络的复杂性，兼容现有的局域网技术并将其扩展到广域网，同时提供更快、更新的数据业务。

2.2 光纤

2.2.1 光纤概述

1. 什么是光纤

光纤是一种通过光信号将信息从一端传送到另一端的传输介质，由玻璃或塑胶纤维构成。

通常“光纤”与“光缆”两个名词会被混淆。光纤通常是由石英玻璃制成的横截面积很小的双层同心圆柱体，它质地脆，易断裂，因此需要外加一保护层，如图 2-2-1 所示。

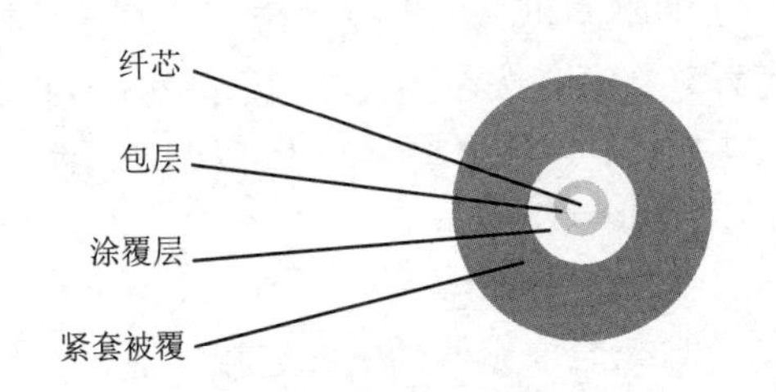

图 2-2-1 光纤结构

多数光纤在使用前必须由几层保护结构包覆，包覆后的缆线即被称为光缆。光缆外层的保护结构可防止周围环境对光纤的损伤，如水、火、电击等。

光纤分为单模光纤和多模光纤。在多模光纤中，芯的直径是 15～50mm，大致与人的头发的粗细相当。而单模光纤芯的直径为 8～10mm。单模光纤相比多模光纤，传输带宽更高，传输容量更大，但价格较贵。

2. 光纤的特性

光纤与铜缆线不同之处在于，光纤传送的是光信号而非电信号。光纤具有很多独特的优点，如：宽频带、低损耗、屏蔽电磁辐射、重量轻、较强的安全性和隐密性。

3. 光纤中信号的转换

任何通信传输的过程都包括：编码→传输→解码，光纤系统的传输过程也大致相同。电信号输入后，通过光电转换器将信号编码，成为光信号，光信号通过光纤，传送到另一端的光电转换器，再将信号解码，还原成原先的电信号输出。

2.2.2 光纤产品介绍

1. 光纤连接器

光纤连接器是光纤与光纤之间进行可拆卸连接的器件，它把光纤的两个端面精密对接起来，以使发射光纤输出的光能量能最大限度地耦合到接收光纤中去，光纤连接器影响着光传输系统的可靠性和各项性能。光纤连接器如图 2-2-2 所示。

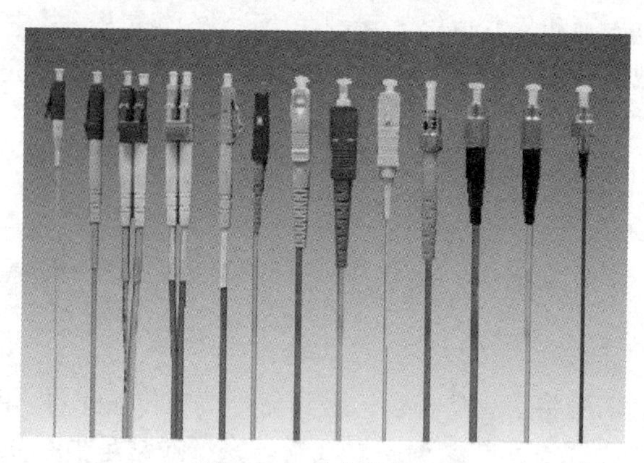

图 2-2-2 光纤连接器

光纤连接器按传输介质的不同可分为常见的硅基光纤的单模、多模连接器，还有其他如以塑胶等为传输介质的光纤连接器；按连接头结构形式可分为：FC、SC、ST、LC、D4、DIN、MU、MT 等各种形式。其中，ST 连接器通常用于布线设备端，如光纤配线架、光纤模块等；而 SC 和 MT 连接器通常用于网络设备端。

2. 光纤配线箱

光纤配线箱适用于光缆与光通信设备的配线连接，通过配线箱内的适配器，用光跳线引出光信号，实现光配线功能。光纤配线箱如图 2-2-3 所示。

图 2-2-3 光纤配线箱

3. 光纤收发器

光纤收发器是一种将短距离的双绞线电信号和长距离的光信号进行互换的以太网传输介

质转换单元，在很多地方也被称为光电转换器（Fiber Converter），如图 2-2-4 所示。产品一般应用在以太网电缆无法覆盖、必须使用光纤来延长传输距离的网络环境中，如局域网楼与楼之间、宽带城域网的接入层应用、广域网的长距离传输等。

图 2-2-4　光纤收发器

2.3　交换机

交换机是网络中的重要设备，负责将信息交换到目标机器，相比早期集线器的共享工作模式，交换机通过交换方式工作，工作效率明显提高。

2.3.1　交换机简介

"交换"和"交换机"最早起源于电话通信系统（PSTN）。交换是指两个网络节点间如何创建连接的，主要有三种交换方法：电路交换、报文交换、分组交换。电路交换是指当两个网络节点开始传输数据之前建立一个连接，并且保持这个连接直到通信结束时才释放连接所占用的带宽。报文交换采用的是"存储转发"的方式，连接不需要持续保持，当信息从连接链路上的一个设备传到另一个设备后，便断开这两个设备之间的连接，然后再从另一个设备传到下一个设备，直到目的地。分组交换与报文交换类似，在数据传输时，先将数据分割成数据包，每个数据包都包含目标地址和包的序号，每个数据包可以通过不同的链路到达目的地，然后目标节点会根据数据包中的包序号对数据包进行重组。在因特网上广泛使用的是分组交换技术。

2.3.1.1　交换机分类

1. 按端口数量

目前主流交换机主要有 8 口、16 口和 24 口几种，但也有少数品牌提供非标准端口数。图 2-3-1 所示是一款 16 口交换机。

图 2-3-1　NETGEAR 16 口交换机

2. 按带宽

按照交换机所支持的带宽不同，通常可分为100Mb/s、1000Mb/s、100/1000Mb/s三种。对于100/1000Mb/s自适应的交换机，其内部内置了100Mb/s和1000Mb/s两条内部总线，可以手动或自动完成100/1000Mb/s的切换。

3. 按应用领域

（1）广域网交换机

广域网交换机主要应用于电信城域网互联、互联网接入等领域的广域网中，广域网交换机是面向连接的，通常使用永久性虚电路（PVC）或交换式虚电路（SVC），主要用于帧中继和ATM网。

广域网交换机主要有：访问交换机（Access Switch）、边缘交换机（Edge Switch）和核心交换机（Core Switch）。

访问交换机通常提供企业到运营商网络的PPP拨号或帧中继连接。边缘交换机通常连接ATM、帧中继、X.25和ISDN，构成运营网络的核心。核心交换机通常连接ATM或帧中继，通过高速中继线将多台边缘交换机连接起来。

（2）局域网交换机

1）根据使用的网络技术和传输速率来划分，局域网交换机可以分为：以太网交换机、快速以太网交换机、千兆（G位）以太网交换机、10千兆（10G位）以太网交换机、ATM交换机、令牌环交换机和FDDI交换机等。

①以太网交换机。这种交换机用于100Mb/s以下的以太网，是使用最普遍且较便宜的一种，它可以提供三种网络接口：RJ-45、BNC和AUI，适用的传输介质分别为：双绞线、细同轴电缆和粗同轴电缆。图2-3-2所示的是一款带有RJ-45和AUI接口的以太网交换机产品示意图。

图2-3-2　带有RJ-45和AUI接口的以太网交换机产品示意图

②快速以太网交换机。这种交换机用于100Mb/s的快速以太网。快速以太网是在普通双绞线或光纤上实现100Mb/s传输速率的网络技术，所以这种交换机提供RJ-45接口，也有部分交换机提供SC网络接口。图2-3-3所示的是一款快速以太网交换机产品示意图。

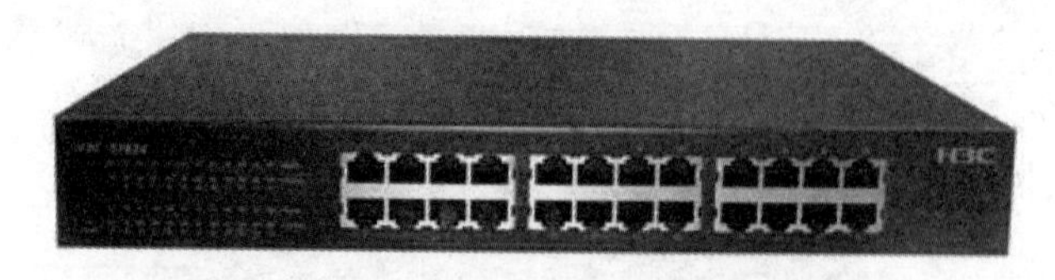

图2-3-3　快速以太网交换机产品示意图

③千兆以太网交换机。千兆以太网交换机用于千兆以太网中，一般用于大型网络的骨干网段，所采用的传输介质有光纤、双绞线两种，对应的网络接口为SC和RJ-45接口两种。图2-3-4所示的就是两款千兆以太网交换机产品示意图。

图 2-3-4　千兆以太网交换机产品示意图

④10 千兆以太网交换机。10 千兆以太网交换机主要是用于当今 10 千兆以太网络的接入，主要用于骨干网段上，采用的传输介质为光纤，其接口方式也就相应为 SC 接口。图 2-3-5 所示的是一款 10 千兆以太网交换机产品示意图。

图 2-3-5　10 千兆以太网交换机产品示意图

⑤ATM 交换机。ATM 交换机是用于 ATM 网络的交换机产品，在市场上很少看到。它的传输介质一般采用光纤，接口类型一般有两种：以太网 RJ-45 接口和光纤接口。图 2-3-6 所示就是这样一款 ATM 交换机产品示意图。

图 2-3-6　ATM 交换机产品示意图

⑥FDDI 交换机。FDDI 技术是在快速以太网技术还没有出现之前开发的，主要是为了解决当时 10Mb/s 以太网和 16Mb/s 令牌网速度的局限，因为它的传输速度可达到 100Mb/s，所以在当时还是有一定市场的。但随着快速以太网技术的成功，FDDI 技术也就失去了它应有的市场。图 2-3-7 所示的是一款 3COM 公司的 FDDI 交换机产品示意图。

2）根据应用层次划分。局域网交换机可以分为：企业级交换机、部门级交换机、工作组交换机和桌面型交换机等。

①企业级交换机。企业级交换机通常作为核心交换机，一般采用模块化的结构，用于中大型企事业单位构建高速局域网的骨干网络，属于企业网络的最顶层。图 2-3-8 所示的是一款模块化千兆以太网交换机，属企业级交换机。

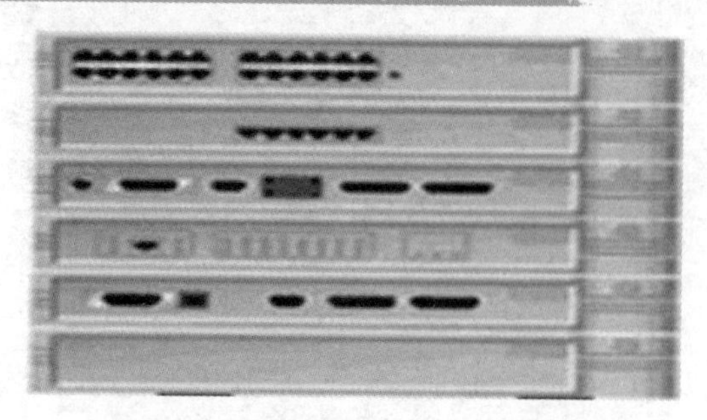

图 2-3-7　FDDI 交换机产品示意图

图 2-3-8　模块化千兆以太网交换机产品示意图

②部门级交换机。部门级交换机是面向中小型企事业单位网络使用的交换机，这类交换机可以是固定配置，也可以是模块配置，一般除了常用的 RJ-45 双绞线接口外，还带有光纤接口。图 2-3-9 所示是一款部门级交换机产品示意图。

③工作组交换机。工作组交换机一般为固定配置，其功能较为简单。图 2-3-10 所示的是一款快速以太网工作组交换机产品示意图。

图 2-3-9　部门级交换机产品示意图

图 2-3-10　快速以太网工作组交换机产品示意图

④桌面型交换机。这类交换机是一种低档交换机，并且端口数也较少，只具备最基本的交换机特性，当然价格也是最便宜的。图 2-3-11 是一款桌面型交换机产品示意图。

图 2-3-11　桌面型交换机产品示意图

2.3.1.2　交换机的选购

局域网交换机是局域网网络系统的核心设备，在选购交换机时应注意以下几个主要因素：端口数、MAC 地址表长度、背板带宽、转发方式、数据延时、网管功能、是否允许光纤接入及接口类型等。

2.3.2　交换机本地登录

本地配置我们主要考虑物理连接方式和软件配置，在软件配置方面以最常见的 H3C 的“H3C LS-3600V2”交换机为例来讲述。

1. 物理连接

交换机的本地配置方式是通过计算机与交换机的“Console”端口直接连接的方式进行通信的，它的连接图如图 2-3-12 所示。基于笔记本电脑的便携特性，因此配置交换机通常通过笔记本电脑进行，在没有笔记本电脑的情况下，当然也可以采用台式机，但因本地登录受距离限制，可能会需要移动 PC，比较麻烦。

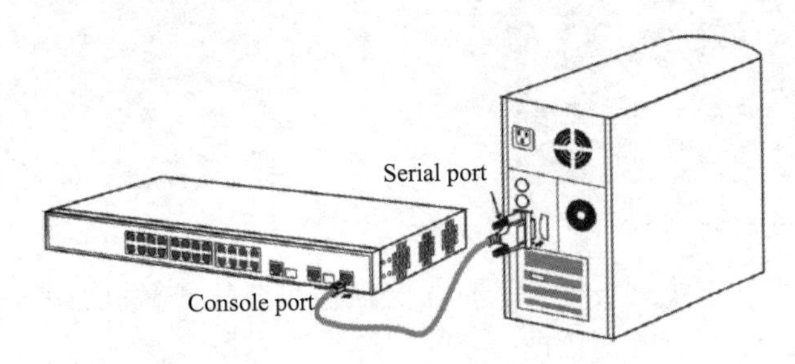

图 2-3-12　交换机 Console 端口连接

通过 Console 端口连接并配置交换机，是配置和管理交换机必须经过的步骤。虽然还有其他若干种配置和管理交换机的方式（如 Web 方式、Telnet 方式等），但是，在很多交换机中，Web 方式、Telnet 方式必须通过 Console 端口进行基本配置后才能进行。因为 Web 方式、Telnet 方式需要借助于 IP 地址、域名或设备名称才可以实现连接，而新购买的交换机可能没有内置这些参数，所以通过 Console 端口连接并配置交换机是最常用、最基本也是网络管理员必须掌握的管理和配置方式。

不同类型的交换机 Console 端口所处的位置并不相同，有的位于前面板，有的则位于后面板。通常模块化交换机 Console 端口大多位于前面板，而固定配置交换机则大多位于后面板，如图 2-3-13 所示。

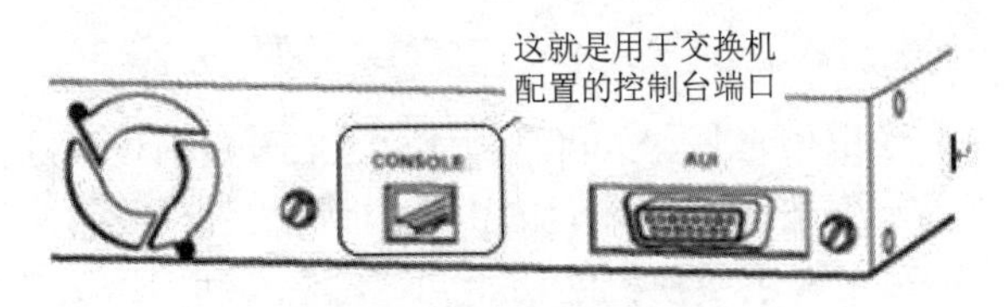

图 2-3-13　Console 端口

除位置不同之外，Console 端口的类型也有所不同，绝大多数都采用 RJ-45 端口（如图 2-3-2 所示），但也有少数采用 DB-9 串口端口（如 Catalyst 3200）或 DB-25 串口端口（如 Catalyst 2900）。

2. 软件配置连接

物理连接完成后，我们就可以打开计算机和交换机电源进行软件配置，下面以 H3C 的一款网管型交换机“H3C LS-3600V2”来讲述配置过程。步骤如下：

在 Windows XP 系统中，单击“开始”按钮，在“程序”菜单的“附件”选项中单击“超级终端”，弹出如图 2-3-14 所示对话框。这个对话框是用来建立一个新的超级终端连接项。

在“名称”文本框中键入需新建超级终端连接项的名称，这主要是为了便于识别，没有什么特殊要求，我们这里键入“switch”，如果想为这个连接项选择一个自己喜欢的图标，则可以在“图标”栏中选择一个，然后单击“确定”按钮，弹出如图 2-3-15 所示的对话框。

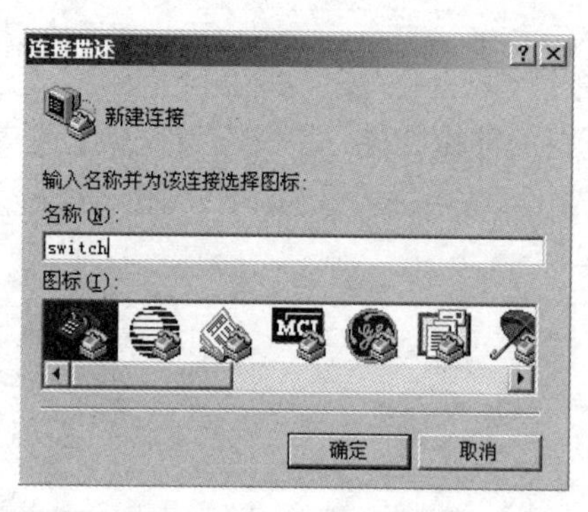

图 2-3-14　输入连接名称

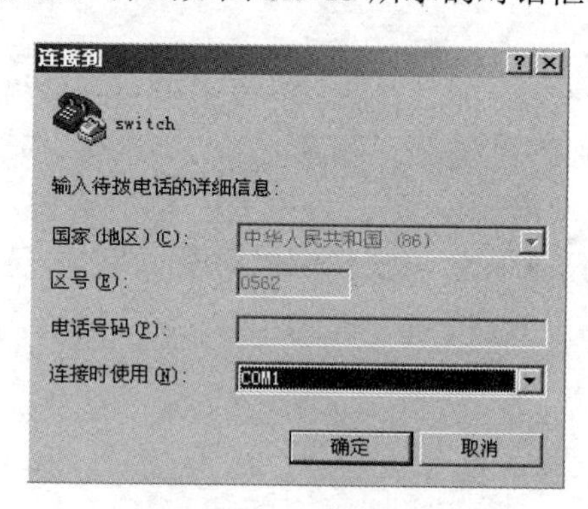

图 2-3-15　连接端口

在“连接时使用”下拉列表框中选择与交换机相连的计算机的串口名称。单击“确定”按钮，弹出如图 2-3-16 所示的对话框。

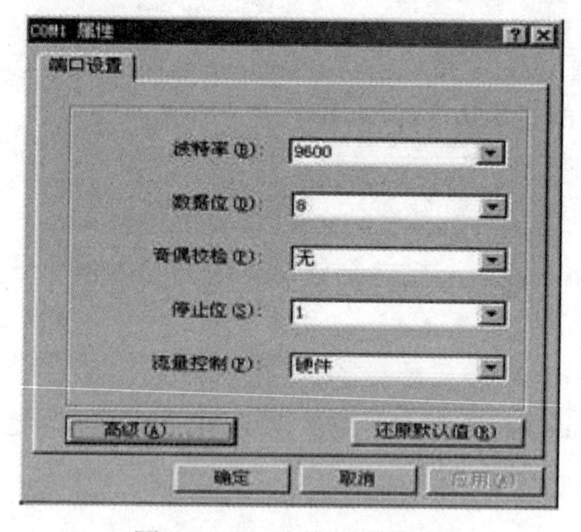

图 2-3-16　连接参数设置

在“波特率”下拉列表框中选择“9600”，因为这是串口的最高通信速率，其他各选项统统采用默认值。单击“确定”按钮，如果通信正常的话就会出现类似于如图 2-3-17 所示的主配置界面，并会在这个窗口中显示交换机的初始配置信息，利用这些信息，可以对交换机的硬件结构和软件加载过程有直观的认识。

本地登录交换机成功后，出现交换机的命令行状态（Switch>），在此状态下，我们可以运行交换机配置命令，对交换机进行配置，参见附录 F。

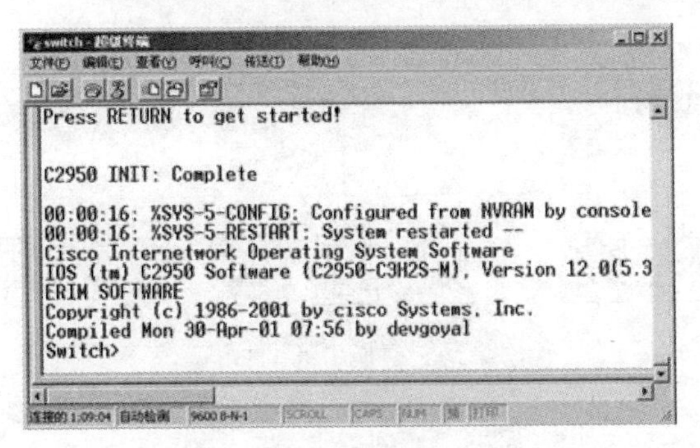
Press RETURN to get started!

C2950 INIT: Complete

00:00:16: %SYS-5-CONFIG: Configured from NVRAM by console
00:00:16: %SYS-5-RESTART: System restarted --
Cisco Internetwork Operating System Software
IOS (tm) C2950 Software (C2950-C3H2S-M), Version 12.0(5.3
ERIM SOFTWARE
Copyright (c) 1986-2001 by cisco Systems, Inc.
Compiled Mon 30-Apr-01 07:56 by devgoyal
Switch>

图 2-3-17　交换机启动信息

2.3.3　交换机与交换机连接

当一台交换机能够提供的端口数量不足以满足网络对计算机信息点的需求时，这就必须将多个交换机连接在一起，以扩展连接端口。通常有以下几种方法可以将交换机连接在一起。

1. 交换机的堆叠

交换机的堆叠是扩展端口最快捷、最便利的方式，如图 2-3-18 所示。交换机的堆叠主要有以下几个优点：

（1）提供高密度端口。

（2）高速传输：由于堆叠中的所有计算机都连接到同一高速背板模块，所以，不同交换机之间的通信不再需要层层转发，从而减少了交换机之间的转发延迟，避免了端口冲突，所有端口的计算机均可以线速进行交换，提高了不同交换机间计算机的通信速率。

（3）便于管理：一个堆叠的若干台交换机可以视为一台交换机进行管理，从而减少了管理强度和难度，节约了管理成本。

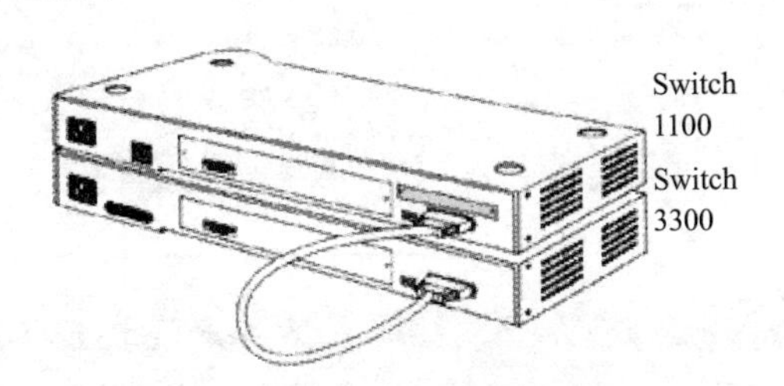

图 2-3-18　两个交换机的堆叠

2. 交换机的 UTP 级联

级联方式是最常用的一种组网方式，它通过交换机上的级联口（UpLink）进行连接，也可通过交换机的普通 RJ-45 口级联。需要注意的是交换机不能无限制级联，超过一定数量的交换机进行级联，最终会引起广播风暴，导致网络性能严重下降，另外用 UTP 双绞线进行级联的有效距离是 100m，如图 2-3-19 所示。

3. 端口聚合方式

端口聚合方式相当于用多个端口同时进行级联，它提供了更高的互联带宽和线路冗余，使网络具有一定的可靠性，如图 2-3-20 所示，使用两个端口进行端口聚合。

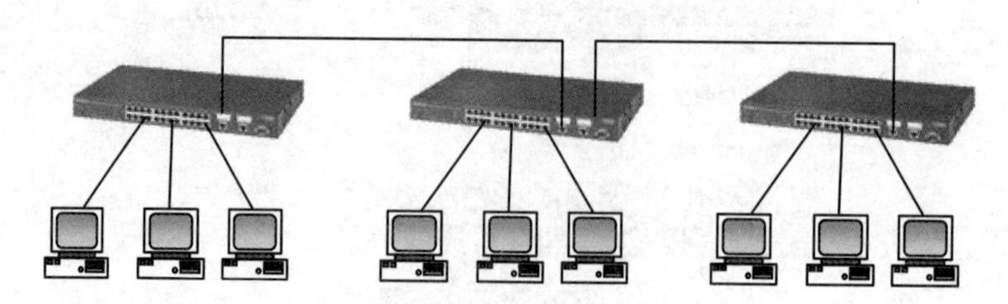

图 2-3-19　交换机的 UTP 级联

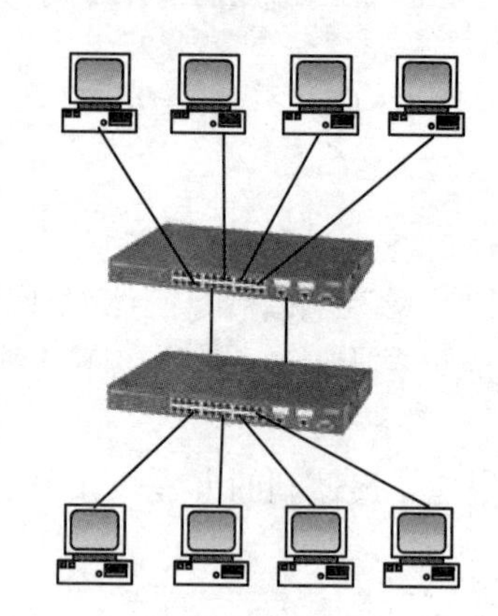

图 2-3-20　交换机的端口聚合方式

4. 分层式结构

分层式组网应用于比较复杂的网络结构中，按照功能可划分为：接入层、汇聚层、核心层，如图 2-3-21 所示。

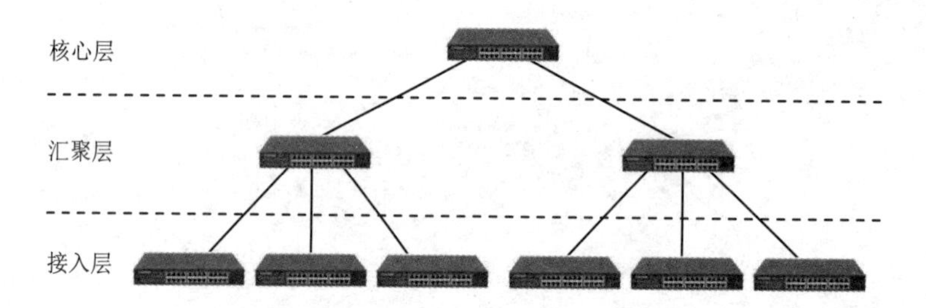

图 2-3-21　交换机的分层式结构

5. 交换机的光纤连接

实际上这也是交换机的一种级联方式，不过由于采用光纤连接可以极大地延伸以太网的传输距离，提高网络传输速度，现在这种连接方式已广泛在组网实践中应用。用光纤级联通常有两种情况：一是利用交换机上自带的光纤端口进行级联，二是若交换机上没有光纤端口，可利用光纤收发器进行级联，但这种连接方式受 UTP 的传输速率限制，如图 2-3-22 所示。

2.3.4　交换机工作原理

“交换”和“交换机”最早起源于电话通信系统（PSTN）。交换是指两个网络节点间如何创建连接的。

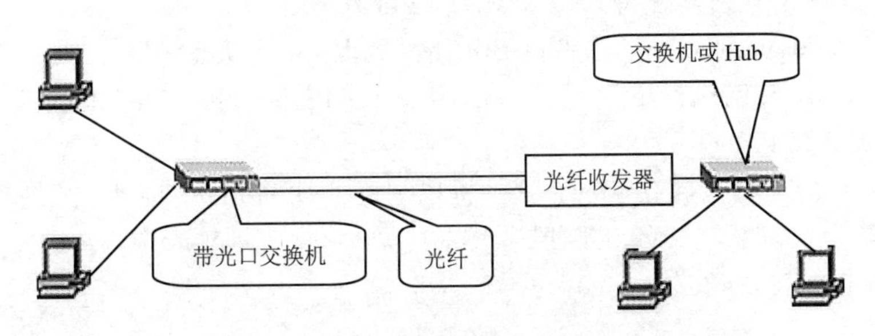

图 2-3-22 交换机的光纤连接

1. 冲突域与广播域

（1）冲突域。冲突域（物理分段）是指连接在同一传输介质上的所有工作站的集合，或者说是同一物理网段上所有节点的集合或以太网竞争同一带宽的节点集合。

用集线器或者中继器连接的所有节点可以被认为是在同一个冲突域内。而第二层设备（网桥、交换机）和第三层设备（路由器）都可以划分冲突域，当然也可以连接不同的冲突域。简单地说，可以将通过中继器相连的看成是一根电缆，而将通过网桥相连的看成是一束电缆。

（2）广播域。广播域是接收同样广播消息的节点的集合。例如：在该集合中的任何一个节点传输一个广播帧，则所有其他能收到这个帧的节点都被认为是该广播域的一部分。

集线器和交换机等第一、第二层设备连接的节点被认为都是在同一个广播域，而路由器、第三层交换机则可以划分广播域，即可以连接不同的广播域。一个虚拟局域网就是一个广播域，虚拟局域网可以隔离广播域，划分虚拟局域网的其中一个目的就是隔离广播帧。

2. MAC 地址表功能

在计算机网络系统中，“交换”是相对于“共享”来说的。在共享式网络中主要的网络设备是集线器（Hub），Hub 不具备识别目的地址的功能，它采用广播方式发送数据包。交换式网络中主要的网络设备是交换机，交换机拥有一条很高带宽的背部总线和内部交换矩阵，所有的端口都挂接在背部总线上，每一端口都独享交换机的一部分总带宽。交换机之所以能够智能地转发数据到目的节点，是通过内部的 MAC 地址表来实现的。交换机的 MAC 地址表能够存储网络内计算机的 MAC 地址和与交换机相连的端口之间的对应信息，从而通过查询 MAC 地址表来获取目标计算机所连接的端口，因此，在传输数据时避免了向交换机所有端口发送广播数据。

3. 交换机工作原理

交换机的数据存储转发过程如下：

（1）它将某个端口发送的数据帧先存储起来。

（2）通过解析数据帧以获得目的 MAC 地址。

（3）然后在 MAC 地址表找到目的主机所连接的交换机的端口。

（4）立即将数据帧发送到目的端口。

假定主机 A 向主机 B 发送数据，如图 2-3-23 所示，其过程如下：

（1）如果交换机刚进行加电启动初始化，MAC 地址表是空的，则执行步骤（2），否则转向执行步骤（3）。

（2）交换机接收帧时，根据收到的数据帧中的源 MAC 地址，建立主机 A 的 MAC 地址与交换机端口 E0/1 的映射，并将其写入 MAC 地址表中。

（3）查询 MAC 地址表，如果主机 B 的 MAC 地址存在，查询到主机 B 的 MAC 地址所对应的映射端口，则转向执行步骤（5），否则由于目的主机 B 的 MAC 地址未知，交换机把数据帧广播到所有的端口。

（4）主机 B 向主机 A 发出响应，交换机也知道了 B 的 MAC 地址。交换机会建立主机 B 的 MAC 地址与交换机端口 E0/3 的映射，并将其写入 MAC 地址表中。

（5）将数据帧转发到端口 E0/3。

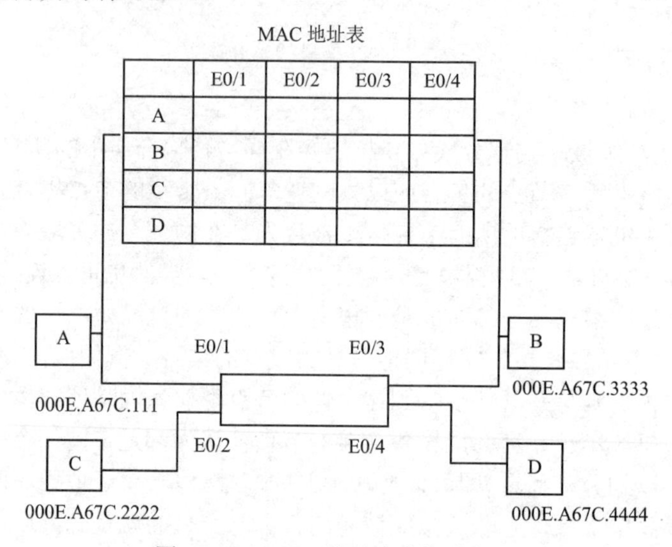

图 2-3-23 MAC 地址表查询过程

注意：当主机 B 的响应数据帧进入交换机时，由于交换机已知主机 A 所连接的端口，所以交换机不对响应数据帧进行广播，而是直接把数据帧传递到接口 E0/1。

几个重要概念：

（1）MAC 地址表。MAC 地址表的结构包含 MAC 地址和端口号，MAC 地址表存放在交换机的缓存（RAM）中。MAC 地址表需要新建或更新，也就是 MAC 地址学习，学习地址时，交换机要记录两件事：

1）记录 MAC 地址本身和对应端口号。

2）将 MAC 地址的生存期清零；表中的地址生存期每秒加 1，生存期达到一个特定值，对应的 MAC 地址表项就会被删除掉，这个过程叫老化。

（2）丢弃：当与本端口连接的主机访问本端口连接的主机时丢弃。

（3）转发：当与某端口连接的主机访问已知地址的某端口连接的主机时转发。

（4）广播：当与某个端口连接的主机访问未知地址的端口连接的主机时需要进行广播。

（5）生存期：生存期是端口地址列表中表项的寿命。对于长期不发送数据的主机，其 MAC 地址的表项在生成期结束时删除。所以端口地址表记录的总是最活跃的主机的 MAC 地址。

4. 交换机的三种交换策略

交换机接收到的数据帧由 5 个部分组成：目的 MAC 地址（6 个字节）+源 MAC 地址（6 个字节）+协议（2 个字节）+数据（46～1500 个字节）+帧校验序列（4 个字节）。交换机在将数据帧从源端口传送到目的端口时主要采用三种交换策略：直通交换式、存储转发式和碎片隔离式。

（1）直通交换（Cut Through）。采用直通交换方式的交换机提供线速处理能力，只读出数据帧的目的 MAC 地址，便查看 MAC 地址表，然后将数据帧转发出去，这样可以大大降低延时。

它的缺点主要有两个方面：一是因为只读出了目的 MAC 地址后，便将数据帧转发出去，所以无法检查数据帧是否有误，不能提供错误检测能力；二是由于没有缓存，不能将具有不同速率的输入/输出端口直接连接，并且容易丢包。

（2）存储转发（Store and Forward）。存储转发是计算机网络中使用得最为广泛的技术之一，它是以牺牲性能为代价，目的是减少无效帧的转发。在这种交换策略中，交换机首先完整地接收数据帧，并进行差错检测，如果接收的数据帧是正确的，则根据数据帧的目标地址，将数据帧传送到相应的端口。所以，存储转发式交换策略在数据处理时有较大的延时，但可有效地改善网络性能，减少网络上的无效帧。另外，这类交换机支持不同速度端口间的转发，保持高速端口和低速端口之间协调工作。

（3）碎片隔离（Fragment Free）。这种交换策略是上述两种策略的综合。它在转发前先检查数据帧的长度是否小于 64 个字节，如果小于 64 个字节，说明是假包（或称残帧，有效的数据帧的长度为 64～1518 个字节），则会丢弃该数据帧；如果大于 64 个字节，则发送该数据帧。该方式的数据处理速度比存储转发式快，比直通交换式慢，但能够避免残帧的转发。

2.4 局域网综合布线

2.4.1 综合布线概述

综合布线系统是为了顺应信息化发展需求而设计的一套布线系统。对于现代化的大楼来说，就如体内的神经，它采用了一系列高质量的标准材料，以模块化的组合方式，把语音、数据、图像和部分控制信号系统用统一的传输媒介进行综合，经过统一的规划设计，综合在一套标准的布线系统中，将现代建筑的三大子系统有机地连接起来，为现代建筑的系统集成提供了物理介质。

1. 综合布线的起源

回顾历史，综合布线的发展与建筑物自动化系统密切相关。传统布线如电话、计算机局域网都是各自独立的。各系统分别由不同的厂商设计和安装，传统布线采用不同的线缆和不同的终端插座。而且，连接这些不同布线系统的插头、插座及配线架均无法互相兼容。办公布局及环境改变的情况是经常发生的，需要调整办公设备或随着新技术的发展需要更换设备时，就必须更换布线。因此维护与改造布线系统十分困难。

随着全球社会信息化与经济国际化的深入发展，人们对信息共享的需求日趋迫切，就需要一个适合信息时代的布线方案。

美国电话电报（AT&T）公司的贝尔（Bell）实验室的专家们经过多年的研究，在办公楼和工厂试验成功的基础上，于 20 世纪 80 年代末期率先推出 SYSTIMAXTMPDS（建筑与建筑群综合布线系统），现时已推出结构化布线系统 SCS。经中华人民共和国国家标准 GB/T 50311－2000 命名为综合布线 GCS（Generic Cabling System）。

2. 综合布线的特点

综合布线同传统的布线相比较，有着许多优越性，是传统布线所无法相比的。其特点主要表现在它具有兼容性、开放性、灵活性、可靠性、先进性和经济性，而且在设计、施工和维护方面也给人们带来了许多方便。

（1）兼容性：综合布线的首要特点是它的兼容性。所谓兼容性是指它自身是完全独立的，而与应用系统无关，可以适用于多种应用系统。

综合布线将语音、数据与监控设备的信号经过统一的规划和设计，采用相同的传输媒体、信息插座、交连设备、适配器等，把这些不同信号综合到一套标准的布线中。由此可见，这种布线比传统布线大为简化，可节约大量的物资、时间和空间。

在使用时，用户可不用定义某个工作区的信息插座的具体应用，只把某种终端设备（如个人计算机、电话、视频设备等）插入信息插座，然后在管理间和设备间的交接设备上做相应的接线操作，这个终端设备就可以接入到相应的系统中。

（2）开放性：对于传统的布线方式，只要用户选定了某种设备，也就选定了与之相适应的布线方式和传输媒体。如果更换另一设备，那么原来的布线就要全部更换。对于一个已经完工的建筑物，这种变化是十分困难的，要增加很多投资。

综合布线由于采用开放式体系结构，符合多种国际上现行的标准，它几乎对所有著名厂商的产品都是开放的，如计算机设备、交换机设备等；并对所有通信协议也是支持的，如ISO/IEC8802-3、ISO/IEC8802-5等。

（3）灵活性：传统的布线方式是封闭的，其体系结构是固定的，若要迁移设备或增加设备是相当困难而麻烦的，甚至是不可能的。

综合布线采用标准的传输线缆和相关连接硬件，模块化设计，因此所有通道是通用的。每条通道可支持终端、以太网工作站。所有设备的开通及更改均不需要改变布线，只需增减相应的应用设备以及在配线架上进行必要的跳线管理即可。另外，组网也灵活多样，甚至在同一房间可有多用户终端、以太网工作站、令牌环网工作站并存，为用户组织信息流提供了必要条件。

（4）可靠性：传统的布线方式由于各个应用系统互不兼容，因而在一个建筑物中往往要有多种布线方案。因此建筑系统的可靠性要由所选用的布线的可靠性来保证，当各应用系统布线不当时，还会造成交叉干扰。

综合布线采用高品质的材料，构成一套高标准的信息传输通道。所有线槽和相关连接件均通过ISO认证，每条通道都要采用专用仪器来测试链路，以保证其电气性能。应用系统布线全部采用点到点端接，任何一条链路故障均不影响其他链路的运行，这就为链路的运行、维护及故障检修提供了方便，从而保障了应用系统的可靠运行。各应用系统往往采用相同的传输媒体，因而可互为备用，提高了冗余。

（5）先进性：综合布线采用光纤与双绞线混合布线方式，极为合理地构成一套完整的布线。

综合布线采用世界上最新通信标准，链路均按八芯双绞线配置。5类双绞线带宽可达100MHz，6类双绞线带宽可达250MHz。对于特殊用户的需求，可把光纤引到桌面（Fiber to the Desk）。语音干线部分用铜缆，数据部分用光缆，为同时传输多路实时多媒体信息提供足够的带宽容量。

（6）经济性：综合布线比传统布线更具经济性，主要是综合布线可适应相当长时间的需求，传统布线改造很费时间，耽误工作，造成的损失更是无法用金钱计算。

综合布线较好地解决了传统布线方法存在的许多问题，随着科学技术的迅猛发展，人们对信息资源共享的要求越来越迫切，尤其以电话业务为主的通信网逐渐向综合业务数字网过渡，越来越重视能够同时提供语音、数据和视频传输的集成通信网。因此，综合布线取代单一、昂贵、复杂的传统布线，是信息时代的要求，是通信技术发展的必然趋势。

2.4.2 综合布线体系结构

从功能上看，综合布线系统包括工作区子系统、水平子系统、管理子系统、垂直干线子系统、设备间子系统、建筑群子系统，如图 2-4-1 所示。

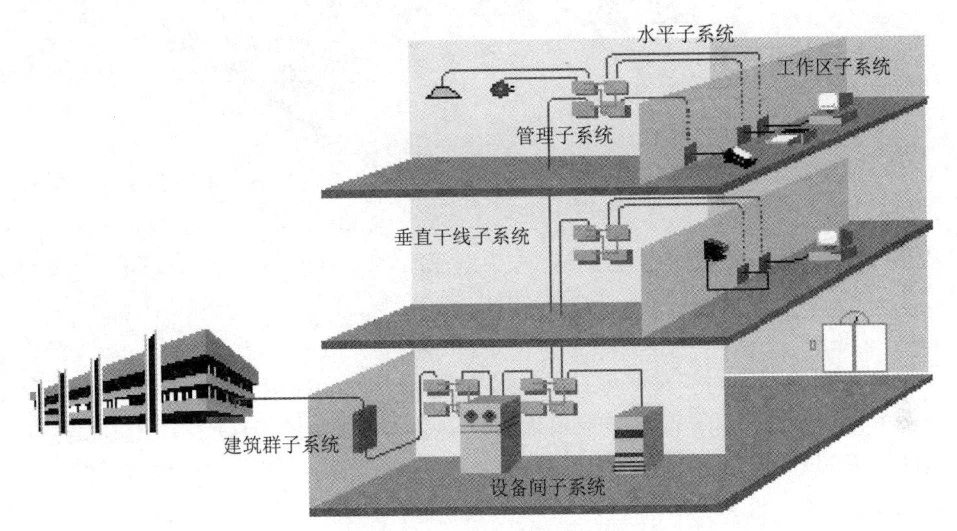

图 2-4-1　综合布线系统结构

1. 工作区子系统

工作区子系统是指从水平子系统用户信息插座延伸至数据终端设备的区域，由连接线缆和适配器组成，如图 2-4-2 所示。工作区的 UTP/FTP 跳线为软线（Patch Cable）材料，即双绞线的芯线为多股细铜丝，最大长度不能超过 5m。

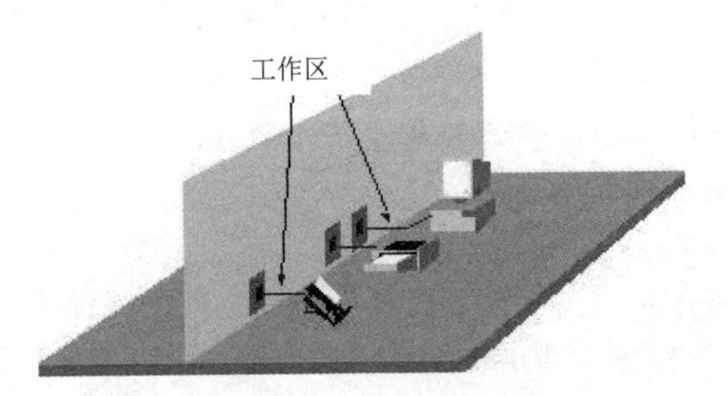

图 2-4-2　工作区子系统

2. 水平子系统

水平子系统是指从楼层配线间至工作区用户信息插座。由用户信息插座、水平电缆、配线设备等组成，如图 2-4-3 所示。综合布线中水平子系统是计算机网络信息传输的重要组成部分。采用星型拓扑结构，每个信息点均需连接到管理子系统，由 UTP、STP 线缆构成。最大水平距离为 90m，是指从管理子系统中配线架的 JACK 端口至工作区的信息插座的电缆长度。工作区的 patch cord、连接设备的 patch cord、cross-connection 线的总长度不能超过 10m。水平布线系统施工是综合布线系统中工作量最大的工程，在建筑物施工完成后，不易变更。因此要严格施工，保证链路性能。

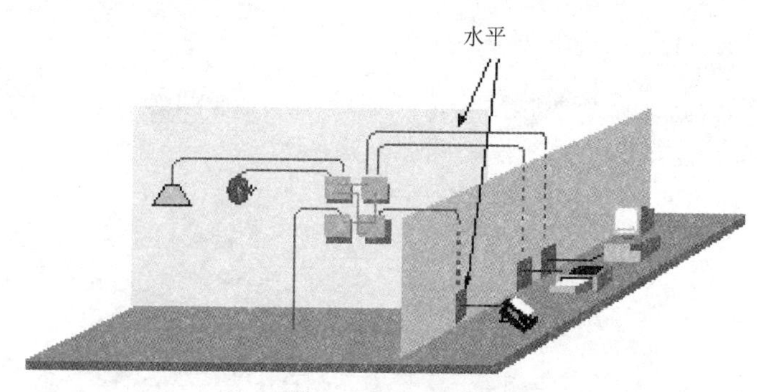

图 2-4-3　水平子系统

综合布线的水平线缆可采用超五类、六类双绞线，也可采用屏蔽双绞线，甚至可以光纤到桌面。

3. 管理子系统

不同行业标准和厂商对管理子系统的定义有所差异，单单从布线的角度上看，称之为楼层配线间或电信间是合理的，而且也形象化；但从综合布线系统最终应用，也就是数据、语音网络的角度去理解，称之为管理子系统更合理。它是综合布线系统区别于传统布线系统的一个重要方面，更是综合布线系统灵活性、可管理性的集中体现。因此在综合布线系统中称之为管理子系统。

管理子系统设置在楼层配线间，是水平系统电缆端接的场所，也是主干系统电缆端接的场所；由大楼主配线架、楼层分配线架、跳线、转换插座等组成。用户可以在管理子系统中更改、增加、交接、扩展线缆，用于改变线缆路由。

管理子系统提供了与其他子系统连接的手段，使整个布线系统与其连接的设备和器件构成一个有机的整体。调整管理子系统的交接则可安排或重新安排线路路由，因而传输线路能够延伸到建筑物内部各个工作区。

管理子系统有三种应用：水平/干线连接、主干线系统互相连接、入楼设备的连接。线路的色标标记管理可在管理子系统中实现。

4. 垂直干线子系统

垂直干线子系统由连接主设备间至各楼层配线间之间的线缆构成，用主干电缆提供楼层之间通信的通道，使整个布线系统组成一个有机的整体，其功能主要是把各分层配线架与主配线架相连，如图 2-4-4 所示。垂直干线子系统拓扑结构采用分层星型结构，每个楼层配线间均需采用垂直主干线缆连接到大楼主设备间。垂直主干线缆和水平系统线缆之间的连接需要通过楼层管理间的跳线来实现。

大楼垂直主干线缆长度小于 90m 时，建议按设计等级标准来计算主干电缆数量；但每个楼层至少配置一条超五类或六类线做主干。大楼垂直主干线缆长度大于 90m，则每个楼层配线间至少配置一条多用途四芯多模光纤做主干。主配线架应在中心位置，保持路由最短原则。

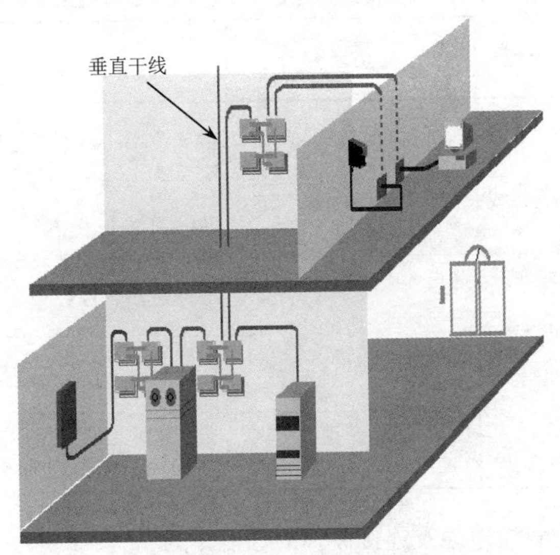

图 2-4-4　垂直干线子系统

5. 设备间子系统

设备间子系统是一个集中化设备区，连接系统公共设备，如 PBX、局域网（LAN）、主机、建筑自动化和保安系统，及通过垂直干线子系统连接至管理子系统。

设备间子系统是大楼中数据、语音垂直主干线缆终接的场所，也是建筑群来的线缆进入建筑物终接的场所，更是各种数据语音主机设备及保护设施的安装场所。建议设备间子系统设在建筑物中部或在建筑物的一、二层，位置不应远离电梯，而且应为以后的扩展留有余地，不建议设在顶层或地下室。建议建筑群来的线缆进入建筑物时应有相应的过流、过压保护设施。

设备间子系统空间要按 ANSI/TIA/EIA-569 要求设计。设备间子系统空间用于安装电信设备、连接硬件、接头套管等，为接地和连接设施、保护装置提供控制环境，是系统进行管理、控制、维护的场所。设备间子系统所在的区域还有对门窗、天花板、电源、照明、接地的要求。

6. 建筑群子系统

当建筑物之间有语音、数据、图像等传输需要时，由两个及以上建筑物的数据、电话、视频系统电缆组成建筑群子系统，包括大楼设备间子系统配线设备、室外线缆等。

建筑群子系统介质选择原则是，楼和楼之间在 2km 以内，传输介质为室外光纤，可采用埋入地下或架空（4m 以上）方式，需要避开动力线，注意光纤弯曲半径。

2.4.3 综合布线设计等级

在综合布线系统工程设计中，必须根据智能化建筑的客观需要和具体要求来考虑链路的选用。它涉及链路的应用级别和相关的链路级别，且与所采用的缆线有着密切关系。目前链路有 5 种应用级别，不同的应用级别有不同的服务范围及技术要求。布线链路按照不同的传输介质分为不同级别，并支持相应的应用级别。具体分类情况见表 2-4-1。

表 2-4-1　综合布线系统链路的应用级别和链路级别

序号	应用级别	布线链路传输介质	应用场合	支持应用的链路级别	频率
1	A 级	A 级对称电缆布线链路	话音带宽和低频信号	最低速率的级别，支持 A 级	100kHz 以下
2	B 级	B 级对称电缆布线链路	中速（中比特率）数字信号	支持 B 级和 A 级的应用	1MHz 以下
3	C 级	C 级对称电缆布线链路	高速（高比特率）数字信号	支持 C 级、B 级和 A 级的应用	16MHz 以下
4	D 级	D 级对称电缆布线链路	超高速（甚高比特率）数字信号	支持 D 级、C 级、B 级和 A 级的应用	100MHz 以下
5	光缆级	光缆布线链路按光纤分为单模光	高速和超高速率的数字信号	支持光缆级的应用，支持传输速率 10MHz 及以上的各种应用	10MHz 及以上

特性阻抗为 100Ω的双绞电缆及连接硬件的性能分为三类、四类、五类和六类，它们分别适用于以下相应的情况：

- 三类 100Ω的双绞电缆及其连接硬件，其传输性能支持 16MHz 以下速率的应用。
- 四类 100Ω的双绞电缆及其连接硬件，其传输性能支持 20MHz 以下速率的应用。
- 五类 100Ω的双绞电缆及其连接硬件，其传输性能支持 100MHz 以下速率的应用。
- 六类 100Ω的双绞电缆及其连接硬件，其传输性能支持 1000MHz 以下速率的应用。

特性阻抗为 150Ω的数字通信用对称电缆（简称 150Ω对称电缆）及其连接硬件，只有五类一种，其传输性能支持 100MHz 以下速率的应用。

在我国通信行业标准中，推荐采用三类、四类和五类 100Ω的对称电缆；允许采用五类 150Ω的对称电缆。

2.5　布线测试

综合布线是一种模块化的、灵活性极高的建筑物内或建筑群之间的信息传输通道。它既能使语音、数据、图像设备和交换设备与其他信息管理系统彼此相连，也能使这些设备与外部相连接。它还包括建筑物外部网络或电信线路的连接点与应用系统设备之间的所有线缆及相关的连接部件。综合布线系统容易受元件的性能、施工的工艺、电磁环境等多种因素影响，并且任一方面的影响都会导致布线系统不合格，而对布线系统进行修复需要昂贵的费用。因此，不论是在布线系统的施工过程中还是在网络投入使用后都必须对布线系统进行不同程度的测试，以保证网络符合工程要求，保证网络正常运行。

综合布线系统的测试可分为导通测试和认证测试两类，其中，以认证测试为主要测试手段。认证测试要依据相关的国际标准，采用专业化的测试设备，对综合布线系统中的每条链路进行测试，并出具相应的测试报告。

在施工中进行测试，可以判别布线系统是否采用符合标准的元件，避免伪劣的产品投入使用，也可以确定施工的质量以及电磁干扰的影响程度，从而提高布线系统整体品质。布线系统整体验收时应对其抽测 10%～15%，相关的测试报告可作为系统是否符合标准的依据。如发现有不合格的链路，则应加大抽测的比例。在系统使用期间，每 2～3 年应对布线系统进行全面测试，以确定其性能下降幅度。在网络发生变更前后，其涉及的布线部分也都应做测试，这样可以确保网络一旦出现问题，可排除物理线路的原因，减少故障诊断和排除的时间。

目前市场上主要流行两个公司的网络布线测试产品：Fluke 公司的系列测试仪和 MicroTest 公司的 MicroTest 系列测试仪，此处主要介绍 Fluke 公司的 Fluke DTX-1200MS 数字分析仪产品，如图 2-5-1 所示。

图 2-5-1　Fluke DTX-1200MS 数字分析仪

其主要功能为：提供布线的自动诊断报告；提供快速测试，支持多种局域网电缆链路系统的测试，例如：UTP、STP（IBM 的 1，2，6，9）和铜缆。

DTX 系列电缆认证分析仪增加了测试同轴电缆系统的功能，包括上一代的数据电缆（例如 10Base-2 或 10Base-5 以太网）和视频分发同轴电缆，功能得到了进一步增强。Fluke 公司全新同轴电缆测试适配器和升级软件为您的 DTX 系列电缆认证分析仪增加了如下同轴电缆测试功能：带多模和单模光纤模块的 DTX-1200，包括 DTX-1200 电缆认证分析仪、DTX-MFM2 多模光纤模块以及 DTX-SFM2 单模光纤模块。

2.6　光纤接入 Internet

2.6.1　Internet 接入方式

在学校或者企事业工作、学习的人员，一般是通过校园网或企业网上网，有专人负责，可以不必关心具体如何接入 Internet，只需学会如何应用 Internet 就可以了。但如果是个人用户，或者负责网络管理方面的具体工作，那么就需要了解各种接入网络的方式、设备购置和软件设置等相关知识。

目前 Internet 接入主要有两种形式：

（1）专线方式。通过租用专用通信线路与 Internet 进行直接的、24 小时不间断的连接。这种方式的费用较大，适合于多人使用、数据通信量大的情况。企事业网和校园网一般是以局域网的方式通过专线接入 Internet，例如目前许多大中院校是使用光纤线路高速接入教育网的。

（2）拨号方式。个人用户不需要很高的带宽，也没必要 24 小时连接 Internet，因此更多的是选择相对便宜的拨号方式来连接 Internet。拨号方式是指利用电话线和调制解调器

（Modem），采用拨号的方式登录到ISP的主机，获得动态分配的IP地址信息后连接到Internet，上网完毕后断开连接并释放资源。

下面介绍一下 Internet 接入技术。

1. 56Kb/s Modem

传输速率为 56Kb/s，主机通过调制解调器，连接普通电话线就可以上网，也就是将 ISP 终端设备与现有的公共电话交换网（PSTN）直接进行数字连接。

目前，这种接入方式因速度慢而基本被淘汰。

2. ISDN

综合业务数字网 ISDN（Integrated Services Digital Network）提供端到端的数字连接，承载包括语音和非语音在内的多种电信业务，在各用户之间实现以 64Kb/s 速率为基础的端到端的透明传输。

ISDN 在我国的应用时间很短，很快被 ADSL 取代。

3. ADSL

ADSL 的中文名是“非对称数字用户线路”，ADSL 技术的关键就是采用高速率、适于传输、抗干扰能力强的调制解调技术。

用户需要安装的 ADSL 设备包括 ADSL Modem、滤波器，主机需要安装网卡。常规的 56K Modem 是通过串行口连接电脑主机的；ADSL Modem 则通过网卡和网线连接主机，再把 ADSL Modem 连接到现有的电话网中就可以实现宽带上网了。滤波器的作用是使正常的电话通话不受任何影响。

ADSL 的优点如下：

（1）传输速率高。ADSL 为用户提供上、下行非对称的传输速率，上行为低速传输，速率也可达 1Mb/s；下行为高速传输，则可达 8Mb/s。

（2）由于利用现有的电话线，并不需要对现有网络进行改造，因此所需投入的资金不大。

（3）ADSL 采用了频分多路技术，将电话线分成了三个独立的信道。用户可以边观看点播的网上电视，边发送 E-mail，还可同时打电话。

4. Cable Modem

Cable Modem（线缆调制解调器）是利用现有的有线电视网，提供高速数据传送的设备，如图 2-6-1 所示。

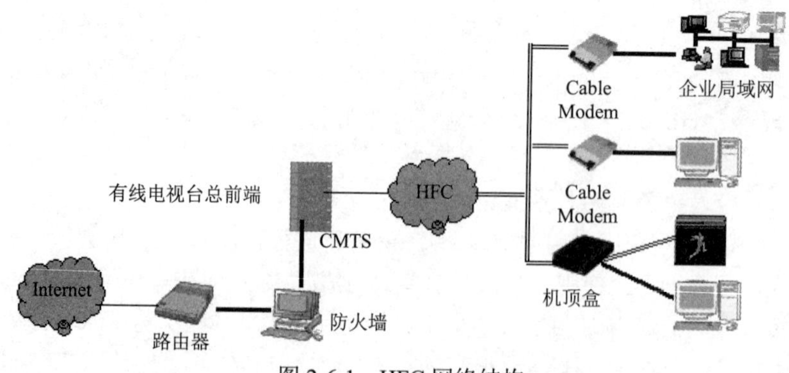

图 2-6-1　HFC 网络结构

它的优点是：

（1）传输速率快。其上行速率可达 10Mb/s，下行最高速率可达 40Mb/s。

（2）上网无须拨号，也就是时刻连接在互联网上。

（3）支持宽带多媒体应用，包括：视频会议、远程教学、视频点播、音乐点播等。

目前它仍然存在不足之处：

（1）由于其网络结构是总线共享结构，因此上网的速度会随着上网人数的增加而下降。

（2）由于目前许多有线电视网是一种单向数据传输网，要实现双向数据传输则必须对现有的线路、设备进行改造，资金的投入远远高于 ADSL。

5. 专线接入

专线接入主要指 X.25 分组交换网、帧中继网、ADSL 专线、数字数据网（DDN）等为局域网用户提供专线接入 Internet 的方式。目前专线接入用户约为 1606 万。

6. 无线接入 Internet

无线接入 Internet 是新兴的网络技术，其主导思想是利用无线设备的方便性和移动性。如笔记本电脑可以通过连接移动电话拨号上网，也可以通过中国移动从 2002 年 5 月开始商用的 GPRS 服务无线上网，GPRS 采用先进的无线分组技术，将无线通信与因特网紧密结合起来，可以轻松地实现移动数据无线互联。

WCDMA 技术为用户带来了最高 2Mb/s 的数据传输速率，在这样的条件下，现在计算机中应用的任何媒体都能通过无线网络轻松地传递。WCDMA 的优势在于，码片速率高，有效地利用了频率选择性分集和空间的接收和发射分集，可以解决多径问题和衰落问题，采用 Turbo 信道编解码，提供较高的数据传输速率，FDD 制式能够提供广域的全覆盖，下行基站区分采用独有的小区搜索方法，无需基站间严格同步。采用连续导频技术，能够支持高速移动终端。

4G 通信技术是基于 IP 协议的高速蜂窝移动网，使得现有的各种无线通信技术从现有 3G 演进，并在 3G LTE 阶段完成标准统一。ITU（国际电信联盟）对 4G 的要求是传输速率比现有网络高 1000 倍，达到 100Mb/s。

2.6.2 光纤接入

光纤接入网是指传输介质为光纤的接入网。光纤接入网从技术上可分为两大类：有源光网络（Active Optical Network，AON）和无源光网络（Passive Optical Network，PON）。有源光网络又可分为基于 SDH 的 AON 和基于 PDH 的 AON；无源光网络可分为窄带 PON 和宽带 PON。

由于光纤接入网使用的传输介质是光纤，因此根据光纤深入用户群的程度，可将光纤接入网分为 FTTC（光纤到路边）、FTTZ（光纤到小区）、FTTB（光纤到大楼）、FTTO（光纤到办公室）和 FTTH（光纤到户），它们统称为 FTTx。FTTx 不是具体的接入技术，而是光纤在接入网中的推进程度或使用策略。

2.6.2.1 光纤收发器

光纤收发器是一种将短距离的双绞线电信号和长距离的光信号进行互换的以太网传输介质转换单元，也被称为光电转换器，如图 2-6-2 所示。

1. 什么是光纤收发器

随着信息化建设的突飞猛进，人们对于数据、语音、图像等多媒体通信的需求日益旺盛，以太网宽带接入方式因此被提到了越来越重要的位置。但是传统的五类线电缆只能将以太网电信号传输 100m，在传输距离和覆盖范围方面已不能适应实际网络环境的需要。与此同时，光纤通信以其信息容量大、保密性好、重量轻、体积小、无中继、传输距离长等优点得到了广泛的应用。在一些规模较大的企业，网络建设时直接使用光纤作为传输介质建立骨干网，而内部局域网的传输介质一般为铜线，如何实现局域网同光纤主干网相连呢？这就需要在不同端口、不同线形、不同光纤间进行转换并保证链接质量。光纤收发器将双绞线电信号和光信号进行相互转换，确保了数据包在两种传输介质间顺畅传输，使得网络的传输距离极限从铜线的 100m 扩展到 100km（单模光纤）。

图 2-6-2　光纤收发器

2．光纤收发器的分类

目前国外和国内生产光纤收发器的厂商很多，产品也极为丰富。为了保证与其他厂家的网卡、中继器、集线器和交换机等网络设备的完全兼容，光纤收发器产品必须严格符合 10Base-T、100Base-TX、100Base-FX、IEEE 802.3 和 IEEE 802.3u 等以太网标准，除此之外，在 EMC 防电磁辐射方面应符合 FCC Part15。当前由于国内各大运营商正在大力建设小区网、校园网和企业网，因此光纤收发器产品的用量也在不断提高，以更好地满足接入网的建设需要。

按光纤性质分类：

（1）单模光纤收发器：传输距离 20～120km。

（2）多模光纤收发器：传输距离 2～5km。

按工作层次/速率分类：

（1）100M 以太网光纤收发器：工作在物理层。

（2）10/100M 自适应以太网光纤收发器：工作在数据链路层。

按结构分类：

（1）桌面式（独立式）光纤收发器：独立式用户端设备。

（2）机架式（模块化）光纤收发器：安装于十六槽机箱，采用集中供电方式。

2.6.2.2　光纤交换机

光纤交换机（FC Switch）是一种高速的网络传输中继设备，它与普通交换机的不同之处是采用了光纤电缆作为传输介质，如图 2-6-3 所示。光纤传输的优点是速度快、抗干扰能力强。

图 2-6-3　8 口光纤交换机

光纤端口特别适合于信息点接入距离超出五类线接入距离、需要抗电磁干扰以及需要通信保密等场合，适用的领域包括：住宅小区 FTTH 宽带接入网络、企业高速光纤局域网、高可靠工业集散控制系统（DCS）、光纤数字视频监控网络、医院高速光纤局域网、校园网络等。

随着企业网络数据的不断增加和网络应用的频繁，许多企业开始意识到需要专门构建自己的存储系统网络来满足日益提升的数据存储性能要求。当前，最为热门的数据存储网络就是 SAN（Storage Area Network，存储区域网络），就是把整个存储当作一个单独的网络与服务器所在企业局域网连接。

在 SAN 存储网络中，起着关键作用的就是光纤交换机，也称光纤通道交换机和 SAN 交换机，光纤交换机采用传输速率较高的光纤通道与 SAN 网络内部组件连接，为高性能的数据存储提供了保障。

光纤以太网交换机提供高性能的网络管理，用户可以选择全光端口配置或光电端口混合配置，接入光纤介质可选单模光纤或多模光纤。该交换机可同时支持网络远程管理和本地管理以实现对端口工作状态的监控和交换机的设置，如图 2-6-4 所示。

图 2-6-4　光纤以太网交换机

2.7　IP 地址规划与管理

2.7.1　IPv4 基础

IPv4 是 Internet Protocol version 4（网际协议版本 4）的英文简称，而中文简称为“网协版 4”。目前的全球因特网所采用的协议族是 TCP/IP 协议族。IP 是 TCP/IP 协议族中网络层的协议，是 TCP/IP 协议族的核心协议。目前 IP 协议的版本号是 4（简称为 IPv4 版本），它的下一个版本是 IPv6。

1. IPv4 的分类

IPv4 长度为 32 位二进制数，为了方便人们的使用，IP 地址经常被写成十进制的形式，中间使用符号“.”分开不同的字节，当然也可以用二进制或十六进制来表示。如 192.168.0.1 就是一个合法的十进制 IP 地址，其二进制形式为 11000000.10101000.00000000.00000001。IPv4 地址类别的划分主要是针对网络规模的大小，依据 IP 地址最左边 4 个二进制位的值决定具体的网络类型，IP 地址分为五类，即 A 类、B 类、C 类、D 类、E 类。

IP 地址是由两部分组成：一部分用来标识所属网络的网络地址；另一部分用来标识网络

中主机的主机地址。同一网络的所有主机都使用同一网络地址，而其主机地址各不相同，用于标识不同的主机。IP 地址的格式为：IP 地址=网络地址+主机地址。

（1）A 类地址。A 类地址使用第一个字节的 8 位二进制位作为网络地址，该字节最左边的一位二进制位恒为 0，其余的七位二进制位用于标识网络号。A 类地址目前已分配完毕，主要分配给规模特别大的网络使用，其地址的表示范围为：1.0.0.0～126.255.255.255，每个网络可以容纳 16777214 台主机。

（2）B 类地址。B 类地址使用第一个字节和第二个字节（共 16 位二进制位）作为网络地址，且最左边的两位二进制位恒为 10，其余的二进制位用于标识网络号。B 类地址目前也几乎分配完毕，一般分配给大中型网络使用，其地址的表示范围为：128.0.0.0～191.255.255.255，每个网络可以容纳 65534 台主机。

（3）C 类地址。C 类地址使用第一个字节、第二个字节和第三个字节（共 24 位）作为网络地址，最左边的三位二进制位恒为 110，其余的二进制位用于标识网络号。该类地址主要用于小型的网络，其地址的表示范围为：192.0.0.0～223.255.255.255，每个网络可以容纳 254 台主机。

（4）D 类地址。D 类地址不分网络地址和主机地址，第一个字节最左边的四位二进制位恒为 1110，主要用于多目的地广播地址，即多播地址，其 IP 地址的表示范围为：224.0.0.0～239.255.255.255。

（5）E 类地址。E 类地址目前保留给实验和测试使用，暂未分配，第一个字节最左边的五位二进制位恒为 11110，其 IP 地址的表示范围为：240.0.0.0～247.255.255.255。

2. 公有地址和私有地址

公有地址是因特网上的合法地址，一台计算机要想成为因特网上的主机，能被直接访问，这台主机就必须拥有一个合法的公有地址。公有地址由 Internet NIC（Internet 网络信息中心）统一负责和管理，公有地址通常是通过当地 ISP（Internet 服务提供商）申请获得。

私有地址是在局域网内部使用的地址，无须申请。私有地址主要有以下范围：

A 类地址：10.0.0.1～10.255.255.254。

B 类地址：172.16.0.1～172.31.255.254。

C 类地址：192.168.0.1～192.168.255.254。

A 类地址、B 类地址、C 类地址中除去私有地址，剩下的就是公有地址。

2.7.2 IP 地址规划

为了便于网络的管理，提高网络安全性能，减少广播风暴，降低网络流量，我们可以把一个大网络分成更小的网络，称为子网。IP 协议支持用户根据自己网络的实际需要，创建子网络。这样，不仅可以把位于不同物理位置的主机组合在一起，还可以分离关键设备或者优化数据传送。

子网编址技术是将 IP 地址中主机地址部分进一步划分为“子网”部分和“主机”部分。这样，IP 地址格式就变为：IP 地址＝网络地址＋子网地址＋主机地址。

子网掩码（Subnet Mask）在子网编址技术中不可缺少，子网掩码与 IP 地址一样，其长度也是 32 位（4 个字节），可以用二进制形式，也可以使用十进制的形式。例如：255.255.248.0 就是一个有效的十进制子网掩码，其对应的二进制形式的子网掩码为 11111111.11111111.11111000.

00000000。子网掩码中用 1 代表网络部分，0 代表主机部分。通常 A 类地址的默认子网掩码为 255.0.0.0，B 类地址的默认子网掩码为 255.255.0.0，C 类地址的默认子网掩码为 255.255.255.0。利用子网掩码可以确定 IP 地址的网络号和主机号，并可以判定网络中的主机是否属于同一子网。若将 IP 地址与子网掩码进行按位与，便可以得出网络号；若将 IP 地址与子网掩码的反码（即将子网掩码按位取反所得的二进制数）进行按位与，便可以得出主机号。

例 7.1　某 C 类网络 192.168.0.0 的子网掩码为 255.255.255.192，请划分出子网及每个子网的主机范围。

解析　C 类地址的网络地址占用 3 个字节，主机地址占用 1 个字节，子网掩码 255.255.255.192 的二进制形式为 11111111.11111111.11111111.11000000，由此可以看出主机地址部分被划出 2 个二进制位作为子网地址位，所以可以划出 2（2^2-2=2）个子网。

每个子网的网络号和主机范围如下：

子网号：192.168.0.64，主机号范围：192.168.0.65～192.168.0.126。

子网号：172.168.0.128，主机号范围：192.168.0.129～192.168.0.190。

例 7.2　某 B 类地址 172.16.80.128 的子网掩码为 255.255.192.0，请给出网络号和主机号。

解析　将 IP 地址与子网掩码按位与，便可以得到网络号。

IP 地址　　10110000.00010000.01010000.10000000

子网掩码　　11111111.11111111.11000000.00000000

网络号　　10110000.00010000.01000000.00000000（172.16.64.0）

将 IP 地址与子网掩码的反码按位与，便可以得到主机号。

IP 地址　　10110000.00010000.01010000.10000000

子网掩码　　11111111.11111111.11000000.00000000

反码　　00000000.00000000.00111111.11111111

主机号　　00000000.00000000.00010000.10000000（0.0.16.128）

例 7.3　某网络的子网掩码为 255.255.252.0，请计算网络的主机数目，若主机 1 的 IP 为 192.168.1.100，主机 2 的 IP 为 192.168.5.3，是否连通。

解析　子网掩码 255.255.252.0 的二进制形式为 11111111.11111111.11111100.00000000，由此可以看出主机数目为 4*256-2=1022。

若主机 1 的 IP 为 192.168.1.100，则与子网掩码运算得到网络号为 192.168.0.0，运算过程如下：

```
192.  168.  00000001. 100
255.  255.  11111100.  0      按位与
-----------------------------------
192.  168.  00000000.  0
```

若主机 2 的 IP 为 192.168.5.3，则与子网掩码运算得到网络号为 192.168.4.0，运算过程如下：

```
192.  168.  00000101. 100
255.  255.  11111100.  0      按位与
-----------------------------------
192.  168.  00000100.  0
```

两个网络号不同，故不在一个网络中。

习题二

一、分析思考题

校园网组建方案的设计一般分为哪几个步骤？

二、简答题

1．试举出四种常用网络的拓扑结构，并指出它们的优缺点。
2．局域网有哪些常见类型？
3．千兆位以太网有哪几个标准？在这几个标准中对传输介质分别有什么要求？
4．光纤分为哪几类？
5．综合布线设计等级有哪些？
6．非屏蔽双绞线的测试有哪两类？各有什么作用？
7．交换机的登录通常有哪两种方法？
8．简述交换机的工作原理。
9．IPv4 地址是怎么分类的？分别说出判断每种分类的依据。
10．什么是综合布线系统，综合布线系统分为哪几个部分？

三、实践题

1．为某中学或小型企业规划、组建一个网络，并实施网络的组建。
2．分析校园网的各种应用服务，为校园网进行 IP 地址规划。

单元 3 管理局域网资源

单元导读

本单元通过局域网资源共享权限管理、完成活动目录安装、局域网打印机资源管理、磁盘配额管理等操作，学习活动目录的概念、用户和组的管理、打印机配置等内容和磁盘管理相关知识，学生的相关操作技能得到训练。

单元学习目的

- 使学生具备用户账户的创建及管理操作能力
- 使学生掌握活动目录的安装
- 使学生掌握域控制器的配置操作
- 使学生具备局域网打印机资源管理能力
- 使学生具备磁盘分区创建及管理能力

在开始学习本单元内容之前，学生必须完成下列模块的学习，具备下列知识基础。

- 计算机软硬件常识
- 熟悉 Windows Server 2008 版操作系统的操作

- 用户账户的管理

- 活动目录的创建与管理
- 局域网打印机资源管理
- 磁盘管理

李先生在上海宏远网络科技公司兼任网络管理，该公司有数台服务器，有多个部门。现该公司想组建一个局域网，能够实现不同用户具有管理服务器的不同权限，并且局域网内的计算机可以实现打印共享，对服务器磁盘进行管理。试为李先生设计实施方案。

项目分析

经过与用户交流（可由教师扮演用户角色），确定组建小型办公网络，具体要求：

1. 组建局域网，计算机之间能够互相访问。
2. 共享文件资源和打印机资源。
3. 能够对服务器进行权限管理。
4. 能够对磁盘进行管理。
5. 设备数量要求。

（1）网络中服务器数量为 1~2 台。

（2）打印机 1 台。

其他设备综合考虑功能需求和经济性方面的要求。

1. 创建并管理计算机账户。
2. 安装服务器，安装活动目录。
3. 文件与打印机共享管理。
4. 磁盘配额管理。

3.1 本地局域网资源管理

上海宏远网络科技公司有若干台服务器对网络文件资源进行管理，李先生需要进行用户账户管理和资源共享权限管理。

3.1.1 用户账户的管理

账户代表着需要访问网络资源的用户，从某种意义上来说账户就是网络世界中用户的身份证。Windows Server 2008 网络依靠账户来管理用户，控制用户对资源的访问，每一个要访问网络的用户都需要有一个账户。

在 Windows Server 2008 网络中有两种主要的账户类型：本地账户和域用户账户。

保存账户的数据库叫做安全账户管理器（SAM，Security Accounts Manager），为了保证账户在域中的唯一性，每一个账户刚创建时被分配了一个唯一的 SID（Security Identifier，安全识别符），该 SID 在本计算机或者本域是独一无二的。SID 不随账户的修改、更名而改动，并且一旦账户被删除则 SID 也将不复存在，即便重新创建一个一模一样的账户，其 SID 也不会和原有的 SID 一样，对于 Windows Server 2008 而言这就是两个不同的账户。在 Windows Server 2008 中，系统内实际上是利用 SID 来对应用户的权限的，因此如果将一个账户删除，然后创建一个同名的账户，那么新的账户也可能不具有原来账户的权限。

3.1.1.1　本地账户

本地用户账户只能建立在 Windows Server 2008 独立服务器、Windows Server 2008 成员服务器或基于 Windows XP Professional 等计算机中，并且由本机进行管理。在企业中不推荐使用本地账户，因为每台计算机都有自己的本地账户，如果要登录某台计算机或者从网络访问某台计算机，必须输入该计算机的本地账户，计算机数目很多，不容易访问和管理。

本地账户主要有三个要点：

（1）本地创建：本地账户只能在独立服务器和成员服务器上创建，不能在 DC 上创建。

（2）本地存储：本地账户存储在创建账户的那台计算机上的%systemroot%/system32/config/SAM 中。%systemroot%代表系统根目录，也就是安装完 Windows 的目录，一般情况下是 C:\windows。

（3）本地使用：在哪台计算机创建的本地账户，就只能在那台计算机上使用。也就是说在某台计算机上创建了本地账户，那么只能用这个本地账户在该计算机上登录，不能在其他计算机上登录。

【任务 1】上海宏远网络科技公司的服务器上有一个管理员用户和一个本地账户，现需再新增一个本地账户用户。

【任务分析】

本任务可通过“计算机管理”面板完成。

【任务实施步骤】

1. 打开“计算机管理”

单击“开始”→“管理工具”→“计算机管理”，然后在图 3-1-1 所示的窗口中右击“用户”→“新用户”。

2. 创建两个用户

出现如图 3-1-2 所示的对话框，输入该用户的相关信息后，单击“创建”按钮。

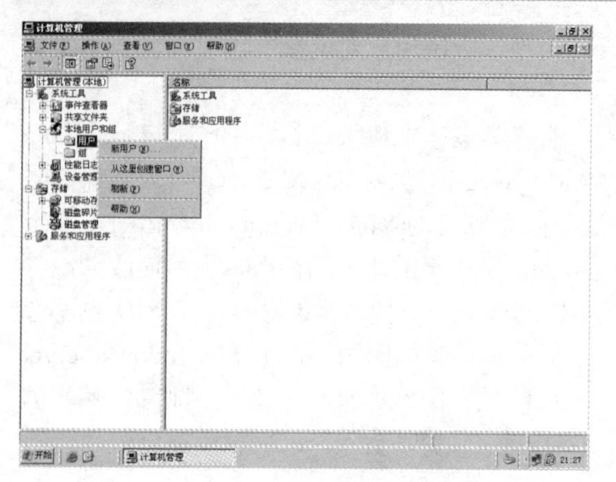

图 3-1-1　计算机管理

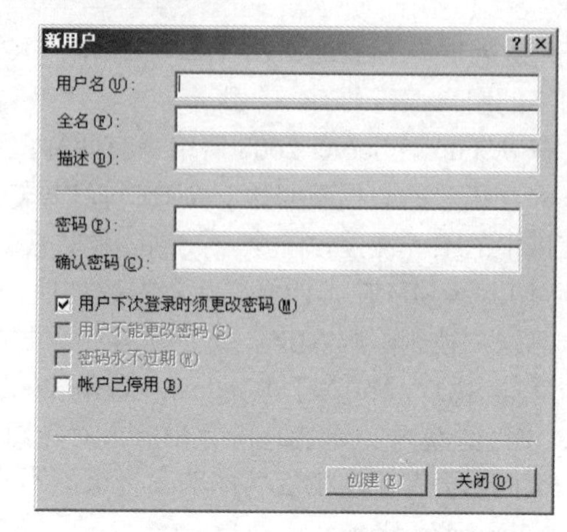

图 3-1-2　创建新用户

知识链接

Ⅰ. 用户标识

用户名：登录时所用的账户名称。

全名：用户的完整名称，可以不填。

描述：用于对该账户的简要描述信息，例如用户的职位等。

Ⅱ. 用户密码

密码与确认密码：用于设定用户的密码（Windows Server 2008 最大支持 127 位的密码，另外密码不支持中文，但是支持数字、字母和特殊字符）。

用户下次登录时须更改密码：如果选中，那么当用户下次登录时会强制用户更改密码。

用户不能更改密码：如果选中，那么用户就不能更改自己的密码，只有管理员才能更改，一般这种情况属于用户公共账户的使用（此项目与“用户下次登录时须更改密码”不能同时选中）。

密码永不过期：如果选中，那么用户的密码就可以一直使用，不会强制用户更改密码。

Ⅲ. 账户状态

账户已停用：如果选中，那么这个账户将暂时被禁用。

【任务 2】在上海宏远网络科技公司服务器上，要求用户对共享文件夹的访问权限不同，用户 a1 能够修改文件内容，用户 a2 只能读取文件内容。

【任务分析】

需要在设置共享权限基础上，对文件夹的安全权限进行设置。

【任务实施步骤】

3.1.2　共享权限管理

首先需要创建两个用户，并对文件夹的共享权限进行设置，最后，针对用户 a1 和 a2，设置安全权限。

1. 新建用户（在服务器上）

单击“开始”→“程序”→“管理工具”→“计算机管理”，单击“本地用户和组”，右击“用户”，选择“新用户”，输入用户名和密码（分别针对用户 a1 和 a2 进行），因为目前不在域控制器状态下，“用户下次登录时须更改密码”需去除勾选，如图 3-1-3 和图 3-1-4 所示。

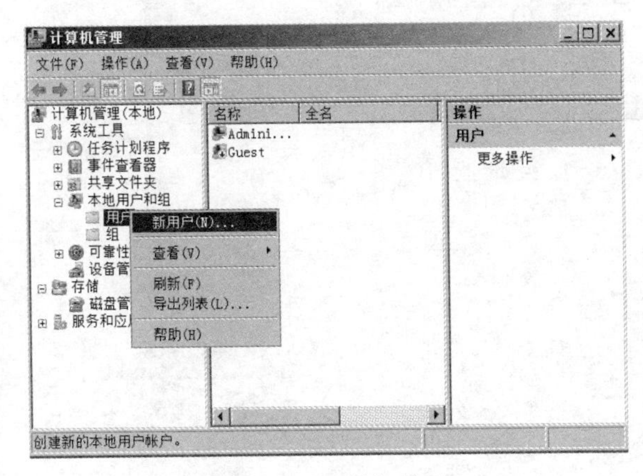

图 3-1-3　计算机管理

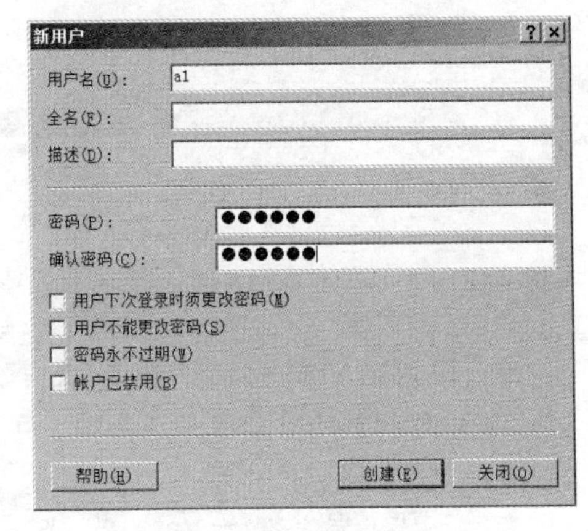

图 3-1-4　创建新用户

2. 设置共享文件夹权限（在服务器上）

（1）设置文件夹共享

右击文件夹 file 图标，在快捷菜单中选择“属性”项，在窗口中单击“共享”标签→“高级共享”按钮，打开如图 3-1-5 所示对话框，选择“共享此文件夹”复选框，单击“权限”按钮，如图 3-1-6 所示选中“更改”复选框，完成相关设置后，单击“确定”按钮，完成设置。

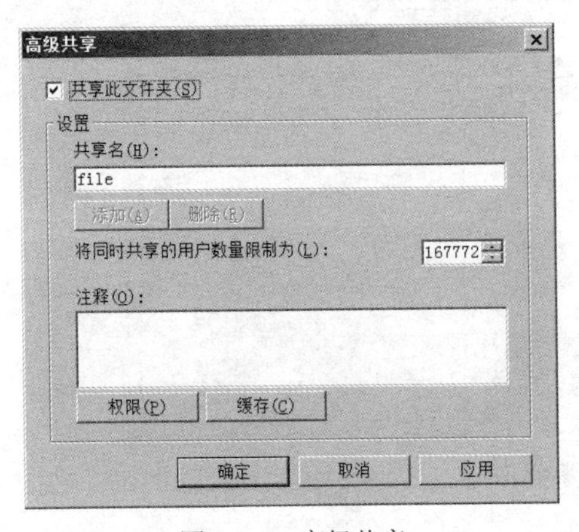

图 3-1-5　高级共享

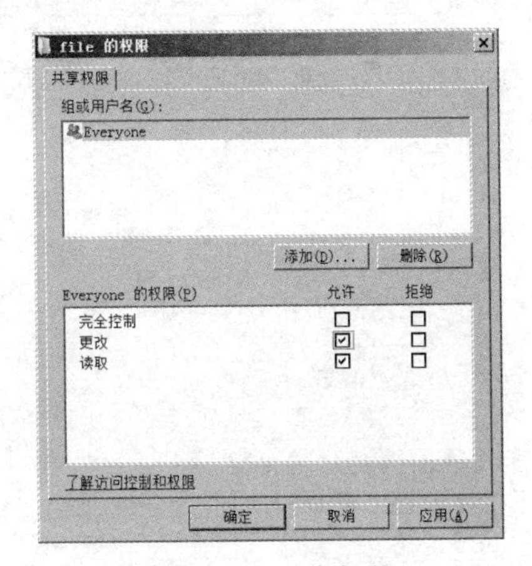

图 3-1-6　共享权限

（2）文件夹安全权限设置

1）删除 Users 用户

右击共享的文件夹，然后单击“属性”→“安全”，将“Users”删除，步骤如下：

单击“高级”按钮，在新窗口中单击“编辑”按钮，在图 3-1-7 所示对话框中取消选中“包括可从父项继承那些可以到....”复选框。在出现的窗口中单击“复制”，在图 3-1-8 所示对话框中选中 Users，单击“删除”即可删除该用户。

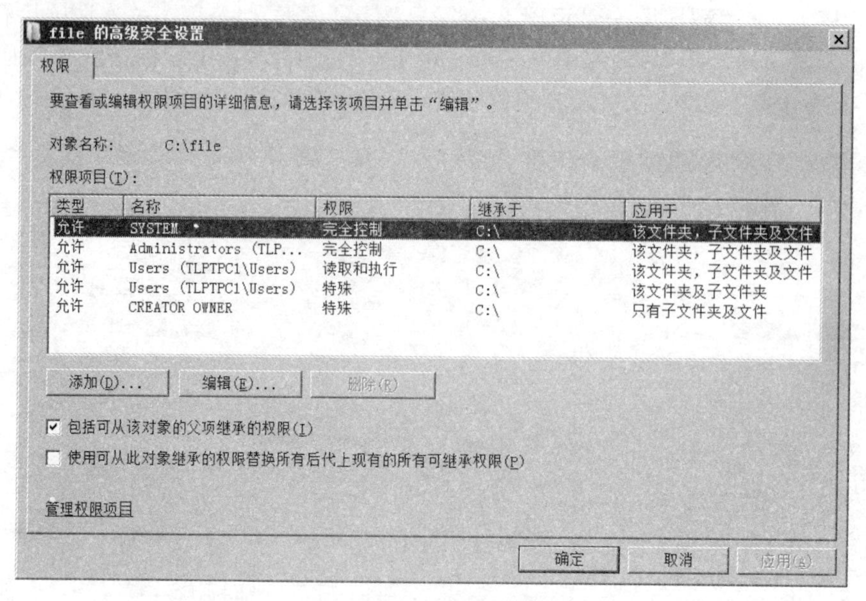

图 3-1-7　删除继承关系

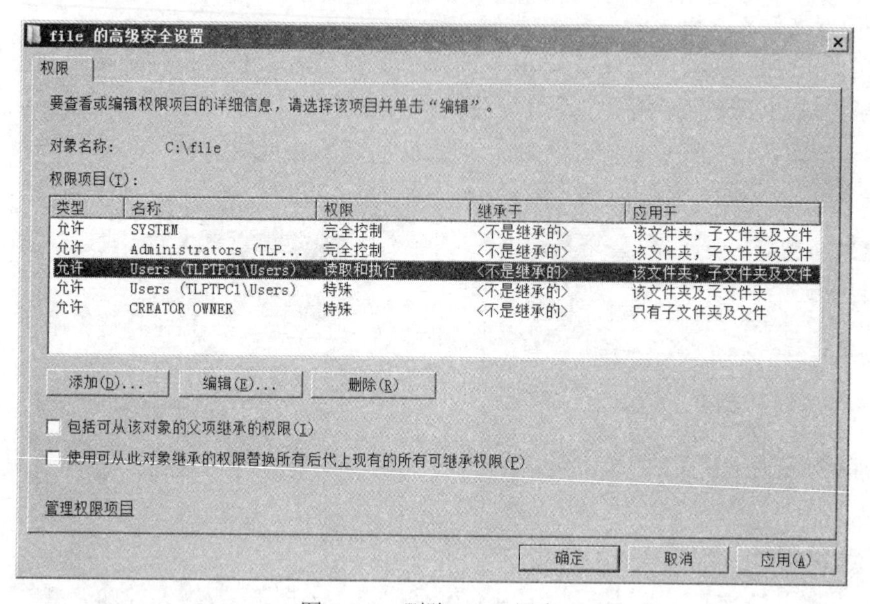

图 3-1-8　删除 Users 用户

2）添加用户 a1 和 a2

在图 3-1-9 中单击“编辑”按钮，在新窗口中单击“添加”→“高级”→“立即查找”，在图 3-1-10 中下方选中用户 a1 和 a2，单击“确定”按钮两次，这样用户 a1 和 a2 就会出现在图 3-1-11 所示的窗口中。在此窗口上方分别选择不同用户，在窗口下方选择相对应的权限，在本任务中，在窗口上方选择用户 a1，在窗口下方选择“写入”权限。

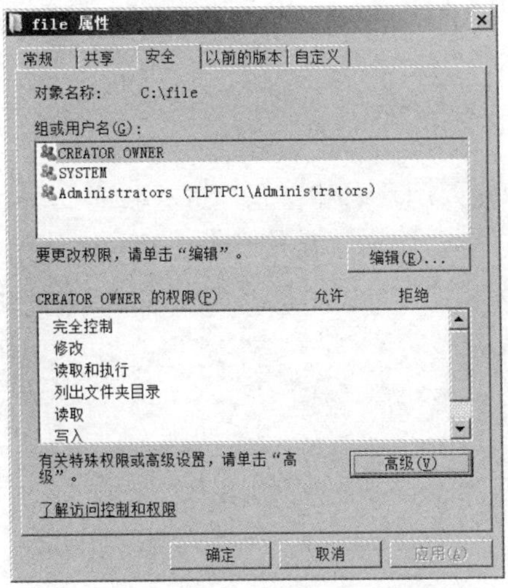

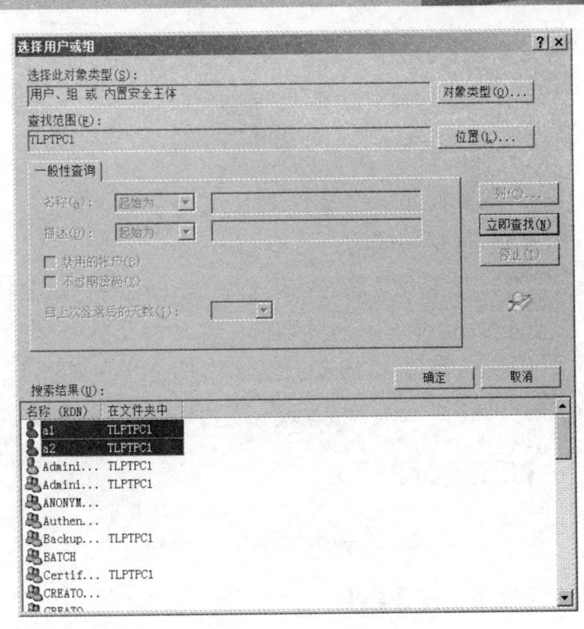

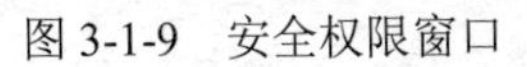
图 3-1-9 安全权限窗口

图 3-1-10 选择用户

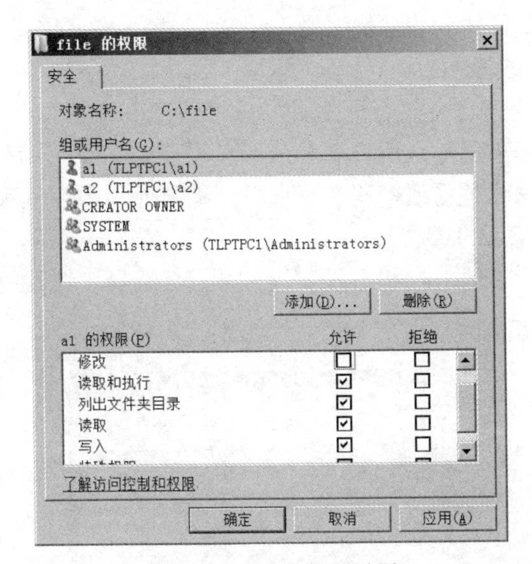

图 3-1-11 安全权限设置

知识链接

Ⅰ. 共享权限

共享权限分为“读取”“更改”和“完全控制”,“读取”权限只能读文件内容,“更改”权限则可以修改文件内容,“完全控制”权限可以完成包括删除文件在内的所有操作。共享权限和安全权限的共同权限为用户最终的操作权限。

Ⅱ. 普通用户组 Users

Users 为普通用户组,包含所有用户。因此,在针对特定用户进行权限设置时,需要删除 Users。

Ⅲ. 安全权限

安全权限分为“读取”“写入”“修改”和“完全控制”，其中，“写入”权限可以修改文件内容，“修改”权限可以完成包括删除文件的操作，“完全控制”可以完成更改文件夹所有者操作。

3. 访问验证（在客户机上）

（1）搜索服务器。

（2）双击服务器名称图标，在出现的登录窗口中输入用户名和密码，进行验证。

注意：验证另一个用户前，需要注销第一个用户，方法是在“开始”中选择“注销”。

【任务 3】在上海宏远网络科技公司服务器上，要求对用户访问权限进行设置，用户 a1、a2、a3、……、a50 能够修改文件内容。

【任务分析】

由于多个用户具有相同权限，可以使用组来完成权限设置，提高效率。

【任务实施步骤】

首先需要创建用户，然后创建组，组员为具有相同权限的用户。在对文件夹的共享权限进行设置时，只需要针对组进行设置。

1. 新建用户（在服务器上）

单击“开始”→“程序”→“管理工具”→“计算机管理”，单击“本地用户和组”，右击“用户”，选择“新用户”，输入用户名和密码（用户 a1），因为目前不在域控制器状态下，取消勾选“用户下次登录时须更改密码”复选框。重复此步骤创建用户 a2～a50。

2. 新建组（在服务器上）

在图 3-1-3 中单击“本地用户和组”，右击“组”，选择“新建组”，输入组名并添加用户 a1～a50，如图 3-1-12 所示。

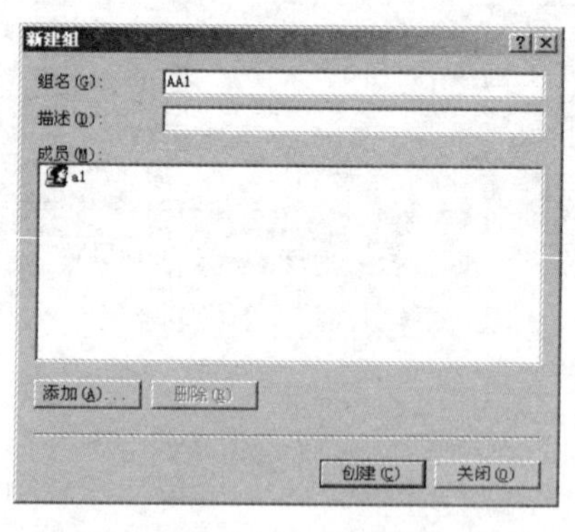

图 3-1-12　创建组

3. 设置共享文件夹权限（在服务器上）

（1）设置文件夹共享

步骤同【任务 2】。

（2）文件夹安全权限设置

1）删除 Users 用户

步骤同【任务 2】。

2）添加组 aa1

为了提高效率，进行权限设置时，只针对组进行设置。

在图 3-1-9 中单击“编辑”按钮，在新窗口中单击“添加”→“高级”→“立即查找”，在图 3-1-13 对话框下方选中组 aa1，单击“确定”，这样组 aa1 就会出现在图 3-1-14 所示的对话框中，选中组 aa1，在权限列表中勾选“写入”，然后单击“确定”，这样组 aa1 中所有成员均能对共享文件夹进行写入操作。

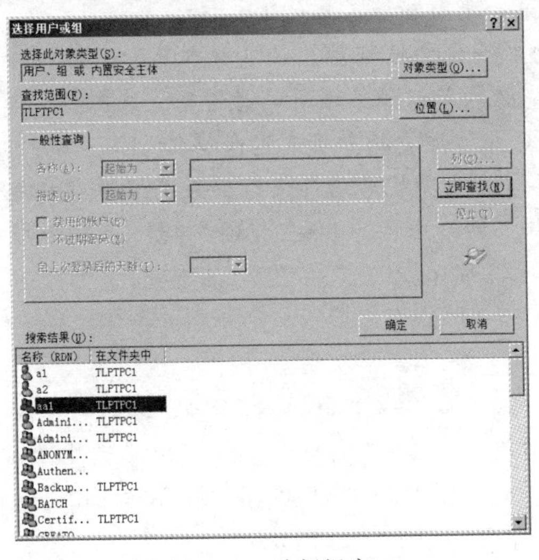

图 3-1-13　选择组窗口

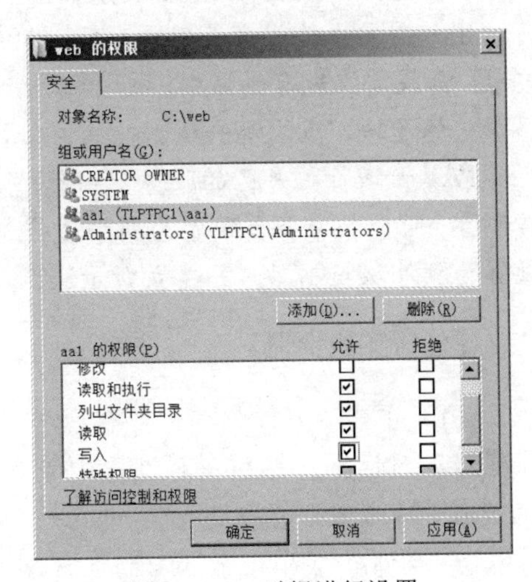

图 3-1-14　对组进行设置

4. 访问验证（在客户机上）

步骤同【任务 2】。应特别注意的是，在出现的登录窗口中仍然输入用户名和密码，不能输入组名 aa1 进行验证。

3.2　活动目录安装

上海宏远网络科技公司要求对网络资源进行集中管理，需要安装域控制器，并进行管理。

3.2.1　安装活动目录

活动目录（Active Directory）可以像 Windows 的目录一样，在目录式列表中将网络中的共享文件、打印机、用户和计算机等资源显示出来，便于管理员进行浏览和查找。

【任务 1】为上海宏远网络科技公司的服务器安装活动目录。

【任务分析】

安装活动目录后，服务器才能称为域控制器。安装活动目录可以通过“服务器管理器”

或运行命令 dcpromo 两种方式进行。

知识链接

活动目录安装需具备的条件：

Ⅰ. Windows Server 2008 系列，Web 版是不可以安装活动目录的，其他的版本都可以安装。

Ⅱ. 需要存在 NTFS 分区，在安装活动目录的时候，需要把一些数据保存在 NTFS 分区上。DNS 服务器必须支持 SRV（服务资源记录）记录，客户要在网络中查询域控制器，或者要进入域控制器，必须通过 DNS 服务器的 SRV 记录，来解析服务器的 IP 地址。

Ⅲ. 需要本地管理员用户权限，网络中的第一台域控制器，必须以本地管理员的身份来安装；如果要在现有的域中添加第二台控制器，必须是以域管理员的身份来完成操作；如果要添加一棵子域，或添加一棵新的树，必须是以企业管理员的身份来完成操作。

Ⅳ. 管理员把自己的服务器用作域控制器，必须安装活动目录。如果网络没有其他的域控制器，可以把服务器配置为新的域控制器；如果网络中已有其他的域控制器，可以将服务器设置为额外域控制器，并建立新子域、域目录或目录林。

【任务实施步骤】

（1）单击“开始”→“所有程序”→“管理工具”→“服务器管理器”，打开“服务器管理器”对话框，然后在对话框中单击“添加角色”，在随后弹出的对话框中选中“Active Directory 域服务”前的复选框，如图 3-2-1 所示，单击“下一步”按钮继续安装即可。我们也可以在“开始”菜单搜索框中输入命令“dcpromo”，如图 3-2-2 所示。

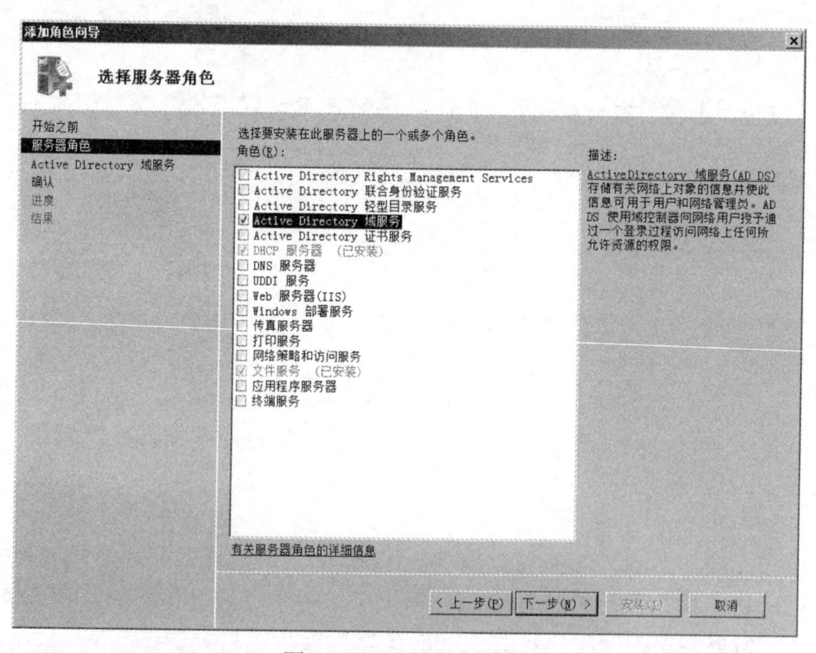

图 3-2-1　添加角色向导

（2）系统随后会弹出一个“Active Directory 安装向导”对话框，用户可以利用它方便地完成 Active Directory 的安装。

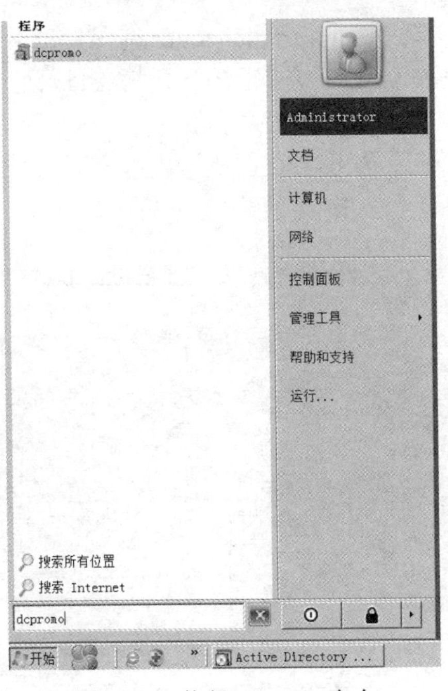

图 3-2-2 执行 dcpromo 命令

（3）接着系统会弹出一个选择域控制器的对话框，让用户选择指定此服务器担任的角色，究竟是新林中的新域还是现有林中的域。用户可以根据自己的实际情况，利用对话框中的提示进行选择。在这里我们可以选择“新林中的新域”，然后单击“下一步”按钮继续安装。在此之前需要对 administrator 用户设置密码，然后再执行“net user administrator /passwordreq:yes”。

（4）系统此时会弹出一个对话框让用户输入新建域的 DNS 全名，如图 3-2-3 所示，输入 DNS 全名然后单击“下一步”按钮继续安装。

（5）系统会弹出“数据库、日志文件和 SYSVOL 的位置”对话框，如图 3-2-4 所示。在“数据库文件夹”文本框中输入数据库保存的位置，当然也可以单击“浏览”按钮选择路径；在“日志文件文件夹”文本框中输入日志文件的保存位置，当然也可以单击“浏览”按钮选择路径。设置完成后单击“下一步”按钮继续安装。

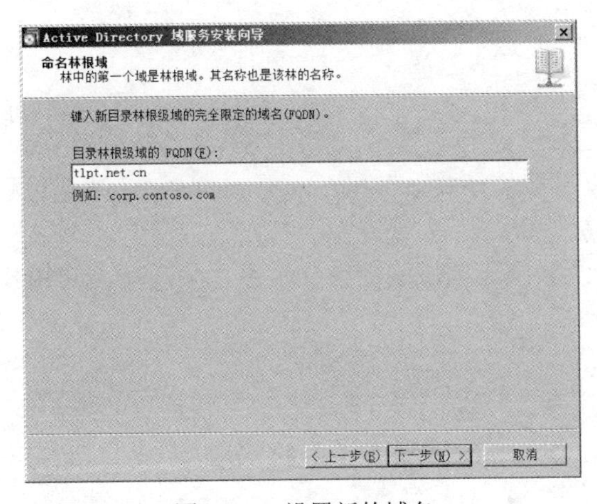

图 3-2-3 设置新的域名

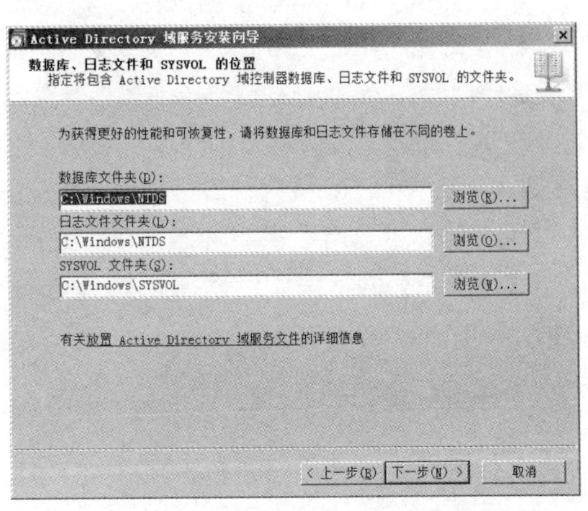

图 3-2-4 设置数据库和日志文件文件夹

（6）打开“目录服务还原模式的 Administrator 密码”对话框，在还原模式的“密码”和“确认密码”文本框中输入密码并确认密码，当计算机在目录服务恢复模式下启动时会提示用户输入密码。单击“下一步”按钮，如图 3-2-5 所示。

（7）打开“摘要”对话框，如图 3-2-6 所示，用户可以在此检查并确认选定的选项，如果需要更改选项，可以单击“上一步”按钮更改配置。确认无误后单击“下一步”按钮。

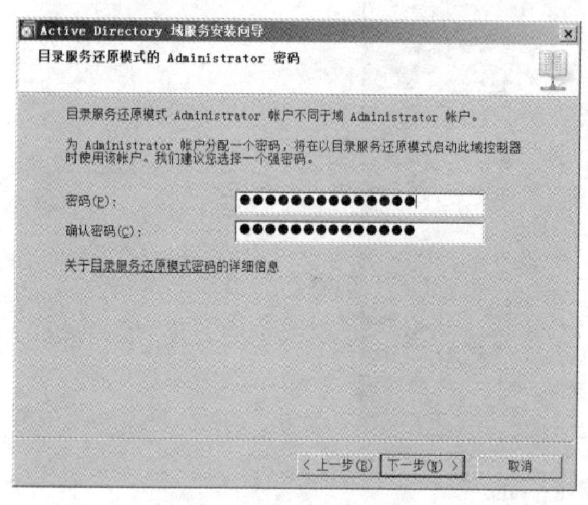

图 3-2-5　设置还原模式的密码

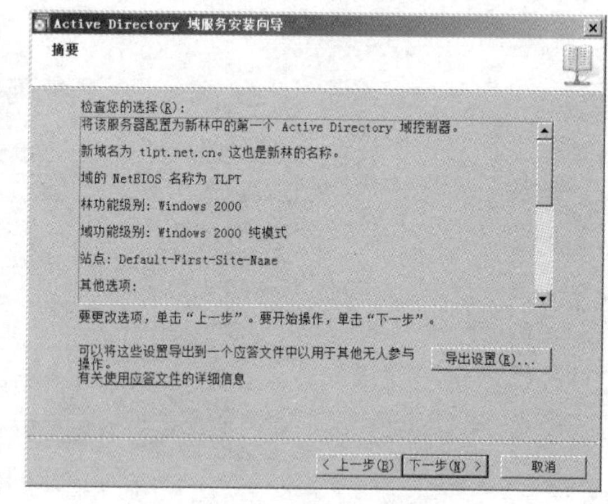

图 3-2-6　摘要

（8）系统弹出一个对话框，表示向导正在配置 Active Directory，请用户等待几分钟。

（9）等待一段时间，系统安装了 Active Directory 后，会提示关闭“Active Directory 安装向导”对话框，关闭后，系统会弹出一个对话框，提示用户如果想让使用 Active Directory 安装向导进行的设置生效，必须重新启动计算机。单击“立即重新启动”按钮，重新启动计算机。

（10）当计算机重新启动后，安装 Active Directory 的配置才会生效，这个时候此服务器已经是域控制器。

对 Active Directory 可以进行相关设置，在系统安装好了 Active Directory 后，可以看到在 Windows Server 2008 的管理工具中多了三项内容，它们分别是：

- Active Directory 域和信任关系。
- Active Directory 用户和计算机。
- Active Directory 站点和服务。

在这三个管理工具中，用户对 Active Directory 进行配置时，使用频率最高的是“Active Directory 用户和计算机”。而“Active Directory 域和信任关系”和“Active Directory 站点和服务”两个工具主要用于多服务器和多域之间的设置。

【任务 2】 为上海宏远网络科技公司的网络系统设置域间的信任关系，实现域之间相互访问。

【任务分析】

本任务在安装活动目录后，可通过“Active Directory 域和信任关系”窗口完成。

【任务实施步骤】

管理域和信任关系是通过 Windows Server 2008 管理工具中的“Active Directory 域和信任关系”来实现的，所以在进行各种域和信任关系管理时，首先要打开“Active Directory 域和信任关系”窗口。

单击“开始”按钮，打开“开始”菜单，选择“程序”→“管理工具”选项，然后在弹出的“管理工具”级联菜单中选择“Active Directory 域和信任关系”选项，这时系统会弹出“Active Directory 域和信任关系”窗口，如图 3-2-7 所示。

（1）在“Active Directory 域和信任关系”窗口中，右键单击需要修改其信任关系的域，然后在弹出的右键快捷菜单中选择“属性”选项，如图 3-2-8 所示。

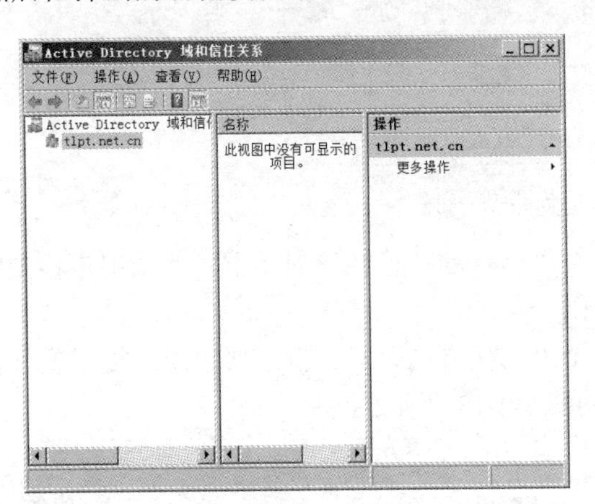

图 3-2-7 Active Directory 域和信任关系

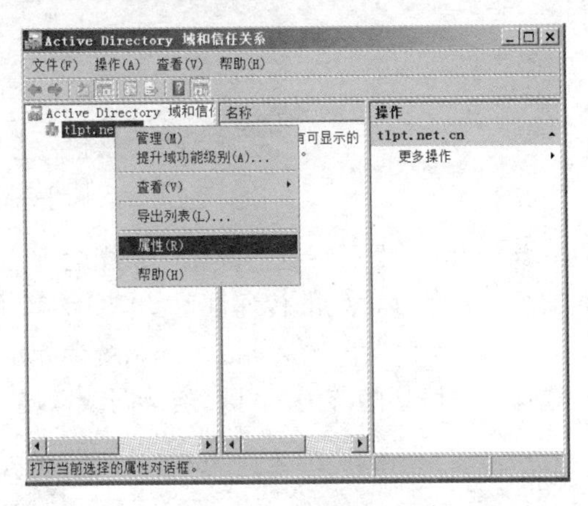

图 3-2-8 “属性”选项

（2）此时系统会弹出一个“属性”对话框，在对话框中单击“信任”选项卡，如图 3-2-9 所示。在“信任”选项卡上可以删除或新建信任。当删除某个信任时只需要选定该信任，然后单击“删除”按钮即可。

（3）当要新建信任时，单击“新建信任”按钮，系统会弹出一个“信任名称”对话框，要求用户新建信任名称，名称可以使用 NetBIOS 或 DNS 名，如图 3-2-10 所示。

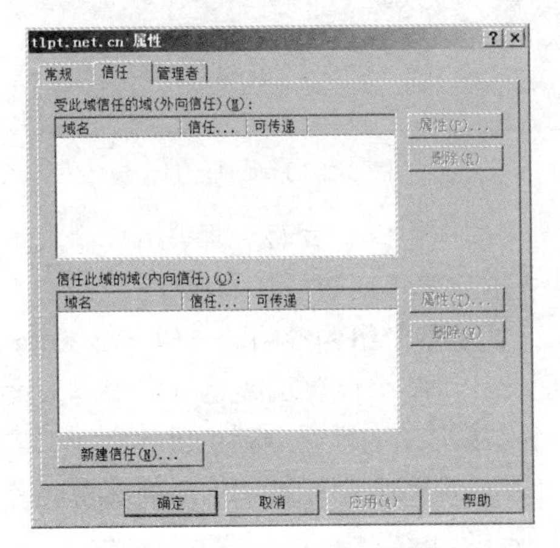

图 3-2-9 “属性”对话框

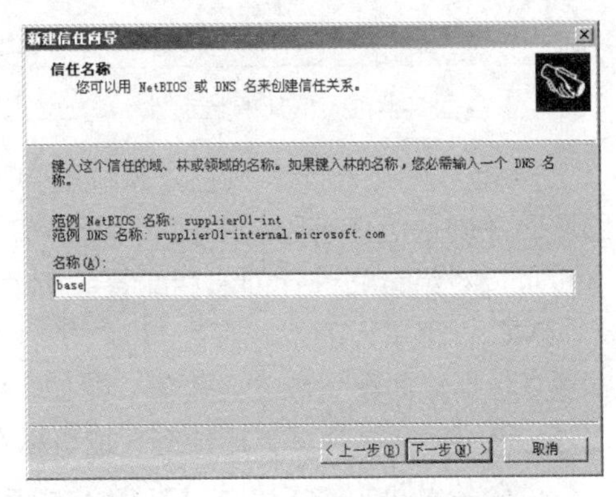

图 3-2-10 “信任名称”对话框

（4）单击“下一步”按钮，系统弹出一个“信任类型”对话框，如图 3-2-11 所示，要求用户根据实际情况选择新建信任的类型。

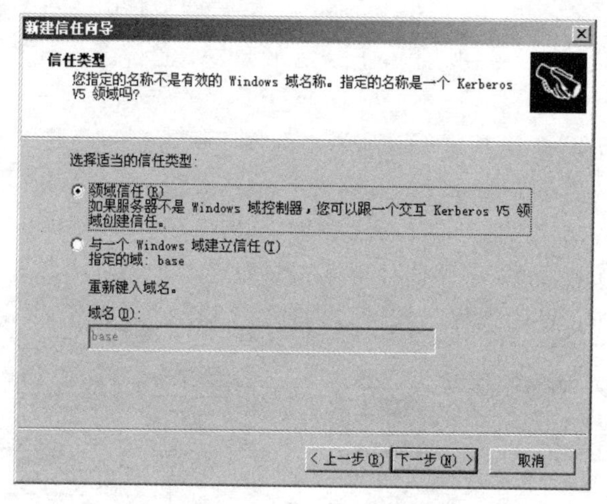

图 3-2-11　信任类型

（5）单击“下一步”按钮，系统会弹出一个“信任的传递性”对话框，要求用户根据实际情况设置新建信任的传递性，如图 3-2-12 所示。

（6）单击“下一步”按钮，系统会弹出一个“信任方向”对话框，要求用户根据实际情况选择新建信任的方向，可以是单向或双向，如图 3-2-13 所示。

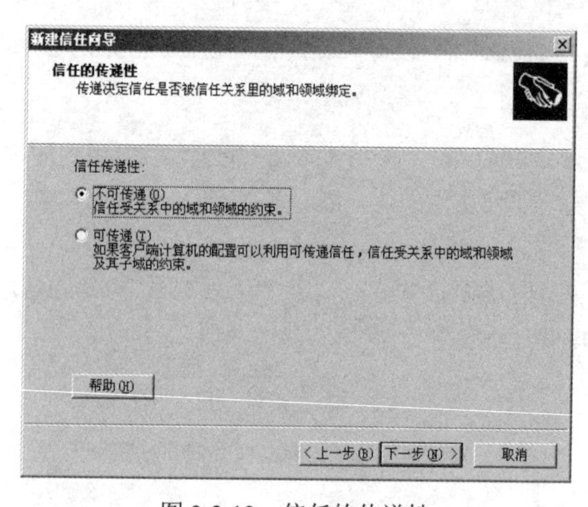

图 3-2-12　信任的传递性

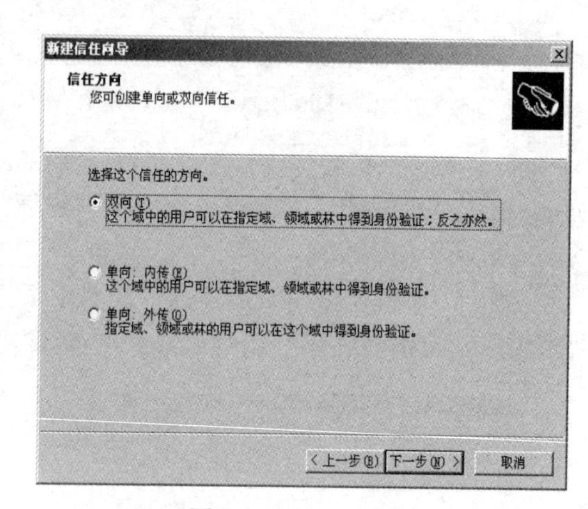

图 3-2-13　信任方向

（7）单击“下一步”按钮，系统就会弹出一个“信任密码”页面，要求用户输入新建信任的密码并确认信任密码，单击“下一步”按钮就基本完成了新建信任的操作。

也可以对组策略进行创建和配置，所谓组策略，就是基于组的策略。它以 Windows 中的一个 MMC 管理单元的形式存在，可以帮助系统管理员针对整个计算机或是特定用户来设置多种配置，包括桌面配置和安全配置。譬如，可以为特定用户或用户组定制可用的程序、桌面上的内容，以及“开始”菜单选项等，也可以在整个计算机范围内创建特殊的桌面配置。简而言之，组策略是 Windows 中的一套系统更改和配置管理工具的集合。

3.2.2 升级与降级域控制器

域控制器中包含了由这个域的账户、密码、属于这个域的计算机等信息构成的数据库。当电脑联入网络时，域控制器首先要鉴别这台电脑是否是属于这个域的，用户使用的登录账号是否存在，密码是否正确。如果以上信息有一样不正确，那么域控制器就会拒绝这个用户从这台电脑登录。不能登录，用户就不能访问服务器上有权限保护的资源，那么只能以对等网用户的方式访问 Windows 共享出来的资源，这样在一定程度上保护了网络上的资源。

【任务 3】上海翔宇网络技术公司的机器名为 sdxy，服务器存放了重要数据资料，只供公司人员访问使用，现需要更改该服务器上域的功能级别。

【任务分析】

本任务在安装活动目录后，可通过“Active Directory 域和信任关系”窗口完成。

【任务实施步骤】

（1）在计算机的“控制面板”中选择“管理工具”→“Active Directory 域和信任关系”选项，出现如图 3-2-14 所示的“Active Directory 域和信任关系”窗口。在“管理目标导航树”下选择“Active Directory 域和信任关系”选项，单击鼠标右键，在出现的快捷菜单中选择“属性”选项。

（2）弹出“属性”对话框，在“常规”选项卡中可以查看域及域林的功能级别，如图 3-2-15 所示。

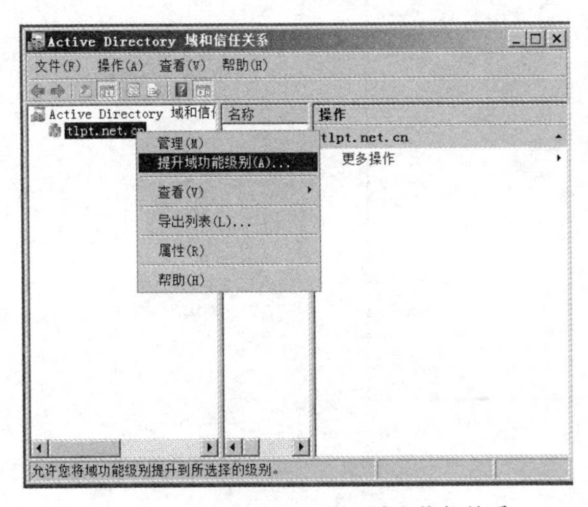

图 3-2-14 Active Directory 域和信任关系

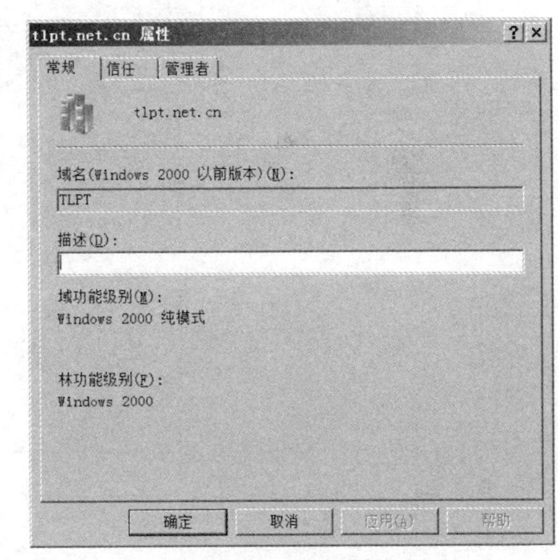

图 3-2-15 “常规”选项卡

（3）如果要更改域的功能级别，可以在快捷菜单中选择“提升域功能级别”选项。出现如图 3-2-16 所示的“提升域功能级别”对话框。在“选择一个可用的域功能级别”列表框中可以选择提升后的功能级别，单击“提升”按钮将自动完成提升过程。

3.2.3 域与活动目录

【任务 4】将网络中的计算机加入域 tlpt。

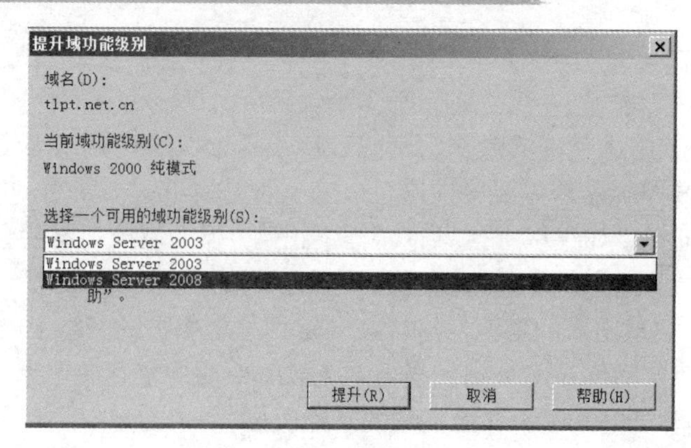

图 3-2-16　提升域功能级别

【任务分析】

网络中有域控制器的情况下，在客户机上更改隶属关系。

【任务实施步骤】

将网络中的计算机加入域 tlpt 的方法是在该计算机的桌面上右击“我的电脑”，选择“属性”，单击“计算机名”选项卡，单击“更改”按钮，在弹出的对话框中选中“域”单选按钮，在文本框中输入要加入的域名 tlpt，如图 3-2-17 所示。

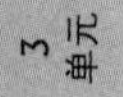

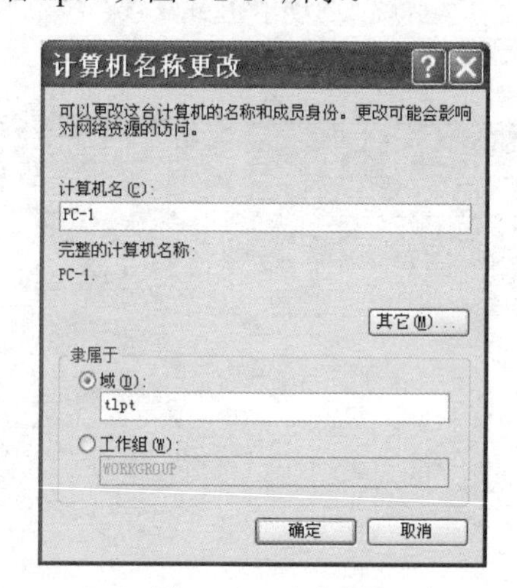

图 3-2-17　加入域

知识链接

Ⅰ. 域

域（Domain）是 Windows 网络中独立运行的单位，域之间相互访问则需要建立信任关系（即 Trust Relation）。信任关系是连接域与域之间的桥梁。当一个域与其他域建立了信任关系后，两个域之间不但可以按需要相互进行管理，还可以跨网分配文件和打印机等设备资源，使不同的域之间实现网络资源的共享与管理。域既是 Windows 网络操作系统的逻辑组织单元，也是 Internet 的逻辑组织单元，在 Windows 网络操作系统中，域是安全边界。域管理员只能管理域的内部，除非其他的域显式地赋予其管理权限，他才能够访问或者管理其他的域；每个域都有自己的安全策略，以及它与其他域的安全信任关系。

我们可以把域和工作组联系起来理解，在工作组上一切的设置在本机上进行，包括各种策略，用户登录也是登录在本机的，密码是放在本机的数据库来验证的。如果你的计算机加入域的话，各种策略是由域控制器统一设定的，用户名和密码也是放到域控制器去验证，也就是说你的账号和密码可以在同一域的任何一台计算机登录。加入工作组很简单，而加入域则需要严格控制。

域是一个有安全边界的计算机集合，在同一个域中的计算机彼此之间已经建立了信任关系，在域内访问其他机器，不再需要被访问机器的许可了。因为在加入域的时候，管理员为每个计算机在域中建立了一个计算机账户，这个账户和用户账户一样，也有密码保护，这个密码在域中称为登录票据，它是由 Windows Server 2008 的 DC（域控制器）上的 KDC 服务来颁发和维护的。为了保证系统的安全，KDC 服务每 30 天会自动更新一次所有的票据，并把上次使用的票据记录下来，周而复始。也就是说服务器始终保存着 2 个票据，其有效时间是 60 天。

特别注意的是，在有域的环境下，尽量不要在计算机加入域后使用 GHOST 备份该计算机的系统分区，因为在域控制器该计算机的安全票据有效期限为 60 天，如果使用 GHOST 还原时，时间超出 60 天，该计算机将不能登录到域，此时只有联系系统管理员，重新设置计算机安全票据。解决的方法是将计算机脱离域再重新加入，KDC 服务会重新设置这一票据；或者使用 Windows Server 2008 资源包里的 NETDOM 命令强制重新设置安全票据。

Ⅱ．活动目录

活动目录（Active Directory）是面向 Windows Standard Server、Windows Enterprise Server 以及 Windows Datacenter Server 的目录服务。活动目录不能运行在 Windows Web Server 上，但是可以通过它对运行 Windows Web Server 的计算机进行管理。活动目录存储了有关网络对象的信息，并且让管理员和用户能够轻松地查找和使用这些信息。活动目录使用了一种结构化的数据存储方式，并以此作为基础对目录信息进行合乎逻辑的分层组织。活动目录是 Windows 平台的核心组件，它为用户管理网络环境各个组成要素的标识和关系提供了一种有力的手段。

活动目录主要提供以下功能：

（1）基础网络服务：包括 DNS、WINS、DHCP、证书服务等。

（2）服务器及客户端计算机管理：管理服务器及客户端计算机账户，所有服务器及客户端计算机加入域管理并实施组策略。

（3）用户服务：管理用户域账户、用户信息、企业通信录（与电子邮件系统集成）、用户组管理、用户身份认证、用户授权管理等。

（4）资源管理：管理打印机、文件共享服务等网络资源。

（5）桌面配置：系统管理员可以集中地配置各种桌面配置策略，如：界面功能的限制、应用程序执行特征限制、网络连接限制、安全配置限制等。

（6）应用系统支撑：支持财务、人事、电子邮件、办公自动化、补丁管理、防病毒系统等各种应用系统。

3.2.4 添加域用户账户

【任务 5】在上海宏远网络科技公司服务器上，新建一个域用户。

【任务分析】

本任务通过“Active Directory 用户和计算机”窗口完成。

【任务实施步骤】

在用户账户管理中，用户账户的添加是必须要进行的工作。当有新的用户需要使用网络上的资源时，管理员必须在域管理器中为其添加一个相应的用户账户，否则该用户无法访问域中的资源。

（1）右键单击要添加的组织单位或容器，然后在弹出的快捷菜单中选择“新建”选项，接着在弹出的“新建”选项的级联菜单中选择“用户”选项。

（2）此时系统会弹出“新建对象－用户”对话框，输入用户的各种信息，如图 3-2-18 所示。

（3）单击“下一步”按钮，在弹出的对话框中输入密码和确认密码，如图 3-2-19 所示。

（4）单击“下一步”按钮，系统会弹出一个对话框，列举了所创建用户账户的基本信息，单击“完成”按钮，完成用户账户的创建。

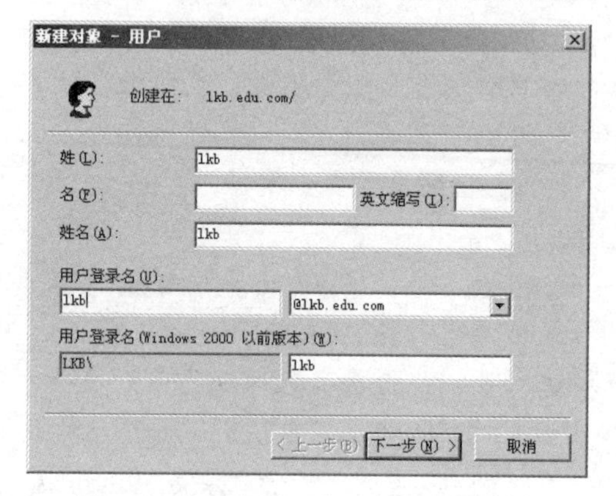

图 3-2-18　“新建对象－用户”对话框

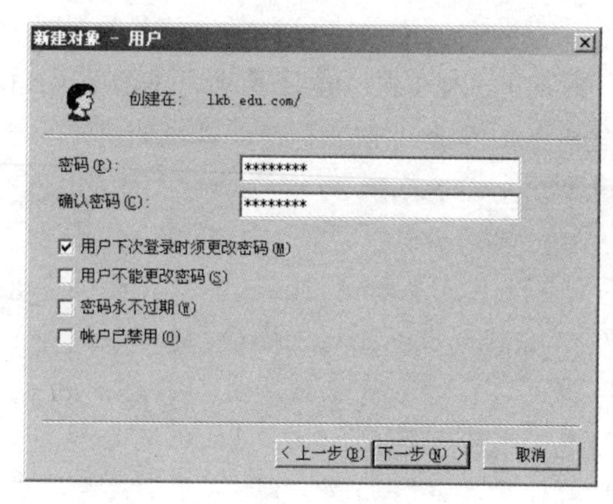

图 3-2-19　设置密码

知识链接

移动用户账户

当一个用户希望改变自己所在的组织单位并且加入到一个新的组织单位时，便会要求系统管理员重新对该用户账户进行调整，即根据需要将用户账户移到新的组织单位中去。

Ⅰ．单击要移动的用户账户所在的组织单位或容器，在右边窗口中列出了用户账户，右键单击要移动的用户账户，然后在弹出的菜单中选择“所有任务”选项，再在弹出的“所有任务”级联菜单中选择“移动”选项。

Ⅱ．此时系统会弹出“将对象移动到容器”列表框，在此列表框中，选择用户要移动到的组织单位，然后单击“确定”按钮便完成了用户的移动。

3.2.5　配置和管理域用户

【任务 6】在上海宏远网络科技公司服务器上需对添加的域用户进行配置，实现域用户对网络资源的访问，具体步骤如下。

【任务分析】

首先需要对局域网中的计算机进行配置，保证计算机能够互相访问，然后在安装 Windows Server 2008 操作系统的计算机上，进行文件夹共享和打印机共享设置。

【任务实施步骤】

（1）选择要配置的用户账户，单击鼠标右键，出现如图 3-2-20 所示的快捷菜单，选择“属性”选项。

（2）出现如图 3-2-21 所示的“常规”选项卡，其中，“地址”选项卡、“电话”选项卡、“单位”选项卡都可以用于设置用户的基本信息。

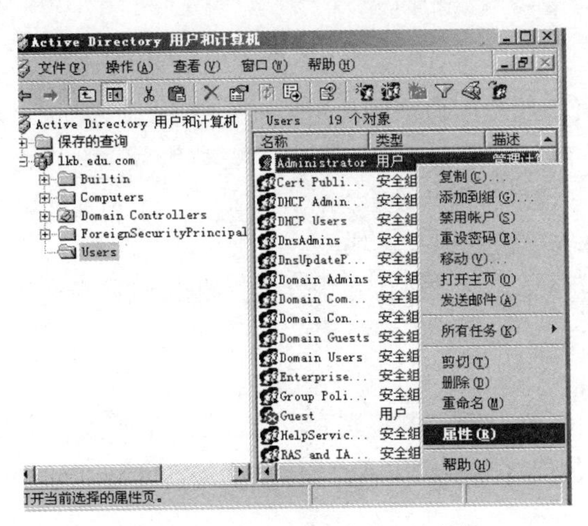

图 3-2-20　活动目录用户和计算机

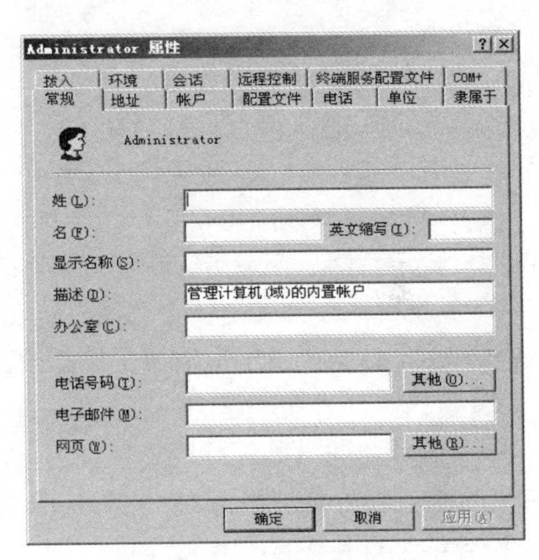

图 3-2-21　“常规”选项卡

3.2.6　访问权限管理

【任务 7】在上海宏远网络科技公司服务器上添加了一新的域用户，现要对该用户进行配置，设置其访问权限，包括登录时间、重设密码等，具体步骤如下。

【任务分析】

本任务可通过“Active Directory 用户和计算机”窗口完成。

【任务实施步骤】

1. 设置登录时间

为了提高安全性，在 Windows Server 2008 中还可以规定用户的登录时间，用户只能在规定的时间内进行网络登录和资源访问。

（1）单击要设置的用户账户所在的组织单位，便会列出用户账户，右键单击要设置的用户账户，然后在弹出的菜单中选择“属性”命令。

（2）单击“属性”对话框中的“账户”选项卡，然后在对话框中单击“登录时间”按钮，此时系统就会弹出“登录时间”对话框，可以在上面设置用户登录的时间，如图 3-2-22 所示。

在此设置 1kb 这个用户的登录时间。

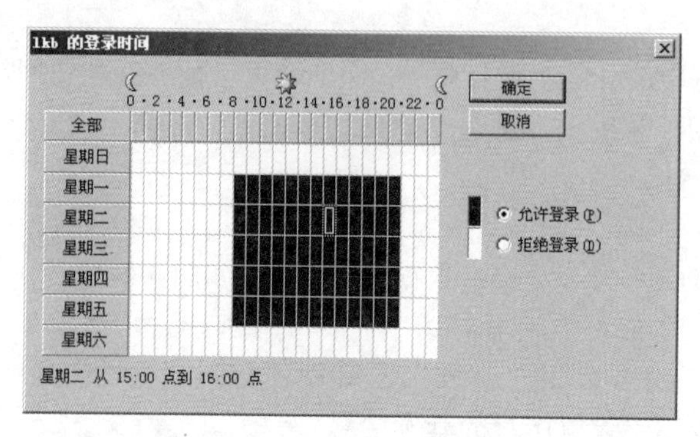

图 3-2-22　自定义用户登录时间

2. 重新设置用户密码

当用户的密码被别人窃取或者用户认为有必要修改密码时，可以向系统管理员申请修改密码。这时，系统管理员可以通过 Windows Server 2008 系统提供的用户密码进行重新设置。

（1）单击要修改的用户账户所在的组织单位或容器，便会列出用户账户，右键单击要修改的用户账户，然后在弹出的快捷菜单中选择“重设密码”选项。

（2）此时系统会弹出一个对话框，在“新密码”和“确认密码”文本框中输入新密码并确认密码后，单击“确定”按钮完成修改。

3. 组织单位的管理

一种对域内的对象进行逻辑管理的单位，包含在域中的特别有用的目录对象类型就是组织单位。组织单位是可将用户、组、计算机和其他组织单位放入其中的 Active Directory 容器。它不能容纳来自其他域的对象。

组织单位的创建步骤如下：

（1）在“Active Directory 用户和计算机”窗口中的“管理目标导航树”下选择“Active Directory 用户和计算机”选项，然后单击鼠标右键，在弹出的快捷菜单中选择“新建”→“组织单位”选项，如图 3-2-23 所示。

（2）出现如图 3-2-24 所示的“新建对象－组织单位”对话框，在“名称”文本框中输入名称后单击“确定”按钮。

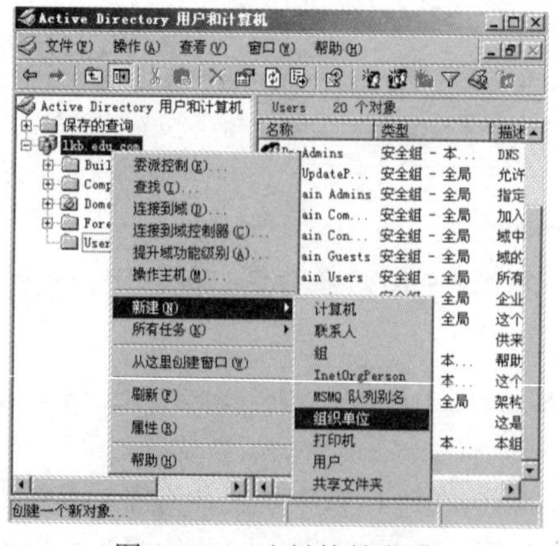

图 3-2-23　右键快捷菜单

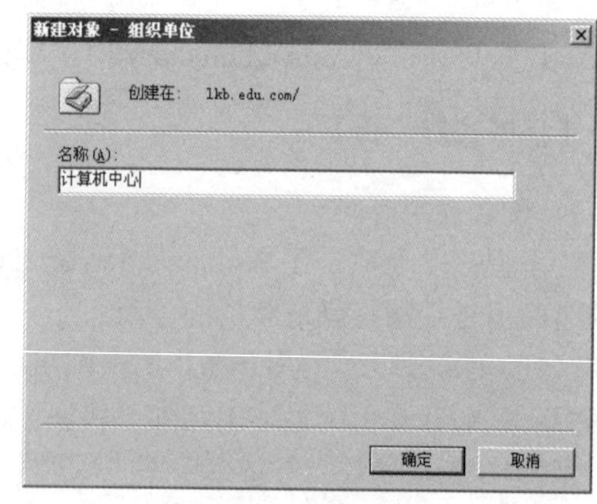

图 3-2-24　新建组织单位

（3）成功建立的组织单位如图 3-2-25 所示。可以将其他组织单位下管理的计算机、账号等直接移动到该组织单位下。在该组织单位下还可以建立其他管理对象。

（4）右键单击该组织单位，选择“属性”选项。

（5）出现如图 3-2-26 所示的“常规”选项卡，可以设置组织单位的描述信息。

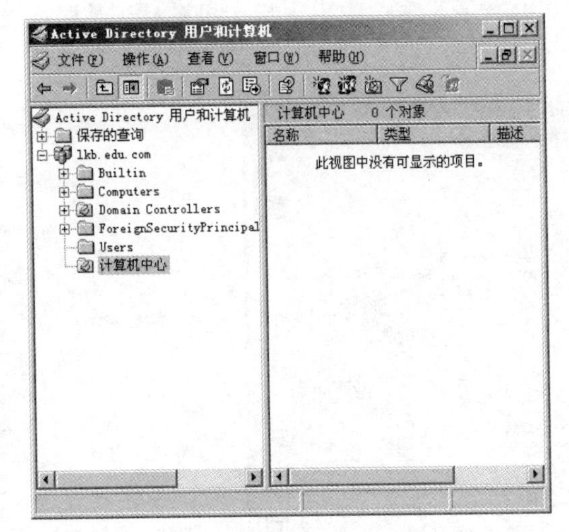

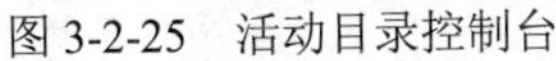
图 3-2-25 活动目录控制台

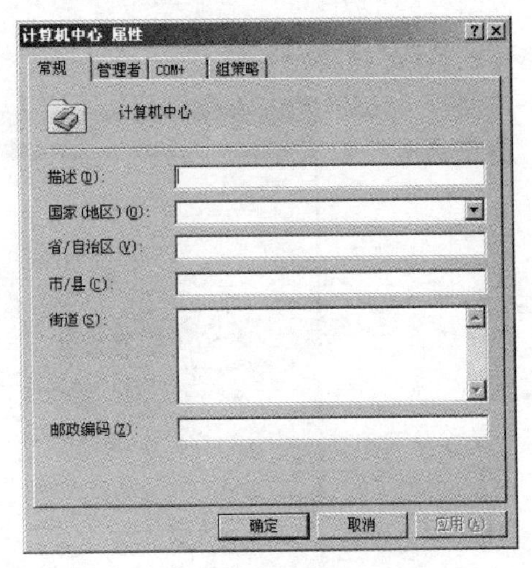

图 3-2-26 组织单位属性

（6）切换到“管理者”选项卡，单击“更改”按钮可以将组织单位有管理权限的账号或者组添加进来。

3.3 网络打印机配置

上海宏远网络科技公司部分员工需要使用打印机，但现只有一台网络打印机供员工使用，需要进行局域网打印机资源共享管理。

【任务分析】

网络打印机有两种工作模式：打印服务器管理模式和点对点工作模式，打印服务器管理模式便于打印机的集中管理，但需要人员管理。我们这里选择点对点工作模式。

【任务实施步骤】

网络用户要获得网络打印服务，就需要安装网络打印机，下面以佳能的一款网络打印机为例介绍安装过程。

1. 打印机 IP 地址设置

在完成打印机与网络的硬件连接后，首先要给打印机分配 IP 地址。一般情况下，网络打印机在出厂时有默认的 IP 地址，可以不必重新配置。如果需要更改，则按照说明书，通过打印机面板，对其进行 IP 地址的配置。

2. 在客户机上安装网络打印机

在客户机上，运行打印机驱动程序安装文件，在安装过程中，会出现安装 TCP/IP 端口的对话框，如图 3-3-1 所示，在此窗口中输入打印机的 IP 地址，单击“下一步”按钮，会自动完成网络打印机的安装。安装完成后，在“打印机与传真”窗口中出现打印机图标，其属性设置与本地打印机类似。

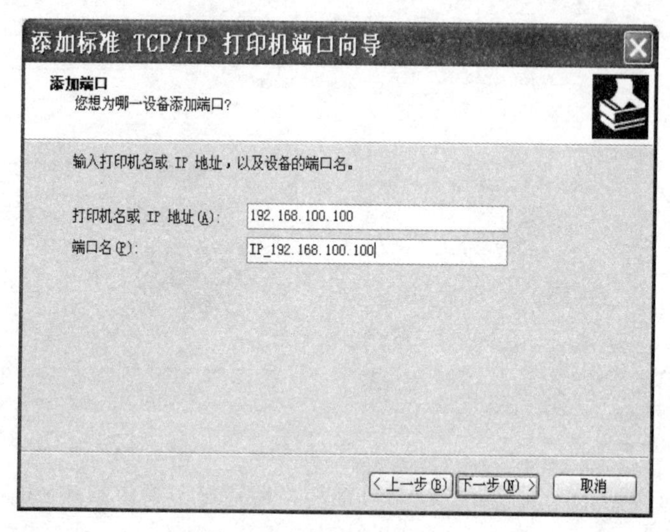

图 3-3-1 安装网络打印机

例如，我们可以右击打印机图标，在快捷菜单中选择“设为默认打印机”，可以将该打印机设为默认打印机；也可以在快捷菜单中选择“属性”，弹出图 3-3-2 所示对话框，单击“端口”选项卡，然后选择 IP 端口（Standart TCP/IP Port），单击“配置端口”按钮，在图 3-3-3 所示对话框中重新配置 TCP/IP 端口的 IP 地址等信息。

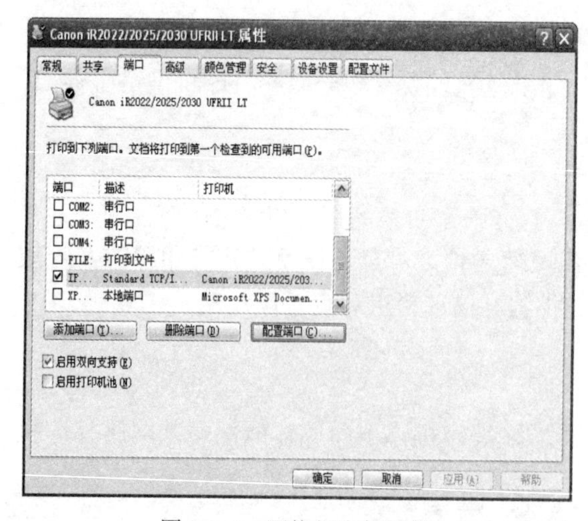

图 3-3-2 网络打印机属性

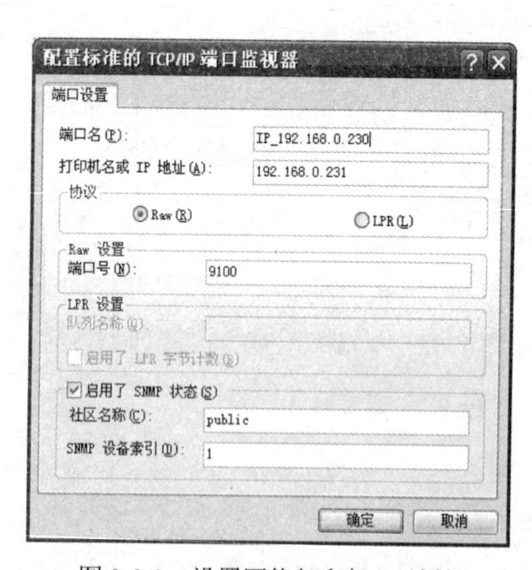

图 3-3-3 设置网络打印机 IP 地址

3.4　磁盘管理

上海宏远网络科技公司若干台服务器对网络文件资源进行管理，为了更好地完成管理功能，需要进行磁盘分区的创建与管理。

3.4.1　分区创建与管理

在建立分区之前，要先对硬盘的配置进行规划，该硬盘要分割成多少个分区，以便于维护和整理；每个分区占用多大的容量；每个分区使用的文件系统以及安装的操作系统的类型和数目。

一般认为划分成多个分区比较利于管理。例如对一个硬盘分割成三个区：C：用于存储操作系统文件；D：用于存储应用程序、文件等；E：用于备份。对于分区使用何种文件系统，则要根据具体的操作系统而定。当前流行的操作系统常用的分区格式有三种：FAT、FAT32、NTFS 格式，如果是服务器，建议使用 NTFS 文件格式。

3.4.1.1　基本磁盘管理

1. 磁盘管理控制台

启动“磁盘管理”应用程序，选择“开始”→“程序”→“管理工具”→“计算机管理”，打开如图 3-4-1 所示的“计算机管理”窗口。展开“存储”选项，单击“磁盘管理”，窗口右侧底端窗口中以图形方式显示了当前计算机系统安装的三个物理磁盘、各个磁盘的物理大小以及当前分区的结果与状态。顶端窗口以列表的方式显示了磁盘的属性、状态、类型、容量、空闲等详细信息。

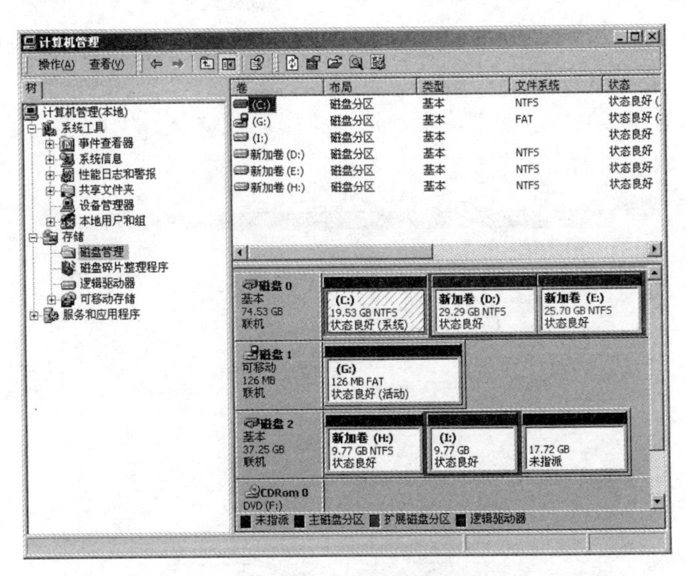

图 3-4-1　计算机管理

2. 创建主磁盘分区

主磁盘分区是物理磁盘的一部分，它像物理上独立的磁盘那样工作。对于主引导记录（MBR）磁盘，在一个基本磁盘上最多可以创建 4 个主磁盘分区，或者 3 个主磁盘分区和 1 个有多个逻辑驱动器的扩展磁盘分区。对于 GUID 分区表（GPT）磁盘，最多可创建 128 个主磁盘分区，也称为“卷”。在磁盘分区过程中，最先给出的提示就是询问用户建立主磁盘分区还是扩展磁盘分区，主磁盘分区是用来安装系统的，如果要装两个系统的话，可以有两个以上的主磁盘分区。一个基本磁盘内最多可以有 4 个主磁盘分区。创建主磁盘分区的步骤如下：

（1）启动“磁盘管理”。

（2）选取一块未指派的磁盘空间，如图 3-4-2 所示，这里我们选择“磁盘 1”。

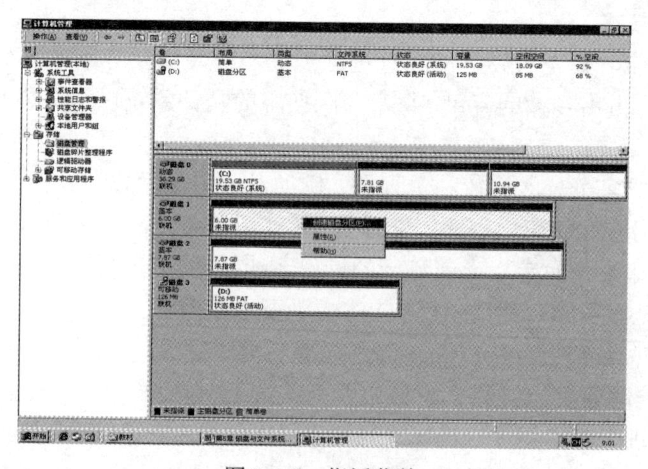

图 3-4-2　指派菜单

（3）用鼠标右击该磁盘空间，在弹出的菜单中选择“创建磁盘分区”，在出现的“欢迎使用创建磁盘分区向导”对话框中，单击“下一步”按钮创建主磁盘分区。

（4）在“选择分区类型”对话框中，选择“主磁盘分区”，单击“下一步”按钮。

（5）在“指定分区大小”对话框中，输入该主磁盘分区的容量，此例中输入“800MB”。完成后单击“下一步”按钮。

（6）弹出如图 3-4-3 所示的对话框，选中“指派驱动器号”单选按钮，设置驱动器号为“H”。单击“下一步”按钮，出现“格式化分区”对话框。

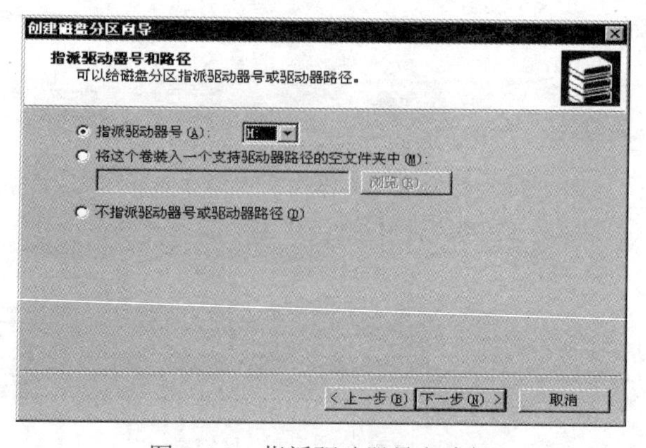

图 3-4-3　指派驱动器号和路径

（7）在“格式化分区”对话框中，可以选择是否格式化该分区；格式化该分区可以进行以下几项设置：①使用的文件系统为 NTFS；②分配单位大小为默认值；③卷标为默认值；④执行快速格式化；⑤不启动文件及文件夹压缩功能。

（8）完成以上内容设置，系统进入“完成”对话框，并列出用户设置的所有参数。单击“完成”按钮，开始格式化该分区。

3. 创建扩展磁盘分区

（1）在磁盘管理控制台中，选取一块未指派的磁盘空间。如选择磁盘 1 上的未指派空间。

（2）鼠标右击该空间，在弹出菜单中选择“创建磁盘分区”，打开“创建磁盘分区向导”对话框。单击“下一步”按钮，选择“扩展磁盘分区”，其后操作步骤同创建主磁盘分区类似。完成上述步骤即可对磁盘 1 创建 500MB 主分区、1000MB 扩展分区，完成后的磁盘分区如图 3-4-4 所示。

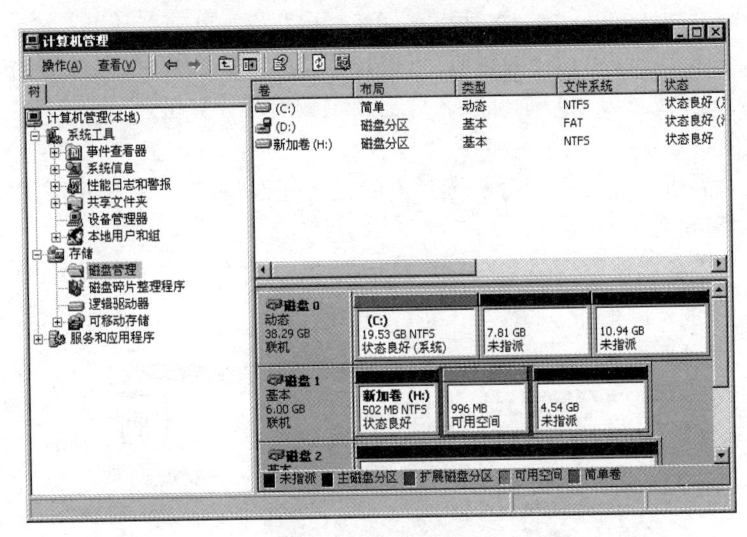

图 3-4-4　磁盘分区

（3）鼠标右击扩展磁盘分区，如选择磁盘 1 上的扩展磁盘分区，在弹出的快捷菜单中选择“创建逻辑驱动器”，弹出“欢迎使用创建磁盘分区向导”对话框，单击“下一步”按钮。

（4）出现“选择分区类型”对话框，选择“逻辑驱动器”单选按钮，单击“下一步”按钮。其后操作步骤同创建主磁盘分区类似。

4. 磁盘分区后的常用维护

（1）设定“活动”的磁盘分区。如设置磁盘 0 的主分区为“活动”状态。

（2）磁盘格式化。如进行磁盘 0 的 D 分区格式化操作。详细设置同创建主磁盘分区的步骤（7）。

（3）添加卷标。如设置磁盘 0 的 D 分区的卷标为“我的磁盘”。

（4）更改磁盘驱动器号及路径。如设置磁盘 0 的 D 分区的驱动器号为“E”。

（5）删除磁盘分区。如把磁盘 0 的 D 分区删除。

（6）将 FAT 文件系统转换为 NTFS 文件系统。

假设要将磁盘 D:转换为 NTFS，可以利用 convert.exe 命令来完成此功能。首先进入命令提示符环境，然后运行下面的命令：convert D:/FS:NTFS。

3.4.1.2　动态磁盘管理

基本磁盘受 26 个英文字母的限制，也就是说磁盘的盘符只能是 26 个英文字母中的一个。因为 A、B 已经被软驱占用，实际上磁盘可用的盘符只有 C～Z 共 24 个。动态磁盘不受 26 个英文字母的限制，它是用“卷”来命名的。动态磁盘的最大优点是可以将磁盘容量扩展到非邻近的磁盘空间。

（1）升级为动态磁盘

要创建动态卷，必须先保证磁盘是动态磁盘，如果磁盘是基本磁盘，可先将其升级为动态磁盘。要把基本磁盘升级到动态磁盘，可按下面步骤进行：

1）关闭所有正在运行的应用程序，打开“计算机管理”窗口中的“磁盘管理”。右击要升级的基本磁盘，选择“升级到动态磁盘”。

2）在“升级这些动态磁盘”对话框中，可以选择多个磁盘一起升级。选好之后，单击“确定”按钮。打开“要升级的磁盘”对话框，如选择磁盘 2，单击“升级”按钮。

3）升级完成后在管理窗口中可以看到磁盘的类型改为动态。如果升级的基本磁盘中包括系统磁盘分区或引导磁盘分区，则升级之后需要重新启动计算机。

（2）创建简单卷

1）启动“计算机管理”控制台，选择“磁盘管理”，右击一块未指派的空间，在弹出的菜单中选择“创建卷”。

2）在弹出的“欢迎使用创建卷向导”对话框中，单击“下一步”按钮。打开如图 3-4-5 所示的对话框，选择“简单卷”，单击“下一步”按钮。

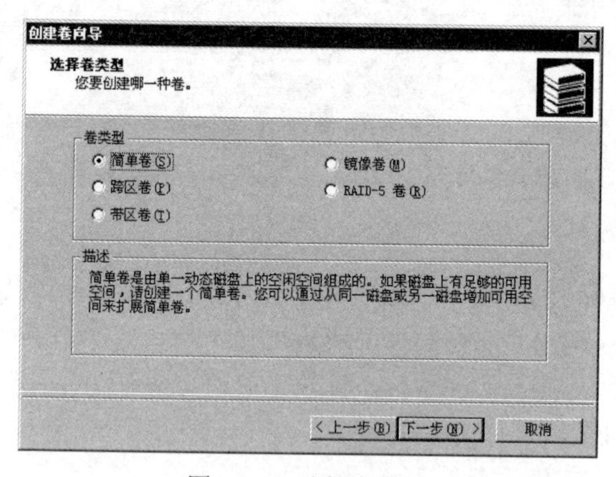

图 3-4-5　选择卷类型

3）在对话框中设置简单卷的大小（这里选择磁盘 1，600MB），或者选择在另外一个磁盘上创建简单卷，如图 3-4-6 所示设置好后，单击“下一步”按钮。

4）其后操作步骤同创建主磁盘分区类似。

（3）扩展简单卷

1）打开“计算机管理”控制台，选择“磁盘管理”，右击要扩展的简单卷，选择“扩展卷”。

2）打开“扩展卷向导”对话框，单击“下一步”按钮，打开“选择磁盘”对话框，这里可以选择要扩展的空间来自哪个磁盘，设置扩展的磁盘空间大小，设置好后，单击“下一步”按钮。

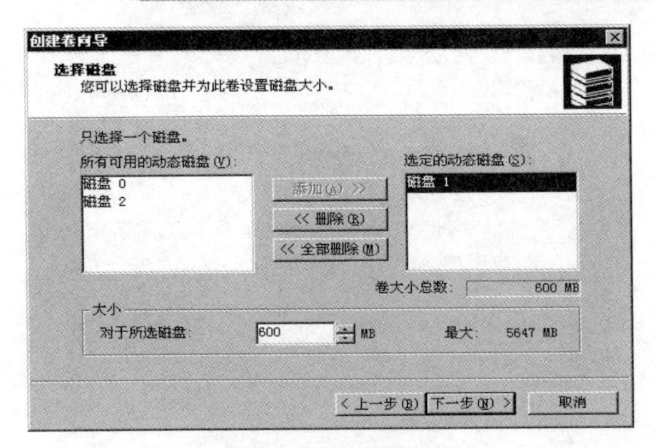

图 3-4-6　选择磁盘

3）出现“完成卷扩展向导”对话框，单击“完成”按钮。

（4）创建跨区卷、带区卷、镜像卷、RAID-5 卷的过程与创建简单卷的过程类似，只需在“选择卷类型”对话框内对类型进行选择即可。

3.4.2　磁盘配额

【任务 1】为用户所能使用的磁盘空间进行限制，使其只能使用的最大配额范围内的磁盘空间为 100MB。

【任务分析】

在 NTFS 文件系统的磁盘上，启用配额管理，可实现磁盘空间限制。

设置磁盘配额后，可以对用户的磁盘使用情况进行跟踪和控制，通过监测可以标识出超过配额报警阈值和配额限制的用户，从而采取相应的措施。磁盘配额管理功能的提供，使得管理员可以方便、合理地为用户分配存储资源，可以限制指定账户能够使用的磁盘空间，这样可以避免因用户过度使用磁盘空间造成其他用户无法正常工作，甚至影响系统运行，避免由于磁盘空间使用的失控而可能造成的系统崩溃，提高了系统的安全性。

【任务实施步骤】

磁盘配额的设置如下：

（1）双击“我的电脑”，打开“我的电脑”窗口。右击某驱动器（该驱动器使用的文件系统为 NTFS），打开其快捷菜单，选择“属性”命令，打开“本地磁盘属性”对话框。

（2）单击“配额”选项卡，选定“启用配额管理”复选框，激活“配额”选项卡中的所有配额设置选项，如图 3-4-7 所示（这里是以 E:磁盘驱动器为例），需要选中“拒绝将磁盘空间给超过配额限制的用户”复选框。

（3）选中“将磁盘空间限制为”，输入限制的空间值 100MB，可以使该用户使用的空间不超过限制值。

特别注意：此时一定要单击“确定”按钮，否则启用配置管理操作无效。

【任务 2】针对不同用户进行磁盘空间限制，使其只能使用最大配额范围内的磁盘空间，如用户 a1 的空间限定为 100MB，a2 的空间限定为 150MB。

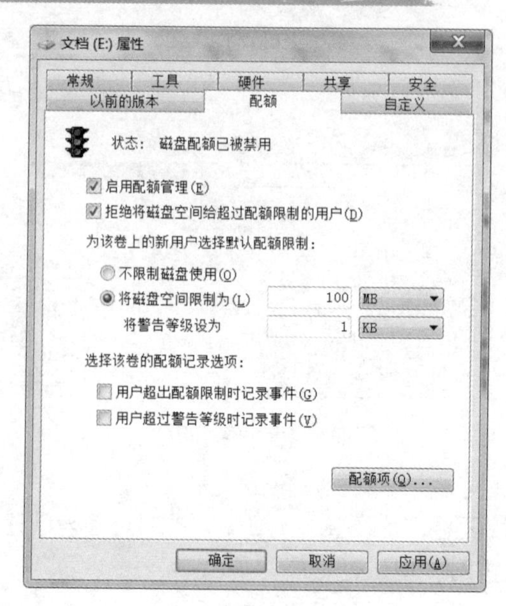

图 3-4-7 “配额”选项卡

【任务分析】

在 NTFS 文件系统的磁盘上，启用配额管理，并通过设置配额项，针对不同用户进行配额限制。

【任务实施步骤】

（1）双击“我的电脑”，打开“我的电脑”窗口。右击某驱动器（该驱动器使用的文件系统为 NTFS），打开其快捷菜单，选择“属性”命令，打开“本地磁盘属性”对话框。

（2）单击“配额”选项卡，选中“启用配额管理”复选框，激活“配额”选项卡中的所有配额设置选项，如图 3-4-7 所示（这里是以 E:磁盘驱动器为例），需要选择“拒绝将磁盘空间给超过配额限制的用户”。

（3）单击“配额项”按钮，打开本地磁盘(E:)的配额项窗口，如图 3-4-8 所示。

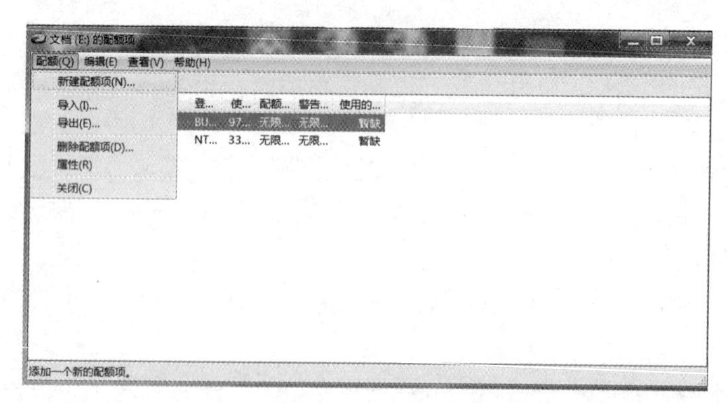

图 3-4-8 配额项目

（4）通过该窗口，可以为指定用户新建配额项，删除已建立的配额项，亦或是将已建立的配额项信息导出并存储为文件，以后需要时管理员可直接导入该信息文件而获得配额项信息。

（5）如果需要创建一个新的配额项，可在图 3-4-8 中单击“配额”按钮，选择“新建配额项”，弹出如图 3-4-9 所示的对话框，单击“高级”按钮，在弹出窗口中单击“立即查找”，然后选择指定用户 a1，单击“确定”按钮。打开如图 3-4-10 所示的对话框，在该对话框中，可以对选定的用户的配额限制进行设置，从而可以实现针对不同用户的个性化磁盘空间管理。如选定“将磁盘空间限制为”，输入限制的空间值 100MB，可以使该用户使用的空间不超过限制值；如果选定“不限制磁盘使用”单选按钮，则该用户的空间为图 3-4-7 中所设定的值。

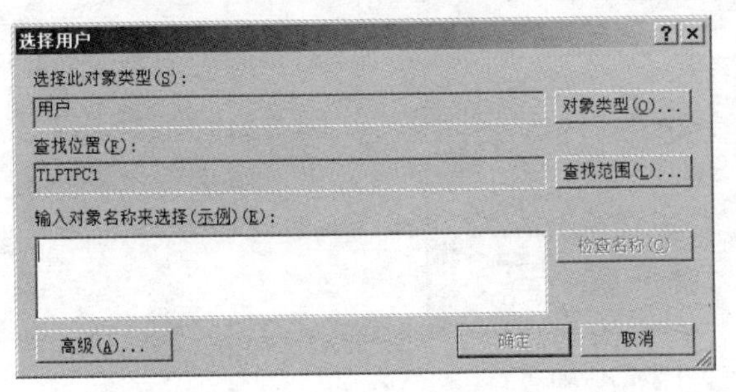

图 3-4-9　“选择用户”对话框

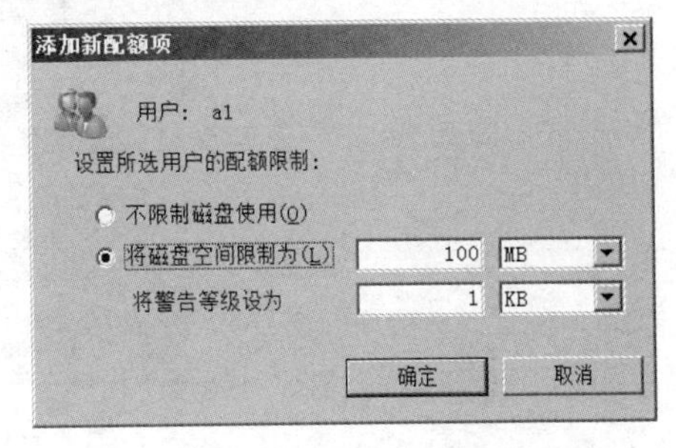

图 3-4-10　“添加新配额项”对话框

（6）重复步骤（5），对用户 a2 进行空间限制。

（7）单击“确定”按钮，完成新建配额项的所有操作并返回到“本地磁盘（E:）的配额项目”窗口。在该窗口中可以看到新创建的用户配额项显示在列表框中，关闭该窗口，完成磁盘配额的设置并返回到图 3-4-7 所示对话框。

特别注意：此时一定要单击“确定”按钮，否则启用配置管理操作无效。

3.4.3　文件的压缩、加密

3.4.3.1　文件的压缩

NTFS 提供了压缩文件和文件夹以节约磁盘空间的能力。这项操作对最终用户是完全透明的，用户使用文件时系统将文件解压缩以备使用，在保存时，文件又自动被重新压缩。执行这项操作的开销几乎是可以忽略的，因为文件压缩后可以在访问文件时使磁头少走路径。

压缩 NTFS 驱动器上的文件或文件夹的步骤如下：

（1）打开“我的电脑”，双击驱动器或文件夹。

（2）右键单击要压缩的文件或文件夹，然后选择“属性”。

（3）单击“常规”选项卡上的“高级”按钮。

（4）选中“压缩内容以便节省磁盘空间”复选框，然后单击“确定”按钮。

（5）单击“属性”对话框中的“确定”按钮。

（6）在“确认属性更改”对话框中选择需要的选项。

重要提示：

- 只有对于已格式化为 NTFS 驱动器上的文件和文件夹，才能使用 NTFS 压缩。如果没有出现“高级”按钮，说明所选的文件或文件夹不在 NTFS 驱动器上。
- 如果将文件移动或复制到已压缩的文件夹中，文件将被自动压缩。如果将文件从另外一个 NTFS 驱动器移动到已压缩的文件夹中，文件也将被压缩。但是，如果将文件从同一个 NTFS 驱动器移动到已压缩的文件夹中，则文件将保留原始状态。

- 使用 NTFS 压缩的文件和文件夹不能被加密。

压缩文件夹并不意味着压缩其中的文件，因而文件和文件夹可以每个单独地压缩或解压缩。当把没有压缩的文件放置在压缩文件夹中时，该文件将自动地被压缩。在某种意义上，解压缩后的文件将继承从其父文件夹来的压缩属性，如图 3-4-11 所示。

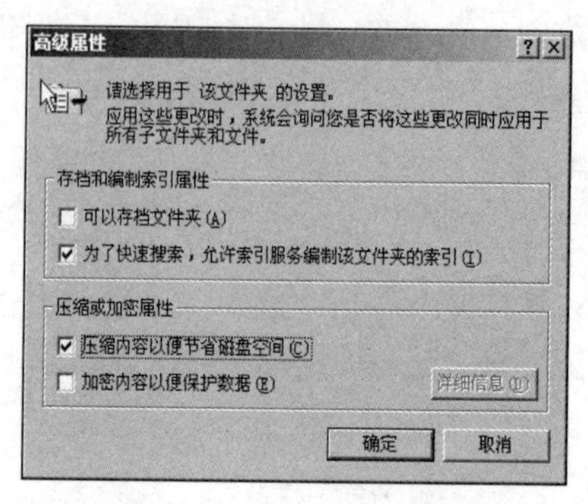

图 3-4-11　文件夹的压缩属性

压缩的文件最好是不经常写入的文件，因为写入操作特别消耗 CPU 处理器资源。另外，一般不必压缩已经压缩过的文件，如扩展名为.jpg 或.zip 的文件，因为文件被压缩之后，再进行压缩已经没有实际意义。当使用 Windows 资源管理器时，可以用不同颜色来显示压缩的文件和文件夹。

【任务 3】要求为压缩文件和文件夹选择不同的颜色。

【任务分析】

本任务可通过“文件夹选项”对话框完成。

【任务实施步骤】

（1）打开“我的电脑”，单击“工具”→“文件夹选项”，打开如图 3-4-12 所示对话框。

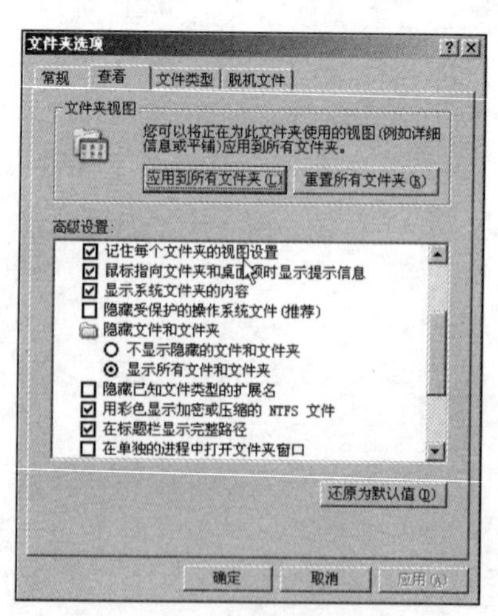

图 3-4-12　文件夹选项

（2）单击“查看”选项卡，选中“用彩色显示加密或压缩的 NTFS 文件”复选框。

3.4.3.2 文件的加密

如果用户指定对某文件进行加密，那么对用户来讲实际的数据加密和解密过程是完全透明的。用户并不需要理解这个过程。但对管理员来说，以下关于数据如何被加密和解密的解释是十分有用的。

- 每个文件都有一个唯一的文件加密密钥，用于以后对文件数据进行解密。
- 文件的加密密钥本身是自加密的，它通过与用户的 EFS 证书对应的公钥进行保护。
- 文件加密密钥同时也被其他每个已被授权解密该文件的 EFS 用户的公钥和每个故障恢复代理的公钥所保护。
- 用户只能对格式化为 NTFS 文件系统的卷上的文件进行加密。

【任务 4】某公司服务器上的文件系统为 NTFS 格式，现要对文件夹或文件进行加密。

【任务分析】

本任务可通过“文件夹选项”对话框完成。

【任务实施步骤】

（1）在 Windows 资源管理器中找到您希望加密的文件夹或文件，右键单击该文件夹或文件，在快捷菜单中选择“属性”。在对话框的“常规”选项卡中单击“高级”选项按钮，打开“高级属性”对话框。

（2）在“压缩或加密属性”栏下，选中“加密内容以便保护数据”复选框，然后单击“确定”按钮，如图 3-4-13 所示。确定属性更改后，然后单击“确定”按钮，如果是加密文件夹，则弹出如图 3-4-14 所示的确认对话框。

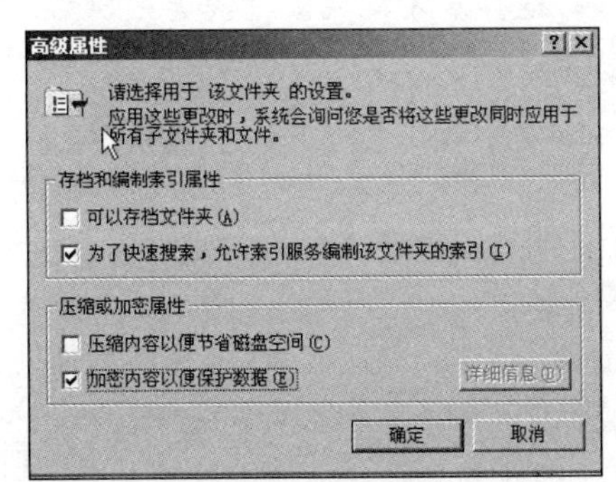

图 3-4-13 加密文件夹

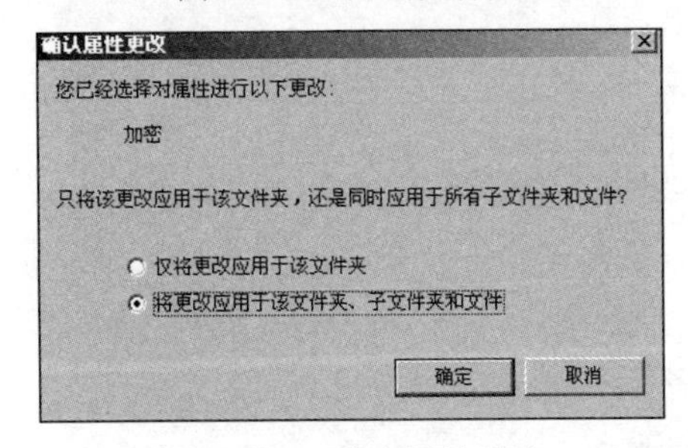

图 3-4-14 确定属性更改

（3）如果需要加密的是文件，则会出现一个“加密警告”对话框，如图 3-4-15 所示。

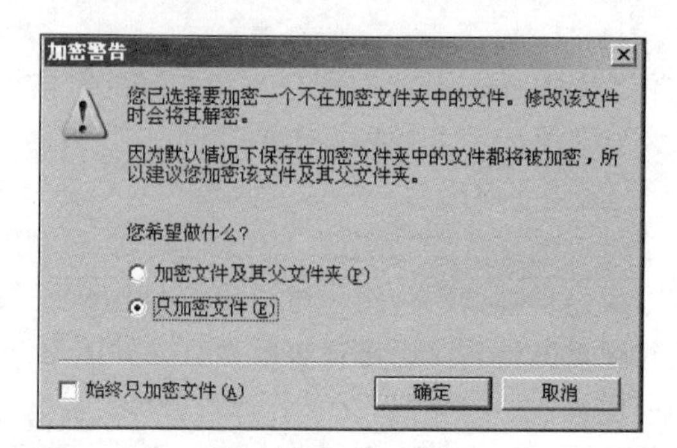

图 3-4-15　加密警告

可按照以下步骤之一进行操作：

1）如果用户只希望对文件加密，选中“只加密文件”，然后单击“确定”按钮。

2）如果希望对文件和该文件所在的文件夹进行加密，选中“加密文件及其父文件夹”，然后单击“确定”按钮。

知识链接

文件夹加密约定：

Ⅰ. 只可以加密 NTFS 文件系统卷上的文件和文件夹。

Ⅱ. 不能加密压缩的文件或文件夹。如果要加密一个压缩文件或文件夹，则该文件或文件夹将会被解压。

Ⅲ. 无法加密标记为“系统”属性的文件，并且无法加密 systemroot 文件夹中的文件。

Ⅳ. 如果在加密单个文件时选择加密其父文件夹，则以后添加到该文件夹的所有文件和子文件夹在添加时都将被加密。

如果在加密某个文件夹时选择加密所有文件和子文件夹，则会加密当前位于该文件夹中的所有文件和子文件夹，以及将来添加到该文件夹中的任何文件和子文件夹。如果选择仅加密文件夹，则文件夹中当前所有文件和子文件夹将不会被加密。然而，任何将来被加入文件夹的文件和子文件夹在加入时均被加密。

特别提示：文件或文件夹被加密后，可能只有文件或文件夹名称的文字颜色发生改变，在当前用户下，还可以正常打开加密文件或加密文件夹中的文件，只有当我们切换用户，使用其他用户登录系统时，才会发现加密的文件或加密文件夹中的文件不能正常打开，此时加密的效果才会显现出来。

3.4.3.3　文件的解密

文件的解密过程如下：

（1）要解密一个文件，首先要对文件加密密钥进行解密。当用户的私钥与这个公钥匹配时，文件加密密钥就被解密。

（2）原始用户并非唯一能对文件加密密钥进行解密的人。其他被指派的用户或恢复代理也可以使用他们自身的私钥来解密文件的加密密钥。

文件的解密操作步骤如下：

（1）打开 Windows 资源管理器。右键单击加密文件或文件夹，然后单击“属性”。

（2）在“常规”选项卡上，单击“高级”选项。

（3）清除“加密内容以便保护数据”复选框。

提示：在对文件夹解密时，系统将询问是否要同时将文件夹内的所有文件和子文件夹解密。

如果选择仅解密文件夹，则解密文件夹中的加密文件和文件夹仍保持加密。但是，在已解密文件夹内建立的新文件和文件夹将不会被自动加密。

3.4.4 磁盘管理基本概念

磁盘配额管理可以跟踪以及控制磁盘空间的使用，主要包括以下几个方面。

当用户超过了指定的磁盘空间限制（也就是允许用户使用的磁盘空间量）时，防止进一步使用磁盘空间并记录事件。

当用户超过了指定的磁盘空间警告级别（也就是用户接近其配额限制的点）时记录事件。启动磁盘配额时，可以设置两个值：磁盘配额限制和磁盘配额警告级别。例如，可以把用户的磁盘配额限制设为 500MB，并把磁盘配额警告级别设为 450MB。在这种情况下，用户可在卷上存储不超过 500MB 的文件。如果用户在卷上存储的文件超过 450MB，则可把磁盘配额系统配置成记录系统事件。只有 Administrators 组的成员才能管理卷上的配额。有关设置磁盘配额值的说明，请参阅分配默认配额值。

可以指定用户能超过其配额限制。如果不想拒绝用户对卷的访问但想跟踪每个用户的磁盘空间使用情况，启用配额而且不限制磁盘空间的使用是非常有用的。也可指定不管用户超过配额警告级别还是超过配额限制时是否要记录事件。

启用卷的磁盘配额时，系统从那个值起自动跟踪新用户卷的使用。

只要用 NTFS 文件系统将卷格式化，就可以在本地卷、网络卷以及可移动驱动器上启动配额。另外，网络卷必须从卷的根目录中得到共享，可移动驱动器也必须是共享的。Windows 安装将自动升级使用 Windows NT 中的 NTFS 版本格式化的卷。

由于按未压缩时的大小来跟踪压缩文件，因此不能使用文件压缩防止用户超过其配额限制。例如，如果 50MB 的文件在压缩后为 40MB，Windows 将按照最初 50MB 的文件大小计算配额限制。

相反，Windows 将跟踪压缩文件夹的使用情况，并根据压缩的大小来计算配额限制。例如，如果 500MB 的文件夹在压缩后为 300MB，那么 Windows 只将配额限制计算为 300MB。

动态卷是 Windows 2000 以上操作系统才有的新特色，只能在动态磁盘上创建。管理员可以在动态磁盘上创建的卷有：简单卷、跨区卷、带区卷、镜像卷和 RAID-5 卷（独立磁盘冗余阵列），其中镜像卷和 RAID-5 卷是容错卷。动态卷的类型有以下几种：

（1）简单卷。由单个物理磁盘上的磁盘空间组成。简单卷可以被扩展到同一磁盘的多个区域（最多 32 个区域）。简单卷不能提供容错功能。简单卷支持 FAT、FAT32、NTFS 文件系统。

（2）跨区卷。跨区卷是由多个物理磁盘上的磁盘空间组成的卷，因此至少需要两个动态磁盘才能创建跨区卷。当将数据写到一个跨区卷时，系统将首先填满第一个磁盘上的扩展卷部分，然后将剩余部分的数据写到该卷上的下一个磁盘。如果跨区卷中的某个磁盘发生故障，则存储在该磁盘上的所有数据都将丢失。跨区卷只能在使用 NTFS 文件系统的动态磁盘中创建。

（3）带区卷。带区卷可以将两个或多个物理磁盘上的可用空间区域合并到一个卷上。当数据写入到带区卷时，它们被分割为 64KB 的块并相等地传输到阵列中的所有磁盘。带区卷可以同时对构成带区卷的所有磁盘进行读、写数据的操作。使用带区卷可充分改善访问硬盘的速度。但带区卷不提供容错功能，如果包含带区卷的其中一块硬盘出现故障，则整个卷将无法工作。

（4）镜像卷。镜像卷是一个简单卷的两个相同拷贝，存储在不同的硬盘上。镜像卷提供了在硬盘发生故障时的容错功能。容错就是在硬件出现故障时，计算机或操作系统确保数据完整性的能力。通常为了防止数据丢失，管理员可以创建一个镜像卷。

（5）RAID-5 卷。RAID-5 卷是包含数据和奇偶校验的跨越三个或更多物理磁盘的容错卷。在每个磁盘上添加一个奇偶校验带区。奇偶校验是指在向包含冗余信息的数据流中添加位的数学技术，允许在数据流的一部分已损坏或丢失时重建该数据流。RAID-5 卷至少需要 3 块硬盘。

习题三

一、简答题

1．简述活动目录的安装步骤。
2．如何更改域的功能级别？
3．如何创建本地账户和域账户？
4．安全权限与共享权限有何关系？
5．如何设置服务器用户的登录时间？
6．如何添加网络打印机？
7．动态卷分为哪几种？各有什么特点？

二、实践题

为某公司设计一个网络，在服务器上完成活动目录的安装，选择某个服务器作为域控制器进行管理，创建管理员账户，并分别按部门创建用户组，网络能够实现打印资源共享，并对服务器上的多个磁盘进行分区，对磁盘配额进行管理。

单元 4
搭建自己的 Web 站点

单元导读

本单元通过学习架构 Web 服务器，实现 Web 服务，管理 Web 站点，了解 Web 站点服务器的架构、个人空间和虚拟主机的概念，掌握 IIS 组件的安装、Web 站点的创建与管理、站点属性选项卡的配置管理等知识，Web 网站配置和管理的技能得到训练。通过本单元的学习，将具备 Web 服务器架设方案设计与实施能力。

单元学习目的

- 使学生初步具备添加 Web 服务器软件能力
- 使学生初步具备配置和管理 Web 服务的能力
- 使学生初步掌握 Web 服务安全管理的能力
- 使学生初步具备 Web 服务网络组建方案的设计能力

学前基础要求

在开始学习本单元内容之前，学生必须完成下列模块的学习，具备下列知识基础。

- 计算机软硬件常识
- 熟悉 Windows 系统的操作
- 熟悉 Web 相关知识
- 了解 Windows 相关组件

- Web 站点服务器的架构

- 虚拟主机
- 网络域名
- 安装 IIS 并创建 Web 服务器
- 配置及管理 IIS

李先生开了一个咨询公司，有员工 20 人，每人一台计算机，公司有一个服务器，安装了 Windows 服务器版操作系统，公司有固定电话。现李先生想在单位组建一个局域网，能够实现 Web 服务及相关管理操作，客户能够查看公司网页，了解产品信息。试为李先生设计组网方案并进行相关配置。

经过与用户交流（可由教师扮演用户角色），确定创建 Web 站点，具体要求：

1. 架构服务器，并接入互联网。
2. 具有公网 IP 地址，可使用 IP 地址或域名访问 Web 服务器。
3. 服务器安装 IIS 组件，配置 IIS 中的 Web 服务。

1. 学习 Web 服务器架构方面的知识。
2. 设计或选择方案。
3. 购买或租用设备。
4. 申请公网 IP 地址，并注册域名。
5. 安装配置设备与 IIS 组件，配置 Web 服务并测试。

4.1 Web 站点服务器的架构

李先生的咨询公司需要提供 Web 服务，建立 WWW 站点，请为李先生设计服务器建设方案。

目前，服务器的架构主要有自建机房、申请免费主页空间、申请虚拟主机、申请主机托管等。自建机房的优点是管理灵活、数据安全性可控，但投入大，管理要求高，一般适合于大中型企事业单位网络。

4.1.1 免费主页空间

免费主页空间是由提供网站空间的服务商免费开放给客户，用于制作个人主页、公司主页等。此类空间一般只支持静态网页（html/htm/txt），但也有许多空间支持ASP/PHP等动态语言的网页。数据上传方式有两种：超文本传输协议上传（即Web上传）和文件传输协议上传（即FTP上传）。

但是，免费主页空间存在的问题是访问速度较慢，不稳定，安全性差，网页容易被挂木马和病毒；实际可用期限无法保证，服务商可能会以种种理由随时关闭免费主机空间服务；存在广告或垃圾信息等。初学者可以申请免费主页空间，作为个人主页，或者作为学习测试之用。但企业网站或其他重要网站不要使用免费空间，而应该购买稳定可靠的空间。

4.1.2 虚拟主机

Internet日益成为商家注目的焦点，在技术迅猛发展的今天，企业的信息化已成为市场竞争的重要手段，走向市场、走向国际化或者保持国内市场是企业发展的必要条件之一，企业可以通过服务器硬盘空间出租、网络虚拟主机服务实现企业信息化。

虚拟主机，也叫“网站空间”，就是把一台运行在互联网上的服务器划分成多个“虚拟”的服务器，每一个虚拟主机都具有独立的域名和服务器功能。

虚拟主机的关键技术是，在同一硬件、同一个操作系统上，运行着为不同用户打开的不同的服务程序，互不干扰。虚拟主机在网络服务器上划分出一定的磁盘空间供用户放置站点、应用组件等，提供必要的站点功能以及数据存放和传输功能。每个用户拥有自己的一部分系统资源（文档存储空间、内存、CPU时间、IP地址等）。虚拟主机之间完全独立，在使用者看来，每一台虚拟主机和一台单独的主机没有什么不同。所以这种被虚拟化的逻辑主机被形象地称为“虚拟主机”。

虚拟主机技术是互联网应用中节省架构服务器成本的一种技术，目前，虚拟主机技术主要应用于HTTP服务，其优势是费用低廉，是企事业单位运用计算机多媒体技术，以图、文、声、像等多种形式，展示自身形象的便利和实用的方式。

4.1.3 主机托管

主机托管是客户自身拥有一台服务器，并把它放置在Internet数据中心的机房，由客户自己进行维护，或者由其他的签约人进行远程维护，这样企业将自己的服务器放在专用托管服务器机房，可以省去机房管理的开支，节约成本，同时对设备拥有所有权和配置权，并可要求预留足够的扩展空间。

主机托管服务的内容通常有：

（1）免费提供一个IP地址和标准机房环境以及安全、可靠、通畅的网络环境。

（2）免费进行初级硬件维护和软件维护，并由用户在远程操作或现场操作。

（3）全天候服务器运行状态监测。

（4）服务器设备由用户提供。

（5）如须租赁服务器，租赁费用与服务器档次和所需软件相关。

（6）代理申请其他域名。

（7）免费提供独立的页面访问计数器。

做服务器托管时，由于服务器是自己安装和配置的，需要注意以下事项：

（1）服务器必须在本地测试运行 3～4 天，只有经过测试运行的服务器才能保证是稳定的，应避免将不稳定的服务器进行托管，那样维护成本反而很高。

（2）服务器安装时要将各个零配件固定好，以免手动操作过程中出现松动，影响服务器稳定。

（3）服务器硬件配置要稳定高效。

主机托管与虚拟主机的区别：

（1）主机托管是用户独享一台服务器，而虚拟主机是多个用户共享一台服务器。

（2）主机托管用户可以自行选择操作系统，而虚拟主机用户只能选择指定范围内的操作系统。

（3）主机托管用户可以自己设置硬盘，创造数 10GB 以上的空间，而虚拟主机硬盘空间则相对狭小；主机托管业务主要是针对大中型企业用户，他们有能力管理自己的服务器，提供诸如 Web、E-mail、数据库等服务，相比自建机房，也更经济、快捷而实用。

4.2 申请 IP 地址

鑫隆科技公司企业网 Web 服务器要配置 Internet 能访问的 IP 地址，需要申请 IP 地址。

【任务分析】

Internet 中通信都是根据主机的 IP 地址来查找目标主机的，IP 地址是 Internet 中主机必须具备的信息，我们的计算机要想在 Internet 中能被直接访问，必须申请固定 IP 地址。

NIC（Internet Network Information Center）统一负责全球 IP 地址的规划、管理，同时由 InterNIC、APNIC（亚太互联网络信息中心）、RIPE 等网络信息中心具体负责美国及全球其他地区的 IP 地址分配，APNIC 负责亚太地区 IP 地址分配，我国申请 IP 地址要通过 APNIC，申请时要考虑申请哪一类的 IP 地址，也可以向国内的代理机构提出申请。

【任务实施步骤】

1. 直接向 APNIC 申请

APNIC 总部设在澳洲，办公语言和申请文件全部采用英文。目前，中国的大多数用户在直接向 APNIC 申请时，都会面临三个难题。一是语言交流困难；二是对地址的管理办法、分配政策、申请方法、收费标准和相关服务等内容理解困难；三是 IP 地址使用成本高，因为 IP 地址使用价格由会员费和单个 IP 地址费用两部分组成，会员申请的地址越多，级别越高，总体算下来单个地址的费用就会更少。因此直接申请的方式比较适合大量地址的使用者，如电信、网通等运营商（ISP）和中国互联网信息中心（CNNIC）这样的国家 IP 地址管理机构，对于中小 ISP 和企事业单位来说成本负担难免过重。

2. 向 ISP 或 CNNIC 申请

对于个人用户或中小企业，直接向 ISP 申请 IP 地址是一种便捷的途径。个人用户申请固定 IP 地址的价格相对较为固定，而中小企业在与 ISP 进行价格谈判时，申请 IP 地址的数量、接入带宽是影响价格的重要因素。

直接向ISP申请IP地址尽管便捷经济，但是如果更换ISP或地理位置，则不能保留原有IP地址，可能会给网络管理带来一定的麻烦。

对于中小ISP和大型企业用户，加入CNNIC建立的地址分配联盟，可以在地址数量、申请过程、成功机率、价格四个方面取得较为满意的效果。

4.3 注册域名

鑫隆科技公司企业网Web服务器要实现在Internet中能被用户访问，通常通过域名来访问，此时需要注册域名。

【任务分析】

IP地址为数字化信息，毫无规律可言，不便于记忆。我们访问Internet主机一般都通过域名，域名可以采用具有一定意义的英文单词或序列，容易记忆。域名已经成为影响企业形象的重要因素，是企业的另一块标志，抢注域名的事件时有发生。

早期很多域名注册都不是实时注册的，现在域名注册商都是实时结算、实时注册。域名注册的所有者都是以域名注册提交人填写域名订单的信息为准，成功注册24小时后，即可在国际（ICANN）、国内（CNNIC）管理机构查询whois信息（whois信息就是域名所有者等信息）。需要指出的是CNNIC规定必须以公司名义注册，所以在提交订单的时候要写清楚公司的全称，否则会存在域名所有权的问题。

4.3.1 域名注册

【任务实施步骤】

1. 域名命名

由于Internet上的各级域名是分别由不同机构管理的，所以，各个机构管理域名的方式和域名命名的规则也有所不同。但域名的命名也有一些共同的规则，主要有以下几点：

（1）域名中包含的字符

- 26个英文字母。
- 0，1，2，3，4，5，6，7，8，9十个数字。
- “-”（英文中的连词号）。

（2）域名中字符的组合规则

- 在域名中，不区分英文字母的大小写。
- 对于一个域名的长度是有一定限制的。

（3）.cn下域名命名的规则

- 遵照域名命名的全部共同规则。

- 早期 cn 域名只能注册三级域名，从 2002 年 12 月份开始，CNNIC 开放了国内.cn 域名下的二级域名注册，可以在.cn 下直接注册域名。
- 2009 年 12 月 14 日 9 点之后新注册的 cn 域名需提交实名制材料（注册组织、注册联系人的相关证明）。

（4）不得使用或限制使用以下名称：

- 注册含有“CHINA”“CHINESE”“CN”“NATIONAL”等应经国家有关部门（指部级以上单位）正式批准（这条规则基本废除了）。
- 公众知晓的其他国家或者地区名称、外国地名、国际组织名称不得使用。
- 县级以上（含县级）行政区划名称的全称或者缩写需县级以上（含县级）人民政府正式批准。
- 行业名称或者商品的通用名称不得使用。
- 他人已在中国注册过的企业名称或者商标名称不得使用。
- 对国家、社会或者公共利益有损害的名称不得使用。

经国家有关部门（指部级以上单位）正式批准和相关县级以上（含县级）人民政府正式批准是指，相关机构要出据书面文件表示同意 XXXX 单位注册 XXX 域名。

2. 域名注册流程

（1）查询域名。查询所要注册的域名是否可以注册，如果该域名已被注册，则不能重复注册。我们可以通过 CNNIC 网站进行查询，网址为http://www.cnnic.net.cn/。

（2）申请注册。选择注册机构，在其网站上在线填写或下载后填写域名注册申请信息，然后提交，如果是单位用户，则需提供相关资质证明材料，传真或邮递至注册机构。

（3）域名与 IP 地址绑定。如需要做域名解析，即将域名与 IP 地址进行绑定，则需打印“域名解析表申请”一份并加盖单位公章，传真或邮递至注册机构。

（4）通过合适方式付费。

（5）注册机构收到申请并核对收费情况后，办理注册手续。

（6）用户申请域名所需材料：

1）单位用户须携带域名管理人身份证原件及复印件、《域名注册业务登记表》（加盖单位公章）。如申请 gov 类国内域名，另须提交 2 份书面材料：国内 gov 类域名注册申请表和证明申请单位为政府机构的相关资料。

2）个人用户须提供个人身份信息。

4.3.2 域名的概念

由于 IP 地址是数字标识，使用时难以记忆和书写，因此在 IP 地址的基础上又发展出一种符号化的地址方案，来代替数字型的 IP 地址。每一个符号化的地址都与特定的 IP 地址对应，这样网络上的资源访问起来就容易得多。这个与网络上的数字型 IP 地址相对应的字符型地址，就被称为域名。

域名可以是单位的名称，域名是上网单位和个人在网络上的重要标识，起着识别作用，便于他人识别和检索某一企业、组织或个人的信息资源，从而更好地实现网络上的资源共享。除了识别功能外，在虚拟环境下，域名还可以起到引导、宣传等作用。一个公司如果希望在网络上建立自己的主页，就必须命名一个域名。域名由若干部分组成，包括数字和字母。通过该地址，人们可以方便地在网络上找到所需访问的单位网站。

在新的经济环境下，域名所具有的商业意义已远远大于其技术意义，而成为企业在新的科学技术条件下参与国际市场竞争的重要手段，它不仅代表了企业在网络上的独有的位置，也是企业的产品、服务范围、形象、商誉等的综合体现，是企业无形资产的一部分。同时，域名也是一种智力成果，它是有文字含义的商业性标记，与商标、商号类似，体现了相当的创造性。在域名的构思选择过程中，需要一定的创造性劳动，使得代表自己公司的域名简洁并具有吸引力，以便使公众熟知并对其访问，从而达到扩大企业知名度、促进经营发展的目的。可以说，域名不是简单的标识性符号，而是企业商誉的凝结和知名度的彰显，域名的使用对企业来说具有丰富的内涵，远非简单的“标识”二字可以穷尽。因此，目前不论学术界还是相关部门，大都倾向于将域名视为企业知识产权客体的一种。而且，从世界范围来看，尽管各国尚未立法把域名作为专有权加以保护，但国际域名协调制度是通过世界知识产权组织来制定，这足以说明人们已经把域名看作知识产权的一部分。

域名的注册遵循“先申请先注册、谁注册谁使用”的原则，每个域名都是独一无二的，价格不等。

4.4 创建 Web 服务器

【任务 1】李先生想建立 Web 服务器，对外提供 Web 服务，并对站点进行管理。

【任务 2】李先生建立 Web 服务器，需要用户直接访问 Web 站点目录中的子目录，提供便捷的访问方式。

【任务 1 分析】

在本节任务中，我们创建站点 Web，服务器为 tlpvtc-g，站点目录为 E:\web，站点首页文件为 aaa.htm。我们可以通过 Windows Server 2008 自带的 IIS 来创建 Web 站点，并对站点进行安全管理。

【任务 1 实施步骤】

4.4.1 安装 IIS

在 Windows Server 2008 默认安装时，IIS 没有被安装，需要手工进行安装。IIS 安装前的准备工作：

安装 IIS 之前，需要先安装 TCP/IP 协议和连接工具，并且系统还应该有静态 IP 地址（不应由 DHCP 动态分配 IP 地址）。建议还要部署一台 DNS 服务器，如果为站点注册了一个域名，用户在浏览器中键入站点的域名就可以浏览该网站。Microsoft 的 FrontPage 和 Visual InterDev 可以创建交互式 Web 应用程序和为插入表格、图形和脚本这样的任务提供友好的图形界面，所以建议用户同时安装 FrontPage 和 Visual InterDev。

为了使允许因特网访问的 IIS 服务器具有较高的安全性配置，需要把驱动器格式化为 NTFS 文件系统。

在 Windows Server 2008 系统中，我们可以使用“服务器管理器”来安装 IIS，也可以使用“控制面板”中的“程序和功能”。

1. 使用“服务器管理器”安装

（1）单击“开始”→“所有程序”→“管理工具”→“服务器管理器”，打开“服务器管理器”对话框，在对话框左侧单击“角色”，然后单击“添加角色”，在随后弹出的对话框中选中“Web 服务器（IIS）”前的复选框，如图 4-4-1 所示。

（2）在“选择角色服务”对话框中，选择需要的角色服务，如图 4-4-2 所示，单击“下一步”，进行安装。

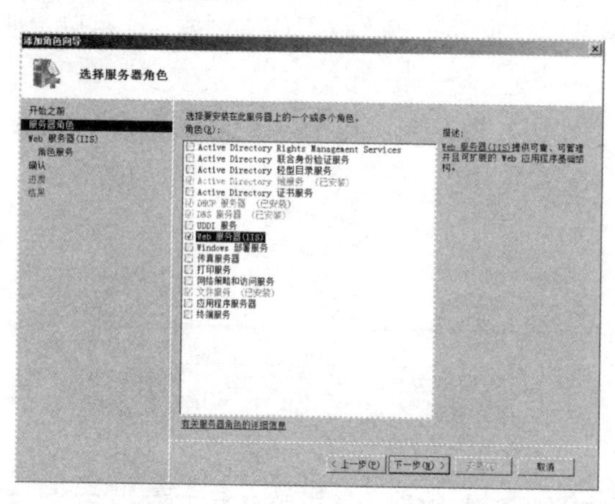

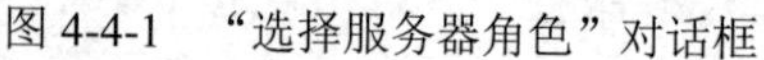
图 4-4-1 “选择服务器角色”对话框

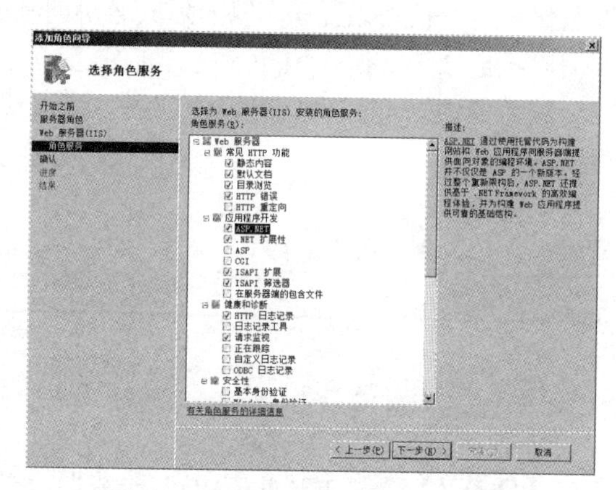

图 4-4-2 “选择角色服务”对话框

2. 使用“控制面板”中的“程序和功能”来安装

打开“控制面板”→“程序和功能”，在出现的对话框中单击“打开或关闭 Windows 功能”，出现如图 4-4-1 所示对话框，然后按照步骤 1 中的方法进行安装。安装时，光驱中插入 Windows Server 2008 安装光盘，单击“确定”按钮。如果没有光驱，Windows Server 2008 系统在硬盘上有备份，也可以输入 Windows Server 2008 系统存储的位置进行安装。

4.4.2 创建 Web 站点

要创建 Web 站点，需要首先创建自己的主页。用户可以使用 Microsoft 公司的 FrontPage 软件和 Macromedia 公司的 Dreamweaver 软件来开发主页。这类软件不需要用户掌握太多的知识和经验，而且开发效率较高。另外，也可以采用将其他文档转换为 HTML 文档的方法。很多的应用软件均支持 HTML 导出功能，如 Microsoft 公司的 Office 软件。当然，有经验的用户可以使用文本编辑器直接进行开发。

用户创建完自己的主页后，可将主页命名为 Default.htm 或 Index.htm，然后复制到默认的 Web 站点主目录中，默认的 Web 站点主目录在 systemroot\inetpub\wwwroot。在 IIS 服务管理器中启动 Web 站点服务，用户在 IE 浏览器中输入“HTTP://服务器的 IP 地址”，就可以打开 Web 站点了。

我们也可以通过创建 Web 站点向导来创建 Web 站点，操作步骤如下：

（1）打开Internet信息服务（IIS）管理器

单击“开始”→“所有程序”→“管理工具”→“Internet 信息服务（IIS）管理器”，在打开的窗口中选择TLPTPC1（Web服务器的名称），如图4-4-3所示。

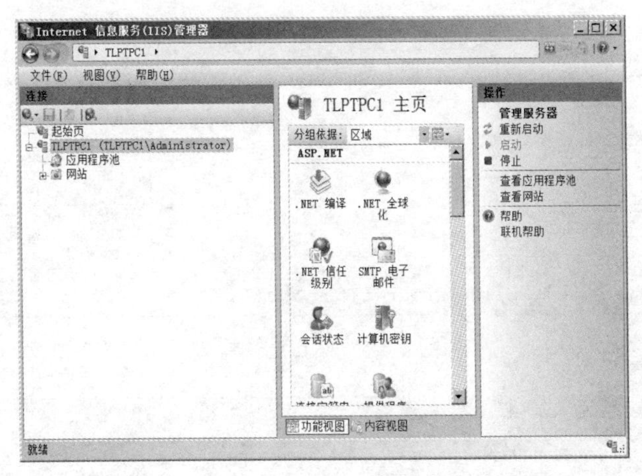

图4-4-3　Internet信息服务（IIS）管理器

（2）设置网站属性

在“网站”上单击右键，选择“添加网站”，选择“下一步”，在“网站名称”文本框中输入“xxxweb”，对站点的内容和用途进行文字说明。在“物理路径”下面的文本框中输入或通过单击“浏览”按钮的方式设置站点的主目录，输入站点的主目录e:\web。在“绑定”下方进行IP地址和端口设置。在“IP地址”下拉列表中选择所需用到的本机IP地址“192.168.1.1”，也可以设置Web站点使用的TCP端口号，在默认情况下端口号为80，如果设置了新的端口号，那么用户必须指定端口号，才能访问Web站点，如图4-4-4所示。

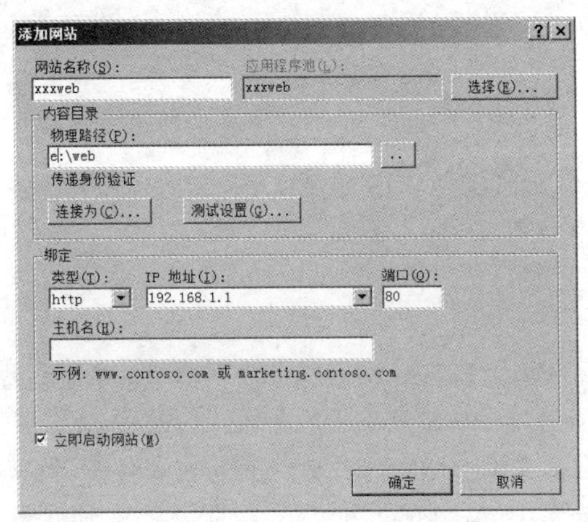

图4-4-4　网站属性设置

（3）添加站点首页文件

添加站点首页文件的方法是：单击新建的站点“xxxweb”，在图4-4-5所示窗口的中间栏双击“默认文档”，打开如图4-4-6所示窗口，单击“添加”按钮，出现“添加默认文档”对话框，在此对话框中输入首页文件名，如aaa.htm。

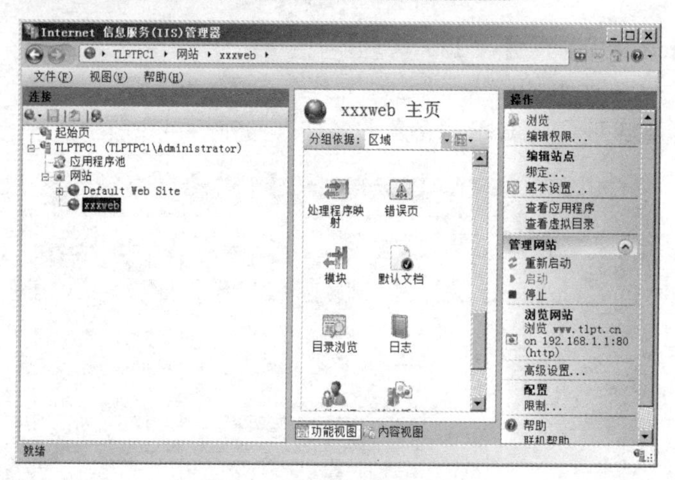

图 4-4-5　站点属性窗口

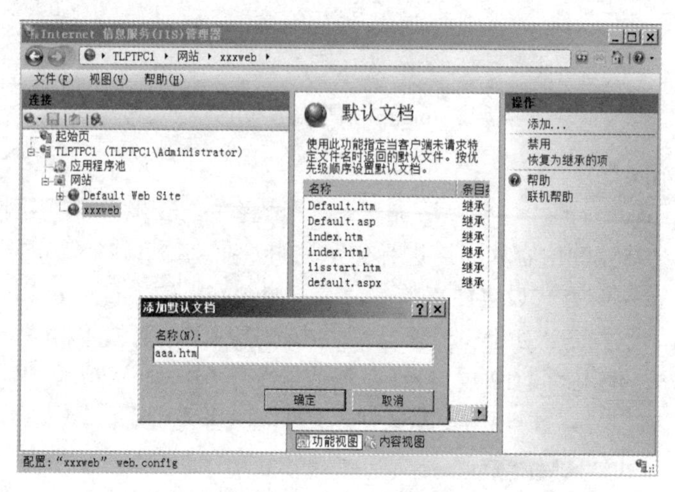

图 4-4-6　添加默认文档

（4）效果的测试

打开 IE 浏览器，在地址栏输入“192.168.1.1”之后再按回车键，此时如果能够打开站点的首页，则说明 Web 站点设置成功。

知识链接

WWW 是 World Wide Web 的缩写，我们称之为万维网，也简称为 Web。万维网不是一种类型的网络，而是 Internet 提供的一种信息检索的手段。1991 年 WWW 技术被引进 Internet，促使 Internet 的信息服务和应用走上了一个新的台阶，使 Internet 技术和应用得到了空前的发展。

WWW 信息服务是基于 Browser/Server 模式，即浏览器/服务器模式，也就是说，客户端使用浏览器在 Internet 主机上获取信息。目前，最受大家欢迎的游览器主要有两种，一种是微软公司开发成功的 Internet Explorer（简称 IE），另一种是网景公司开发成功的 Netscape Navigator（简称 NC）。服务器端软件主要有 Apache、微软公司的 IIS。

Ⅰ. 标记语言

为了标记网页上的文字、图片在网页中的位置、形态、行为等，根据需要定义出一套标记，然后将这套标记添加到书面语言的合适位置中去，使书面语言变成标记语言文档。

例如，为了让计算机读懂一段书面语言中，哪一部分是论文的标题，哪一部分是论文的作者，哪一部分是论文的摘要，哪一部分是正文，我们可以定义如下一套标记：

<标题></标题>

<作者></作者>

<摘要></摘要>

<正文></正文>

常见标识语言有 SGML、HTML、XML。

Ⅱ. Web 数据库技术

我们访问一些网站时，可能需要注册用户、登录验证、上传信息等，所有这些需要 Web 数据库技术作支撑。

（1）静态网页与动态网页。Internet 上的网页一般分为静态网页和动态网页。静态网页通常是直接使用 HTML 语言和可视化的网页开发工具制作完成的，在同一时间，无论什么人去访问这种网页，Web 服务器都会返回相同的网页内容，也就是说，网页的内容对不同用户是“固定不变”的，尽管可能加上动态图片，产生一些动画效果。动态网页具有很强的交互性，在同一时间，不同的人去访问同一个网页，可能会产生不同的页面。另外，动态网页还支持后台管理，页面更新具有简单化、程序化的特点，可大大减少网页更新所带来的工作量。

（2）动态网页技术。ASP、JSP 和 PHP 是服务器端脚本编程技术，它们的相同点是将程序代码嵌入到 HTML 中，程序代码在服务器端完成信息的处理，并将执行结果重新嵌入到 HTML 中发送给客户端浏览器。

4.4.3 Web 站点管理和配置

李先生新建了一个 Web 服务器，因业务需要，需对 Web 站点进行配置，设置网站 IP 地址、端口等选项。通过对这些项目的设置，用户可以使其 Web 站点更好地运行。

1. 配置 IP 地址和端口

Web 服务器安装完成以后，可以使用默认创建的 Web 站点来发布 Web 网站。不过，如果服务器中绑定有多个 IP 地址，就需要为 Web 站点指定唯一的 IP 地址及端口。

（1）在 IIS 管理器中，右击默认站点，单击快捷菜单中的“编辑绑定”命令，或者在右侧“操作”栏中单击“绑定”按钮，显示如图 4-4-7 所示的“网站绑定”对话框。默认端口为 80，使用本地计算机中的所有 IP 地址。

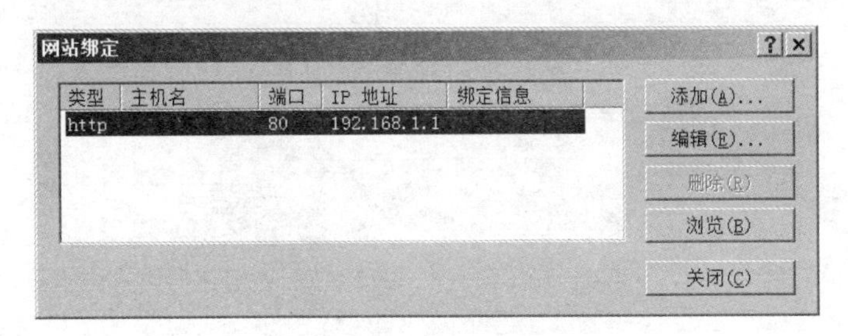

图 4-4-7 网站绑定

（2）选择该网站，单击“编辑”按钮，显示如图 4-4-8 所示的“编辑网站绑定”对话框，在“IP 地址”下拉列表框中选择欲指定的 IP 地址即可，如 192.168.1.1。在“端口”文本框中可以设置 Web 站点的端口号，且不能为空，默认为 80。“主机名”文本框用于设置用户访问该 Web 网站时的名称，当前可保留为空。

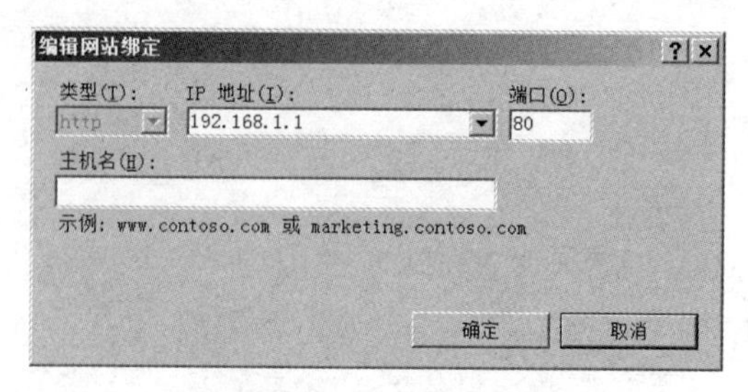

图 4-4-8　编辑网站绑定

设置完成以后，单击“确定”按钮保存设置，并单击“关闭”按钮关闭即可。此时，在 IE 浏览器的地址栏中输入 Web 服务器的地址，可以访问 Web 网站。

2. 配置主目录

主目录也就是网站的根目录，用于保存 Web 网站的网页、图片等数据，默认路径为“C:\Intepub\wwwroot”。但是，数据文件和操作系统放在同一磁盘分区中，会存在安全隐患，并可能影响系统运行，因此应将主目录设置为其他磁盘或分区。

（1）打开 IIS 管理器，选择欲设置主目录的站点，如图 4-4-9，在右侧窗格的“操作”任务栏中单击“基本设置”，显示如图 4-4-10 所示的“编辑网站”对话框，在“物理路径”文本框中显示的就是网站的主目录。

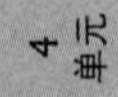

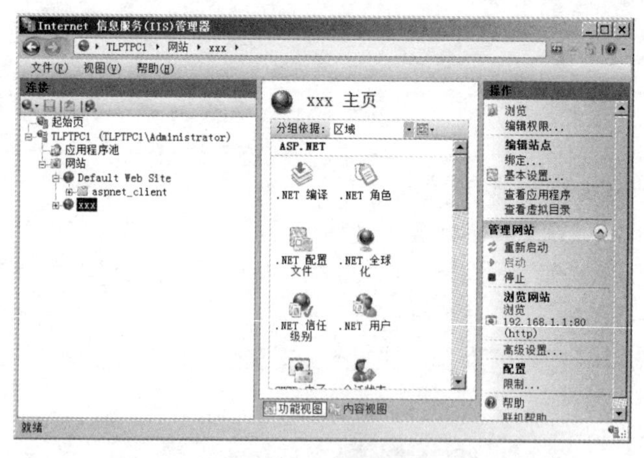

图 4-4-9　网站基本设置

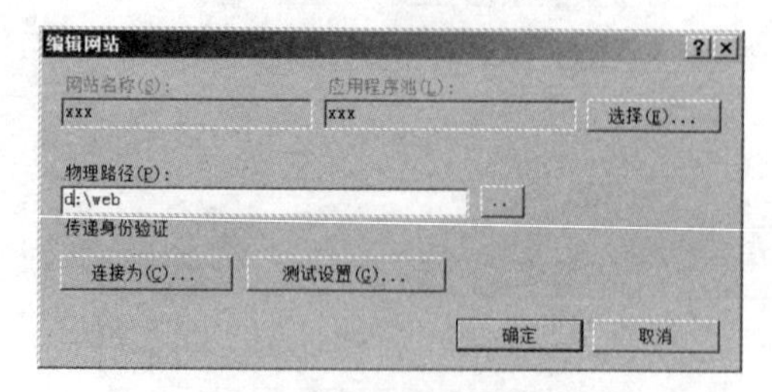

图 4-4-10　编辑网站

（2）在“物理路径”文本框中输入 Web 站点新的主目录路径，或者单击“浏览”按钮选择，最后单击“确定”按钮保存即可。

4.4.4 Web 站点安全及实现

李先生新建了一个 Web 服务器，并对 Web 站点进行了初步配置，为了具有更高的安全性，需对目录安全性做相应设置。

1. 禁用匿名访问

（1）在 IIS 管理器中，选择欲设置身份验证的 Web 站点，如图 4-4-11 所示。

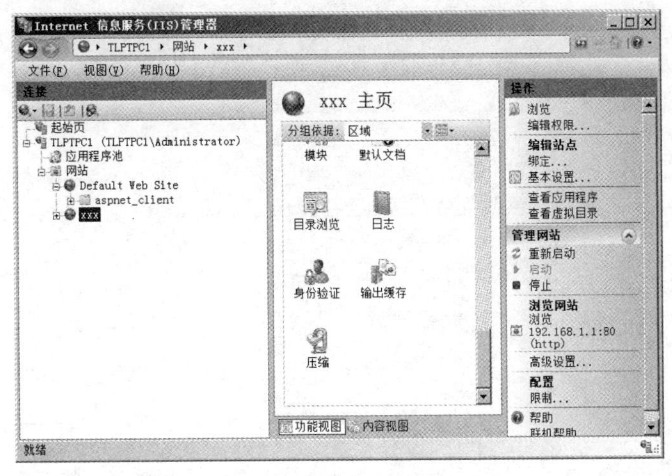

图 4-4-11　身份验证设置

（2）在站点主页窗口中，选择“身份验证”，双击，显示“身份验证”窗口。默认情况下，“匿名身份验证”为“已启用”状态，如图 4-4-12 所示，单击窗口右侧“操作”下方的“禁用”即可禁用匿名身份验证。

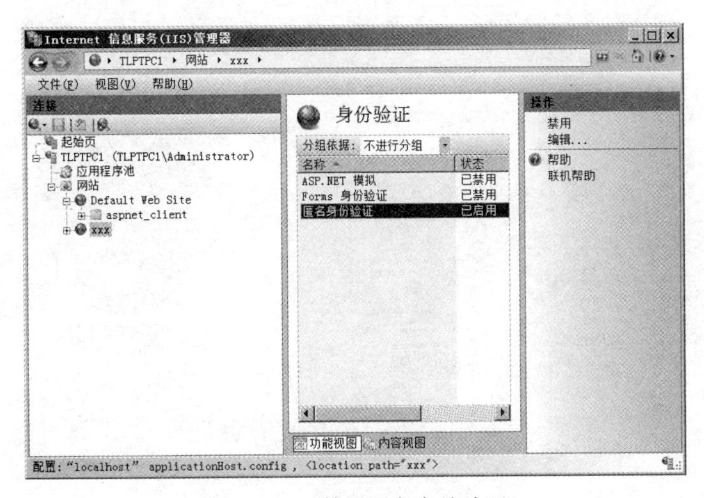

图 4-4-12　禁用匿名身份验证

2. 使用身份验证

在 IIS 7.0 的身份验证方式中，还提供基本验证、Windows 身份验证和摘要身份验证。需要注意的是，一般在禁止匿名访问时，才使用其他验证方法。不过，在默认安装方式下，这些身份验证方法并没有安装。可在安装过程中或者安装完成后手动选择。

（1）在“服务器管理器”窗口中，在左侧窗口展开“角色”节点，选择“Web 服务器（IIS）”，如图 4-4-13 所示，在右侧窗口单击“添加角色服务”，显示如图 4-4-14 所示的“选择角色服务”对话框。在“安全性”选项区域中，可选择欲安装的身份验证方式。

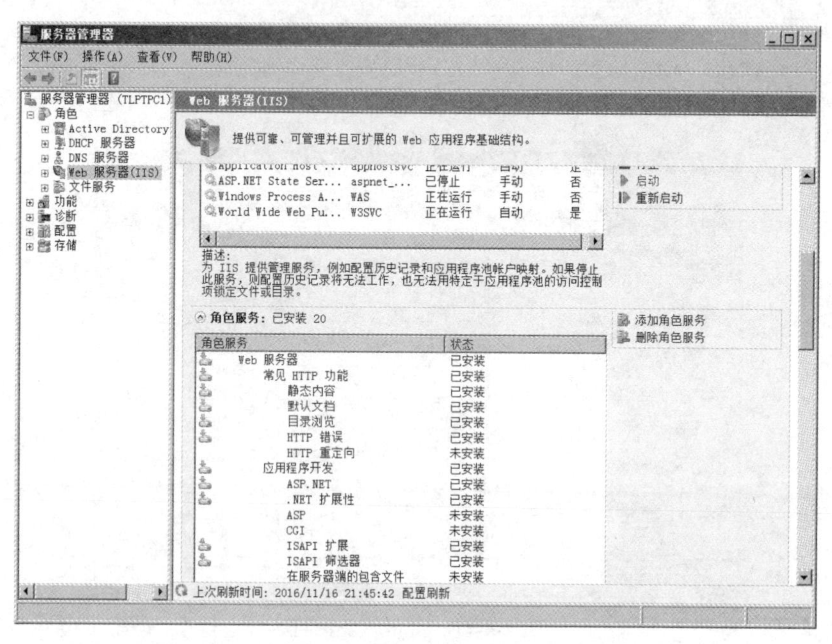

图 4-4-13　添加角色服务

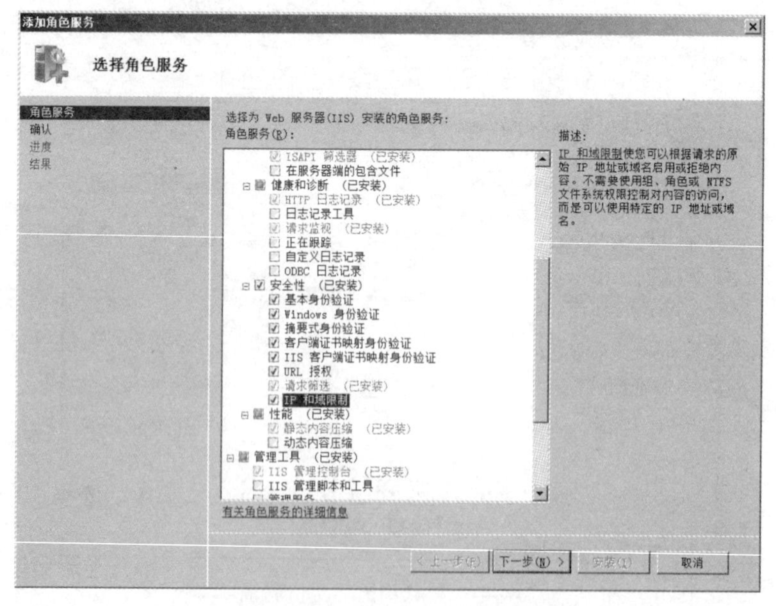

图 4-4-14　选择身份验证方式

（2）安装完成后，打开 IIS 管理器，再打开“身份验证”窗口，所安装的身份验证方式将显示在列表中，并且默认均为禁用状态，如图4-4-15所示。

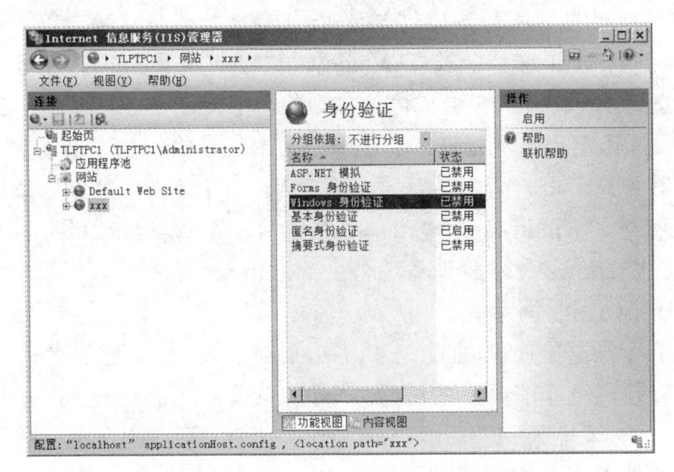

图4-4-15　身份验证方式列表

知识链接

可安装的身份验证方式共有三种。

Ⅰ．基本身份验证：该验证会“模仿”为一个本地用户（即实际登录到服务器的用户），在访问Web服务器时登录。因此，若欲以基本验证方式确认用户身份，用于基本验证的Windows用户必须具有“本地登录”用户权限。默认情况下，Windows主域控制器（PDC）中的用户账户不授予“本地登录”用户的权限。但使用基本身份验证方法将导致密码以未加密形式在网络上传输。蓄意破坏系统安全的人可以在身份验证过程中使用协议分析程序破译用户和密码。

使用基本身份验证可限制对NTFS格式Web服务器上的文件的访问。使用基本身份验证，用户必须输入凭据，而且访问是基于用户ID的。用户ID和密码都以明文形式在网络间进行发送。要使用基本身份验证，需授予每个用户进行本地登录的权限，为了使管理更加容易，将每个用户都添加到可以访问所需文件的组中。这是最基本的身份验证方法（也是得到最广泛支持的），用于检验访问Web资源的用户是否合法。几乎所有的Web浏览器都支持这种身份验证，包括微软公司和Netscape公司的产品。

使用这种身份验证方法时，用户名和密码会以明文的方式传送，并且会根据IIS服务器所在的域中的账户信息进行检查（如果喜欢使用另一个域中的账户进行验证的话，可以单击“默认域”旁边的“选择”按钮）。如果希望运行一个公共的Web网站，由各种不同平台和浏览器上的用户访问，那么这可能是要求用户经过身份验证再进入的最好办法。但是，这也是所有身份验证类型中最不安全的办法，除非把它与SSL结合起来使用。这种方法不仅以未加密的形式传送密码，而且用户账户也需要“本地登录”权力。如果IIS服务器是一个Windows Server 2008域控制器（我们并不是推荐这样做），那么需要明确地授予该用户账户在服务器上本地登录的权力。

Ⅱ．摘要式身份验证：该验证只能在带有Windows域控制器的域中使用。域控制器必须具有所用密码的纯文本复件，因为必须执行散列操作并将结果与浏览器发送的散列值相比较。

Ⅲ．Windows身份验证：集成Windows验证是一种安全的验证形式，它也需要用户输入用户名和密码，但用户名和密码在通过网络发送前会经过散列处理，因此可以确保安全性。当启用 Windows 验证时，用户的浏览器通过 Web 服务器进行密码交换。Windows 身份验证使用 Kerberos V5 验证和 NTLM 验证。如果在 Windows 域控制器上安装了 Active directory 服务，并且用户的浏览器支持 Kerberos V5 验证协议，则使用 Kerberos V5 验证，否则使用 NTLM 验证。Windows 身份验证优先于基本验证，但它并不提示用户输入用户名和密码，只有 Windows 验证失败后，浏览器才提示用户输入其用户名和密码。Windows 身份验证非常安全，但是在通过 HTTP 代理连接时，Windows 身份验证不起作用，无法在代理服务器或其他防火墙应用程序后使用。因此，Windows 身份验证最适合企业 Intranet 环境。

3. 通过 IP 地址限制保护网站

在 IIS 中，还可以通过限制 IP 的方式来增加网站的安全性。通过允许或拒绝来自特定 IP 地址的访问，可以有效避免非法用户的访问。不过，这种方式只适合于向特定用户提供 Web 网站的情况。同样，"IP 地址限制"功能也需要手动安装，可在"选择角色服务"窗口中勾选"IP 和域限制"复选框以进行安装。

设置允许访问的 IP 地址的操作步骤如下。

（1）打开 IIS 管理器，选择欲限制的 Web 站点，双击"IPv4 地址和域限制"图标，打开如图 4-4-16 所示的"IPv4 地址和域限制"窗口。

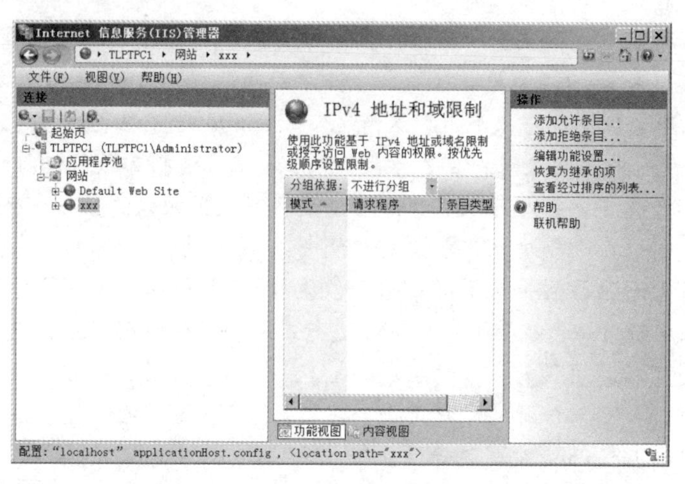

图 4-4-16 "IPv4 地址和域限制"窗口

（2）在右侧"操作"任务栏中，单击"添加允许条目"链接，显示如图 4-4-17 所示的"添加允许限制规则"对话框。如果要添加一个 IP 地址，可选中"特定 IPv4 地址"单选按钮，并输入允许访问的 IP 地址即可；如果要添加一个 IP 地址段，可选中"IPv4 地址范围"单选按钮，并输入 IP 地址及子网掩码。单击"确定"按钮，IP 地址添加完成。

"拒绝访问"与"允许访问"正好相反。通过"拒绝访问"设置将拒绝来自一个 IP 地址或 IP 地址段的计算机访问 Web 站点。不过，已授予访问权限的计算机仍可访问。单击"添加拒绝条目"按钮，在打开的"添加拒绝限制规则"对话框中，添加拒绝访问的 IP 地址，如图 4-4-18 所示，其操作步骤与"添加允许条目"中相同。

4. 自定义错误页

有时可能会因为网络出现问题，或者因为 Web 服务器设置的原因，而使得用户无法正常访问 Web 网页。为了能够使用户清楚地了解不能访问的原因，在 Web 服务器上可通过设置相应的错误页反馈给用户。

添加允许限制规则
允许访问以下 IPv4 地址或域名:
特定 IPv4 地址(S):
172.16.1.100
IPv4 地址范围(R):
掩码(M):
确定　取消

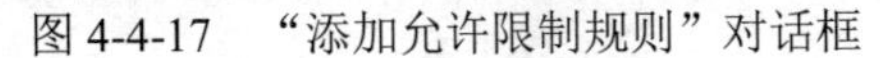

图 4-4-17　“添加允许限制规则”对话框

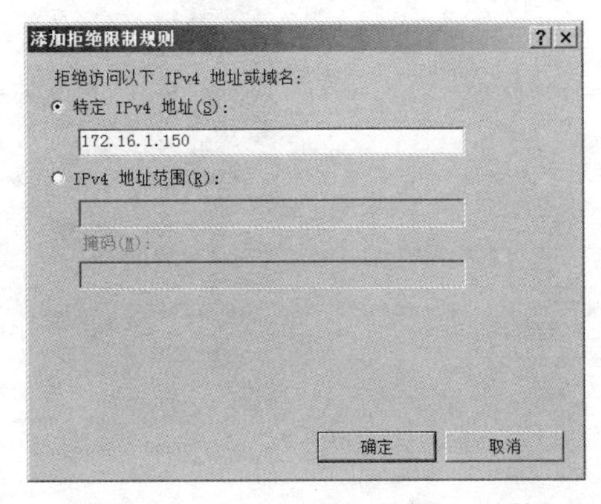

图 4-4-18　“添加拒绝限制规则”对话框

错误页可以是自定义的错误页，也可以是包含排除故障信息的详细错误信息。默认情况下，IIS 已经集成了一些常见的错误代码。在“Default Web Site”主页中单击“错误页”图标，打开如图 4-4-19 所示的“错误页”窗口，其中显示了一些常用的错误代码信息。

如果要更改某个错误页代码号，可右击代码名称，选择快捷菜单中的“更改状态”命令，则错误页代码号变为可改写状态，重新输入新的代码号即可。如果要查看或修改错误页代码信息，右击该错误页代码，在快捷菜单中选择“编辑”命令，或者在右侧“操作”栏中单击“编辑功能设置”链接，显示如图 4-4-20 所示的“编辑自定义错误页”对话框，此时即可自定义发生该错误时返回给用户的信息，以及发生该错误时所执行的操作。

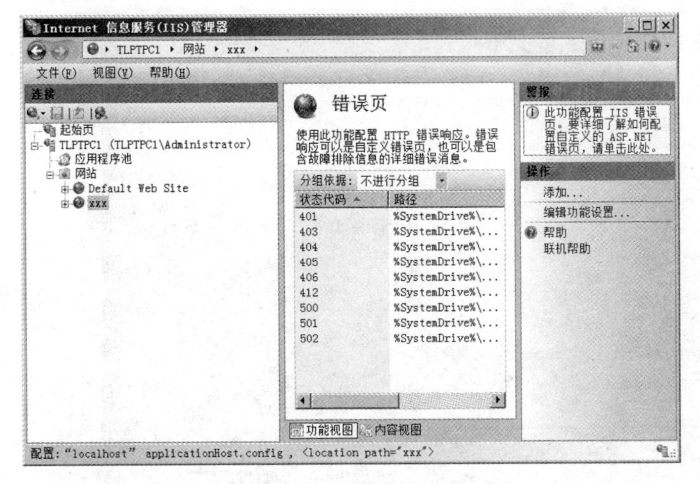

图 4-4-19　“错误页”窗口

（1）将静态文件中的内容插入错误响应中

在“文件路径”文本框中可设置当发生错误时，返回给客户端的 Web 页。如果勾选“尝试返回使用客户端语言的错误文件”复选框，可以根据客户端计算机所使用的语言不同返回相应的错误页。

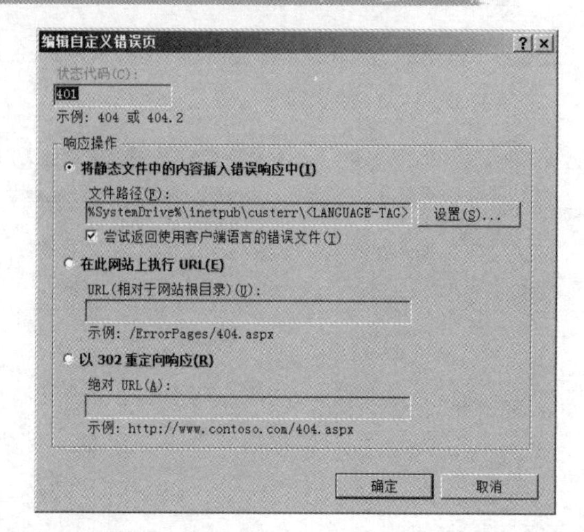

图 4-4-20　“编辑自定义错误页”对话框

（2）在此网站上执行 URL

选择该项后，可在“URL（相对于网站根目录）”文本框中输入相对于网站根目录的相对路径中的错误页，如“/ErrorPages/404.aspx”。

（3）以 302 重定向响应

选择该项后，可在“绝对 URL（A）”文本框中输入当发生该错误时重定向的网站地址。虽然 IIS 自带了一些错误页代码，但并不一定能满足用户的所有需要。因此，可以自行添加一些错误页代码。在“错误页”窗口中，单击“添加”按钮，显示如图 4-4-21 所示的“添加自定义错误页”对话框。在“状态代码”文本框中设置一个错误页代码号，根据需要在“响应操作”选项区域中设置当发生错误时的响应操作即可。最后，单击“确定”按钮保存设置。

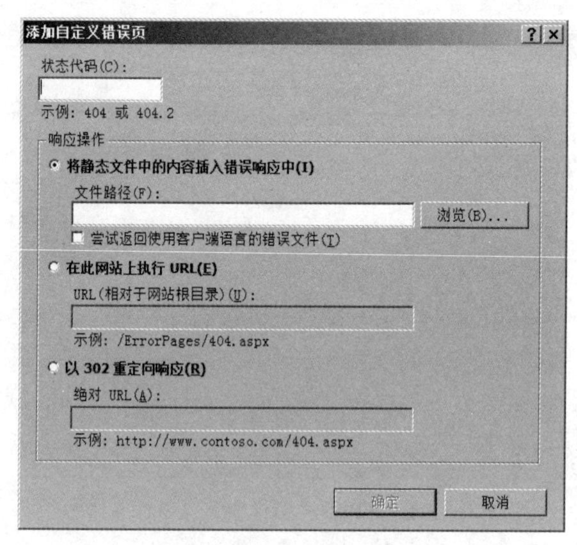

图 4-4-21　添加“自定义错误页”对话框

5. 配置 MIME 类型

MIME（Multipurpose Internet Mail Extensions）即多功能 Internet 邮件扩充服务，这是一种保证非 ASCII 码文件在 Internet 上传播的标准，最早用于邮件系统传送图片等非 ASCII 的内容，如今浏览器也支持这种规范。如果 Web 服务器中没有添加相应的 MIME 类型，则用户无法访问该类型的文件。

（1）在 IIS 管理器中，选择 Web 站点主页，双击“MIME 类型”图标，打开如图 4-4-22 所示的“MIME 类型”窗口，列出了系统已经集成的 MIME 类型。

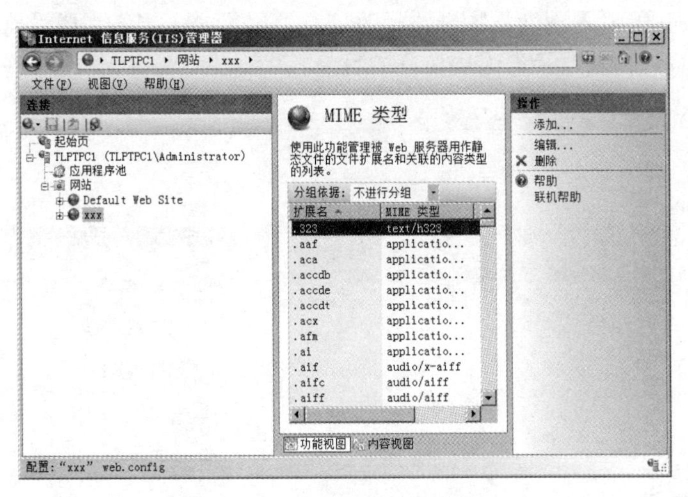

图 4-4-22　“MIME 类型”窗口

（2）如果想添加新的 MIME 类型，可在“操作”栏中单击“添加”链接，显示如图 4-4-23 所示的“添加 MIME 类型”对话框。在“文件扩展名”文本框中输入欲添加的 MIME 类型，如“.iso”，在“MIME 类型”文本框中输入文件扩展名所属的类型。

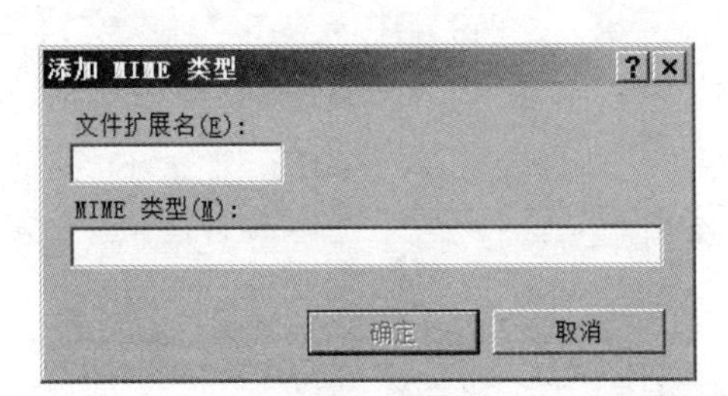

图 4-4-23　“添加 MIME 类型”对话框

（3）单击“确定”按钮，MIME 类型添加完成。如果还要添加其他 MIME 类型，可按以上步骤继续操作。

【任务 2 分析】

在本节任务中，我们创建站点后，可通过创建虚拟目录来实现对站点目录中的子目录进行便捷访问。

【任务 2 实施步骤】

4.4.5　虚拟目录管理

使用虚拟目录可以通过别名访问站点中的子目录，而无需包含目录路径，从而简化访问地址。

1. 创建虚拟目录

在 IIS 管理器中，单击【任务 1】中建立的站点，在图 4-4-5 所示窗口右侧单击“基本设置”下方的“查看虚拟目录”，在图 4-4-24 所示窗口右侧单击“添加虚拟目录”，打开图 4-4-25 所示的对话框，在其中输入别名、物理路径等信息，单击“确定”完成设置。“别名”提供访问虚拟目录的标识，“物理路径”为要访问的目录。

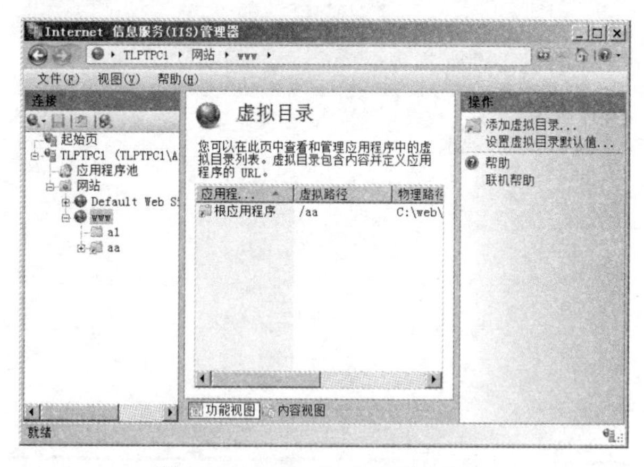

图 4-4-24 “MIME 类型”窗口

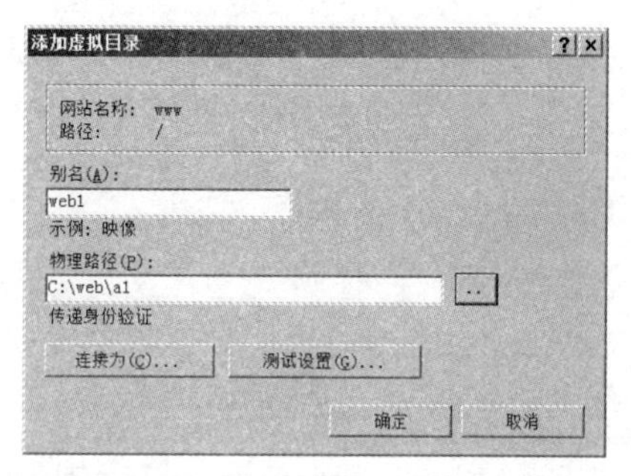

图 4-4-25 “添加虚拟目录”对话框

2. 添加虚拟目录的默认文档

虚拟目录创建完成后，可能还需要为其添加默认文档。在图 4-4-26 所示窗口中，在窗口左侧单击刚创建的虚拟目录“web1”，在窗口中间双击“默认文档”，出现图 4-4-27 所示窗口，在窗口右侧单击“添加”按钮，在“添加默认文档”对话框中输入访问的文档名称：web1.htm，即完成添加默认文档。

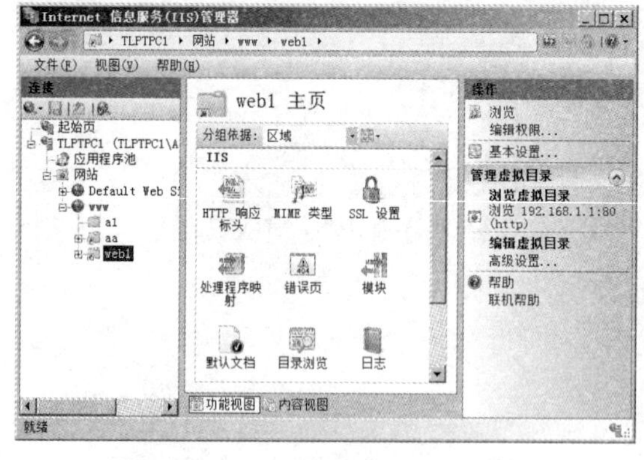

图 4-4-26 添加默认文档 1

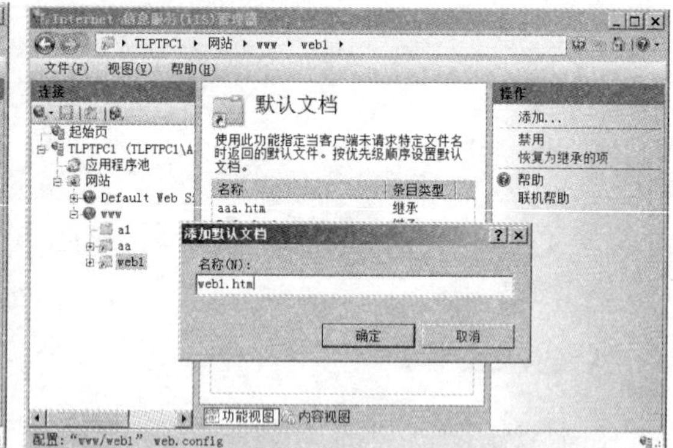

图 4-4-27 添加默认文档 2

3. 访问虚拟目录

在浏览器中输入“http://IP/别名”，如http://192.168.1.1/web1，其中站点 IP 为 192.168.1.1，虚拟目录别名为 web1。

4.5 Web 服务器软件

4.5.1 Microsoft IIS

IIS 是 Internet Information Services 的缩写。Gopher Server 和 FTP Server 全部包含在里面。IIS 意味着你能发布网页，并且用 ASP（Active Server Pages）、Java、VBScript 产生页面，也有一些扩展功能。IIS 是随 Windows 一起提供的文件和应用程序服务器，是在 Windows Server 上建立 Internet 服务器的基本组件。它与 Windows Server 完全集成，允许使用 Windows Server 内置的安全性以及 NTFS 文件系统建立强大灵活的站点。

4.5.2 IBM WebSphere

WebSphere 是 IBM 的软件平台。它包含了编写、运行和监视等全天候的随需而变的 Web 应用程序和跨平台、跨产品解决方案所需要的整个中间件基础设施，如服务器、服务和工具。WebSphere 提供了可靠、灵活和健壮的软件。

WebSphere Application Server 是该设施的基础，其他所有产品都在它之上运行。WebSphere Process Server 基于 WebSphere Application Server 和 WebSphere Enterprise Service Bus，它为面向服务的体系结构（SOA）的模块化应用程序提供了基础，并支持应用业务规则，以驱动支持业务流程的应用程序。高性能环境还使用 WebSphere Extended Deployment 作为其基础设施的一部分。

WebSphere 是一个模块化的平台，基于业界支持的开放标准。我们可以使用受信任的接口，将现有数据移植到 WebSphere，并且可以随着需要的增长继续扩展应用环境。WebSphere 可以在许多平台上运行，包括 Intel、Linux 和 z/OS。

WebShpere 是随需应变的电子商务时代最主要的软件平台。它可以开发、部署和整合新一代的电子商务应用，如B2B电子商务，并支持从简单的网页内容发布到企业级事务处理的商业应用。WebSphere 改变了业务管理者、合作伙伴和雇员之间的关系，可以用它创建高效的电子商务站点，提高了网上交易的质量和数量。把应用扩展到联合的移动设备上，使销售人员可以为客户提供更方便、更快捷的服务。整合已有的应用并提供自动简捷的业务流程。

4.5.3 BEA WebLogic

WebLogic 是美国 BEA 公司出品的一个基于 Java 架构的中间件，它是用纯 Java 开发的。WebLogic 本来不是由 BEA 发明的，是它从别的公司买来后再加工扩展的。目前 WebLogic 在世界 Application Server 市场上占有较大的份额。

BEA WebLogic 是用于开发、集成、部署和管理大型分布式 Web 应用、网络应用和数据库应用的 Java 应用服务器，将 Java 的动态功能和 Java Enterprise 标准的安全性引入大型网络应用的开发、集成、部署和管理之中。

4.5.4 Apache

Apache 是目前使用量排名第一的 Web 服务器软件，可以运行在几乎所有的计算机平台上，由于其较好的兼容性，成为最流行的 Web 服务器端软件之一。

Apache 源于 NCSAHTTPd 服务器，经过多次修改，成为世界上最流行的 Web 服务器软件之一。Apache 取自“a patchy server”的读音，意思是充满补丁的服务器，因为它是自由软件，所以不断有人来为它开发新的功能、新的特性，修改原来的缺陷。Apache 的特点是简单、速度快、性能稳定，并可做代理服务器来使用。

本来它只用于小型或试验Internet网络，后来逐步扩充到各种UNIX系统中，尤其对Linux的支持相当完美。Apache 有多种产品，可以支持SSL技术，支持多个虚拟主机。Apache 是以进程为基础的结构，进程要比线程消耗更多的系统开支，不太适合于多处理器环境，因此，在一个 Apache Web站点扩容时，通常是增加服务器或扩充群集节点而不是增加处理器。到目前为止，Apache 仍然是世界上用得最多的 Web 服务器，市场占有率达 60%左右。它的成功之处主要在于它的源代码开放，有一支开放的开发队伍，支持跨平台的应用，可以运行在几乎所有的 UNIX、Windows、Linux 系统平台上，以及它的可移植性等方面。

Apache 的诞生极富有戏剧性。当 NCSA WWW服务器项目停顿后，那些使用 NCSA WWW 服务器的人们开始交换他们用于该服务器的补丁程序，他们也很快认识到成立管理这些补丁程序的论坛是必要的。就这样，诞生了 Apache Group，后来这个团体在NCSA的基础上创建了 Apache。

Apache Web 服务器软件拥有以下特性：

- 支持最新的 HTTP/1.1 通信协议。
- 拥有简单而强有力的基于文件的配置过程。
- 支持通用网关接口。
- 支持基于 IP 和基于域名的虚拟主机。
- 支持多种方式的HTTP认证。
- 集成Perl处理模块。
- 集成代理服务器模块。
- 支持实时监视服务器状态和定制服务器日志。
- 支持服务器端包含指令（SSI）。
- 支持安全套接层（SSL）。
- 提供用户会话过程的跟踪。
- 支持 FastCGI。
- 通过第三方模块可以支持 Java Servlets。

4.5.5 Tomcat

Tomcat 很受广大程序员的喜欢，因为它运行时占用的系统资源小，扩展性好，支持负载平衡与邮件服务等开发应用系统常用的功能；而且它还在不断地改进和完善中，任何一个感兴趣的程序员都可以更改它或在其中加入新的功能。

Tomcat 是一个小型的轻量级应用服务器，在中小型系统和并发访问用户不是很多的场合下被普遍使用，是开发和调试 JSP 程序的首选。对于一个初学者来说，可以这样认为，当在一台机器上配置好 Apache 服务器，可利用它响应对 HTML 页面的访问请求。实际上 Tomcat 部分是 Apache 服务器的扩展，但它是独立运行的，所以当运行 Tomcat 时，它实际上是作为一个与 Apache 独立的进程单独运行的。

这里的诀窍是，当配置正确时，Apache 为 HTML 页面服务，而 Tomcat 实际上运行 JSP 页面和 Servlet。另外，Tomcat 和 IIS、Apache 等 Web 服务器一样，具有处理 HTML 页面的功能，另外它还是一个 Servlet 和 JSP 容器，独立的 Servlet 容器是 Tomcat 的默认模式。不过，Tomcat 处理静态 HTML 的能力不如 Apache 服务器。

习题四

一、简答题

1．比较几种 Web 服务器架构的特点。
2．如何配置 Web 服务器？
3．常见的 Web 服务器软件有哪些？
4．Web 站点属性对话框中有哪些选项卡？
5．Web 站点属性对话框的“网站”选项卡中连接设置为 100 秒有什么含义？
6．写出搭建一个 Web 站点的全部过程。

二、实践题

为某公司设计一个网络组建方案，使其能够提供 Web 服务，计划并实施该方案。

单元 5 组建 Intranet

单元导读

Internet以其广泛便捷的信息服务而受到众多网络用户的青睐，如WWW服务、FTP服务，而这种信息服务在局域网中也很需要，如企业用来发布内部信息的网站等，这种利用Internet技术而组建的网络就是Intranet。

本单元通过完成Intranet网络的组建，学习DNS、FTP、E-mail、DHCP等方面的知识，DNS服务器、FTP服务器、DHCP服务器、Web服务器创建等方面的技能得到训练，并掌握远程管理局域网的技术。通过本单元的学习，将具备初步Intranet网络组建方案设计与实施能力。

单元学习目的

- 使学生初步具备配置域名服务的能力和进一步配置Web服务器的能力
- 使学生初步具备文件传输服务和动态主机信息配置能力
- 使学生初步掌握FTP、DHCP服务器配置能力
- 掌握Intranet网络远程管理能力
- 使学生初步具备Intranet网络设计与组建能力

学前基础要求

在开始学习本单元内容之前，学生必须完成下列模块的学习，具备下列知识基础。

- 计算机软硬件常识
- Windows Server 2008简单配置

单元学习要点

- Intranet 的架构
- DNS、FTP、DHCP、Web 服务器配置
- 远程桌面管理
- Intranet 网络设计与组建

项目描述

小王在鑫隆科技公司从事网络管理，这家企业有员工 40 余人，6 个部门。为方便开展业务，企业内部需要即时发布新闻公告通知，各部门需要进行文件传输和备份，各部门、员工之间需要收发邮件。同时，为方便用户使用，需要使用企业内部域名，为用户提供动态主机信息配置。试为小王设计方案并实施。

项目分析

经过与用户交流（可由教师扮演用户角色），确定组建 Intranet 网络，具体要求：

1. 组建中小规模局域网，计算机之间能够互相访问。
2. 安装配置 Web 服务器。
3. 安装配置 FTP 服务器、DHCP 服务器、DNS 服务器。
4. 设备数量要求。

（1）网络中服务器数量为 1~4 台。

（2）网络设备若干。

其他设备综合考虑功能需求和经济性方面的要求。

项目实施过程

1. 设计或选择方案。
2. 购买设备。
3. 安装设备与软件。
4. 配置 DNS、FTP 等 Intranet 信息服务器。

5.1 Intranet 概述

5.1.1 什么是 Intranet

现代企业的发展趋向集团化，企业的分布越来越广，遍布全国各地甚至跨越国界的公司越来越多。这些集团化的公司需要及时了解各地分支机构的经营管理状况，制定符合各地实际

情况的经营方向，公司内部人员更需要及时了解公司的总体策略、公司人事情况、公司业务发展情况以及一些简单但又关键的文档，如通信录、产品技术规格和价格、公司规章制度等。这些信息如果采用纸质的形式发放，既昂贵又耗时，且无法经常、及时地更新。

如何保证公司成员及时了解公司的策略和更新的信息，解决问题的方法就是联网，建立企业的信息系统。Internet 技术正是解决这些问题的有效方法，这样，企业内部网 Intranet 就诞生了。

Intranet 又称为企业内部网，是 Internet 技术在企业内部的应用，它实际上是采用 Internet 技术建立的企业内部网络。Intranet 的基本思想是在内部网络上采用 TCP/IP 作为通信协议，利用 Internet 的 Web 模型作为标准信息平台，同时建立防火墙把内部网和 Internet 分开，如图 5-1-1 所示。

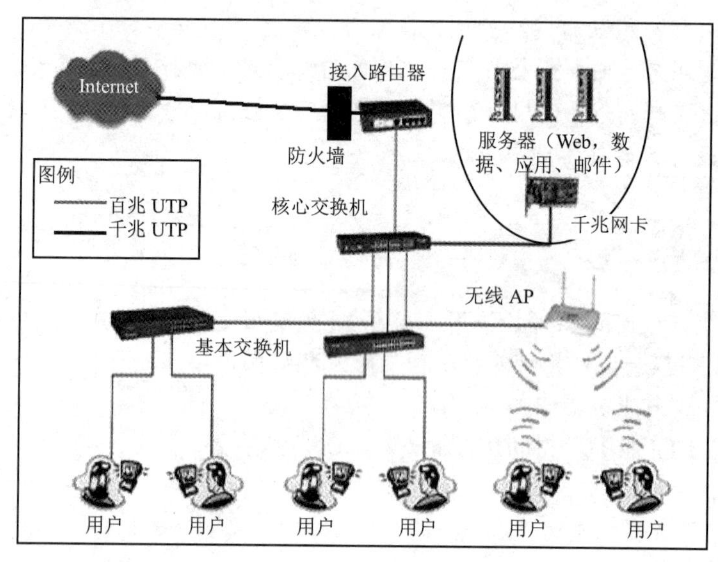

图 5-1-1　Intranet 结构

Intranet 并不一定要和 Internet 连接在一起，它完全可以自成一体作为一个独立的网络。Intranet 是 Internet 技术在企业内部的实现，它能够以极少的成本和时间将一个企业内部的大量信息资源高效合理地在企事业内部进行传递。Intranet 为企业提供了一种能充分利用通信线路、经济而有效地建立企业内联网的方案，企业可以通过 Intranet 有效地进行人事管理、财务管理、供应链管理、进销存管理、客户关系管理等。

Intranet 离不开 Internet 信息服务技术，下面对 Internet 信息服务作简单介绍。

5.1.2　Internet 信息服务

Internet 又称因特网或国际互联网，Internet 采用 TCP/IP 协议将世界范围内的计算机网络连接在一起，成为当今世界最大的、应用最广泛的、全球性的广域网，也是信息资源最多的全球开放性的信息资源网。

Internet 之所以能得到普及应用和迅速发展，与它能为人类提供的信息服务功能是分不开的。Internet 的主要信息服务有以下几种：WWW 服务、域名服务系统（DNS）、电子邮件（E-mail）、电子公告系统（BBS）、文件传输（FTP）、信息浏览（Gopher）、自动标题搜索（Archie）、自动搜索（WAIS）、远程登录（Telnet）等。其中最受人们欢迎的 Internet 信息服务方式为 WWW 服务、电子邮件（E-mail）服务、BBS 服务。自动标题搜索（Archie）和自动搜索（WAIS）以搜索引擎网站的形式出现（如 Baidu、Google、Yahoo 等），帮助人们在 Internet 信息海洋中查找目标。而 DNS 则是 Internet 中必要的功能性服务，DNS 的主要任务是将域名解析成对应的 IP 地址，使用户可以不必去记忆令人乏味的 IP 地址，而只需要记住网站的域名地址即可访问自己感兴趣的服务器，获得某种信息服务。

1. Telnet 和 FTP

资源共享是所有计算机网络所具有的最基本的功能，当然 Internet 也不例外。在 Internet 上，可以通过 FTP、Telnet 等手段来实现资源共享。

Telnet（远程登录）是 Internet 提供的一种最基本的信息服务，用户计算机在 Telnet 协议的支持下，将本地用户计算机通过 Internet 暂时仿真成远程计算机的终端。用户通过 Internet 与远程计算机连接，在本地用户计算机上输入需登录的远程计算机的域名或 IP 地址，经过用户身份的确认，即输入合法的账号和口令，成为登录的合法用户后，便可以共享该远程计算机上对其授权开放的功能和资源。

FTP（文件传输）服务是 Internet 使用初期主要的服务功能之一，其目的是为解决不同操作系统之间的文件传输，FTP 可以实现二进制文件、图像文件、声音文件、数据压缩文件以及各种文本文件在不同的操作系统间的传输。使用 FTP 服务登录到远程计算机有两种方式，第一种方式，不需要在远程计算机上注册用户，直接使用匿名用户（Anonymous）来登录，此时不需要用户名和口令；第二种方式，在登录远程计算机之前，必须事先在远程计算机上注册用户，登录远程计算机时，需要输入用户名和口令。上述两种登录方式下，用户都只能在该远程计算机对其授权的范围内进行文件传输的操作。

FTP 和 Telnet 都可以实现对远程计算机上资源的共享，但是它们也存在区别。FTP 登录到远程计算机后只能在其授权下进行有限的文件操作，而 Telnet 登录到远程计算机之后，就可以成为一个仿真的远程计算机的终端，实现对远程计算机进行系统化的操作。

2. Gopher 和 WWW

Gopher 和 WWW 是两种不同的信息浏览方式，Gopher 的信息浏览是基于菜单方式的。用户可在 Gopher 提供的菜单的逐级指引下，找到想要的内容。Gopher 内部集成了 FTP、Telnet 功能，但由于 Gopher 服务是基于菜单方式，直观性很差，因此限制了 Gopher 的应用范围。

WWW 信息服务系统是基于超文本、超媒体的，WWW 网页文件是基于超文本标记语言（HTML）的，网页上的信息图文并茂，具有很强的直观性。WWW 服务的最大特点是把文本、图像、声音、动画、电影等和文件传输（FTP）、远程登录（Telnet）、电子邮件（E-mail）、网络新闻（News）等服务完美地结合在一起，拥有生动的用户图形界面，从而使 WWW 服务成为最受欢迎、应用范围最广的信息服务。

WWW 不但可以浏览查询信息，也可以发布自己的信息。WWW 信息服务系统的使用非常方便，用户只需要在浏览器的地址栏中输入 WWW 服务器的 URL 地址，如：http://www.tlpt.net.cn，使用应用层协议 HTTP（超文本传输协议），便可以获得 WWW 服务。WWW 信息服务使用方便、简单，因此很快得到普及。

3. E-mail

Internet 除了实现资源共享这个基本功能之外，网络通信也是其非常重要的功能之一。在网络通信领域中，E-mail（电子邮件）服务由于具有简单、方便、快捷、廉价等特点成为最受欢迎、应用最为广泛的网络通信服务之一。

电子邮件服务不只局限于信件的传递，而且还能够实现诸如声音、图像等不同类型信息文件的传递。电子邮件系统提供的是一种“存储转发式”服务，而不是一种“终端到终端”的服务，这种服务方式属于异步通信方式。用户只需要申请一个信箱，便可以实现邮件的收/发服务。“存储转发式”服务使得邮件发送者可随时随地发送信件，而不需要邮件的接收者同时在线，发送者所发的邮件会存储在接收者的邮箱内，接收者可随时随地进入自己的邮箱，阅读自己的邮件。另外，电子邮件系统还可以将同一封信同时发送给多个接收者。

Internet 上网络通信的手段除了 E-mail 这种非实时非交互式的通信外，还有很多实时的多媒体通信手段。如腾讯 QQ、OICQ（网络聊天）、MSN、视频会议等。

4. 电子公告牌（BBS）

电子公告牌（Bulletin Board System，BBS）与我们日常生活中的公告栏的功能很类似，用户可以在电子公告牌上阅读他人发布的信息或发布自己的信息。BBS 一般按不同的主题划分成不同的栏目，根据需要用户可以进入不同的栏目，阅读相关内容或发表观点。有些 BBS 还提供了电子邮件、网上聊天等功能。

5.2 创建 DNS 服务

【任务 1】鑫隆科技公司企业网内服务器需要使用内部域名。

【任务 2】鑫隆科技公司有两个 Web 站点，但是因某种原因（如 IP 地址资源紧张），只能使用一个 IP 地址。

5.2.1 创建 DNS 服务器

【任务 1 分析】

任务 1 中，要使用自己的域名，小王要为 Intranet 网络创建 DNS 服务器，提供 DNS 服务。

【任务 1 实施步骤】

任务 1 中，小王需要在 Intranet 网络中创建 DNS 服务器。

在 DNS 服务器中，我们可以建立 DNS 的正向和反向搜索区域，建立主机记录。在任务 1 中，Web 服务器域名为“tlpt.cn”，IP 地址为“192.168.1.1”，现介绍如何创建 DNS 服务器的主机记录。

（1）打开 DNS 控制台：选择“开始”→“程序”→“管理工具”→“DNS”。

（2）建立域名“tlpt.cn”映射到 IP 地址“192.168.1.1”的主机记录。

1）建立“tlpt.cn”正向搜索区域。选择“DNS”→“tlpvtc-g（服务器名称）”→“正向搜索区域”，右击鼠标，在快捷菜单中选择“新建区域”，出现选择区域类型的对话框，可以选“标准主要区域”，接下来，在“区域名称”对话框的文本框中输入区域名称，如果此域名在 Internet 中使用，则输入 Internet 的域名，我们在“区域名称”文本框中输入“tlpt.cn”，如图 5-2-1 所示。

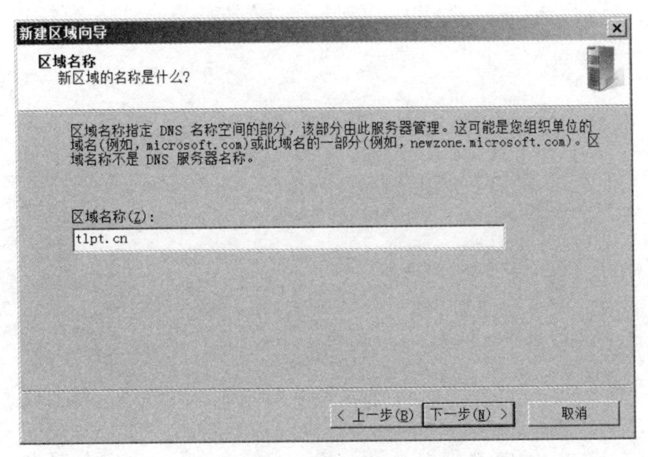

图 5-2-1　新建 DNS 区域

接下来，我们需要指定或创建正向搜索区域信息文件，此文件可以是新建文件或使用已存在的文件，如果是新文件，则文件名由自己命名或使用系统默认名称均可。

2）建立“tlpt.cn”反向搜索区域。反向搜索区域是一个从地址到名称的数据库，可以将 IP 地址转换成 DNS 名称。选择“DNS”→“tlpvtc-g（服务器名称）”→“反向搜索区域”，右击鼠标，在快捷菜单中选择“新建区域”，出现选择区域类型的对话框，也可以选“标准主要区域”，接下来，在弹出的对话框中输入网络 ID，网络 ID 指示的是一段 IP 地址，我们最多只能输入 IP 地址的前三位，然后需要指定或创建反向搜索区域信息文件，此文件也可以是新建文件或使用已存在的文件，如果是新文件，则文件名由自己命名或使用系统默认名称均可。

3）建立域名“www.tlpt.cn”映射到 IP 地址“192.168.1.1”的主机记录。建立“www”主机：在正向搜索区域中，选中区域“tlpt.cn”，右击鼠标，在出现的快捷菜单中选择“新建主机”，弹出“新建主机”对话框，在“名称”文本框中输入 www，在“IP 地址”文本框中输入 IP 地址 192.168.1.1，最后单击“添加主机”按钮即可，如图 5-2-2 所示。

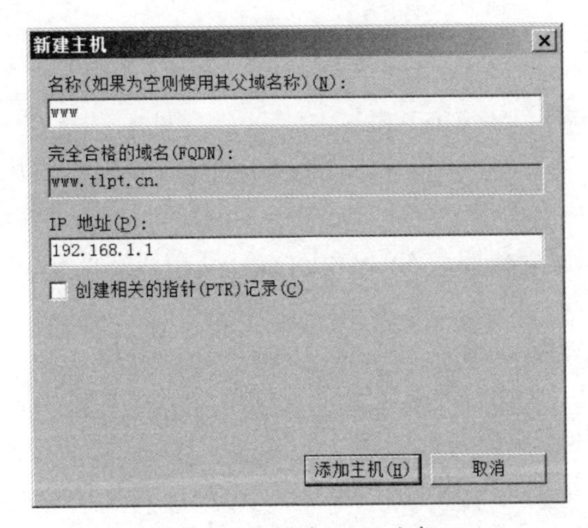

图 5-2-2　新建 www 主机

当然，我们可以参照上述步骤将更多的主机记录添加到DNS数据库中。

（3）DNS设置后的验证。为了测试所进行的设置是否成功，也就是客户机要使用我们创建的DNS记录，必须对客户机的TCP/IP协议进行设置，如果DNS服务器IP地址为192.168.1.2，则设置如图5-2-3所示。

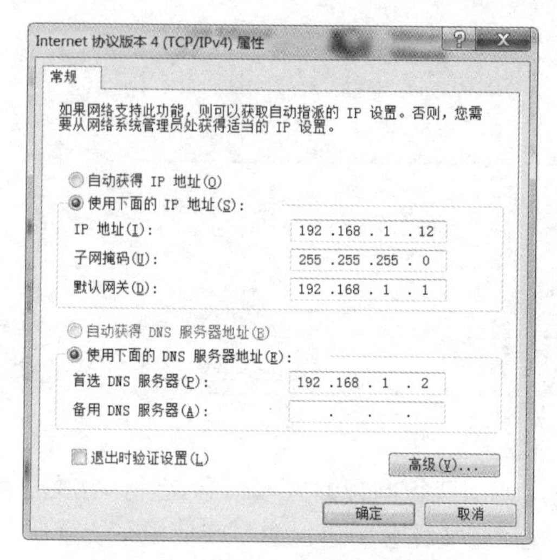

图5-2-3　设置客户端DNS服务器

设置完成后，可以在客户机上用Windows Server 2008自带的“ping”命令来进行测试，格式是“ping www.tlpt.cn”，如果显示“Reply from...”字样，则表示设置成功。

5.2.2　一个IP地址对应多站点

【任务2分析】

任务2中，小王需要在Intranet网络中创建DNS服务器，并为每个站点创建不同的主机头标识来对不同站点进行识别，主机头标识即为访问该站点的域名。此任务中两个站点的域名分别为www.tlpt.cn和www.tlpt.net.cn。

【任务2实施步骤】

（1）在IIS中新建两个站点web1和web2，步骤参见4.4节。

（2）在Internet信息管理器中，设置站点web1的站点属性，方法是右击站点名，选择“编辑绑定”，在弹出对话框中选择指定网站，如图5-2-4所示，单击“编辑”按钮，在图5-2-5所示对话框中输入主机名，此处我们输入www.tlpt.cn，即访问站点web1的域名，然后单击“确定”按钮完成设置。

（3）设置站点web2的站点属性，方法与步骤（2）类似。

（4）在DNS服务器中，我们可以建立两个DNS正向搜索区域tlpt.cn和tlpt.net.cn，并分别建立WWW主机。具体步骤参见5.2.1节。

（5）最后，在客户机上设置TCP/IP协议属性，将首选的DNS服务器地址设置为我们创建的DNS服务器地址，本任务中为192.168.1.2，如图5-2-6所示。

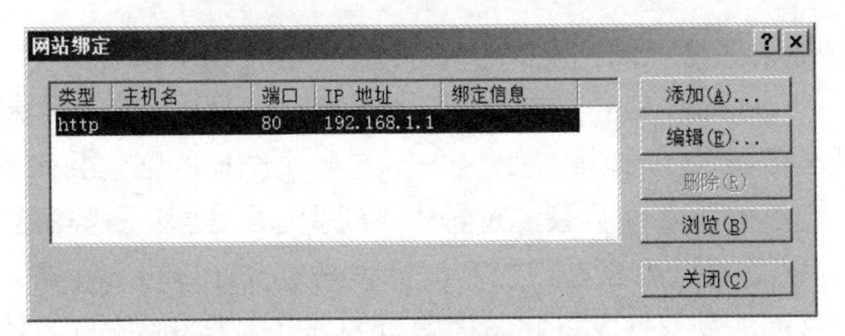

图 5-2-4 设置网站绑定

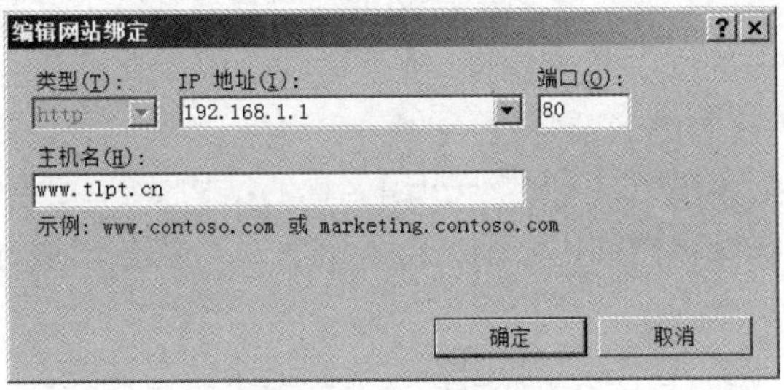

图 5-2-5 输入主机名

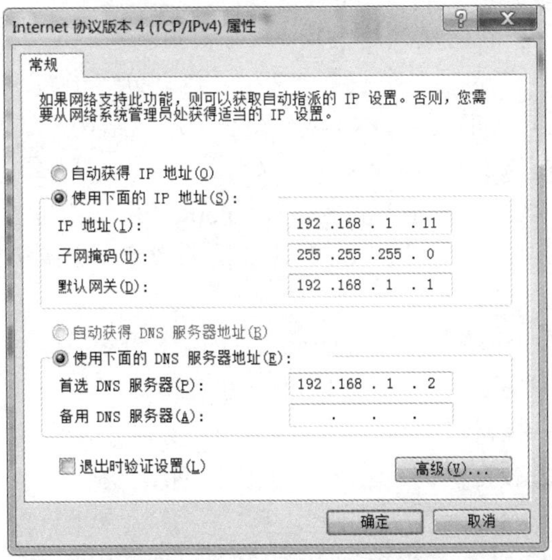

图 5-2-6 设置客户端 TCP/IP 协议

当然，如果是在 Internet 中建立的站点，那么步骤（4）可以省略，只需要注册域名并通过域名服务商将域名 IP 地址进行绑定即可；步骤（5）中的 DNS 服务器也应该设置为 ISP（Internet 服务提供商）提供的 DNS 服务器，如中国电信安徽分公司提供的 DNS 服务器地址为 202.102.199.68。

5.2.3 域名系统

1. DNS 的概念

我们在为计算机配置 TCP/IP 属性时，使用的 IP 地址都是诸如 218.30.12.184 之类的 IP 地址，IP 地址是计算机网络内部主机唯一的身份标识。那么，为什么我们在浏览器中输入

www.sohu.com时，就能访问搜狐网站呢？这是因为DNS服务在起作用。

DNS是域名系统（Domain Name System）的缩写，它是一种主机名称解析和网络服务的系统，其作用是将域名解析成IP地址。DNS与具有层次结构的活动目录紧密联系，通常，在Windows系统中，我们在安装活动目录的过程中，就完成了DNS服务器的安装。DNS命名用于TCP/IP网络，其目的是通过用户易记的名称标识来定位计算机和服务。当用户在应用程序中输入DNS名称时，DNS服务可以将此名称解析为与此名称相关的其他信息，如IP地址。

2. DNS服务的结构

DNS域名系统是一个层次化、基于域命名机制的命名系统，它是一个树状结构，其形状像是一棵倒画的树，使用分布式数据库实现。整个树状结构称为域名空间，其中的节点称为域。在每个域中，任何一台主机的域名都是唯一的。

（1）DNS域名空间：指定了一个用于组织名称的结构化的树型结构域空间。

（2）资源记录：当在域名空间中注册或解析名称时，资源记录将DNS域名与指定的网络资源信息对应起来。

（3）DNS名称服务器：用于保存和回答对资源记录的名称查询。

（4）DNS客户：DNS客户向服务器提出查询请求，要求服务器查找并将名称解析为查询中指定的资源记录类型。

在DNS域名系统中，树状的最顶是根域，根域没有名字，用“.”来表示。根域下面划分出顶级域，每个顶级域中可以包括多个主机，并可以再划分成子域，即二级域，对二级域还可以进行更详细的划分，这样便形成了DNS域名系统的层次结构，域名中的这种层次结构大致对应着Internet中的管理层次。

顶级域可以分为通用域和国家域两大类，在Internet中，顶级域由InterNIC（国际互联网信息中心）负责管理和维护。顶级域中edu代表美国的教育、学术机构，gov代表美国的政府机构，cn代表中国等。

顶级域名可以划分出二级域名，在Internet中，各国的网络信息中心（NIC）负责对二级域名进行管理和维护，以保证二级域名的唯一性。在我国，负责二级域名管理和维护工作的是CNNIC（中国互联网信息中心）。中国的顶级域名为cn，二级域名中gov代表政府机构、com代表盈利性组织、edu代表教育机构、net代表服务性网络机构。

3. DNS查询的方式

当DNS客户机向DNS服务器提出查询请求时，可能使用两种查询方式：

（1）递归查询。当DNS服务器中的数据库没有客户机要查询的信息时，DNS服务器通过查询其他DNS服务器获得查询信息并将它发送给客户机，这种查询方式称为递归查询。

（2）迭代查询。当DNS服务器中的数据库没有客户机要查询的信息时，客户机通过DNS服务器提供的地址直接尝试向其他DNS服务器提出查询请求，这种查询方式称为迭代查询。

通常，域名服务机构会提供DNS服务。但是，如果我们想使自己内部网络中的域名能成功地被解析（即翻译成IP地址），就需要内部网络中有一个DNS服务器，里面包含域名和IP地址之间的映射表。我们需要建立一种A记录，A是Address的简写，意为“主机记录”或“主机地址记录”，是所有DNS记录中最常见的一种。

5.3 创建 FTP 服务

鑫隆科技公司为方便员工在企业网内传输文件，需要为 Intranet 网络创建 FTP 服务器，提供 FTP 服务功能。

【任务分析】

应先安装 FTP 服务器，规划好 FTP 目录，然后创建 FTP 服务。

【任务实施步骤】

5.3.1 创建 FTP 服务器

1. 安装 FTP 服务

Windows Server 2008 安装完成后，可能没有安装 FTP 服务，这时需要添加上去，方法如下：

（1）在“服务器管理器”窗口中，在左侧窗口展开“角色”节点，选择“Web 服务器（IIS）”，如图 5-3-1 所示，在窗口右侧单击“添加角色服务”，打开如图 5-3-2 所示的“选择角色服务”对话框。

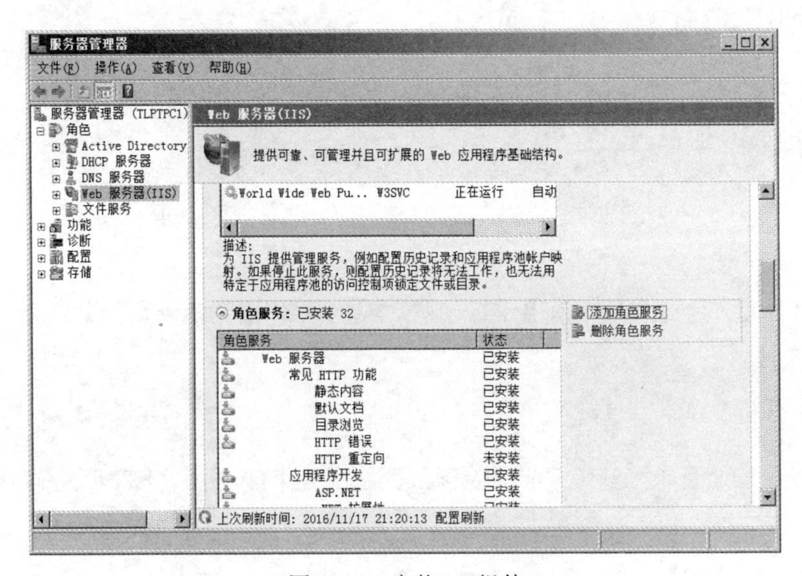

图 5-3-1 安装 IIS 组件

（2）在图 5-3-2 中，选择“FTP 服务器”和“FTP 管理控制台”，单击“下一步”按钮。

（3）在光驱中插入 Windows Server 2008 安装光盘，单击“确定”按钮，如图 5-3-3 所示，如果没有光驱，Windows Server 2008 系统在硬盘上有备份，则可以在图 5-3-4 所示对话框中输入 Windows Server 2008 系统存储的位置。

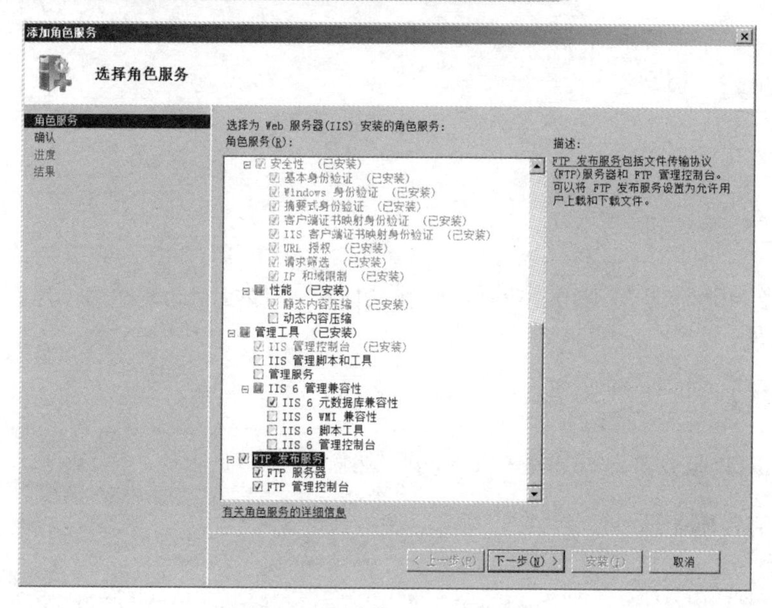

图 5-3-2　安装 FTP 服务器

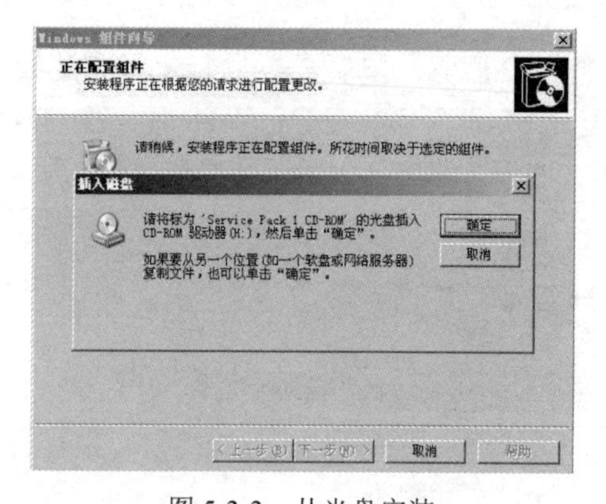

图 5-3-3　从光盘安装

图 5-3-4　从硬盘安装

2. 配置 FTP 服务器

【任务 1】为方便部分员工使用 FTP 服务器，小王需要为鑫隆科技公司企业网创建匿名 FTP 服务。

【任务 1 分析】

首先规划好 FTP 目录，安装 FTP 服务器，然后创建 FTP 服务，FTP 服务默认情况下为匿名服务。

【任务 1 实施步骤】

在 Windows Server 2008 操作系统环境下，安装好 FTP 服务后会自动在 IIS 服务器上建立一个“Default FTP 站点”。默认站点的主目录是在系统盘的\inetpub\ftproot 目录下，默认站点的默认端口是 21。我们可以更改默认的主目录，创建匿名 FTP 服务的具体步骤如下：

（1）单击“开始”→“程序”→“管理工具”→“Internet 信息服务（IIS）管理器”，打开“Internet 信息服务”管理器，如图 5-3-5 所示。单击窗口中间的“单击此处启动”，启动 IIS 6.0，FTP 服务管理在 IIS 6.0 管理器中，如 5-3-6 所示。

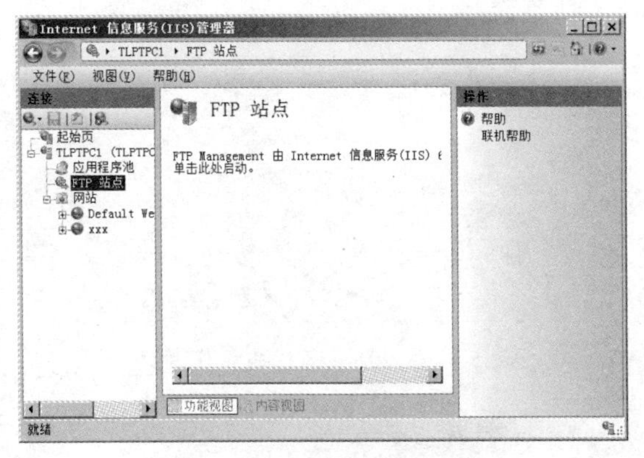

图 5-3-5 Internet 信息服务管理器

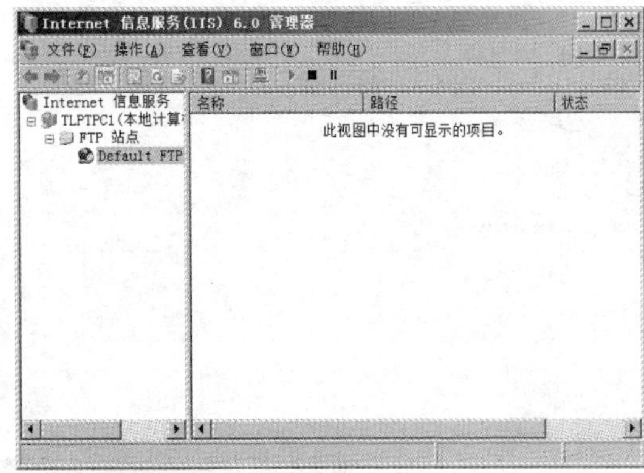

图 5-3-6 Internet 信息服务（IIS）6.0 管理器

（2）右击“FTP 站点”，在弹出的快捷菜单中依次选取“新建”→“FTP 站点”，出现“FTP 站点创建向导”对话框的欢迎页面，单击“下一步”按钮，出现“FTP 站点说明”对话框，然后输入 FTP 站点说明信息，如图 5-3-7 所示。

（3）单击“下一步”，打开“IP 地址和端口设置”对话框，设置 FTP 服务器 IP 地址为 192.168.0.4，新建的 FTP 站点的“TCP 端口号”默认是 21，也可以改为其他的端口，如图 5-3-8 所示。

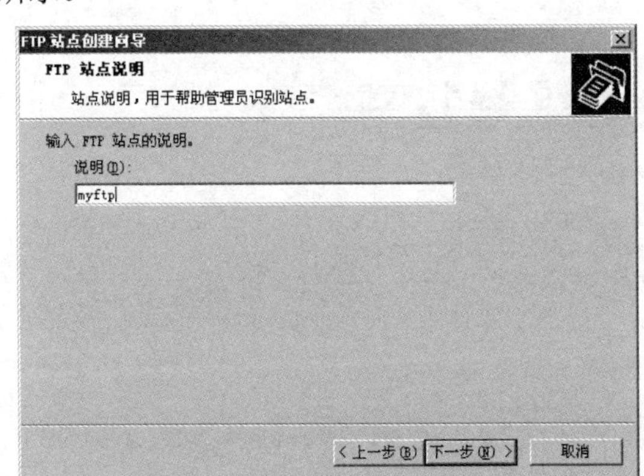

图 5-3-7 输入站点说明

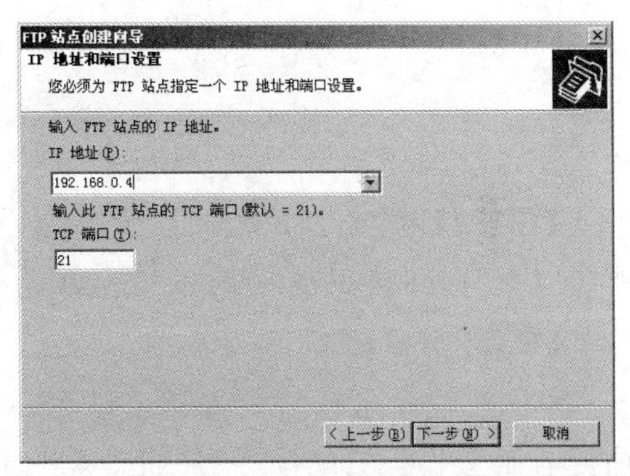

图 5-3-8 设置 FTP 站点 IP 地址

（4）单击“下一步”按钮，出现“FTP 用户隔离”对话框，如图 5-3-9 所示，此处选择“不隔离用户”。单击“下一步”按钮，出现“FTP 站点主目录”对话框，在此可以单击“浏览”按钮，指定一个目录。如图 5-3-10 所示，我们在此输入 FTP 主目录 e:\ftp。

（5）设置 FTP 站点权限。单击“下一步”按钮，出现“FTP 站点访问权限”对话框。通常按照默认设置即可。如图 5-3-11 所示，注意选中“写入”复选框，才能进行文件上传。

（6）单击“下一步”按钮，FTP 站点的创建结束。

（7）验证。在局域网中任一台机器的浏览器中输入ftp://192.168.0.4，进行读取和写入等访问操作。

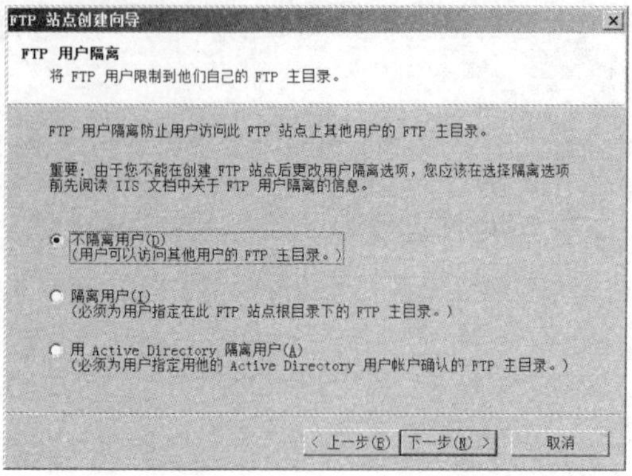

图 5-3-9　输入站点说明

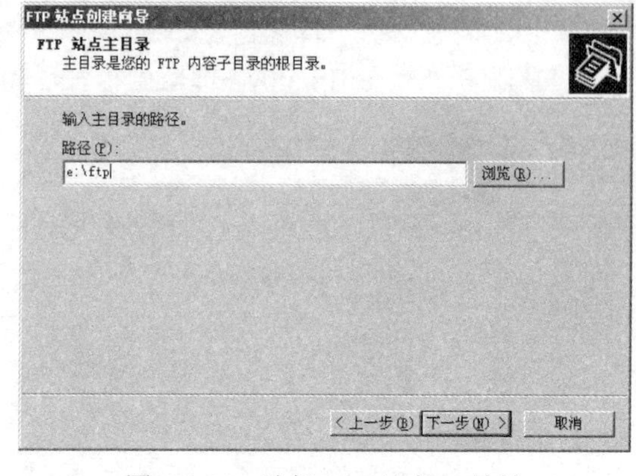

图 5-3-10　选择 FTP 站点 IP 地址

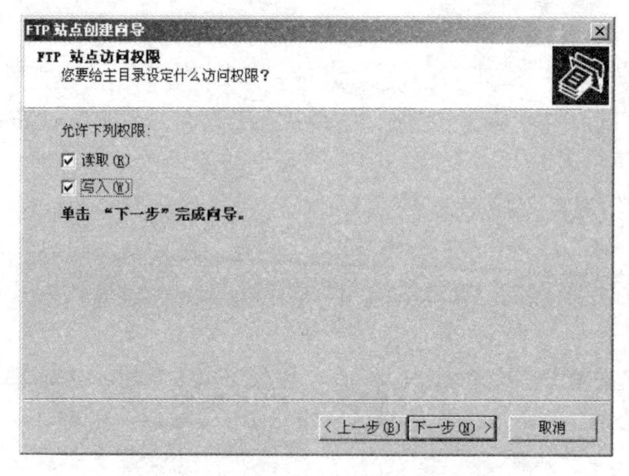

图 5-3-11　FTP 站点访问权限设置

【任务 2】为提高 FTP 数据的安全性，小王需要为鑫隆科技公司企业网创建认证登录 FTP 服务，用户登录时需要验证用户名和密码，并且用户只能访问自己的 FTP 目录。

【任务 2 分析】

首先规划好 FTP 目录，安装 FTP 服务器，然后创建 FTP 服务，Windows Server 2008 的 FTP 组件能够提供认证的 FTP 访问功能，并能够隔离用户 FTP 目录。

【任务 2 实施步骤】

（1）创建 FTP 站点 Wftp，其步骤与【任务 1】中的步骤相同。在弹出的“FTP 用户隔离”对话框中选择“隔离用户”，如图 5-3-12 所示。

（2）为客户创建用户信息和 FTP 目录。创建用户信息即为客户创建用户名和密码，客户的 FTP 目录必须在 FTP 站点目录 E:\Ftp\Localuser 中，目录名称要与用户名相同。

如我们创建的用户名为 ftp1 和 ftp2，则在 FTP 站点目录 E:\Ftp\Localuser 中创建的目录名应为 ftp1 和 ftp2。

特别提醒的是站点目录必须在 NTFS 格式的文件系统磁盘中创建。

（3）设置匿名访问选项。右击创建的 FTP 站点 Wftp，选择“属性”，在出现的对话框中单击“安全账户”选项卡，取消勾选“允许匿名连接”复选框，不允许匿名访问，如图 5-3-13 所示，选择“是”，取消匿名访问。

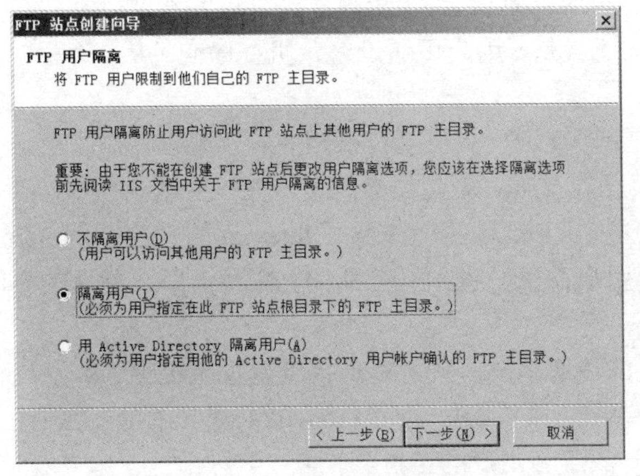

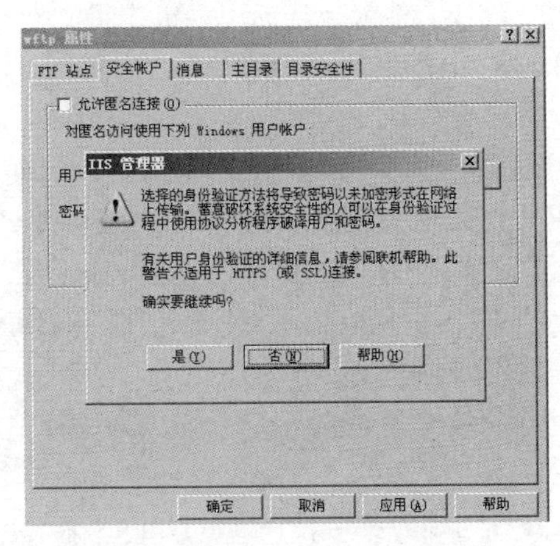

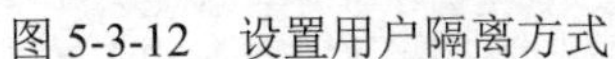
图 5-3-12　设置用户隔离方式

图 5-3-13　设置不允许匿名访问

（4）访问验证。分别以用户 ftp1 和ftp2 进行登录访问，如图 5-3-14 所示。登录成功后进行验证。

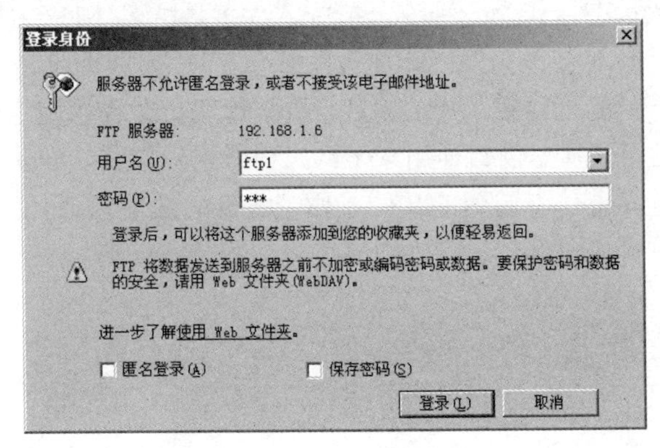

图 5-3-14　用户登录验证

5.3.2　FTP 概述

FTP（File Transfer Protocol）是文件传输协议的简称，它是一个应用层协议，主要提供网络文件传输服务。

一般来说，用户联网的首要目的就是实现信息共享，文件传输是信息共享非常重要的一个内容。Internet 上早期实现传输文件，并不是一件容易的事。Internet 是一个非常复杂的计算机环境，有 PC、工作站、MAC、大型机，这些计算机可能运行不同的操作系统，有在服务器上运行的 UNIX，也有在 PC 机上运行的 DOS、Windows 和在苹果机上运行的 Mac OS 等，而解决各种操作系统之间的文件交换问题，则需要建立一个统一的文件传输协议，这就是 FTP。基于不同的操作系统有不同的 FTP 应用程序，而所有这些应用程序都遵守同一种协议，这样用户就可以把自己的文件传送给别人，或者从其他的用户环境中获得文件。

与大多数 Internet 服务一样，FTP 也是一个客户机/服务器系统。用户通过一个支持 FTP

协议的客户机程序，连接到远程主机上的FTP服务器程序。

在FTP的使用当中，用户经常遇到两个概念："下载"（Download）和"上传"（Upload）。"下载"文件就是从远程主机拷贝文件至自己的计算机上；"上传"文件就是将文件从自己的计算机中拷贝至远程主机上。用网络语言描述就是，用户可通过客户机程序向（从）远程主机上传（下载）文件。

通常情况下，使用FTP时首先需要登录，在远程主机上获得相应的权限以后，方可上传或下载文件。也就是说，要想向某台计算机传送文件，就必须具有该计算机的适当授权。换言之，除非有用户ID和口令，否则便无法传送文件。这种情况违背了Internet的开放性，Internet上的FTP主机何止千万，不可能要求每个用户在每一台主机上都拥有账号，解决问题的办法是使用匿名FTP。

匿名FTP是指用户无需成为远程主机的注册用户，就可以连接到远程主机上，并从远程主机上下载文件。系统管理员建立了一个特殊的用户ID，名为anonymous，Internet上的任何人在任何地方都可使用anonymous来登录开放匿名用户的主机。

值得注意的是，匿名FTP不适用于所有Internet主机，它只适用于那些提供了这项服务的主机。

当远程主机提供匿名FTP服务时，会指定某些目录向公众开放，允许匿名存取。系统中的其余目录则处于隐匿状态。作为一种安全措施，大多数匿名FTP主机都允许用户从其中下载文件，而不允许用户向其上传文件。即使有些匿名FTP主机允许用户上传文件，用户也只能将文件上传至某一指定的上传目录中。随后，系统管理员会去检查这些文件，然后将这些文件移至另一个公共下载目录中，供其他用户下载，利用这种方式，可以有效地保护登录该远程主机的用户，避免因有人上传有问题的文件（如带病毒的文件），而使访问远程主机的用户的系统或数据遭到损坏。

5.4 创建DHCP服务

在鑫隆科技公司组建的局域网中，需要为部分员工和外来人员提供自动IP地址信息配置服务，请为小王解决此问题。

5.4.1 创建DHCP服务器

【任务分析】

在本节任务中，我们创建DHCP服务，为客户自动分配IP地址、子网掩码、默认网关、DNS服务器。

【任务实施步骤】

在使用TCP/IP协议的网络中，每个主机都至少有一个IP地址。在网络中通常会存在IP

地址数少于主机数的情况，如果我们使用静态 IP 地址，则会出现 IP 地址冲突的现象，这会给网络管理带来很大的麻烦，另外，使用静态 IP 地址会增加客户机手工配置 IP 地址信息的难度。动态主机配置协议（DHCP，Dynamic Host Configuration Protocol）提供了动态分配 IP 地址的功能，能有效地减轻这方面的网络管理负担，并且还可以减少手工配置 IP 地址信息的负担。

要将一台 Windows Server 2008 服务器设置为 DHCP 服务器，首先要在该服务器上安装 DHCP 服务，方法是：用 Administrator 账号登录，在控制面板中双击“添加/删除程序”，选择“添加/删除 Windows 组件”，启动“Windows 组件”向导，选中“网络服务”，单击“详细信息”按钮，选中“动态主机分配协议（DHCP）”，单击“确定”按钮，系统提示插入 Windows Server 2008 光盘后，会自动完成在该服务器上安装 DHCP 服务。

要想使刚安装的 DHCP 服务器能为客户机分配 IP 地址，必须首先在域中为该服务器授权（Authorize），方法是：使用 Administrator 账号登录计算机，在“管理工具”菜单中打开 DHCP 控制台；在控制树中，右键单击想要授权的服务器，在弹出菜单中，单击“授权”，即可完成对该服务器的授权。

要想使 DHCP 服务器能为客户机分配 IP 地址，还必须在该服务器上创建并配置作用域（Scope）或者超级作用域（Super Scope）、多播（Multicast）地址作用域。在创建作用域向导的指引下输入作用域的起始地址、子网掩码、排除的地址或地址范围、DHCP 租约期限等信息后即可完成作用域的创建。下面介绍创建和配置作用域：

1. 创建作用域

创建作用域可以约定 DHCP 服务器为客户机分配 IP 地址的范围。

右击 DHCP 服务器 tlpvtc-g，在快捷菜单中选择“新建作用域”，然后输入新建作用域名称，在作用域分配的 IP 地址范围处输入客户机需要的 IP 地址范围，我们输入 192.168.0.1～192.168.2.254，那么 DHCP 服务器配置成功并启动后，客户机自动获取的 IP 地址范围即为 192.168.0.1～192.168.2.254，如图 5-4-1 所示。

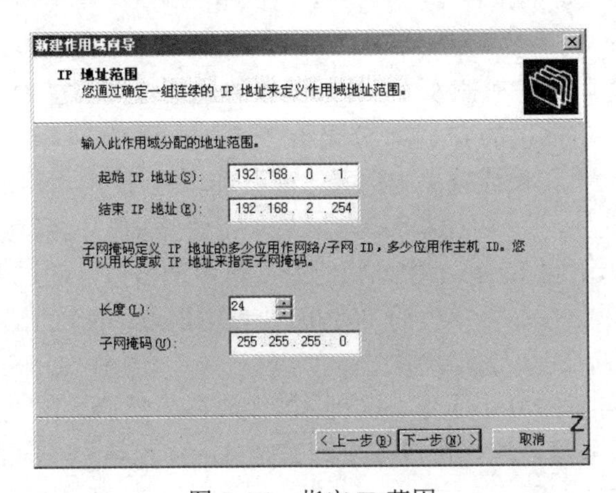

图 5-4-1　指定 IP 范围

2. 新建排除范围

新建作用域后，可以通过新建排除范围，将一部分 IP 地址从作用域分配的 IP 地址中排除。通过新建排除范围，我们可以将不准备自动分配的 IP 地址保留起来，从而解决某些客户机需要使用固定 IP 地址的问题。

右击“地址池”，在快捷菜单中选择“新建排除范围”，在排除的起始地址处输入 192.168.0.1，结束地址处输入 192.168.0.30，共保留 30 个 IP 地址，如图 5-4-2 所示。一般情况下，我们将 192.168.0.1 作为内部网络的默认网关，因此该地址如果再自动分配，将会产生 IP 地址冲突，新建排除范围后，很好地解决了这个问题，而其他的 29 个 IP 地址可以作为实验等用途，当然，我们可以根据需要调整排除范围。

3. 新建保留

有些情况下，我们可能需要某个客户机始终获得某个 IP 地址，DHCP 服务器可以将 IP 地址与其网卡的 MAC 地址进行绑定，从而客户机在请求分配 IP 地址时，始终能获得同一个 IP 地址。

右击“保留”，在快捷菜单中选择“新建保留”，弹出“新建保留”对话框，在“IP 地址”文本框中输入保留的 IP 地址，如 192.168.0.31，在“MAC 地址”文本框中输入客户机网卡的 MAC 地址，注意不要输入符号“-”，如图 5-4-3 所示。

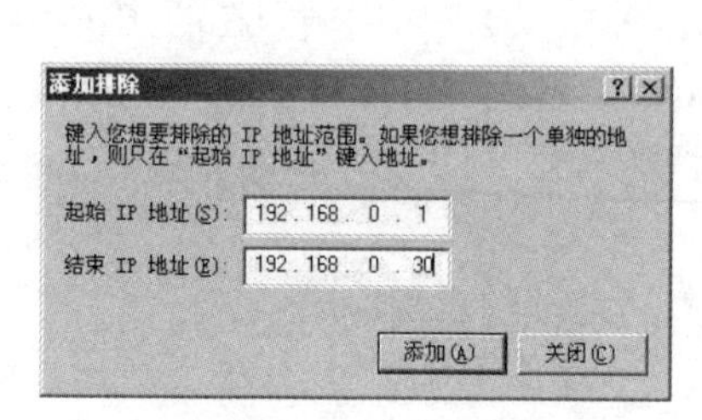

图 5-4-2　新建排除范围

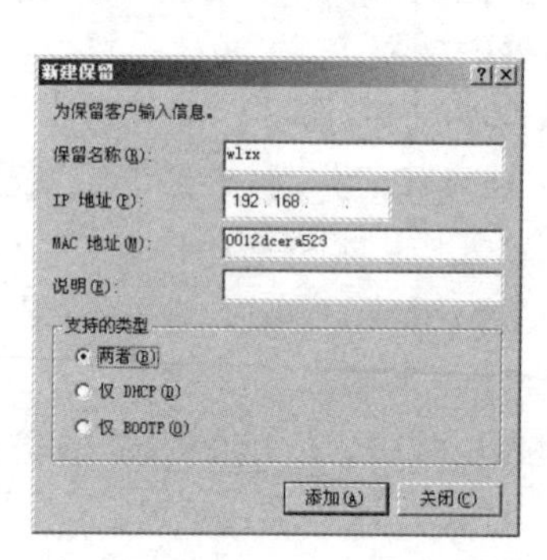

图 5-4-3　新建保留

4. 作用域选项

我们可以在创建作用域的过程中，对客户机 TCP/IP 信息中有关路由器（默认网关）和 DNS 服务器进行设置。

路由器（默认网关）实现内部网络与外部网络的地址转换，在 DHCP 服务器给客户机分配 IP 地址时，也要同时将网关的 IP 地址分配给客户机。

右击“作用域选项”，在快捷菜单中选择“配置选项”，选中“路由器”，在“IP 地址”文本框中输入网关的 IP 地址，如 192.168.0.1，然后单击“添加”按钮，如图 5-4-4 所示。

DNS 服务是客户机访问 Internet 中站点时必不可少的服务，通过 DHCP 服务器给客户机指定 DNS 服务器，可以免去在客户机的 TCP/IP 协议中配置 DNS 的工作。

右击“作用域选项”，在快捷菜单中选择“配置选项”，选中“DNS 服务器”，在“IP 地址”文本框中输入 DNS 服务器的 IP 地址，如 202.102.199.68，然后单击“添加”按钮。依此方法可以添加多个 DNS 服务器，这样可以减少因某个 DNS 服务器出现故障而影响客户机访问 Internet 的问题，如图 5-4-5 所示。

至此，DHCP 服务器端的相关配置介绍完毕，当然，我们如果想要使用 DHCP 功能，除了整个网络至少有一台服务器上安装了 DHCP 服务，并进行相应配置外，DHCP 客户机也必须进行相关设置，我们需要设置 TCP/IP 协议的属性，即选中“Internet 协议（TCP/IP）属性”窗口中的“自动获得 IP 地址”单选按钮。

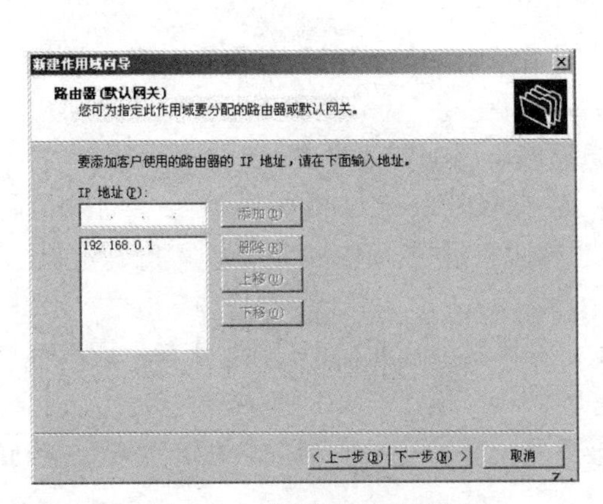

图 5-4-4　设置路由器选项

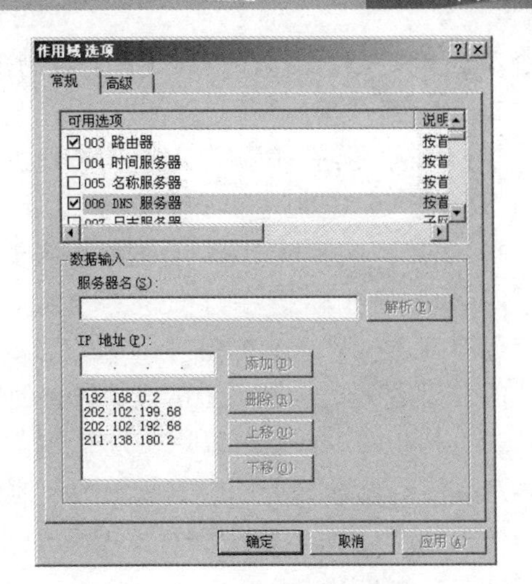

图 5-4-5　设置 DNS 服务器选项

5.4.2　DHCP 概述

1. Windows Server 2008 中 DHCP 的特性

（1）DHCP 与 DNS 相集成。在 Windows Server 2008 中，DHCP 服务器不仅能够为其客户机注册和更新地址信息，还能够动态更新客户机在 DNS 中的名字空间。

（2）支持用户定义和服务商定义的选项类。Windows Server 2008 的 DHCP 提供了两种可选的类，即用户类（User Class）和供应商类（Vendor Class），可以使用类来为用户提供相应的配置信息。定义供应商类可以给不同供应商的 DHCP 客户机分配数据；定义用户类可以为那些未使用供应商类的客户机分配数据。如果为移动计算机用户分配较短租用期的 IP 地址，而为台式计算机用户提供较长租用期的 IP 地址，则可以通过定义用户类或供应商类来实现。

（3）支持多播域、超级作用域。Windows Server 2008 中的 DHCP 提供了对多播地址（Multicast Address）的分配，多播地址允许 DHCP 工作站使用 D 类 IP 地址（224.0.0.0～239.255.255.255），通常网络会议及视听应用程序均采用多播技术，它们需要用户配置多播地址。我们可以使用多播地址功能为指定计算机分配广播地址，这样，只有分配了广播地址的计算机才能接收到广播信息，而不像 IP 广播地址那样会被全网络的所有计算机接收到。超级作用域对创建成员范围的管理组非常有用，当用户想重新定义范围或扩展范围时不会干扰正在活动的范围。

（4）DHCP 服务器授权。在 Windows Server 2008 中，任何 DHCP 服务器只有在被授权之后才能为客户分配 IP 地址，否则即使该服务器收到租用请求，也不能为客户机分配 IP 地址。因为 DHCP 客户机在启动时是通过网络广播来发现 DHCP 服务器的，Windows Server 2008 利用这一特性有效地阻止了未经授权的 DHCP 服务器加入到基于活动目录架构的 Windows Server 2008 网络中，在未授权的 DHCP 服务器引起网络问题之前，它被自动关闭。

（5）集群技术的使用。Windows Server 2008 集群技术能将两个或更多服务器当作一个单系统进行管理，从而提高系统的稳定性。DHCP 的集群技术使管理员可以检查集群资源的状态并将一部分超负载工作的服务移到集群中的另一台服务器上，这样可以在保证重要服务在线的情况下保持系统的负载均衡。集群的 DHCP 服务器可以保证当网络中的一个节点崩溃后，另一个节点继续工作，这样客户端只需经历短暂的延迟，即可正常访问网络。

2. DHCP 服务的过程

（1）申请租约。使用 DHCP 的客户机在登录网络时无法与 DHCP 服务器通信，它将自动给自己分配一个 IP 地址和子网掩码。

1）DHCP 客户机试图与 DHCP 服务器建立通信以获得配置信息。

2）如客户机无法找到 DHCP 服务器，则它从 B 类网段 169.254.0.0 中挑选一个 IP 地址作为自己的 IP 地址，子网掩码为 255.255.0.0。DHCP 客户机通过 ARP 广播功能可以确定自己所挑选的 IP 地址没有被网络上的其他设备使用。

3）客户机在后台继续每隔 5 分钟尝试与 DHCP 服务器进行通信，一旦与服务器取得联络，则客户机使用服务器分配的 IP 地址和其他配置信息。

（2）租约更新。如果 DHCP 客户机已经从服务器上获得了一个租约，在其重新登录网络时将进行以下操作：

1）如果启动时客户机的租约仍然有效，它将尝试与 DHCP 服务器进行通信，更新它的租约。

2）如果尝试更新租约时无法找到 DHCP 服务器，则客户机将 Ping 租约中设置的默认网关，如果 Ping 默认网关成功，则客户机将继续使用现有的租约；如果无法成功地 Ping 默认网关，则客户机会为自己自动分配一个 B 类 IP 地址。

5.5 创建 E-mail 服务

为提高工作效率，鑫隆科技公司需要在企业网内部进行电子邮件的收发，为员工提供 E-mail 服务功能。

5.5.1 创建 E-mail 服务器

SMTP 是 Simple Mail Transfer Protocol 的简写，意为简单邮件传输协议，是一组用于由源地址到目的地址传送邮件的规则，主要用来定义 E-mail 在邮件服务器间如何传输。几乎所有的互联网电子邮件都是由基于 SMTP 的客户端和服务器程序发送和接收的，如果想要建立一个电子邮件服务器，还需要有支持 SMTP 的邮件服务器软件。

POP3 是 Post Office Protocol version 3 的缩写，是允许 PC 机访问邮件服务器上存放的邮件的一种协议。POP3 协议可以使用户通过验证，从 SMTP 服务器中获取事先由该 SMTP 服务器收到的属于此用户的 E-mail。使用 PC 机的用户可以选用基于 POP3 协议的客户软件来接收邮件。

Windows 2008 没有提供 E-mail 服务器，我们可以使用 Exchange 搭建 E-mail 服务。

5.5.2 E-mail 服务概述

电子邮件采用类似于传统邮件的“存储转发”机制，发送邮件时，并不需要收件人处于在线状态，收件人可根据需要随时上网从邮件服务器上收取邮件。数字签名和加密技术的应用，解决了令人担忧的电子邮件安全问题。

1. 了解电子邮件地址

电子邮件地址又称电子邮箱地址，由账号和域名两个部分组成，如wang@mailhost.mydomain.com。中间的符号@（读“at”）将地址分为左右两部分，左边部分是收件人的账号名，右边部分为域名。

mailhost 代表接收邮件计算机的主机名（Host Name），mydomain.com 代表邮件服务器所在域的域名（Domain Name）。

2. 电子邮件系统的组成

电子邮件服务也是基于客户/服务器模式。电子邮件系统由以下 3 部分组成：

（1）邮件用户代理（MUA）：即邮件客户机，用于发送和接收电子邮件的客户端应用程序，负责将邮件发往邮件服务器，从邮件服务器上接收邮件。

（2）邮件传输代理（MTA）：即邮件服务器，用于存储和转发电子邮件的服务器端应用程序。根据用途，还可分为发送邮件服务器（SMTP 服务器）和接收邮件服务器（POP3 服务器或 IMAP4 服务器）。

（3）邮件网关（Mail Gateway）：用于邮件传输代理之间进行信息交换的系统。邮件网关一般特指邮件协议网关，即负责在不同协议之间传递和转发邮件的系统。

3. 电子邮件的工作机制

电子邮件的整个邮递过程遵守 TCP/IP 协议和 SMTP 协议。电子邮件的邮递是非实时的存储转发过程，其工作过程见图 5-5-1。

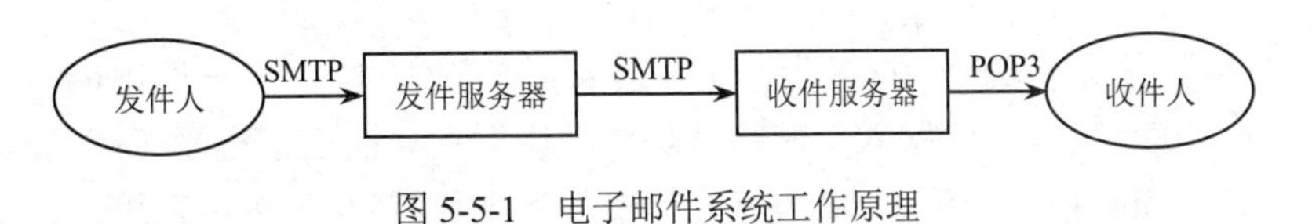

图 5-5-1　电子邮件系统工作原理

4. 邮件服务器类型

在 Internet 或 Intranet 上构建电子邮件服务，一般需要建立两种服务器，即发送邮件服务器和接收邮件服务器。根据所用协议的不同，接收邮件服务器又可分为 POP3 服务器和 IMAP4 服务器。

（1）SMTP 服务器。SMTP 是简单邮件传输协议的缩写，在两个邮件服务器之间建立直接连接以及从邮件客户端发送邮件时使用。SMTP 是一个单向协议，不能用来从其他服务器收取邮件，SMTP 协议的标准 TCP 端口为 25。

（2）POP3 服务器。POP 是邮局协议的缩写，目前 POP 协议的版本为 POP3，POP3 协议的标准 TCP 端口号为 110。

（3）IMAP4 服务器。IMAP 是 Internet 信息访问协议的缩写，目前 IMAP 协议的版本为 IMAP4，IMAP 协议的标准 TCP 端口号为 143。

注意：POP 和 IMAP 之间最明显的区别就是它们检索邮件的方式不同。

（4）Web 邮件服务器。将电子邮件服务集成到 Web，可以让用户非常方便地通过浏览器来完成申请邮箱、撰写邮件、收发邮件，以及邮箱管理等工作。Web 邮件服务，又称 Web Mail。通过 Web 邮件服务，管理员可以使用浏览器来管理邮件服务器，普通用户可以通过浏览器收发邮件。

（5）邮件目录服务器。由于邮件目录服务器（LDAP）特别适合为多台邮件服务器提供集中统一的用户管理，因此许多邮件服务器软件都提供对 LDAP 的支持。

5.6 Intranet 日常管理与安全

鑫隆科技公司有若干台服务器需要管理，服务器均能够连接到 Internet，小王经常出差，他想在出差期间也能对服务器进行管理，请为小王提出解决方案。

【任务分析】

在本节任务中，我们可以通过 Windows 提供的 NetMeeting 或远程桌面功能来远程访问服务器，通过防病毒措施和合理的数据备份方案，在公网中传输数据时使用加密软件，从而提高系统和数据安全。

5.6.1 远程管理服务器

【任务实施步骤】

远程桌面是微软公司为了方便网络管理员管理和维护服务器而推出的一项服务。从 Windows Server 2000 版本开始引入，网络管理员使用远程桌面连接程序连接到网络中任意一台开启了远程桌面控制功能的计算机上，就好比操作本地计算机一样，可以进行诸如运行程序、维护数据库等操作。

远程桌面从某种意义上类似于早期的 Telnet，可以将程序运行等工作交给服务器，而返回给远程控制计算机的仅仅是图像，即鼠标或键盘的运动变化轨迹。

1. 使用 NetMeeting 工具

NetMeeting 是 Windows 自带的一个网络通信工具，它能够进行桌面共享、文件传送和远程控制。在网络教室没有大屏幕投影的情况下，利用它的桌面共享功能，可以方便地进行网络操作演示。

NetMeeting 可以在“附件”中运行，如果是第一次运行 NetMeeting，则要进行相关设置，如设置使用者的姓名、电子邮件地址、指定目录服务器、网络带宽设置等。

利用 NetMeeting 提供的远程桌面共享功能还可以进行远程管理，这个功能对网络教学也有一定的帮助，教师可以通过呼叫，连接到设置了远程桌面共享的学生机上，对学生机上的设置进行查看和指导。当然，远程桌面共享功能不仅用于局域网中，也可以通过 Internet 来进行技术支持服务。操作步骤如下：

（1）运行 NetMeeting 后，选择“工具”→“远程桌面共享”。

（2）执行“远程桌面共享向导”，在设置成功后需要计算机的管理员用户才能登录。

（3）使用远程管理功能，在访问机器上运行 NetMeeting，单击“呼叫”→“新呼叫”，在对话框中选择“这个呼叫要求安全设置（只是数据）”，如图 5-6-1 所示。

1）在出现的如图 5-6-2 所示对话框中输入被呼叫计算机中的某个管理员账号和密码，如用户名为 tlvtc，密码为 123。

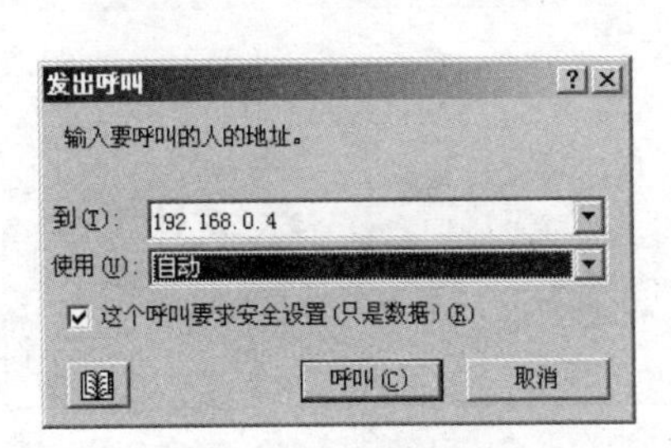

图 5-6-1　发出呼叫

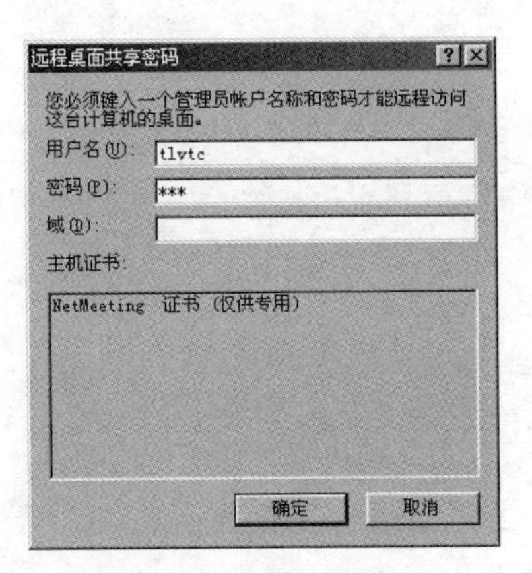

图 5-6-2　远程管理登录

2）呼叫成功后，则出现如图 5-6-3 所示窗口，此时可以操作被呼叫机器了。

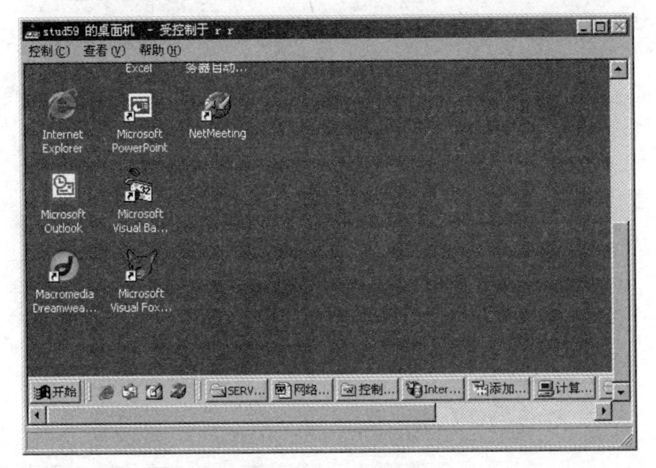

图 5-6-3　远程管理窗口

2. 使用远程桌面共享

（1）开启远程桌面功能。在 Windows XP 和 2008 中，只要在桌面“我的电脑”图标上单击鼠标右键，选择“属性”，在弹出的“系统属性”对话框中单击“远程”选项卡，然后选中“远程桌面”区的“只允许运行带网络级身份验证的远程桌面的计算机连接”单选按钮即可，如图 5-6-4 所示。

（2）设置远程访问用户。我们可以在图 5-6-5 所示的对话框中，添加远程访问用户，如果访问者为管理员，则不需要额外添加。

（3）访问远程计算机。开启远程桌面功能后，网络中的其他计算机就可以通过“程序”→“附件”→“远程桌面连接”来控制和访问该服务器了。我们在出现的图 5-6-6 所示窗口中输入远程主机的 IP 地址，单击“连接”按钮后，在出现的窗口中输入用户名和密码登录即可，登录成功后可以对远程计算机进行操作。

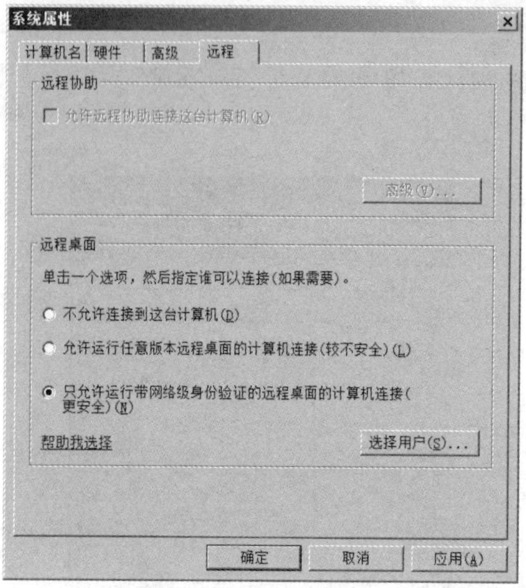

图 5-6-4　启用远程管理

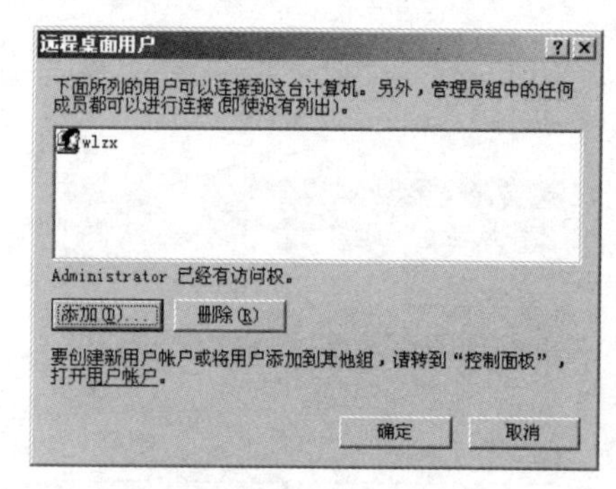

图 5-6-5　选择远程管理用户

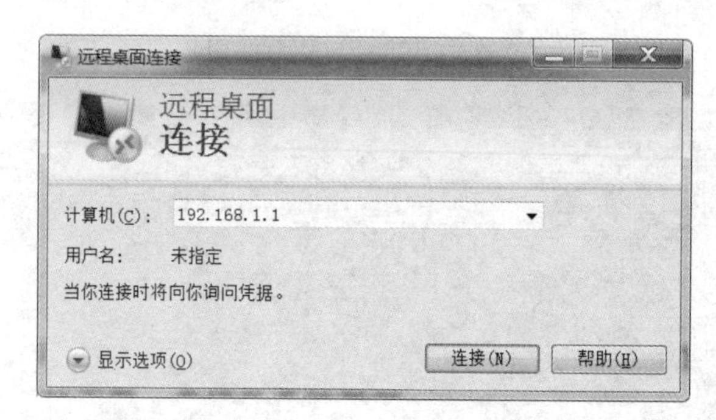

图 5-6-6　远程桌面连接

5.6.2　Intranet 中系统与数据安全

随着全球信息化进程的不断推进，Internet 的应用不断地普及和发展，Internet 在人们生活中的地位越来越重要。Internet 是一个开放式互联系统，其目的是方便人们通过网络进行信息交换，但其安全性很不完善。每年世界上成千上万的电脑因感染病毒或黑客攻击而引起系统崩溃、数据丢失，造成巨大的经济损失。Intranet 采用了 Internet 技术，其网络安全问题与 Internet 同样严重，威胁主要来自操作系统的漏洞、黑客攻击、病毒入侵、网络配置不当和网络管理不力等方面。我们可以采取以下措施加强 Intranet 网络安全。

1．减少感染的机率

木马、病毒通常从网络传播，用户应做到不从不可靠的渠道下载软件，不随意打开来历不明的电子邮件，将会减少与木马、病毒接触的机会。在安装软件时，进行木马和病毒扫描也是非常重要的。

2．安装杀毒软件和查杀木马软件

安装杀毒软件和查杀木马软件是防治病毒和木马的有力措施，我们应该选择经过公安部认证的病毒防治产品和查杀木马工具。计算机病毒、木马更新很快，我们还应该及时地对杀毒软件、查杀木马工具的数据库进行升级。

3. 安装最新的系统补丁

木马、病毒往往利用操作系统的漏洞进行传染，因此，及时地下载并安装系统的补丁，将有助于切断木马、病毒传播的途径。

安装补丁的方式有两种，即 Hotfix 修补程序和 SP 补丁包，当然，某些情况下，我们也可以通过在线升级来安装系统补丁。

（1）Hotfix 修补程序。Hotfix 是针对某一个具体的系统漏洞或安全问题而发布的专门解决该漏洞或安全问题的程序，通常称为修补程序。例如，微软公司通常会及时地将软件产品中发现的重大问题以安全公告的形式公布于众，这些公告都有一个唯一的编号，如 Windows XP 系统的冲击波病毒补丁名称为“Windows Xp-KB823980-x86-CHS.exe”，是一个 Hotfix，用户可以登录微软网站下载，来修补系统漏洞。

（2）SP 补丁包。SP 是 Service Pack 的缩写，意即补丁包。举例来说，微软的操作系统及软件产品经常会被发现漏洞，微软针对不同漏洞都发布了各种 Hotfix 来修补，但用户查看自己的电脑是否安装了某个 Hotfix 或者去下载安装这些 Hotfix 也很繁琐。因此，微软就将 Hotfix 打包进行发布，称为 SP 补丁包，通常 SP 补丁包中包含 SP 发布日期前所发布的所有 Hotfix。所以，用户只要下载并安装最新的 SP 补丁包，就不需要再去下载安装 SP 发布日期前的 Hotfix 了。SP 补丁包按发布日期的先后顺序排列，分别称为 SP1、SP2、SP3 等，如 Windows Server 2008 目前已发布了 SP2 补丁包。

（3）建立备份和恢复制度。任何杀毒软件和查杀木马软件都不能确保万无一失，重要数据一旦丢失或破坏，其损失可能是不可估量的，运行良好的备份和恢复计划有助于将损失降到最低。

数据备份通常有完全备份、增量备份、差分备份，我们可以使用 GHOST 工具对系统和数据进行备份，也可以使用硬盘镜像等技术进行备份。

习题五

一、填空题

1．按应用层次划分，服务器可分为入门级服务器、__________、部门级服务器和__________。

2．FTP 的中文名称为__________。

3．IIS 6.0 中提供了两种模式的 FTP 站点：__________和__________。

4．默认情况下，IIS 6.0 中为匿名访问所提供的 Windows 用户账户的用户名为：_______。

5．FTP 匿名用户的登录名是__________。

6．从计算机域名到 IP 地址翻译的过程称为__________。

7．传输层协议用__________来标识和区分各种上层应用程序。

8．如果想隐藏一个共享文件夹，不让其在网上邻居中出现，那么它的共享名应以__________字符结束。

二、名词解释

1．Telnet

2．DHCP

三、简答题

1．简述 FTP 的工作原理。

2．简述域名解析过程。

四、实践题

1．为学校设计 Intranet 网络，并实施网络的组建。

2．在配置 Intranet 网络时，尝试使用非微软公司的服务器软件，如 Web 服务器软件使用 Apache，E-mail 服务器使用 CMailServer。

单元 6

创建虚拟局域网

单元导读

VLAN（Virtual Local Area Network）即虚拟局域网，是一种通过将局域网内的设备逻辑地而不是物理地划分成一个个网段，从而实现虚拟工作组的技术。本单元我们将学习 VLAN 的基本概念、VLAN 的基本配置、VLAN 的中继、VLAN 的动态注册（GVRP）、VLAN 之间的路由，通过实际操作使学生能熟练配置 VLAN。

- 使学生初步具备本地登录和远程登录交换机的能力
- 使学生初步具备通过创建 VLAN 来对网络进行逻辑分隔的能力
- 使学生初步具备 VLAN 的配置、验证及故障排除的能力
- 使学生初步具备 VLAN Trunk 的配置、验证及故障排除的能力
- 使学生初步具备 GVRP 的配置、验证的能力
- 使学生初步具备不同 VLAN 间主机通信的能力

在开始学习本单元内容之前，学生必须完成下列模块的学习，具备下列知识基础。

- 交换机分类与工作原理
- 交换机与交换机的连接
- 交换机基本配置

单元学习要点

- VLAN 的概念、优点及识别
- 本地登录和远程登录交换机
- VLAN 的基本配置
- VLAN Trunk 的概念及配置
- GVRP 的概念及配置
- VLAN 间的路由配置

某高校有教务处、财务处、信息系、管理系等部门，校园网基本上都采用了性能先进的千兆网技术，应用了 H3C 的三层交换机。各部门地理位置不同，对网络的需求也不尽相同，为了分隔广播域和冲突域，保证网络资源的分配合理化和层次化，限制广播风暴和实现在交换网络上的安全机制，网络管理员小张需要设计一套方案。

经过与用户交流（可由教师扮演用户角色），网络管理员小张应用了 VLAN 技术和三层交换技术，确定创建和配置 VLAN，具体要求：

1. 保证财务处部门网络和其他部门网络之间的隔离性。
2. 保证连接在不同楼层交换机下的同一部门主机之间相互通信。
3. 按需求实现不同 VLAN 下部门主机之间的相互通信。
4. 设备要求：

（1）H3C S3610 系列交换机。

（2）Comware Software version 5.20。

其他设备综合考虑功能需求和经济性方面的要求。

1. 确定网络配置方案。
2. 本地登录交换机，配置交换机基本参数。
3. 远程登录交换机进行配置。
4. 基于端口创建 VLAN。
5. 配置 VLAN Trunk，实现跨交换机同一 VLAN 下主机间的通信。
6. 通过配置 GVRP 方便网络管理员对全网交换机 VLAN 的管理与配置。
7. 实现不同 VLAN 间主机通信。

6.1 登录交换机

网络管理员小张在教务处调试网络，现需要登录到网络中心机房 H3C S3610 交换机上进行相关查询及配置，但是教务处离网络中心机房距离较远，小张如何在此环境下登录交换机完成工作？

【任务分析】

网络管理员小张可以通过 Telnet 或 SSH 远程方式登录到 H3C S3610 交换机上。但实现这两种方案的前提是小张必须首先通过本地登录方式登录交换机并为其配置相关参数。任务拓扑如图 6-1-1 所示。

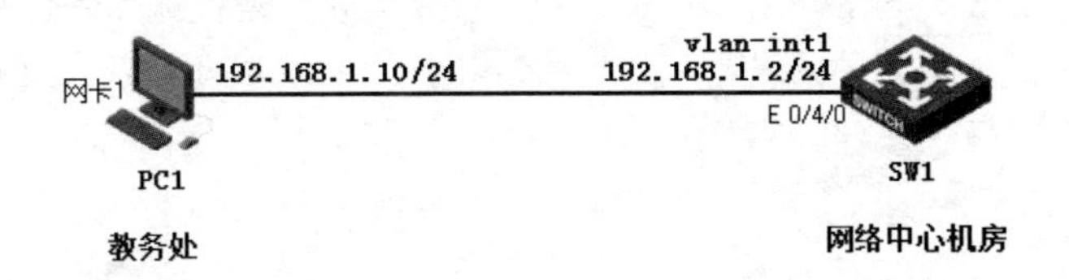

图 6-1-1 远程登录交换机网络拓扑

6.1.1 Telnet 方式远程登录

【任务操作步骤】

（1）在交换机上配置一个 IP 地址，以便提供 IP 的连通性。

```
<SW1>system-view                          //进入系统视图
[SW1] interface Vlan-interface 1          //进入 VLAN 1 接口视图
[SW1-Vlan-interface1]ip address 192.168.1.2 255.255.255.0   //配置 IP 地址
[SW1-Vlan-interface1]quit
```

知识链接

Ⅰ. 用户视图

H3C 设备启动后的默认视图，在该视图下可以查看设备的运行状态和一些统计信息。

Ⅱ. 系统视图

可以在用户视图下使用 system-view 命令进入该视图，是配置系统全局通用参数的视图。

Ⅲ. 路由协议视图

可以在系统视图下，启动相关路由协议启动命令即可进入对应的路由协议视图。

Ⅳ. 接口视图

主要用来配置接口各种参数的视图。通常使用 interface 命令并指定相应的接口类型及接口编号即可进入相应的接口视图。

V．用户界面视图

通常用来统一管理各种用户的配置，主要是管理工作在流方式下的异步接口，比较常见的用户界面视图有 Console 用户界面视图、AUX 用户界面视图、TTY 用户界面视图、VTY 用户界面视图 4 种。

（2）启动 Telnet 服务器功能。

```
[SW1]telnet server enable                    //启动 Telnet 服务器
```

（3）进入 VTY 用户界面视图。

```
[SW1]user-interface vty 0 4                  //进入 VTY 用户界面视图
```

（4）为 VTY 用户界面视图配置验证方式。

```
[SW1-ui-vty0-4]authentication-mode scheme    //为 VTY 用户界面视图配置验证方式
```

知识链接

VTY 用户界面视图的验证方式主要有三种选择，分别是 none、password、scheme。其中 none 方式表示不需要验证；password 方式则表示仅仅使用密码验证方法，登录时只需要输入密码即可；scheme 方式使用用户名/密码验证方式，登录时需要同时输入用户名和密码。

（5）为 Telnet 用户配置验证信息。

```
[SW1]local-user h3c                          //配置本地用户名 h3c
[SW1-luser-h3c]password cipher 123456
[SW1-luser-h3c]service-type telnet
[SW1-luser-h3c]authorization-attribute level 3    //配置登录后的用户级别
[SW1-luser-h3c]quit
```

（6）客户端的验证。

在教务处的 PC1（IP 地址为 192.168.1.10，子网掩码为 255.255.255.0，保证与交换机在同一个网段，否则需要配置正确的 IP 路由）机器上的命令窗口中，输入 Telnet 交换机的以太网接口 IP 地址，并按“回车”键，如图 6-1-2 所示。

图 6-1-2　Telnet 登录

然后输入 Telnet 用户名及口令，进入配置界面，如图 6-1-3 所示。

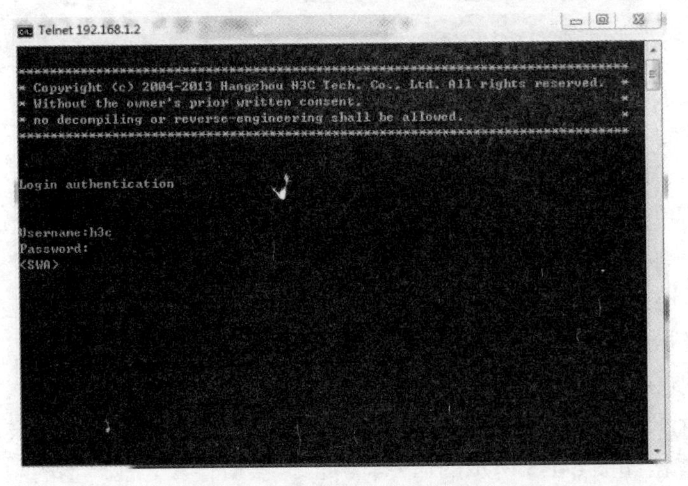

图 6-1-3　Telnet 成功登录后的配置界面

知识链接

Telnet 协议是 TCP/IP 协议族中的一员，是基于客户机/服务器的模型，同时也是 Internet 远程登录服务的标准协议和主要方式。它为用户提供了在本地计算机上完成远程主机工作的能力。在终端使用者的电脑上使用 Telnet 程序连接到服务器。终端使用者可以在 Telnet 程序中输入命令，这些命令会在服务器上运行，就像直接在服务器的控制台上输入一样，在本地就能控制服务器。要开始一个 Telnet 会话，必须输入用户名和密码来登录服务器。Telnet 是常用的远程控制 Web 服务器的方法，使用的 TCP 端口号为 23。

6.1.2　SSH 方式远程登录

【任务操作步骤】

（1）生成 RSA 密钥对，以便完成 SSH 验证和会话。

```
[SW1]rsa local-key-pair create
```

（2）在交换机上配置一个 IP 地址，以便提供 IP 的连通性。

```
<SW1>system-view                          //进入系统视图
[SW1] interface Vlan-interface 1          //进入 VLAN 1 接口视图
[SW1-Vlan-interface1]ip address 192.168.1.2 255.255.255.0
[SW1-Vlan-interface1]quit
```

（3）启动 SSH 服务器。

```
[SW1]ssh server enable
```

（4）配置用户界面使用 scheme 验证方法，并使其支持 SSH 远程登录协议。

```
[SW1]user-interface vty 0 4                    //进入 VTY 用户界面视图
[SW1-ui-vty0-4]authentication-mode scheme      //为 VTY 用户界面视图配置验证方式
[SW1-ui-vty0-4]protocol inbound ssh
[SW1-ui-vty0-4]quit
```

（5）为服务器配置 SSH 本地用户，以便 SSH 远程登录验证时使用。

```
[SW1]local-user h3c                            //配置本地用户名 h3c
[SW1-luser-h3c]password cipher 123456
```

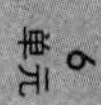

```
[SW1-luser-h3c]service-type ssh
[SW1-luser-h3c]authorization-attribute level 3          //配置登录后的用户级别
[SW1-luser-h3c]quit
```

（6）客户端验证。

在教务处的PC1（IP地址为192.168.1.10，子网掩码为255.255.255.0，保证与交换机在同一个网段，否则需要配置正确的IP路由）机器上启动并配置SSH客户端软件PuTTY。

1）指定SSH服务器的IP地址。

2）选择远程连接协议为SSH。

3）选择SSH服务器的版本，由于设备当前支持SSH服务器2.0版本，因此客户端可以选择2.0或2.0以下版本。

如图6-1-4所示，配置好相应的终端参数后，单击“打开”按钮，可发起与服务器（交换机）的连接，并弹出如图6-1-5所示的命令行界面，然后输入之前配置的用户名和密码，即可进入命令行界面，进行交换机的远程配置与管理。

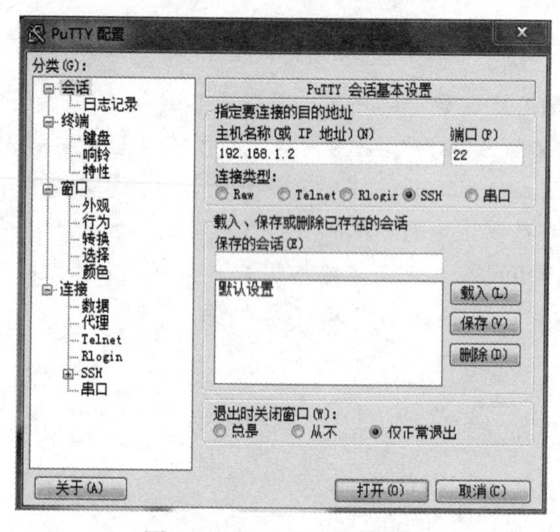

图 6-1-4　PuTTY 配置界面

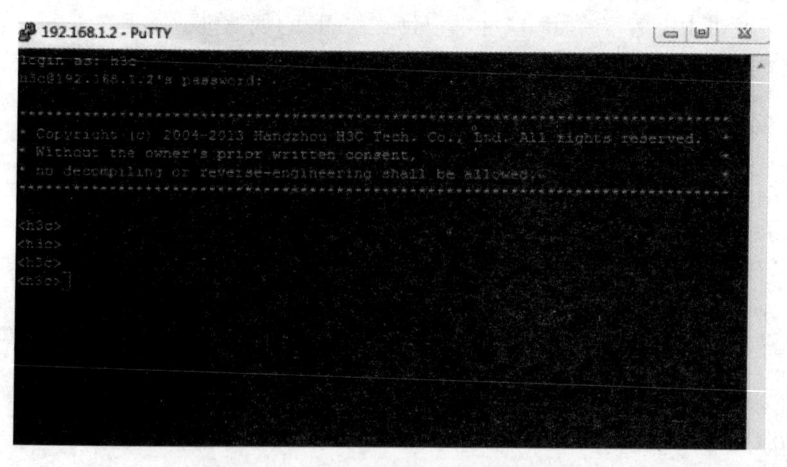

图 6-1-5　PuTTY 登录后命令行界面

知识链接

SSH 为 Secure Shell 的缩写，由 IETF 的网络小组（Network Working Group）所制定；SSH 为建立在应用层基础上的安全协议。SSH 是目前较可靠，专为远程登录会话和其他网络服务提供安全性的协议，使用 TCP 端口号为 22。利用 SSH 协议可以有效防止远程管理过程中的信息泄露问题。SSH 最初是 UNIX 系统上的一个程序，后来又迅速扩展到其他操作平台。SSH 在正确使用时可弥补网络中的漏洞。SSH 客户端适用于多种平台。几乎所有 UNIX 平台（包括 HP-UX、Linux、AIX、Solaris、Digital UNIX、Irix，以及其他平台）都可运行 SSH。

6.2 VLAN 简介

6.2.1 VLAN 的概念

VLAN（Virtual Local Area Network，虚拟局域网），是在一个物理网络上划分出来的逻辑网络，它对应于 OSI 参考模型的第二层。

交换机分隔冲突域，路由器分隔广播域。如何在纯交换式互联网络中去分隔广播域呢？创建虚拟局域网（VLAN）可以做到。它把物理上直接连接的网络从逻辑上划分为多个子网。每一个 VLAN 对应着一个广播域。

默认情况下，处在一个 VLAN 的主机不能与其他 VLAN 的主机互相通信，如果要实现不同 VLAN 的主机间互相通信，则需要网络层设备——路由器或三层交换机。

6.2.2 使用 VLAN 的优点

使用虚拟局域网的好处主要有：广播控制、网络安全、第三层地址管理、灵活性和可扩展性。

1. 广播控制

默认情况下，交换机转发所有的广播包。通过创建不同 VLAN 即分隔了若干个不同的广播域，同一个 VLAN 中的所有设备属于同一个广播域中的成员，并只负责接收这个广播域内的所有广播包。这就意味着一个 VLAN 上的节点发送的广播包不会被转发到其他 VLAN 中。

2. 网络安全

VLAN 内的设备只能与同一个 VLAN 的设备进行二层通信，如果要与另外一个 VLAN 通信，必须通过三层转发，否则 VLAN 间完全不能通信，这样可以起到隔离的作用，保证每个 VLAN 内的数据安全。

例如一个学校的财务处不想与教务处、招生办共享数据，而教务处和招生办互相共享数据，则可以为财务处创建一个 VLAN，教务处和招生办创建一个 VLAN。

3. 第三层地址管理

一个很常见的设计，是把同类型的设备规划在同一个 IP 子网。例如把打印机安排在同一个 IP 子网上，属于会计部的工作站和服务器却在另一个子网。在逻辑上这样好像很合理，但在一个大型企业网络上，这种构想没有 VLAN 是无法实现的。

4．灵活性和可扩展性

传统网络中的设备如果从一个位置移动到另一个位置而属于不同的网络时，需要修改移动设备的网络配置，这样对于用户来说是非常不方便的。而 VLAN 是一个逻辑网络，可以把不在同一物理位置的设备划在同一网络，当设备移动时还可以使此设备属于该 VLAN 中，这样的移动不需要修改任何设置。

6.2.3 VLAN 的标记

当帧通过网络进行交换时，交换机必须能够跟踪所有不同类型的帧，而且还要知道怎样对它们进行处理。根据帧所穿越的链路类型的不同，交换机对帧的处理方式也不同。

1．VLAN 中的端口类型

VLAN 标记用来指示虚拟局域网的成员，它封装在能够穿越局域网的帧里。这些标记在数据包进入虚拟局域网的某一个交换机端口时被加上，从虚拟局域网的另一个端口出去时被删除。

根据虚拟局域网的端口类型来决定是给帧加入还是删除标记。虚拟局域网的端口类型分为 Access 链路类型端口、Trunk 链路类型端口、Hybrid 链路类型端口三大类。

（1）Access 链路类型端口。只允许默认的 VLAN 以太网帧通过，而端口默认的 VLAN 即是端口所属的 VLAN。此类型的端口在接收到以太网帧后打上 VLAN 标签，转发出口时剥离对应的 VLAN 标签，如图 6-2-1 所示，对于主机来说完全透明，通常用来连接终端主机、路由器等设备。

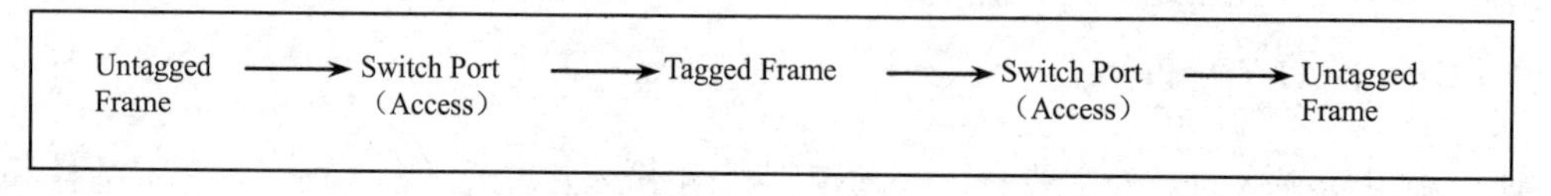

图 6-2-1　交换机访问端口 VLAN 标记

（2）Trunk 链路类型端口。当 VLAN 跨越交换机时，需要交换机之间传递带有 802.1Q 的以太网数据帧时，不对 VLAN 进行标签剥离的操作端口为 Trunk 端口。该类型的端口跨越接收和发送多个 VLAN 的数据帧，且在接收和发送的过程中不对帧中标签进行任何操作，但默认 VLAN 需要剥离标签（根据 PVID 而定），通常连接交换机之间的端口设置为 Trunk 端口，如图 6-2-2 所示。

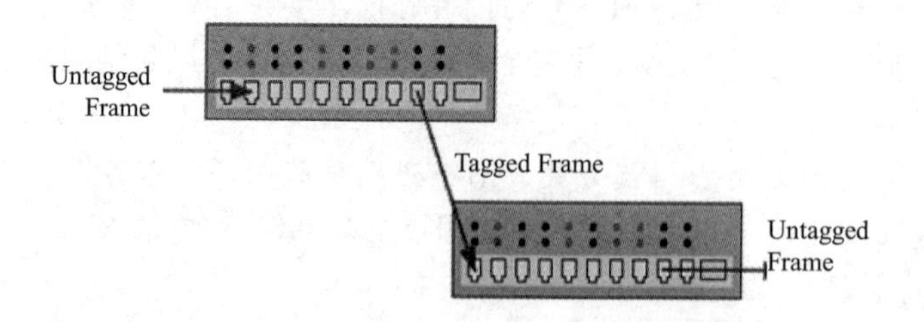

图 6-2-2　Trunk 链路类型端口 VLAN 标记

（3）Hybrid 链路类型端口。该类型端口可以接收和发送多个带有 VLAN 标签的数据帧，同时还可以对任何 VLAN 帧的标签进行剥离。它与 Trunk 端口的最大区别是：Trunk 端口只允许缺省 VLAN 的以太网帧不带标签，而 Hybrid 端口允许多个 VLAN 的以太网帧不带标签。

2. VLAN 中的标记技术

每一个虚拟局域网标记帧包含指明自身所属虚拟局域网的字段。有两种主要的虚拟局域网标记格式，分别是 Cisco 公司的 ISL 格式和标准的 IEEE 802.1Q 格式。

（1）Cisco ISL。ISL 格式是 Cisco 公司私有虚拟局域网标记格式。在使用的时候，虚拟局域网标记在每个帧的头部增加 26 字节信息，在帧尾部附加 4 字节 CRC。ISL 标记的格式如图 6-2-3 所示。

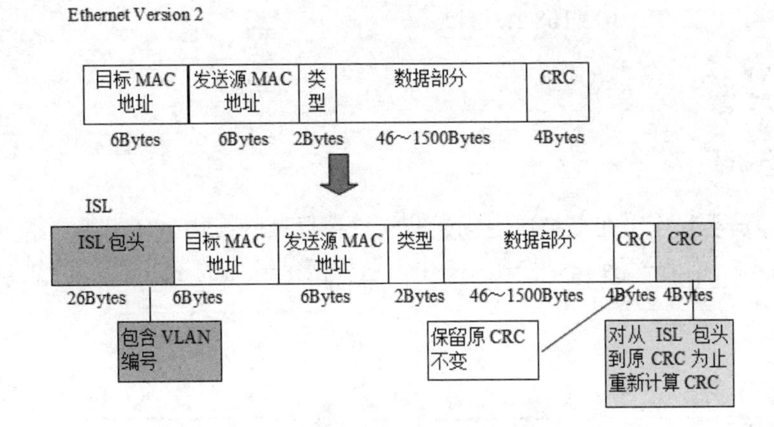

图 6-2-3　Cisco ISL 格式

（2）IEEE 802.1Q 标准的标记。ISL 是 Cisco 公司的私有格式，而 IEEE 802.1Q 是 IEEE 的标准格式。IEEE 802.1Q 标准允许虚拟局域网标记帧可以在不同厂家的交换机之间传递。IEEE 802.1Q 标记比 ISL 标记包含的域更少，是插入帧而不是放入帧头。IEEE 802.1Q 标记的格式如图 6-2-4 所示。

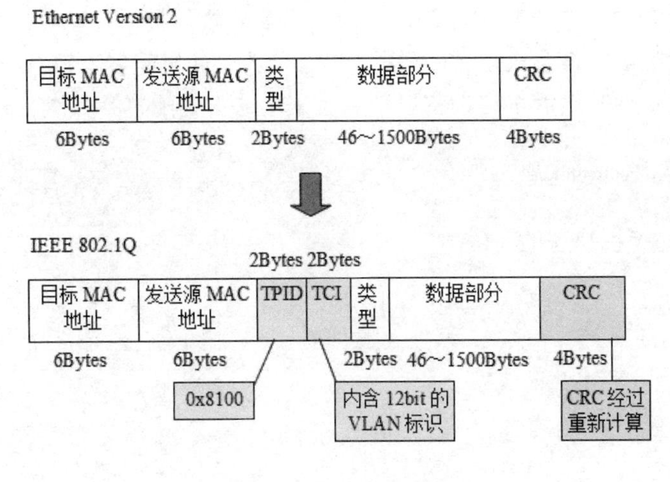

图 6-2-4　IEEE 802.1Q 格式

6.3 配置 VLAN

财务处的 PC1 和教务处的 PC2 分别连接在楼层一的 H3C S3610 交换机的 E0/4/3 和 E0/4/6 端口上，为了保证两个部门的 PC 间相互独立，网络管理员小张该如何进行操作配置？（PC1 IP：192.168.1.2/24；PC2 IP：192.168.1.3/24）

6.3.1 创建 VLAN

【任务分析】

网络管理员小张可以在交换机上创建若干虚拟局域网（VLAN），将连接 PC1 和 PC2 的 E0/4/3 和 E0/4/6 端口分配到不同 VLAN 中，这样两个部门的 PC 间互不影响。任务拓扑如图 6-3-1 所示。

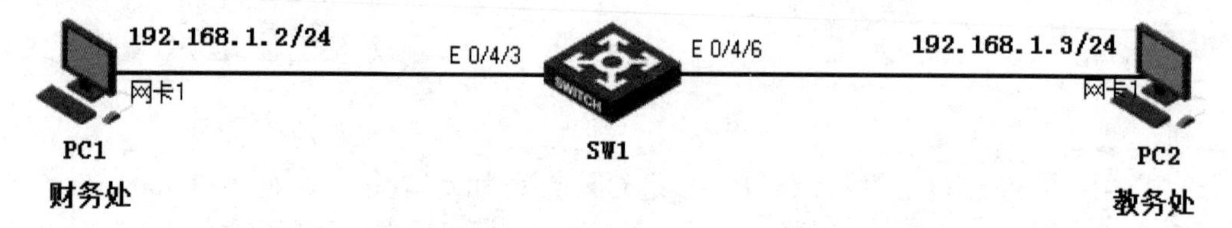

图 6-3-1　创建 VLAN 网络拓扑

【任务操作步骤】

（1）按照图 6-3-1 建立物理连接，并检查设备的软件版本及配置信息（Comware 5.20），确保各设备软件版本符合要求，所有配置为初始状态。如果配置不符合要求，请用以下命令擦除设备中的配置文件，然后重启设备以使系统采用缺省的配置参数进行初始化。

```
<SW1>display version
<SW1>reset saved-configuration
<SW1>reboot
```

（2）查看交换机缺省的 VLAN

```
<SW1>system-view
[SW1]display vlan                //查看交换机上的 VLAN 情况
Total 1 VLAN exist(s).
 The following VLANs exist:
  1(default)
[SW1]display vlan 1              //查看交换机上的 VLAN 1 的情况
 VLAN ID: 1
 VLAN Type: static
 Route Interface: not configured
 Description: VLAN 0001
```

```
Name: VLAN 0001
Broadcast MAX-ratio: 100%
Tagged Ports: none
Untagged Ports:
   Ethernet0/4/0          Ethernet0/4/1          Ethernet0/4/2
   Ethernet0/4/3          Ethernet0/4/4          Ethernet0/4/5
   Ethernet0/4/6          Ethernet0/4/7
```

（3）配置 VLAN 并添加端口

```
[SW1]vlan 2                              //创建 VLAN 2
[SW1-vlan2]port Ethernet 0/4/3           //将端口 E0/4/3 添加到 VLAN 2 中
[SW1-vlan2]quit
[SW1]vlan 3                              //创建 VLAN 3
[SW1-vlan3]port Ethernet 0/4/6           //将端口 E0/4/6 添加到 VLAN 3 中
[SW1-vlan3]quit
```

（4）再次查看交换机上的 VLAN 情况

```
[SW1]display vlan                   //查看交换机上的 VLAN 情况
 Total 3 VLAN exist(s).
 The following VLANs exist:
  1(default), 2-3,
 [SW1]display vlan 2                //查看交换机上的 VLAN 2 的情况
 [SW1]display vlan 3                //查看交换机上的 VLAN 3 的情况
```

（5）测试 PC1 与 PC2 之间的连通情况

在 PC1 上配置 IP 地址为 192.168.1.2/24，PC2 上配置 IP 地址为 192.168.1.3/24，如图 6-3-2 所示；并测试 PC1 与 PC2 的连通性，结果显示 Ping 不通，无法进行通信，如图 6-3-3 所示。

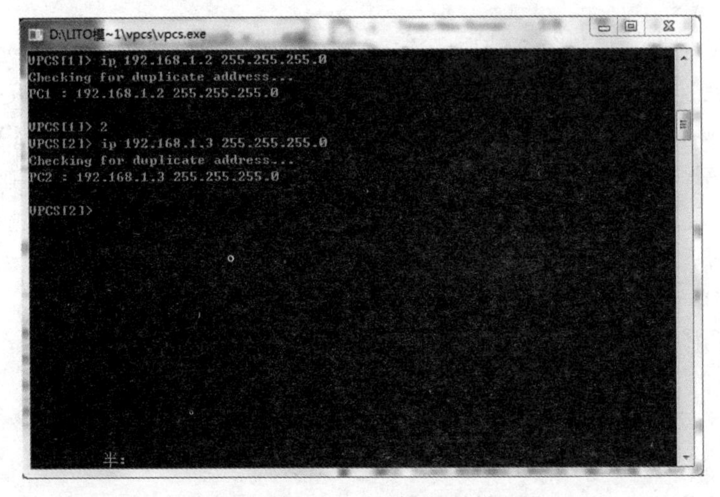

图 6-3-2　PC1、PC2 的 IP 地址配置

6.3.2　VLAN 的类型

根据虚拟局域网在交换机上的实现方法，可以将其大致划分为两类。

1. 静态 VLAN

静态 VLAN 就是确定交换机各个端口所属 VLAN 的设定方法，通常称为基于端口的 VLAN。

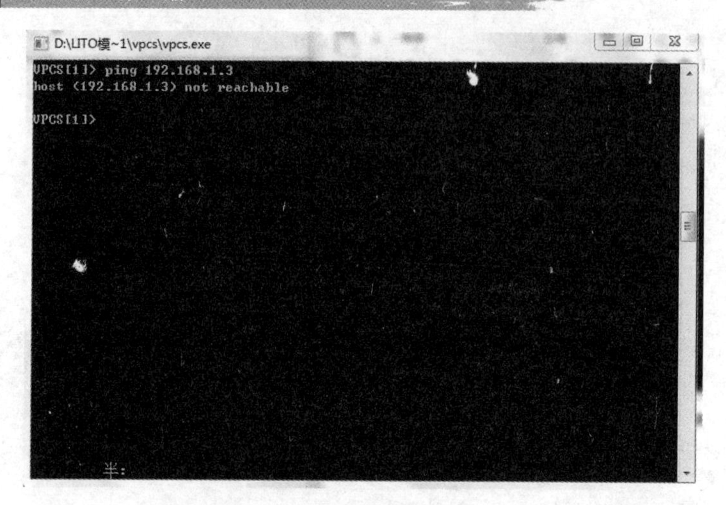

图 6-3-3　测试 PC1 与 PC2 的连通情况

这是目前最常用的一种虚拟局域网划分方法，应用最为广泛、最有效。目前绝大多数支持虚拟局域网协议的交换机都提供这种虚拟局域网配置方法。这种划分虚拟局域网的方法是将以太网交换机的交换端口分组，每一组定义为一个 VLAN，属于同一个 VLAN 的端口可来自一台交换机，也可来自多台交换机。

其优点是定义虚拟局域网成员时非常简单，只要将所有的端口都定义为相应的虚拟局域网组即可。它的缺点是需要一个一个端口设置 VLAN，当需要设定的端口数目较多，工作量会比较大，通常适合网络拓扑结构不是经常变动的情况。

2. 动态 VLAN

动态 VLAN 根据交换机每个端口所连接的 PC，动态设置端口所属 VLAN 的方法。动态 VLAN 通常可分为基于 MAC 地址的 VLAN、基于子网的 VLAN 和基于协议的 VLAN。

（1）基于 MAC 地址的 VLAN。根据交换机端口所连接的 PC 网卡的 MAC 地址来决定该端口所属的 VLAN。这种情况下，端口所属 VLAN 不是预先固定的，而是由它所连接 PC 的 MAC 地址来确定的。例如，PCA 连接在交换机 E0/4/2 端口上，PCA 的 MAC 地址为“00-11-22-33-44-55”，若其 MAC 地址被设置为属于 VLAN 3，则 PCA 不论连接在交换机的哪个端口，该端口都会被自动划分到 VLAN 3。

其优点是当用户物理位置移动时，虚拟局域网不用重新配置，因为它是基于用户而不是基于交换机端口的。缺点是配置工作量非常大，适用于小型局域网。

（2）基于子网的 VLAN。基于子网的 VLAN，是根据交换机端口所连接网络设备的 IP 地址，来决定该端口所属 VLAN。

（3）基于协议的 VLAN。基于协议的 VLAN，是根据交换机端口接收到的报文所属的协议类型来给报文分配不同的 VLAN ID，通常用来划分 VLAN 的协议族有 IP、IPX，但实际应用比较少，因为目前主机大多数都运行 IP 协议，运行其他的协议较少。

6.3.3　VLAN 的配置

1. VLAN ID

每一个 VLAN 有一个标识号，叫 VLAN ID，VLAN ID 唯一标识一个 VLAN，如 VLAN 2、

VLAN 3 等。VLAN ID 的范围根据交换机的不同也有所区别。

H3C 交换机上 VLAN ID 在 IEEE 802.1Q 帧格式中占有 12 比特，共有 4096 个，但 VLAN 1 是交换机默认创建和管理的 VLAN，不能被创建、重命名和删除，常用的 VLAN 仅有 4094 个。

2. 创建 VLAN 的主要步骤

通常情况下，虚拟局域网配置过程分为两个步骤：①创建虚拟局域网；②根据实际网络环境，将端口划分到相应的虚拟局域网中。

（1）创建虚拟局域网

```
[SW1]vlan 3        //在系统视图下创建 VLAN 3
```

（2）将相应端口划入需要的虚拟局域网

```
[SW1-vlan3] port Ethernet 0/4/3     //在 VLNA 视图下将端口 E0/4/3 加入到 VLAN 3 中去
```

3. 相关配置命令详解

（1）VLAN 的创建

命令：创建 VLAN 命令：vlan <vlan-id>

删除 VLAN 命令：undo vlan <vlan-id>

功能：创建 VLAN 并且进入 VLAN 配置模式，在 VLAN 配置模式中，用户可以配置 VLAN 名称和为该 VLAN 分配交换机端口。

命令模式：系统视图模式下。

举例说明：先创建 VLAN 3，然后删除 VLAN 3。

```
[SW1]vlan 3
[SW1]undo vlan 3
```

（2）Trunk 端口的配置

- 命令：port link-type trunk

  功能：将指定端口的链路类型配置为 Trunk 类型。

  命令模式：以太网接口视图下。

  举例说明：将 E0/4/3 端口配置成 Trunk 类型。

```
[SW1-Ethernet0/4/3]port link-type trunk
```

- 命令：port trunk permit vlan {vlan-id-list|all}

  功能：允许哪些 VLAN 帧能够通过当前 Trunk 端口。

  命令模式：以太网接口视图下。

  举例说明：将 E0/4/3 端口配置成 Trunk 类型，并允许 VLAN 10 20 通过

```
[SW1-Ethernet0/4/3]port link-type trunk
[SW1-Ethernet0/4/3]port trunk permit vlan 10 20
```

（3）Hybrid 端口的配置

- 命令：port link-type hybrid

  功能：将指定端口的链路类型配置为 hybrid 类型。

  命令模式：以太网接口视图下。

  举例说明：将 E0/4/6 端口配置成 Trunk 类型。

```
[SW1-Ethernet0/4/6]port link-type hybrid
```

- 命令：port hybrid vlan vlan-id-list {tagged|untagged}

  功能：允许哪些 VLAN 帧能够通过当前 hybrid 端口，并指定是否剥离标签。

命令模式：以太网接口视图下。

举例说明：将 E0/4/6 端口配置成 hybrid 类型，并允许 VLAN 10 20 不带标签通过。

```
[SW1-Ethernet0/4/6]port link-type hybrid
[SW1-Ethernet0/4/6]port hybrid vlan 10 20 untagged
```

附注：Trunk 端口不能直接被设置为 Hybrid 端口，只能先设成 Access 端口，再设置成 Hybrid 端口。

6.4 配置 VLAN Trunk

财务处的PC1和教务处的PC2连接在楼层一H3C S3610交换机的E0/4/0和E0/4/1端口上，分别属于 VLAN 2 和 VLAN 3。财务处的 PC3 和教务处的 PC4 连接在楼层二的 H3C S3610 交换机的 E0/4/0 和 E0/4/1 端口，分别属于 VLAN 2 和 VLAN 3。并且楼层一交换机的 E0/4/6 端口与楼层二交换机的 E0/4/6 端口用一根直连双绞线连接起来。为了保证分别处于两台交换机下的财务处主机间通信或教务处主机间通信，网络管理员小张该如何进行操作配置？（PC1 IP：192.168.1.11/24；PC2 IP：192.168.1.12/24；PC3 IP：192.168.1.13/24；PC4 IP：192.168.1.14/24）

【任务分析】

分别配置 SW1 的 E0/4/6 端口和 SW2 的 E0/4/6 端口为 Trunk 类型端口，从而形成一条 Trunk 链路，保证不同 VLAN 数据通过，实现两台交换机下同一个 VLAN 下主机间的通信。任务拓扑如图 6-4-1 所示。

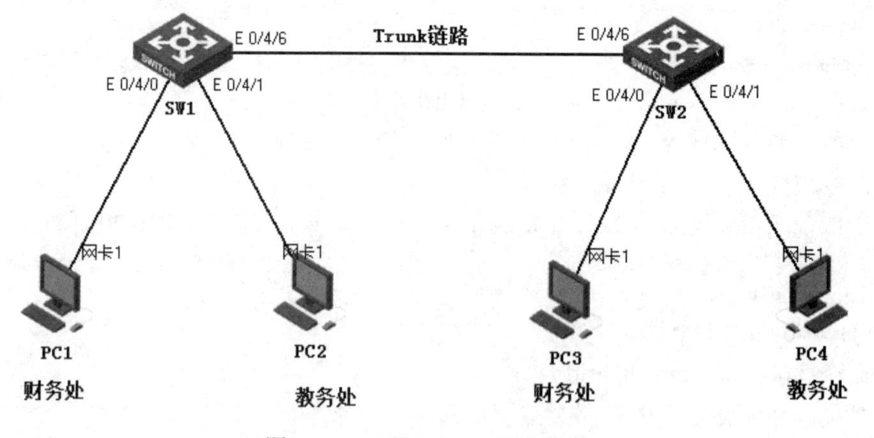

图 6-4-1　VLAN Trunk 网络拓扑

【任务操作步骤】

（1）按照图 6-4-1 建立物理连接，并检查设备的软件版本及配置信息（Comware 5.20），确保各设备软件版本符合要求，所有配置为初始状态。如果配置不符合要求，请用以下命令擦除设备中的配置文件，然后重启设备以使系统采用缺省的配置参数进行初始化。

```
<SW1>display version
<SW1>reset saved-configuration
<SW1>reboot
```

（2）配置 VLAN 并添加端口

- SW1 的配置

```
<SW1>system-view
[SW1]vlan 2
[SW1-vlan2]port Ethernet 0/4/0
[SW1-vlan2]quit
[SW1]vlan 3
[SW1-vlan3]port Ethernet 0/4/1
[SW1-vlan3]quit
```

- SW2 的配置

```
<SW2>system-view
[SW2]vlan 2
[SW2-vlan2]port Ethernet 0/4/0
[SW2-vlan2]quit
[SW2]vlan 3
[SW2-vlan3]port Ethernet 0/4/1
[SW2-vlan3]quit
```

（3）配置 Trunk 链路端口

- SW1 的配置

```
[SW1]interface Ethernet 0/4/6
[SW1-Ethernet0/4/6]port link-type trunk
[SW1-Ethernet0/4/6]port trunk permit vlan 2 3
```

- SW2 的配置

```
[SW2]interface Ethernet 0/4/6
[SW2-Ethernet0/4/6]port link-type trunk
[SW2-Ethernet0/4/6]port trunk permit vlan 2 3
```

（4）配置 PC 机的 IP 地址

配置主机 PC1、PC2、PC3、PC4 的 IP 地址，如图 6-4-2 所示。

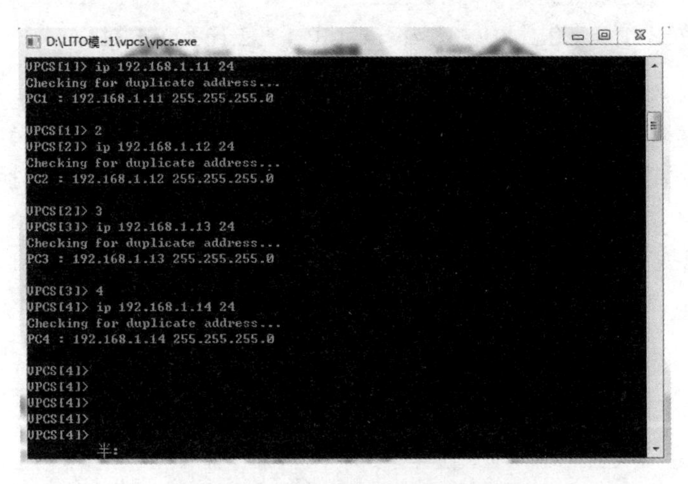

图 6-4-2　各 PC 主机的 IP 地址配置

（5）VLAN 隔离测试

在财务处的 PC1 上 Ping PC3 的 IP 地址 192.168.1.13，结果显示可以 Ping 通。

在教务处的 PC2 上 Ping PC4 的 IP 地址 192.168.1.14，结果显示可以 Ping 通。

知识链接

所谓 Trunk，是用来在不同的交换机之间进行连接，以保证在跨越多个交换机上建立的同一个虚拟局域网的成员之间能够互相通信，其中交换机之间互连的端口就称为 Trunk 端口。

VLAN 交换机的主要特点是能够在单个交换机内部或多个交换机之间支持多个独立的 VLAN。在交换机之间扩展 VLAN 的情况下，如果不使用 Trunk（干线），若要使两台交换机之间的多个 VLAN 可以相互通信，需要在两台交换机间连接多条线缆，通过这种方式实现 VLAN 跨交换机的通信，不仅浪费线缆，增加工程的难度和费用，还会造成交换机端口的浪费。我们可以通过在两台交换机间的一根线缆上传输多个 VLAN 的信息，这根线缆称为 Trunk 链路，可以传输多个 VLAN 的信息。

6.5 配置 GVRP

位于楼层 2 的网管中心 H3C S3610 交换机的 E0/4/0、E0/4/1 端口分别与办公楼的楼层 1 和楼层 3 的两台 H3C S3610 交换机的 E0/4/6 端口相连。财务处 PC1 连接在楼层 1 交换机的 E0/4/0 端口，PC3 连接在楼层 3 交换机的 E0/4/0 端口；教务处 PC2 连接在楼层 1 交换机的 E0/4/1 端口，PC4 连接在楼层 3 交换机的 E0/4/1 端口。要求财务处 PC 之间能够通信，教务处 PC 之间能够通信，但两个部门 PC 间不能通信。在划分 VLAN 和配置 VLAN Trunk 的基础之上，网络管理员小张该如何更加快捷方便地实现上述要求？（PC1 IP：192.168.1.11/24；PC2 IP：192.168.1.12/24；PC3 IP：192.168.1.13/24；PC4 IP：192.168.1.14/24）

【任务分析】

网络管理员小张可以通过 VLAN 动态注册技术快捷地解决问题。将交换机 SW1、SW2、SW3 都开启 GVRP 功能，并在交换机之间连接的各个端口上也分别开启端口的 GVRP 功能，这样网管中心的交换机及其他交换机都会动态学习到其他交换机上的 VLAN 信息，以便进行后续的 VLAN 信息传播。方便了网络管理员的工作，优化了网管员的管理。任务拓扑如图 6-5-1 所示。

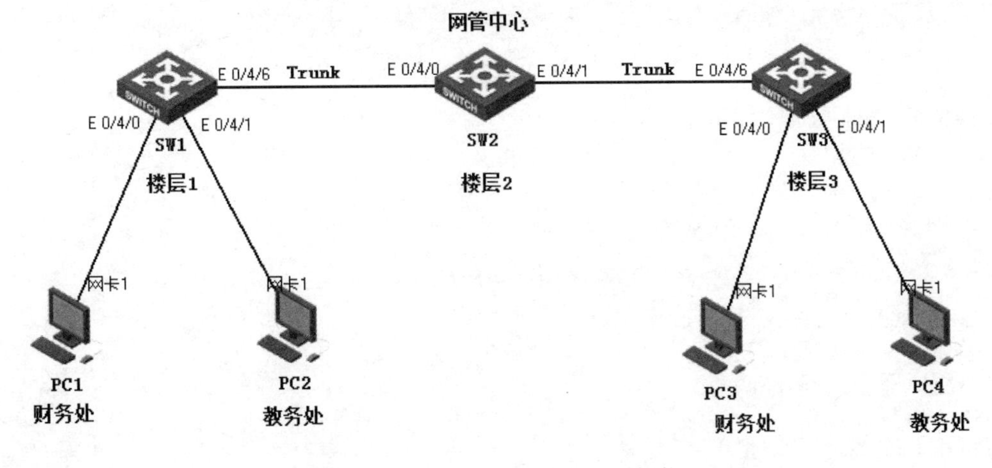

图 6-5-1 VLAN 动态注册配置拓扑

【任务操作步骤】

（1）按照图 6-5-1 建立物理连接，并检查设备的软件版本及配置信息（Comware 5.20），确保各设备软件版本符合要求，所有配置为初始状态。如果配置不符合要求，请用以下命令擦除设备中的配置文件，然后重启设备以使系统采用缺省的配置参数进行初始化。

```
<SW1>display version
<SW1>reset saved-configuration
<SW1>reboot
```

（2）配置 VLAN 并添加端口

- SW1 的配置

```
<SW1>system-view
[SW1]gvrp                    //开启全局 GVRP 功能
[SW1]vlan 2
[SW1-vlan2]port Ethernet 0/4/0
[SW1-vlan2]quit
[SW1]vlan 3
[SW1-vlan3]port Ethernet 0/4/1
[SW1-vlan3]quit
[SW1]interface Ethernet 0/4/6
[SW1-Ethernet0/4/6]port link-type trunk          //设置端口为 Trunk 链路类型
[SW1-Ethernet0/4/6]port trunk permit vlan 2 3    //设置 Trunk 链路允许通过的 VLAN
[SW1-Ethernet0/4/6]gvrp                          //开启端口 GVRP 功能
[SW1-Ethernet0/4/6]quit
```

- SW2 的配置

```
<SW2>system-view
[SW2]gvrp                                        //开启全局 GVRP 功能
[SW2]interface Ethernet 0/4/0
[SW2-Ethernet0/4/0]port link-type trunk          //设置端口为 Trunk 链路类型
[SW2-Ethernet0/4/0]port trunk permit vlan 2 3    //设置 Trunk 链路允许通过的 VLAN
[SW2-Ethernet0/4/0]gvrp                          //开启端口 GVRP 功能
[SW2-Ethernet0/4/0]quit
[SW2]interface Ethernet 0/4/1
```

```
[SW2-Ethernet0/4/1]port link-type trunk
[SW2-Ethernet0/4/1]port trunk permit vlan 2 3
[SW2-Ethernet0/4/1]gvrp                              //开启端口 GVRP 功能
[SW2-Ethernet0/4/1]quit
```

- SW3 的配置

```
<SW3>system-view
[SW3]gvrp                   //开启全局 GVRP 功能
[SW3]vlan 2
[SW3-vlan2]port Ethernet 0/4/0
[SW3-vlan2]quit
[SW3]vlan 3
[SW3-vlan3]port Ethernet 0/4/1
[SW3-vlan3]quit
[SW3]interface Ethernet 0/4/6
[SW3-Ethernet0/4/6]port link-type trunk          //设置端口为 Trunk 链路类型
[SW3-Ethernet0/4/6]port trunk permit vlan 2 3    //设置 Trunk 链路允许通过的 VLAN
[SW3-Ethernet0/4/6]gvrp                          //开启端口 GVRP 功能
[SW3-Ethernet0/4/6]quit
```

（3）配置各主机 PC 的 IP 地址。

PC1：192.168.1.11　255.255.255.0

PC2：192.168.1.12　255.255.255.0

PC3：192.168.1.13　255.255.255.0

PC4：192.168.1.14　255.255.255.0

（4）测试结果

在财务处的 PC1 上 Ping PC3 的 IP 地址 192.168.1.13，结果显示可以 Ping 通。

在教务处的 PC2 上 Ping PC4 的 IP 地址 192.168.1.14，结果显示可以 Ping 通。

知识链接

GVRP（GARP VLAN Registration Protocol，GARP VLAN 注册协议）是 GARP（Generic Attribute Registration Protocol，通用属性注册协议）的主要应用之一，其协议机制完全和 GARP 一样，只不过是定义了自己独有的属性和语义、语法、帧封装等，而 GVRP 的属性为 VLAN ID 信息。

设备开启了 GVRP 功能之后，能够接收来自其他设备的 VLAN 注册信息，并能够动态更新自身本地的 VLAN 注册信息，包括当前的 VLAN 成员，以及这些成员可以通过哪个端口到达等。同时，设备自身也能够将自身本地的 VLAN 注册信息向其他设备传播，以便同一个局域网内部所有设备的 VLAN 信息达成一致。

GVRP 传播的 VLAN 注册信息既有本地手动配置的静态注册信息，同时也包括来自其他设备的动态注册信息。

Ⅰ．GVRP 的端口注册模式

通常 GVRP 的端口注册模式有以下三种。

（1）Normal 模式：允许该端口动态注册或注销 VLAN，可以传播动态 VLAN 以及静态 VLAN 信息。默认情况下，GVRP 的端口注册模式为 Normal 模式。

（2）Fixed 模式：禁止该端口动态注册或注销 VLAN，仅仅传播静态 VLAN 信息，不能传播动态 VLAN 信息。换句话说，如果某个交换机的端口被设置成 Fixed 模式的 Trunk 端口，即使允许所有的 VLAN 通过，但实际通过该端口的 VLAN 也只是手动配置的静态 VLAN。

（3）Forbidden 模式：禁止该端口动态注册或注销 VLAN，不传播除了 VLAN 1 之外的所有的 VLAN 信息。换句话说如果某个交换机的端口被设置成 Forbidden 模式的 Trunk 端口，即使允许所有的 VLAN 通过，但实际通过该端口的 VLAN 也只有 VLAN 1。

Ⅱ. GVRP 的基本配置命令

（1）系统视图下开启交换机的全局 GVRP 功能，配置命令为：gvrp。

（2）端口视图下开启交换机的端口 GVRP 功能，配置命令为：gvrp。

（3）端口视图下配置交换机的 GVRP 的三种注册模式，配置命令为：gvrp registration {fixed|forbidden|normal}

附注：交换机的全局 GVRP 功能和端口的 GVRP 功能同时开启，才能够动态地更新自身的 VLAN 注册信息。

6.6 VLAN 间路由

【任务 1】 教务处的 PC1 和信息系的 PC2 分别连接在一台 H3C S3610 交换机的 E0/4/0 和 E0/4/1 端口上，之前为了保证两个部门 PC 间相互独立，网络管理员小张在交换机上创建了 VLAN 2 和 VLAN 3，分别将 PC1 加入 VLAN 2，PC2 加入 VLAN 3。但如今两个部门主机需要相互通信完成工作，小张该如何进行操作配置呢？（PC1 IP：192.168.1.1/24；PC2 IP：192.168.2.1/24）

【任务 2】 教务处的 PC1、信息系的 PC2 和管理系的 PC3 分别连接在一台 H3C S3610 交换机的 E0/4/0、E0/4/1 和 E0/4/2 端口上，之前为了保证三个部门 PC 间相互独立，网络管理员小张在交换机上创建了 VLAN 2、VLAN 3 和 VLAN 4，分别将 PC1 加入 VLAN 2，PC2 加入 VLAN 3，PC3 加入 VLAN 4。但如今三个部门主机之间需要相互通信完成工作，小张又该如何进行操作配置呢？（PC1 IP：192.168.1.1/24；PC2 IP：192.168.2.1/24；PC3 IP：192.168.3.1/24）

【任务 3】 教务处的 PC1 和信息系的 PC2、管理系的 PC3 分别连接在一台 H3C S3610 三层交换机的 E0/4/0 和 E0/4/1、E0/4/2 的端口上，教务处 PC1 处于 VLAN 2，信息系 PC2 处于 VLAN 3，管理系 PC3 处于 VLAN 4，现在需要三个部门之间相互通信完成工作，小张该如何进行操作配置呢？（PC1 IP：192.168.1.1/24；PC2 IP：192.168.2.1/24；PC3 IP：192.168.3.1/24）

6.6.1 VLAN 间路由介绍

在交换机上划分 VLAN 之后，不同 VLAN 间的计算机就无法进行通信，VLAN 间的通信需要第三层设备（即网络层设备），我们可以使用路由器来实现这个功能，有基于物理接口和基于子接口技术两种方法，通常会采用后者来实现，基于子接口技术我们亦称为单臂路由技术。但是实际上，VLAN 间路由大多是通过三层交换机实现的，三层交换机就是具有部分路由器功能的交换机，三层交换机最重要的目的是加快大型局域网内部的数据交换。

6.6.2　基于物理接口的 VLAN 间路由

两台 PC 连接在同一台交换机上，但是处于不同的 VLAN，两台 PC 间是不能互相通信的，必须使用三层网络设备（路由器或三层交换机）才能实现它们的通信，可以在每个 VLAN 上将属于该 VLAN 的一个以太网端口与路由器的一个以太网端口相连，并对路由器的以太网端口配置 IP 地址，不同 VLAN 上 PC 机的网关设置为其 VLAN 相对应的路由器以太网端口的 IP 地址。但是需要注意的是，如果要实现 N 个 VLAN 间 PC 主机的通信，则路由器需要有 N 个以太网端口，同时也占用 N 个交换机上的以太网端口。这在实际环境中并不可行。

【任务 1 分析】

网络管理员小张添加了一台 H3C MSR 系列路由器，并将路由器上以太网端口 G0/0/0 和 G0/0/1 分别与交换机上的 E0/4/2 和 E0/4/3 相连。在交换机上将 E0/4/0 加入 VLAN2，E0/4/3 加入 VLAN3。在路由器上配置 G0/0/0 端口的 IP 地址是 192.168.1.254/24，G0/0/1 端口的 IP 地址是 192.168.2.254/24。将 PC1 网关设置为路由器 G0/0/0 的 IP 地址，将 PC2 网关设置为路由器 G0/0/1 的 IP 地址。任务一拓扑如图 6-6-1 所示。

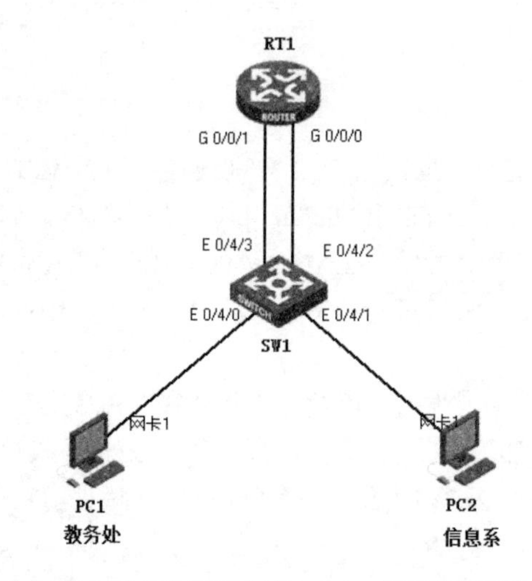

图 6-6-1　基于物理接口的 VLAN 间路由网络拓扑

【任务操作步骤】

（1）按照图 6-6-1 建立物理连接，并检查设备的软件版本及配置信息（Comware 5.20），确保各设备软件版本符合要求，所有配置为初始状态。

（2）交换机 SW1 的配置

```
<SW1>system-view
[SW1]vlan 2
[SW1-vlan2]port Ethernet 0/4/0
[SW1-vlan2]port Ethernet 0/4/2
[SW1-vlan2]quit
[SW1]vlan 3
[SW1-vlan3]port Ethernet 0/4/1
```

```
[SW1-vlan3]port Ethernet 0/4/3
[SW1-vlan3]quit
```

（3）路由器 RT1 的配置

```
<RT1>system-view
[RT1]interface GigabitEthernet 0/0/0
[RT1-GigabitEthernet0/0/0]ip address 192.168.1.254 255.255.255.0
[RT1-GigabitEthernet0/0/0]quit
[RT1]interface GigabitEthernet 0/0/1
[RT1-GigabitEthernet0/0/1]ip address 192.168.2.254 255.255.255.0
[RT1-GigabitEthernet0/0/1]quit
```

（4）各主机 PC 的 IP 地址的配置

教务处 PC1 的 IP 地址：192.168.1.1　255.255.255.0　192.168.1.254

信息系 PC2 的 IP 地址：192.168.2.1　255.255.255.0　192.168.2.254

（5）测试

在教务处的 PC1 上 Ping 信息系的 PC2 的 IP 地址 192.168.2.1，结果显示可以 Ping 通。

6.6.3 基于子接口的 VLAN 间路由

从 6.6.2 节的配置可以看到，如果使用路由器的物理端口连接交换机上不同 VLAN 的端口，那么交换机上配置多少个 VLAN，路由器就要有多少个物理端口与之连接，现实中一般不使用这种方式实现 VLAN 间路由。常用的方法是只需要使用路由器的一个以太网端口与交换机端口相连，交换机的这个端口配置成 Trunk 模式，然后在路由器上创建多个子接口和不同的 VLAN 连接，子接口是路由器物理接口上的逻辑接口。这种基于子接口的 VLAN 间路由我们又称之为“单臂路由”。

【任务 2 分析】

网络管理员添加一台 H3C MSR 系列路由器，并将路由器上以太网端口 G0/0/0 与交换机上 E0/4/6 端口相连。在交换机上将 E0/4/6 端口模式配置成 Trunk 模式。在路由器上的 G0/0/0 端口下配置三个子接口 G0/0/0.1、G0/0/0.2、G0/0/0.3，并为这三个子接口配置 IP 地址，G0/0/0.1 子接口的 IP 地址是 192.168.1.254/24，G0/0/0.2 子接口的 IP 地址是 192.168.2.254/24，G0/0/0.3 子接口的 IP 地址是 192.168.3.254/24。将 PC1 网关设置为 G0/0/0.1 的 IP 地址，将 PC2 网关设置为 G0/0/0.2 的 IP 地址，将 PC3 网关设置为 G0/0/0.3 的 IP 地址。任务二拓扑如图 6-6-2 所示。

【任务操作步骤】

（1）按照图 6-6-2 建立物理连接，并检查设备的软件版本及配置信息（Comware 5.20），确保各设备软件版本符合要求，所有配置为初始状态。

（2）交换机 SW1 的配置

```
<SW1>system-view
[SW1]vlan 2                          //创建 VLAN 2
[SW1-vlan2]port Ethernet 0/4/0       //向 VLAN 2 中加入端口 E0/4/0
[SW1-vlan2]vlan 3
[SW1-vlan3]port Ethernet 0/4/1
[SW1-vlan3]vlan 4
```

```
[SW1-vlan4]port Ethernet 0/4/2
[SW1-vlan4]quit
[SW1]interface Ethernet 0/4/6
[SW1-Ethernet0/4/6]port link-type trunk
[SW1-Ethernet0/4/6]port trunk permit vlan 2 3 4
[SW1-Ethernet0/4/6]quit
```

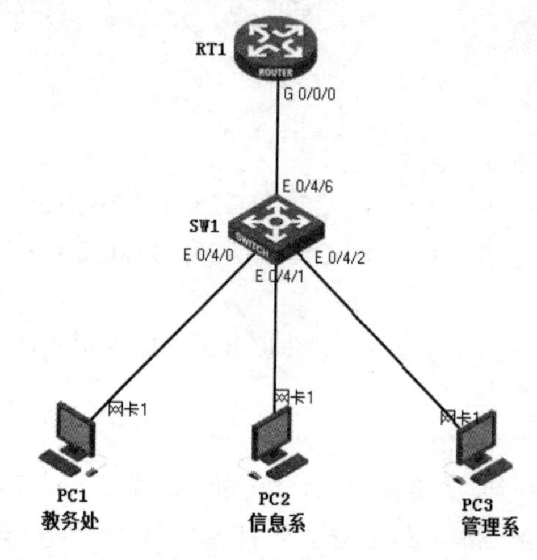

图 6-6-2　基于子接口的 VLAN 间路由网络拓扑

（3）路由器 RT1 的配置

```
<RT1>system-view
[RT1]interface GigabitEthernet 0/0/0.1                //配置路由器 G0/0/0 的子接口 1
[RT1-GigabitEthernet0/0/0.1]vlan-type dot1q vid 2  //配置对应的 VLAN 标签值 2
[RT1-GigabitEthernet0/0/0.1]ip address 192.168.1.254 255.255.255.0    //配置子接口 1 的 IP 地址
[RT1-GigabitEthernet0/0/0.1]quit
[RT1]interface GigabitEthernet 0/0/0.2                //配置路由器 G0/0/0 的子接口 2
[RT1-GigabitEthernet0/0/0.2]vlan-type dot1q vid 3  //配置对应的 VLAN 标签值 3
[RT1-GigabitEthernet0/0/0.2]ip address 192.168.2.254 255.255.255.0   //配置子接口 2 的 IP 地址
[RT1-GigabitEthernet0/0/0.2]quit
[RT1]interface GigabitEthernet 0/0/0.3                //配置路由器 G0/0/0 的子接口 3
[RT1-GigabitEthernet0/0/0.3]vlan-type dot1q vid 4  //配置对应的 VLAN 标签值 4
[RT1-GigabitEthernet0/0/0.3]ip address 192.168.3.254 255.255.255.0   //配置子接口 3 的 IP 地址
[RT1-GigabitEthernet0/0/0.3]quit
```

注意：子接口必须先封装协议然后再配置 IP 地址，不能颠倒次序。

（4）各主机 IP 地址和网关的配置

教务处 PC1：192.168.1.1　255.255.255.0　192.168.1.254

信息系 PC2：192.168.2.1　255.255.255.0　192.168.2.254

管理系 PC3：192.168.3.1　255.255.255.0　192.168.3.254

（5）测试

教务处的 PC1 主机 Ping 信息系的 PC2、管理系的 PC3，结果显示可以 Ping 通。

信息系的 PC2 主机 Ping 教务处的 PC1、管理系的 PC3，结果显示可以 Ping 通。

管理系的 PC3 主机 Ping 教务处的 PC1、信息系的 PC2，结果显示可以 Ping 通。

6.6.4 基于三层交换机的 VLAN 间路由

单臂路由实现 VLAN 间的路由时转发速率慢，而且需要昂贵的路由器设备。实际上，在局域网内部多采用三层交换。三层交换机通常采用硬件来实现路由，其路由数据包的转发速率是普通路由器的几倍。

从使用者的角度可以把三层交换机看成是二层交换机和路由器的组合，三层交换机可以和每个 VLAN 都有一个接口进行连接，接口的名称是 VLAN 1 或 VLAN 2 接口。在 VLAN 接口上配置 IP 地址，连接在不同 VLAN 的 PC 网关指向虚拟路由器的同名 VLAN 接口的 IP 地址。

【任务 3 分析】

网络管理员小张在三层交换机上将 E0/4/0 加入 VLAN 2，E0/4/1 加入 VLAN 3，E0/4/2 加入 VLAN 4。配置 VLAN 2 接口的 IP 地址为 192.168.1.254，VLAN 3 接口的 IP 地址为 192.168.2.254，VLAN 4 接口的 IP 地址为 192.168.3.254。将 PC1 网关设置为 VLAN 2 接口的 IP 地址；将 PC2 网关设置为 VLAN 3 接口的 IP 地址；将 PC3 网关设置为 VLAN 4 接口的 IP 地址。任务 3 拓扑如图 6-6-3 所示。

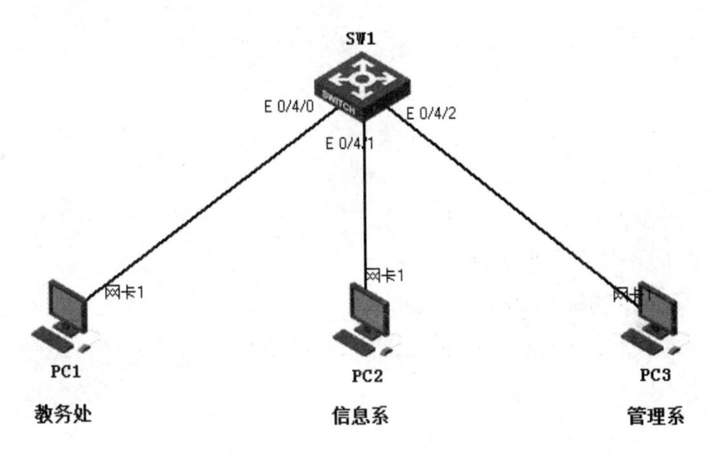

图 6-6-3 基于三层交换机的 VLAN 间路由网络拓扑

【任务操作步骤】

（1）按照图 6-6-3 建立物理连接，并检查设备的软件版本及配置信息（Comware 5.20），确保各设备软件版本符合要求，所有配置为初始状态。

（2）交换机 SW1 的配置

```
<SW1>system-view
[SW1]vlan 2
[SW1-vlan2]port Ethernet 0/4/0
[SW1-vlan2]vlan 3
[SW1-vlan3]port Ethernet 0/4/1
[SW1-vlan3]vlan 4
[SW1-vlan4]port Ethernet 0/4/2
[SW1-vlan4]quit
```

```
[SW1]interface vlan 2
[SW1-vlan-interface2]ip address 192.168.1.254 255.255.255.0
[SW1-vlan-interface2]quit
[SW1]interface vlan 3
[SW1-vlan-interface3]ip address 192.168.2.254 255.255.255.0
[SW1-vlan-interface3]quit
[SW1]interface vlan 4
[SW1-vlan-interface4]ip address 192.168.3.254 255.255.255.0
[SW1-vlan-interface4]quit
```

（3）各主机 IP 地址和网关的配置

教务处 PC1：192.168.1.1　255.255.255.0　192.168.1.254

信息系 PC2：192.168.2.1　255.255.255.0　192.168.2.254

管理系 PC3：192.168.3.1　255.255.255.0　192.168.3.254

（4）测试

教务处的 PC1 主机 Ping 信息系的 PC2、管理系的 PC3，结果显示可以 Ping 通。

信息系的 PC2 主机 Ping 教务处的 PC1、管理系的 PC3，结果显示可以 Ping 通。

管理系的 PC3 主机 Ping 教务处的 PC1、信息系的 PC2，结果显示可以 Ping 通。

习题六

一、填空题

1．一般情况下网络环境中的 VLAN 实现了__________的分割，但 VLAN 之间的互联和数据传输仍要借助于路由手段来实现。

2．默认时，交换机的端口属于 VLAN__________。

3．__________命令可以显示交换机上的 VLAN 信息，__________命令可以将某个端口加入到某一个 VLAN 中。

二、选择题

1．VLAN 编号最大是（　）个。

A．1024　　B．2048　　C．4096　　D．无限制

2．Access 端口在收到以太网帧后，需要进行（　）操作；把以太网帧从端口转发出去时，需要进行（　）操作。

A．添加标签，添加标签　　B．添加标签，剥离标签

C．剥离标签，剥离标签　　D．剥离标签，添加标签

3．默认情况下，交换机上所有的端口都属于 VLAN（　）。

A．0　　B．1　　C．1024　　D．4096

三、简答题

1．为什么要划分 VLAN？

2．简述 VLAN 的特点。

3．有几种划分 VLAN 的方法？

4．为什么需要 Trunk？常用的 Trunk 封装技术有哪些？

5．默认时，交换机之间的链路上会启用 Trunk 吗？如果会，采用什么封装？

6．交换机的三种端口类型是什么？不同端口类型各有什么特点？

7．VLAN 间通信要借助第几层的网络设备？

8．配置单臂路由的步骤主要有哪些？

9．什么是三层交换机？使用三层交换机实现 VLAN 间的路由有什么好处？

单元 7
创建虚拟专用网络

虚拟专用网（Virtual Private Network，VPN）能够让企业在互联网的基础上通过创建私有网络来提供信息传输的机密性和安全性保障。本单元我们将利用 Windows Server 2008 操作系统和 H3C 路由器来配置不同环境下的 VPN，实现远程客户的 VPN 接入。

- 使学生初步掌握 VPN 的概念、VPN 的类型与实现技术
- 使学生初步具备利用 Windows Server 2008 实现 PPTP VPN 的能力
- 使学生初步具备利用 Windows Server 2008 实现基于预共享密钥的 L2TP VPN 的能力
- 使学生初步具备利用 Windows Server 2008 实现基于证书的 L2TP VPN 的能力
- 使学生初步具备利用 H3C MSR 系列路由器实现 GRE VPN 的能力
- 使学生初步具备利用 H3C MSR 系列路由器实现 IPSec VPN 的能力

在开始学习这个单元内容之前，学生必须完成下列模块的学习，具备下列知识基础。

- 网络组建方案的设计能力
- 组建 Intranet 中服务器的创建与配置相关知识
- H3C 路由器基本配置

- VPN 概念、类型与实现技术

- PPTP VPN 的配置
- L2TP VPN 的配置
- GRE VPN 的配置
- IPSec VPN 的配置

现今许多企事业单位，都在使用计算机进行办公，单位信息化程度越来越高，很多业务也都是通过计算机网络完成的。因为安全等诸多因素，用于 OA 的服务器不可能发布到 Internet 上，如果单位的职工出差到外地，那他就不能通过 Internet 直接访问单位内网的服务器。为了解决这个问题，企业需要部署服务器，为出差的用户提供到内网的访问。试着为该企业设计方案并实施。

项目分析

经过与用户交流（可由教师扮演用户角色），确定通过 VPN 技术来部署网络，具体要求：

1. 保证外地出差员工能够通过 VPN 方式连接企业内网 OA 服务器。
2. 在保证外地出差员工 VPN 连接内网的基础上提高接入的安全级别。
3. 保证企业总部网络和分支机构网络主机之间通过 VPN 方式连接通信。
4. 在保证企业总部和分支机构网络连通的基础上提高连接的安全级别。
5. 设备要求。

（1）安装 Windows Server 2008 系统的服务器若干台。

（2）H3C MSR 系列路由器若干台。

其他设备综合考虑功能需求和经济性方面的要求。

1. 设计方案。
2. 购买设备。
3. Windows Server 2008 VPN 服务器配置。
4. VPN 客户端配置。
5. CA 证书服务器配置。
6. 路由器 GRE VPN 配置。
7. 路由器 IPSec VPN 配置。

7.1 VPN 概述

互联网是一个世界性的网络，由于其具有全球性，它已成为一种受欢迎的互联远程站点的方式。然而，Internet 是一个公共的网络，企业通过 Internet 来连接远程站点和传输数据，容易对企业内部网络构成安全威胁。企业可以通过 VPN 技术在互联网的基础上通过创建私有网络来提供机密性和安全性的保障。

7.1.1 VPN 的概念

虚拟专用网（Virtual Private Network，VPN）是一种新的组网技术。虚拟专用网实际上就是将 Internet 看成一种公共数据网（Public Data Network），这种公有网和 PSTN 网在数据传输上没有本质的区别。因为从用户角度来看，数据都被正确地传送到了目的地。相对地，企业在这种公共数据网上建立的用于传输企业内部信息的网络被称为私有网。至于“虚拟”，则主要是相对于现在企业 Intranet 的组建方式而言的。通常企业 Intranet 相距较远的各局域网都是用专用物理线路相连的，而虚拟专用网通过隧道技术提供 Internet 上的虚拟链路。

在 VPN 中，任意两个节点之间的连接没有专用网络所需的端到端的物理链路，而是利用公共网络资源动态组成的，是通过私有的隧道（Tunnel）技术在公共网络上仿真的一条端到端的虚拟专线，如图 7-1-1 所示。

图 7-1-1　虚拟专用网 VPN

VPN 提供了非常节省费用的组网方案，出差的员工可以利用包括便携式计算机在内的任何一台可以访问 Internet 的计算机，通过 VPN 隧道访问企业内部网络，企业内部可以对该用户进行授权、验证和审计；合作伙伴和分支机构也可以通过 VPN 组建专用网络，代替传统的昂贵的专线方式，而且具有同样的甚至更高的安全性。

7.1.2 VPN 的类型与应用

VPN 涉及的技术和概念比较多，应用的形式也很丰富，其分类方式也很多。不同类型的 VPN 侧重点也不同，有的注重访问的安全性，有的注重数据传输速度，有的注重成本投资。了解 VPN 的类型与应用是选择 VPN 实际应用方案的重要前提。

7.1.2.1　按照实现技术划分

按照 VPN 实现技术的不同，可以将其划分为基于隧道技术的 VPN、基于虚电路技术的 VPN 和 MPLS VPN，其中基于隧道技术的 VPN 最为常用。

1. 基于隧道技术的 VPN

隧道的目的是通过一种网络协议来传输另一种网络协议的数据单元，其主要是依靠网络隧道协议来实现。根据网络层次模型，隧道协议可以分为三大类：第二层隧道协议、第三层隧道协议和第四层隧道协议。

（1）第二层隧道协议。将数据链路层协议封装起来进行传输，可在多种网络（如 ATM、帧中继、IP 网络）中建立多协议 VPN，它可以将 IP、IPX、NetBEUI 和 AppleTalk 协议封装在 IP 包中传输。目前常用的是 PPTP 和 L2TP 协议。

PPTP（Point-to-Point Tunneling Protocol，点对点隧道协议）最大的优点是简单易用、兼容性好，适用于中小企业的简单 VPN 业务，但安全性较低。

L2TP（Layer 2 Tunneling Protocol，第二层隧道协议）已经成为事实上的远程访问 VPN 工业标准，可以同 IPSec 技术配合使用，以获得更高的安全性。

（2）第三层隧道协议。用于组建 IP-VPN，常用的协议是 IPSec。IPSec 工作在 IP 层，为 IP 层及其上层协议提供保护，对于用户和应用程序而言是完全透明的。这种隧道协议是在 IP 上进行的，因此不支持多协议。IPSec 为 Internet 传输提供最强的安全性能，非常适合于组建远程网络互联的 VPN。如果应用环境需要相对安全、保密的通道，网络流量有限，对业务实时性要求不高，应首选 IPSec 建立 VPN。

（3）第四层隧道协议。借助 SSL 安全协议架设 VPN。SSL VPN 除了可以提供基本的安全保护功能以外，还增加了访问控制机制，而客户端的操作也并不复杂，只需拥有支持 SSL 的浏览器即可。它是一种低成本、高安全性、简便易用的远程访问 VPN 解决方案，具备相当大的发展潜力。越来越多的公司将自己的应用转向 Web 平台，SSL VPN 会得到更为广泛的应用。

2. 基于虚电路技术的 VPN

虚电路 VPN 是指使用 ISP 的二层设备（如帧中继、ATM）建立点对点网络互联的技术。此类技术在协议层次上更靠近低层，可提供具有 QoS（服务质量）保证的业务，具有高带宽、低延迟、安全可靠等优势，不过也具有扩展性差的局限性，因为每个点对点网络互联都需要建立和管理相应的虚电路连接。目前最常用的是帧中继 VPN，最适合建立分支机构到总部的远程网络互联，不适合远程访问。如果业务实时性很强，需要 QoS 保证，要连接的局域网数量少，带宽要求不高，选择帧中继 VPN 最明智。

3. MPLS VPN

MPLS VPN 集隧道技术和路由技术于一身，并且继承了虚电路 VPN 的 QoS 保证等优点，具有极好的灵活性、扩展性，用户只需一条线路接入 MPLS 网络，便可以实现任何节点之间的直接通信，可以实现用户节点之间的星型、全网状以及其他任何形式的逻辑拓扑。

MPLS VPN 非常适合对 QoS、CoS（服务级别）、网络带宽、可靠性要求高的 VPN 业务，用于远程互联的大中型企业专用网络。MPLS VPN 不仅满足 VPN 用户对安全性的要求，还减少了网络运营商和用户方的工作量，便于实现三网融合，即在同一网络平台上实现基于 IP 的数据、语音和视频的远程通信。

7.1.2.2 按照应用范围划分

按照 VPN 应用范围的不同，VPN 可以分为三类，分别为：远程访问虚拟专用网（Access VPN，也叫 VPDN）、企业内部虚拟专用网（Intranet VPN）和扩展型企业内部虚拟专用网（Extranet VPN）。

1. 远程访问虚拟专用网

远程访问 VPN 又称 VPDN（Virtual Private Dialup Network），如图 7-1-2 所示。这种方式的 VPN 解决了出差员工在异地访问企业内部私有网的问题，提供了身份验证授权和计费的功能，出差员工和外地客户甚至不必拥有本地 ISP 的上网权限就可以访问企业内部资源，原因是客户端直接与企业内部建立了 VPN 隧道，这对于流动性很大的出差员工和分布广泛的客户来说是很有意义的。

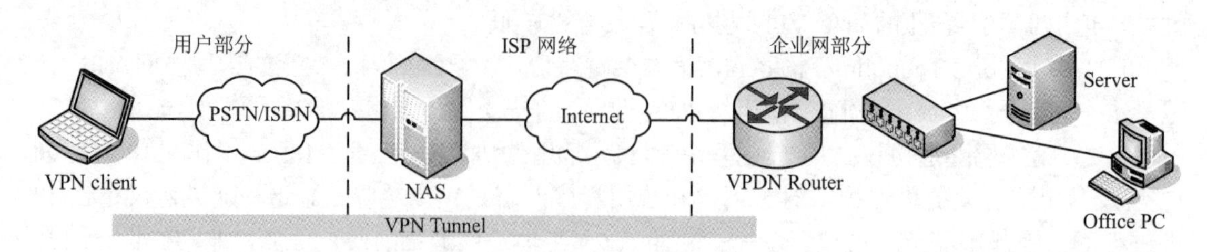

图 7-1-2 远程访问虚拟专用网

企业开设 VPN 服务所需的设备很少，只需在资源共享处放置一台支持 VPN 的服务器（Windows Server 2008、路由器或 ISA Server）就可以了，资源享用者通过 PSTN 连入所在地的 NAS（网络接入服务器）后直接呼叫企业的 VPN 路由器，呼叫的方式和拥有 PSTN 连接的呼叫方式完全是一样的，只需按当地的电话收费标准交付费用。当然也可以是 ADSL 的接入方式。

2. 企业内部虚拟专用网

Intranet VPN 是适用于大中型企业和其在不同地域上分布的机构相互通信所设置的网络，通过 Intranet 隧道，企业内部各个机构可以很好地交流信息，通过 Internet 在企业总部和国内国外的企业分支机构建立了虚拟私有网络，如图 7-1-3 所示。这种应用实质上是通过公用网络在各个路由器之间建立 VPN 连接来传输用户的私有网络数据。目前大多数的企业 VPN 都是这种情况。

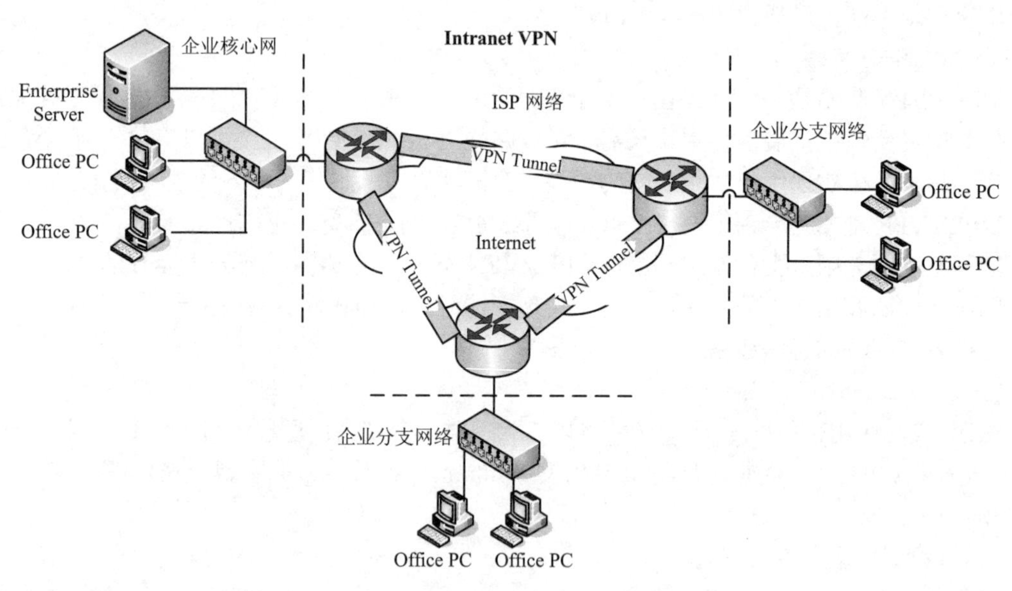

图 7-1-3 企业内部虚拟专用网

3. 扩展型企业内部虚拟专用网

这种情况和 Access VPN 在硬件结构上非常相似，如图 7-1-4 所示。不过客户端 PC 上不必进行任何关于 VPN 的配置，它所需要做的就是拨号上网连接到 NAS，而 VPN 隧道是由 NAS 来负责与企业内部的路由器建立完成的。

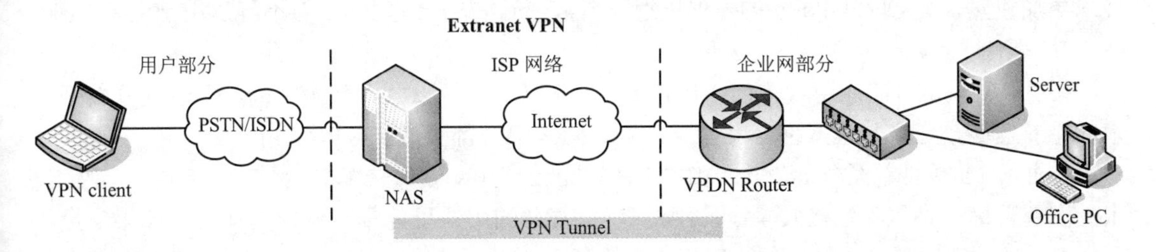

图 7-1-4　扩展型企业内部虚拟专用网

7.1.2.3　按照 VPN 网络结构划分

按照 VPN 网络结构的不同，可以划分为以下三种类型：

1. 基于 VPN 的远程访问

基于 VPN 的远程访问即单机连接到网络，又称点到站点，桌面到网络。用于提供远程移动用户对公司内部网的安全访问。

2. 基于 VPN 的网络互联

基于 VPN 的网络互联即网络连接到网络，又称站点到站点，网关（路由器）到网关（路由器）或网络到网络。用于企业总部网络和分支机构网络的内部主机之间的安全通信，还可用于企业的内部网与企业合作伙伴网络之间的信息交流。

3. 基于 VPN 的点对点通信

基于 VPN 的点对点通信即单机到单机的连接，用于在企业内部网的两台主机之间实现安全通信。

7.1.2.4　按照接入方式划分

按照 VPN 客户端接入 Internet 的方式不同，可以划分为以下两种类型：

1. 专线接入 VPN

专线接入 VPN 是指通过架设专用物理链路连接到 ISP，如 DDN、帧中继，接入 Internet 之后即可向服务器请求 VPN 连接。

2. 拨号接入 VPN

拨号接入 VPN 是指使用拨号连接（如模拟电话、ISDN 和 ADSL 等）连接到 ISP，进而实现 VPN 连接，这是典型的按需连接方式，适用于非固定客户端的用户。

7.1.2.5　按照实现方式划分

按照 VPN 实现方式的不同，可以分为软件 VPN 和硬件 VPN 两种类型。

1. 软件 VPN

软件 VPN 就是通过软件实现的 VPN 安全连接，专业的软件 VPN 产品不仅可以完全独立于 VPN 硬件设备之外，而且功能强劲、操作简便，更重要的是可以节省大部分投资，有些软件甚至完全免费。

VPN 软件通常采用客户端/服务器模式。其中 Windows Server 2003/2008 系统集成的 VPN 组件就是一款非常不错的 VPN 软件，在不增加任何成本的情况下就可以享受到安全、可靠的 VPN 连接。

目前，一些主流厂商的 VPN 软件安全性也有了很大的提高，如国内的联想网御、北京金万维等，产品价格均在千元左右，是广大中小用户的首选。国外知名度较高的 VPN 软件公司技术更加成熟，如 Check Point 的 VPN 软件产品，价格从几万到几十万不等，用于大型企业。

2. 硬件 VPN

硬件 VPN 是目前应用较多的 VPN 技术，其突出的特点就是安全性高，并且随着网络技术的不断发展，许多常规网络产品如路由器、防火墙中都集成了 VPN 功能。

专业 VPN 硬件的性能相对上述作为附属功能的 VPN 硬件技术又上了一个台阶。VPN 技术的主要目标就是保障连接安全，使用过软件 VPN 的用户可能都有这样的体会：如果安全级别太高，处理速度就会下降，传输速度也会降低；如果一味追求处理速度和传输速率，安全性又难以保障。专业的 VPN 硬件正是在这种情况下应运而生，通过专业的硬件设备进行高级别的加密和信息处理。

如 Cisco VPN 3080 系列支持 3DES 加密技术，加密吞吐量高达 1.9Gb/s，并可以提供其他附属功能，但价格非常昂贵，适用于安全性及处理速率要求均较高的大型企业用户。

7.1.3 VPN 的实现技术

VPN 主要技术有隧道技术、加解密技术、密钥管理技术和身份认证技术等，其中隧道技术和加密技术是实现 VPN 的重要技术手段。

7.1.3.1 隧道技术

隧道（Tunneling）技术是 VPN 的核心技术，它是利用 Internet 等公共网络已有的数据通信方式，在隧道的一端将数据进行封装，然后通过已建立的虚拟通道（隧道）进行传输。在隧道的另一端，进行解封装操作，将得到的原始数据交给对端设备。在进行数据封装时，根据在 OSI 参考模型中位置的不同，可以分为第二层隧道技术和第三层隧道技术两种类型。

1. 第二层隧道技术

（1）L2F（Layer 2 Forwarding，第二层转发）。

（2）PPTP（Point-to-Point Tunneling Protocol，点对点隧道协议）。PPTP 是 PPP 的扩展，它支持通过公共网络（如 Internet）建立按需的、多协议的、虚拟专用网络。PPTP 可以建立隧道或将 IP、IPX 或 NetBEUI 协议封装在 PPP 数据包内，因此允许用户远程运行依赖特定网络协议的应用程序。使用 PPTP 可以建立专用 LAN 到 LAN 的网络。

（3）L2TP（Layer 2 Tunneling Protocol，第二层隧道协议）。L2TP 与 PPTP 的功能大致相同，允许用户远程运行依赖特定网络协议的应用程序。与 PPTP 不同的是，L2TP 使用新的网际协议安全（IPSec）机制进行身份验证和数据加密。

2. 第三层隧道技术

第三层隧道技术是在网络层进行数据封装，即利用网络层的隧道协议将数据进行封装，封装后的数据再通过网络层的协议（如 IP）进行传输。第三层隧道协议主要有：

（1）IPSec（IP Security）。IPSec 是 IETF 的 IPSec 工作组于 1998 年制订的一组基于密码学的开放网络安全协议。IPSec 工作在网络层，为网络层及以上层提供访问控制、无连接的完整性、数据来源认证、防重放保护、保密性、自动密钥管理等安全服务。IPSec 是一套由多个子协议组成的安全体系。

（2）GRE（Generic Routing Encapsulation，通用路由封装）。GRE 是由 Cisco 和 Net-Smiths 公司共同提出的三层隧道协议。GRE 除封装 IP 报文外，还支持对 IPX/SPX、AppleTalk 等多种网络通信协议的封装，同时还广泛支持对 RIP、OSPF、BGP、EBGP 等路由协议的封装。

7.1.3.2　加密技术

通过 Internet 等公共网络传输的重要数据必须经过加密处理，以确保网络上其他未授权的实体无法读取该信息。目前在网络通信领域中常用的信息加密体制主要包括对称加密体制和非对称加密体制两类。

实际应用时一般是将对称加密体制和非对称加密体制混合使用，利用非对称加密技术进行密钥的协商和交换，而采用对称加密技术进行用户数据的加密。

在 VPN 解决方案中最普遍使用的对称加密算法主要有 DES、3DES、AES、RC4、RC5、IDEA 等算法。使用的非对称加密算法主要有 RSA、Diffie-Hellman、椭圆曲线等。

7.1.3.3　身份认证技术

VPN 系统中的身份认证技术包括用户身份认证和信息认证两个方面。其中，用户身份认证用于鉴别用户身份的真伪，而信息认证用于保证通信双方的不可抵赖性和信息的完整性。从实现技术来看，目前采用的身份认证技术主要分为非 PKI 体系和 PKI 体系两类，其中非 PKI 体系主要用于用户身份认证，而 PKI 体系主要用于信息认证。

其中非 PKI 体系一般采用“用户 ID+密码”的模式，目前在 VPN 系统中采用的非 PKI 体系的认证方式主要有：

（1）PAP（Password Authentication Protocol，密码认证协议）。

（2）CHAP（Challenge-Handshake Authentication Protocol，询问握手认证协议）。

（3）EAP（Extensible Authentication Protocol，扩展身份认证协议）。

（4）MS-CHAP（Microsoft Challenge Handshake Authentication Protocol，微软询问握手认证协议）。

（5）SPAP（Shiva Password Authentication Protocol，Shiva 密码认证协议）。SPAP 是针对 PAP 的不足而设计的，当采用 SPAP 进行身份认证时，SPAP 会加密从客户端发送给服务器端的密码，所以 SPAP 比 PSP 安全。

（6）RADIUS（Remote Authentication Dial In User Service，远程用户认证拨号系统）。RADIUS 主要为用户提供网络接入的认证服务，其认证客户端和接入交换机需要支持 IEEE 802.1x 协议。

PKI 体系主要通过 CA，采用数字签名和 Hash 函数保证信息的可靠性和完整性。例如，目前用户普遍关注的 SSL VPN 就是利用 PKI 支持的 SSL 协议实现应用层的 VPN 安全通信。

7.2　实现 PPTP VPN

某企业通过内部的 OA 系统进行无纸化办公，OA 服务器架设在内网环境中，并连接在内网核心交换机上。职工 A 出差在外地，能访问 Internet，但他需要访问单位内网的 OA 服务器进行办公操作，网络管理员小王该如何进行配置操作？

【任务分析】

网络管理员小王增加了一台 Windows Server 2008 服务器，这台服务器安装有两块网卡，一块网卡连接到内网核心交换机上，另一块网卡连接在 Internet 上。通过将其配置成 PPTP VPN 服务器，从而使职工 A 通过 PPTP 方式拨入 VPN 服务器，访问 OA 服务器进行办公操作。任务拓扑如图 7-2-1 所示。

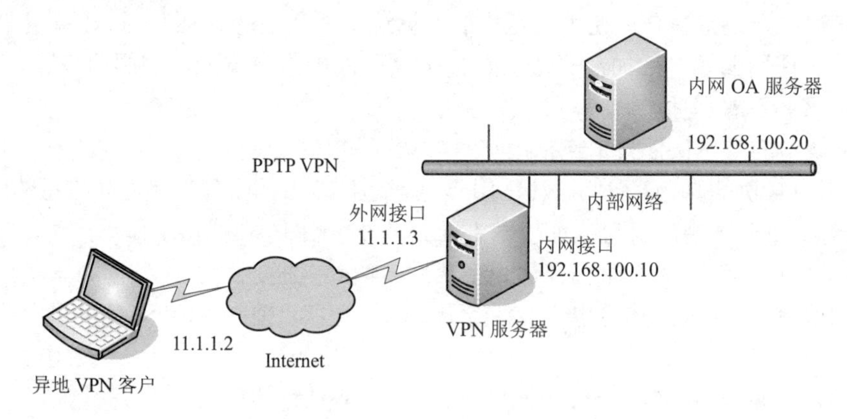

图 7-2-1　PPTP VPN 网络拓扑

【任务操作步骤】

7.2.1　VPN 服务器基本配置

在一台 Windows Server 2008 服务器中，不要安装其他服务（例如 IIS 等服务），也不需要升级到 Active Directory，只要是一台安装好 Windows Server 2008 的服务器即可配置成 VPN 服务器。

在双网卡的 VPN 服务器上，首先在“网络连接”窗口中，将连接外网的网卡重命名为“WAN”，将连接内网的网卡重命名为“LAN”。这样做是为了在以后的设置中更好地区分每一块网卡。

在启用 VPN 服务器之前，检查 TCP/IP 地址设置，并且在“服务”中禁用“Windows 防火墙”服务。

首先配置 LAN 网卡的 IP 地址为 192.168.100.10/24，WAN 网卡的 IP 地址为 11.1.1.3。

然后选择“管理工具”→“服务”命令，在弹出的窗口中将“Windows Firewall/Internet Connection Sharing（ICS）服务”的“启动”类型修改为“禁用”，并且停止该服务。

7.2.2　安装和启用 VPN 服务器

不同于 Windows 2003，Windows 2008 需要安装“路由和远程访问”服务，方法可参考第 4 单元 4.4.1 节中 IIS 的安装，在选择“服务器角色”时选择“网络策略和访问服务”，在随后选择“角色服务”窗口中选择“路由和远程访问”服务即可。

步骤 1：从“管理工具”中选择“路由和远程访问”服务。

步骤 2：默认情况下“路由和远程访问”服务没有启动。如果已经启动，则在“路由和远程访问”窗口中用鼠标右键单击服务器的计算机名，从弹出的快捷菜单中选择“禁用路由和远程访问”命令。

步骤 3：在打开的“路由和远程访问”窗口中，用鼠标右键单击 VPN 服务器的计算机名称，从弹出的快捷菜单中选择“配置并启用路由和远程访问”命令，如图 7-2-2 所示。

步骤 4：在打开的“路由和远程访问服务器安装向导”对话框中，单击“下一步”按钮。

步骤 5：在“配置”页面中，选中“远程访问（拨号或 VPN）”单选按钮，然后单击“下一步”按钮，如图 7-2-3 所示。

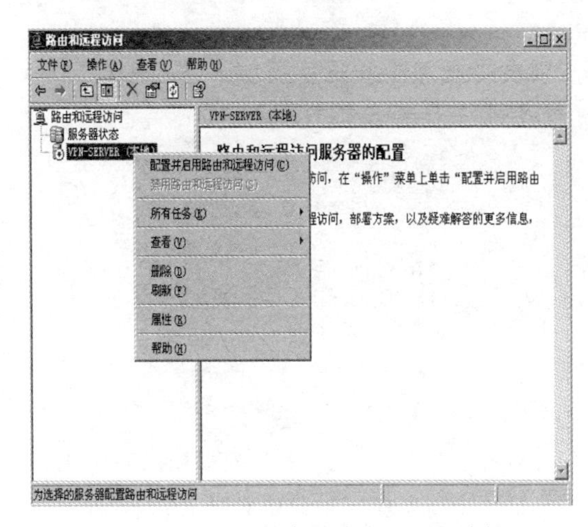

图 7-2-2　配置并启用路由和远程访问

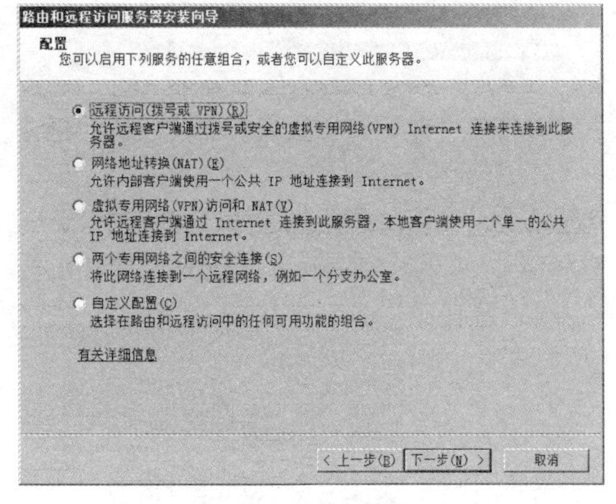

图 7-2-3　选择配置方式

步骤 6：在“远程访问”页面中，选择“VPN”复选框，然后单击“下一步”按钮，如图 7-2-4 所示。

步骤 7：在“VPN 连接”页面中，选择连接到 Internet 的出口，因为在 7.2.1 节中已经将连接 Internet 的网卡重命名为“WAN”，所以在“网络接口”列表中选择“WAN”，我们从其 IP 地址上也可以分辨出该网卡是连接到外网还是连接到内网。如图 7-2-5 所示，然后单击“下一步”按钮（如果选中通过筛选器对接口进行保护，就 Ping 不通这个接口了）。

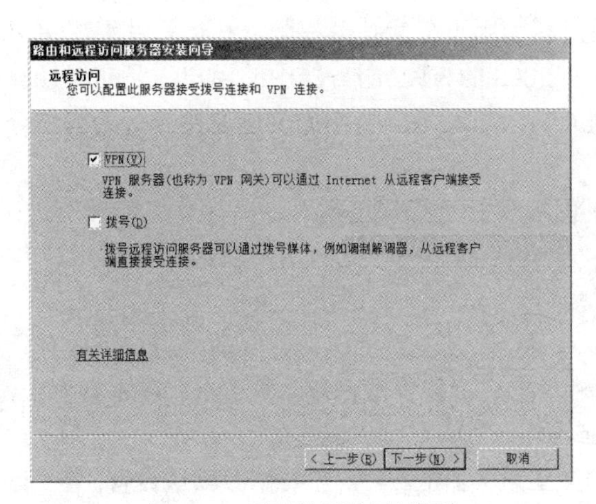

图 7-2-4　配置远程访问类型

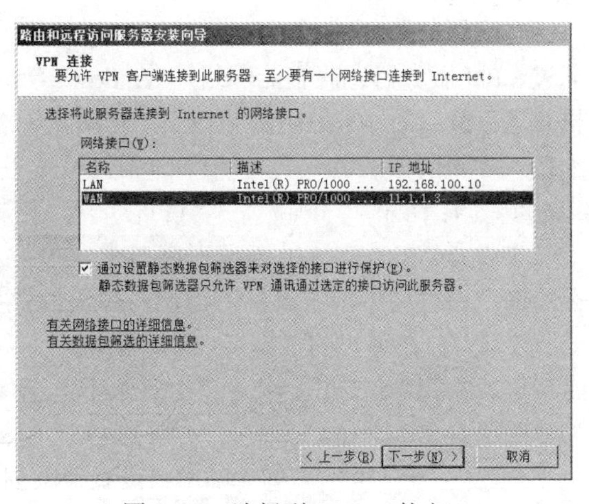

图 7-2-5　选择到 Internet 的出口

步骤 8：在“IP 地址分配”页面中，选择为 VPN 客户端分配 IP 地址的方法。如果内网中有 DHCP 服务器为客户端分配 IP 地址，我们可以选择“自动”单选按钮；如果要使用静态地址池的方法，则选择“来自一个指定的地址范围”单选按钮。在本例中，将使用静态地址池的方法为客户端指定 IP 地址，如图 7-2-6 所示，然后单击“下一步”按钮。

步骤 9：在“地址范围分配”页面中，单击“新建”按钮，在弹出的“新建 IPv4 地址范围”对话框的“起始 IP 地址”文本框中输入 192.168.100.100，在“结束 IP 地址”文本框中输入 192.168.100.200，设置好后单击“确定”按钮返回“地址范围分配”页面，如图 7-2-7 所示，然后单击“下一步”按钮。

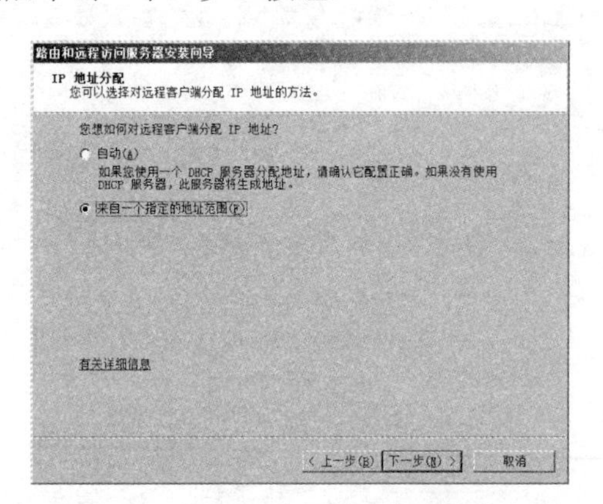

图 7-2-6　为 VPN 客户端指定 IP 地址

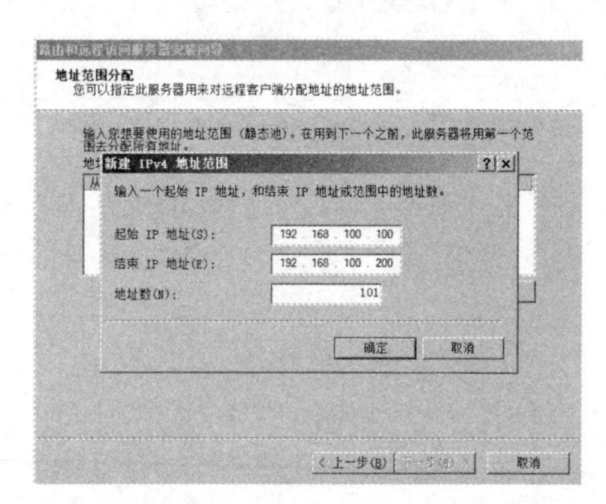

图 7-2-7　指定 IP 地址范围

步骤 10：在“管理多个远程访问服务器”页面中，选中“否，使用路由和远程访问来对连接请求进行身份验证”单选按钮，然后单击“下一步”按钮。

步骤 11：在“正在完成路由和远程访问服务器安装向导”页面中，单击“完成”按钮，在弹出的“路由和远程访问”对话框中单击“确定”按钮。

7.2.3　配置 VPN 服务器

1. 配置用户属性

在配置好 VPN 服务器之后，就需要创建用户，为用户分配拨入权限，让远程计算机可以通过 VPN 服务器访问企业网络。Windows Server 2008 的 VPN 服务器中的用户，是在“计算机管理”窗口的“本地用户和组”管理单元中进行管理的。下面介绍如何创建用户、为用户分配拨入权限的方法。

步骤 1：单击“开始”→“设置”→“控制面板”→“管理工具”→“计算机管理”。

步骤 2：在“计算机管理”窗口中，单击“系统工具”→“本地用户和组”→“用户”，在右侧空白窗格中单击鼠标右键，在弹出的快捷菜单中选择“新用户”命令。

步骤 3：在弹出的“新用户”对话框中，创建用户名及设置密码，并取消“用户下次登录时须更改密码”复选框，选中“密码永不过期”和“用户不能更改密码”复选框。在本案例中，创建的用户名为“tlpt”，密码为“123456”，然后单击“创建”按钮。

步骤 4：默认情况下创建的用户没有拨入到 VPN 服务器的权限，需要修改默认设置。在“计算机管理”窗口中，用鼠标右键单击新创建的用户，在弹出的快捷菜单中选择“属性”命令。

步骤 5：在弹出的用户属性对话框中，选择“拨入”选项卡，在“远程访问权限（拨入或

VPN）”选项组中，选中“允许访问”单选按钮，然后单击“确定”按钮，完成设置，如图 7-2-8 所示。

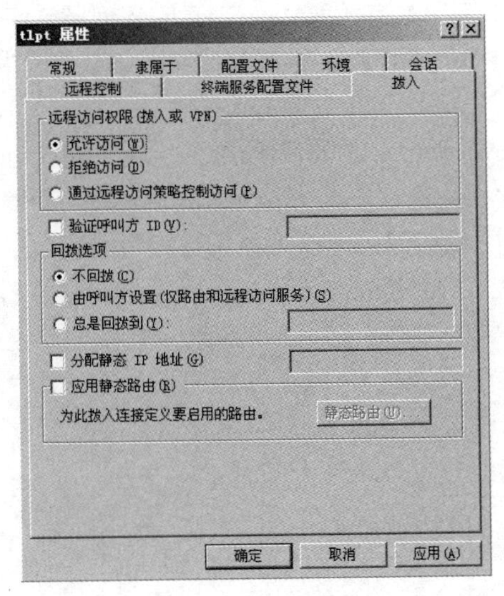

图 7-2-8　允许访问

如果想禁止某个用户拨入到 VPN 服务器，可以在图 7-2-8 中选中“拒绝访问”单选按钮。

2. 配置远程访问策略（RAP）

VPN 连接中有两种方式可以用来控制用户的远程拨入：

方式一：在用户账户的拨入属性中设置为允许访问或拒绝访问来显式控制 VPN 客户的远程拨入，又称为显式控制方式。

方式二：在用户账户的拨入属性中设置为通过远程访问策略控制访问，然后创建远程访问策略来控制用户的远程拨入。

它们之间的主要区别在于：显式控制方式只能针对单个用户进行设置，而通过远程访问策略控制访问可以针对多个用户或用户组进行设置。

远程访问策略（RAP）是定义是否授权 VPN 客户远程访问的一系列规则的集合，每个 RAP 具有一个或多个匹配条件、一组配置文件设置和一个远程访问权限设置。如果设置为通过远程访问策略控制访问，当 VPN 客户发起连接请求时，VPN 服务器会按照优先级顺序（顺序值越低的 RAP 具有越高的优先级）对 RAP 进行评估，并且应用第一个匹配 VPN 客户连接请求的 RAP 中的授权设置。当 VPN 客户的连接请求匹配某个远程访问策略的所有匹配条件时，VPN 服务器根据此远程访问策略的授权设置来决定是否允许 VPN 客户的拨入，并且根据此 RAP 的配置文件来决定如何处理此 VPN 客户的远程拨入。

而采用通过远程访问策略控制访问时，VPN 服务器评估是否授权 VPN 客户的远程拨入的过程如下：

（1）VPN 服务器按照优先级顺序（顺序值越低的 RAP 具有越高的优先级）对 RAP 进行评估。如果 VPN 客户的连接请求匹配某个 RAP 的所有匹配条件，则检查远程访问策略的远程访问权限设置。

（2）如果远程访问权限被设置为授予远程访问权限，则允许 VPN 客户的远程拨入并应用 RAP 的配置文件来处理 VPN 连接。

（3）如果远程访问权限被设置为拒绝远程访问权限，则拒绝 VPN 客户的远程拨入。

（4）如果 VPN 客户的连接请求不匹配此 RAP 的任何条件，则处理下一远程访问策略。

（5）如果没有任何远程访问策略匹配 VPN 客户的连接请求，则拒绝 VPN 客户的远程拨入。

默认情况下，在 Windows Server 2008 中预定义了以下两个远程访问策略，不过它们的远程访问权限被设置为拒绝远程访问权限，即拒绝匹配条件的 VPN 客户的远程拨入。

（1）"到 Microsoft 路由和远程访问服务器的连接"：定义的匹配条件为 RRAS 服务器特征字符串等于"^311$"，这代表到 Microsoft 路由和远程访问服务器的远程访问连接。如果 VPN 客户向 Microsoft 路由和远程访问服务发起连接请求，则匹配此 RAP。

（2）"到其他访问服务器的连接"：定义的匹配条件为任何时间发起的 VPN 客户连接请求，此 RAP 匹配任何 VPN 客户连接的请求。

在远程访问策略中，可以设置以下匹配条件：

- VPN 客户身份验证方式。
- VPN 客户发起连接请求的电话号码或连接到的电话号码。
- VPN 客户发起连接请求的日期和时间。
- VPN 客户使用的链路协议。
- RRAS 服务器特征字符串。
- VPN 客户请求的服务类型。
- VPN 客户使用的隧道类型。
- VPN 客户所属于的 Windows 用户组。

本案例中我们也可以尝试创建一个具有以下两个匹配条件的远程访问策略：

（1）VPN 客户端拨号连接的用户属于 VPN 服务器上的 VPN 组成员。

（2）VPN 客户端发起连接请求的时间为星期一到星期五 7:00～17:00。

步骤 1：打开"路由和远程访问"窗口，在左侧的窗格中选择"远程访问日志和策略"，单击鼠标右键，在弹出的快捷菜单中选择"启动 NPS"，打开如图 7-2-9 所示窗口。

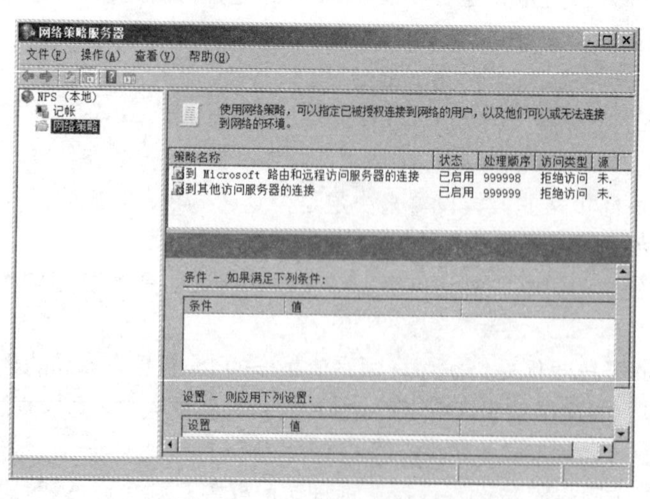

图 7-2-9　新建远程访问策略

步骤 2：右击“网络策略”，选择“新建”，打开“新建网络策略”对话框，在“策略名称”文本框中输入策略名称，如“VPN 客户端拨入时间”，如图 7-2-10 所示，然后单击“下一步”按钮。

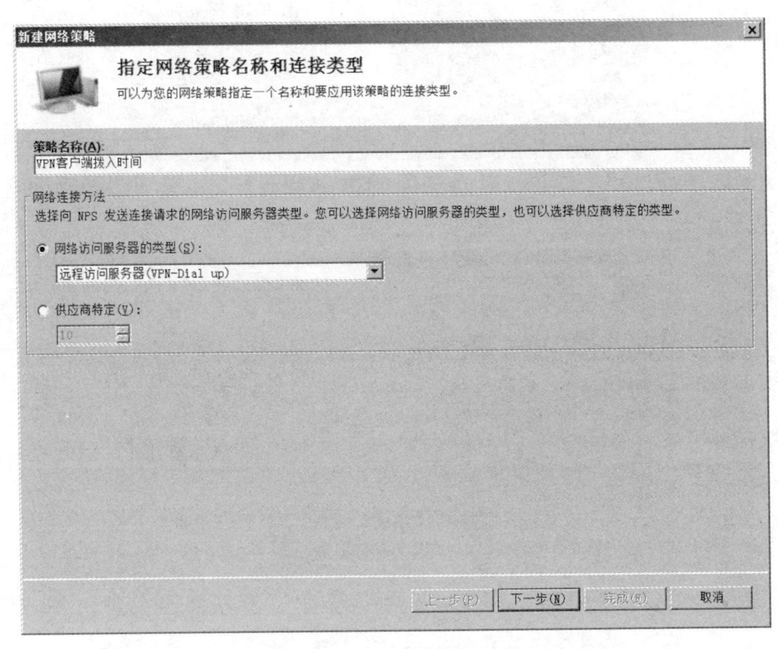

图 7-2-10　设置策略条件

步骤 3：在新窗口中，单击“添加”按钮，在弹出的“选择条件”对话框中选中“日期和时间限制”，如图 7-2-11 所示，然后单击“添加”按钮。

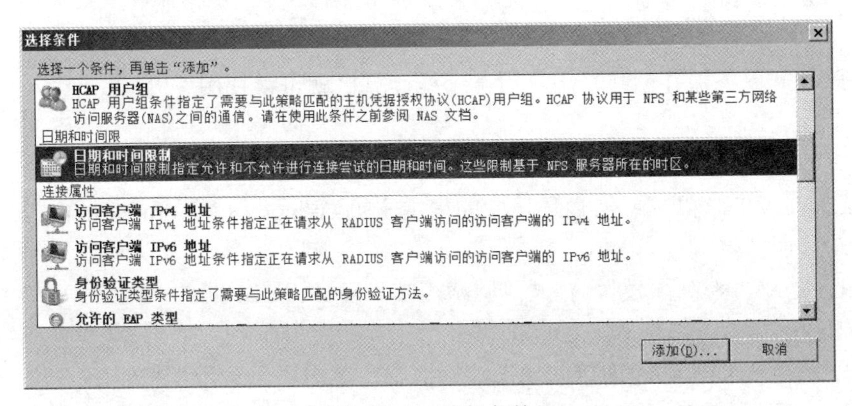

图 7-2-11　选择条件

步骤 4：在“日期和时间限制”对话框中，选定 VPN 客户端所允许拨入的时间段，本案例中时间为星期一到星期五 7:00～17:00，如图 7-2-12 所示，然后单击“确定”按钮，返回“策略状况”对话框中单击“下一步”按钮。

步骤 5：在“指定访问权限”对话框中，选择“已授予访问权限”单选按钮，如图 7-2-13 所示，然后单击“下一步”按钮。在“配置文件”页面中单击“下一步”按钮，然后在弹出的“正在完成新建远程访问策略向导”页面中单击“完成”按钮。

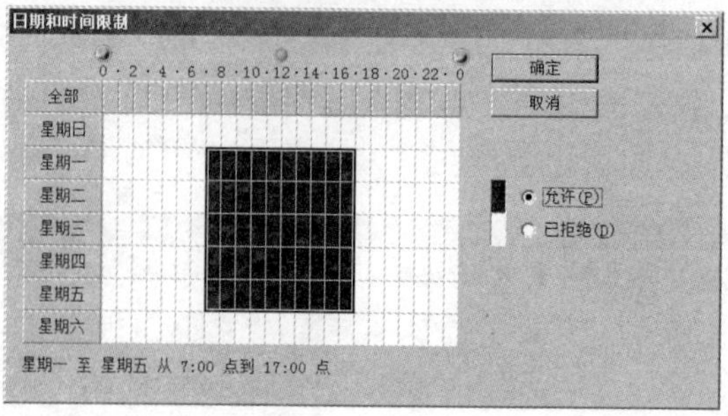

图 7-2-12　时间限制

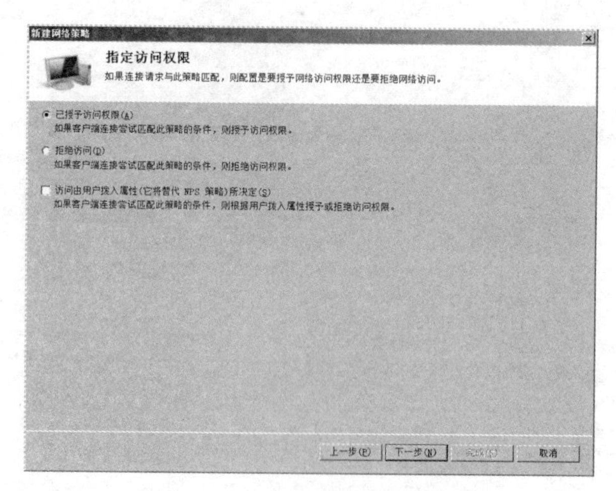

图 7-2-13　授予远程访问权限

7.2.4　VPN 客户端基本配置

配置好 VPN 服务器并创建好用户后，远程计算机就可以使用 VPN 方式拨入到 VPN 服务器了。

1. 创建 VPN 拨号连接

现在我们在 VPN 客户端（实训环境中的宿主主机）Windows XP Professional 上，使用 PPTP 方式拨入 VPN 服务器。

步骤 1：通过“控制面板”，打开“网络连接”窗口，在左侧的“网络任务”中单击“创建一个新的连接”。

步骤 2：在打开的“新建连接向导”对话框中，单击“下一步”按钮。

步骤 3：在“网络连接类型”页面中，选择“连接到我的工作场所的网络”单选按钮，然后单击“下一步”按钮。

步骤 4：在“网络连接”页面中，选择“虚拟专用网络连接”单选按钮，然后单击“下一步”按钮。

步骤 5：在“连接名”页面中，在“公司名”文本框中，输入要建立的连接名（在本案例中连接名为 tlpt），也可以输入其他的名称，然后单击“下一步”按钮。

步骤 6：如果当前计算机有拨号连接（例如 ADSL 宽带连接，也包括 VPN 连接），则会弹出“公用网络”页面。如果计算机是使用 ADSL 宽带连接 Internet 的，而且想让用户以后使用 VPN 连接时自动拨号 ADSL，则选中“自动拨此初始连接”单选按钮，并从列表中选择 ADSL 宽带连接。如果该计算机是直接连接到 Internet 的，或者不想让 VPN 自动拨 ADSL 等连接，则选择“不拨初始连接”单选按钮，如图 7-2-14 所示。

如果当前计算机没有拨号连接，则不会出现如图 7-2-14 所示的对话框。

步骤 7：然后单击“下一步”按钮，打开“VPN 服务器选择”对话框。在其中的“主机名或 IP 地址”文本框中，输入远程 VPN 服务器的地址（在本例中 VPN 服务器地址为 11.1.1.3），如图 7-2-15 所示，然后单击“下一步”按钮。

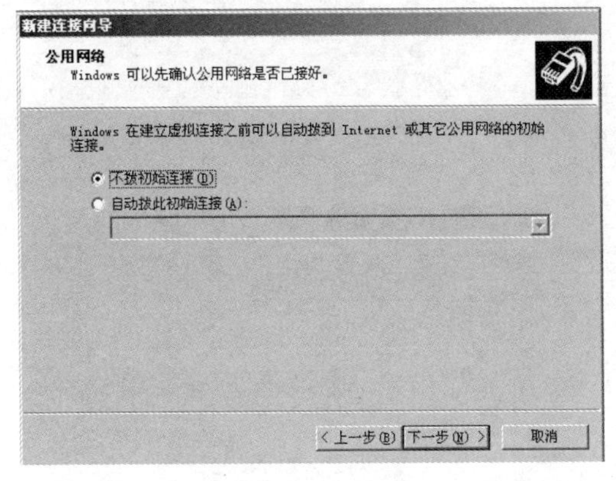

图 7-2-14 公用网络

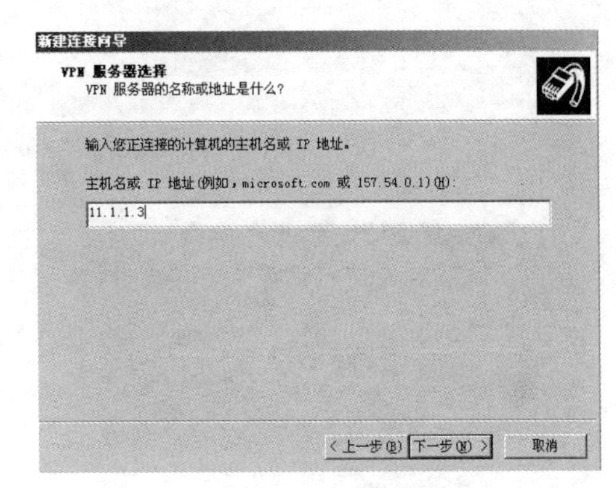

图 7-2-15 VPN 服务器地址

步骤 8：在“正在完成新建连接向导”页面中，单击“完成”按钮。如果想在系统桌面上创建一个到此 VPN 连接的快捷方式，则单击“完成”按钮之前，选中“在我的桌面上添加一个到此连接的快捷方式”复选框。

2. 使用 VPN 客户端连接到 VPN 服务器

在创建完 VPN 拨号连接之后，再次通过“控制面板”，打开“网络连接”窗口，在窗口右侧会出现“虚拟专用网络”拨号连接的图标“tlpt”。用鼠标右键单击图标，在弹出的快捷菜单中选择“属性”命令，如图 7-2-16 所示。

在弹出的“tlpt 属性”对话框中，选中“网络”选项卡，在“VPN 类型”一栏中选中“PPTP VPN”，如图 7-2-17 所示，然后单击“确定”按钮。

双击系统桌面 VPN 连接快捷方式“tlpt”，会弹出“连接 tlpt”对话框。在此对话框中输入远程 VPN 服务器为该用户分配的用户名和密码（本例中用户名为 tlpt，密码为 123456），然后单击“连接”按钮，如图 7-2-18 所示。

如果不想每次都输入用户名和密码，则选中“为下面用户保存用户名和密码”复选框，并且选中“只是我”或“任何使用此计算机的人”单选按钮。当选中“只是我”单选按钮时，只为当前登录的用户保存 VPN 用户名和密码。

在 VPN 连接成功之后，可以右键单击 VPN 连接快捷方式，在弹出的快捷菜单中选择“状态”，在弹出的“tlpt 状态”对话框中，选择“详细信息”选项卡，会列出 VPN 连接的相关信息，如图 7-2-19 所示。

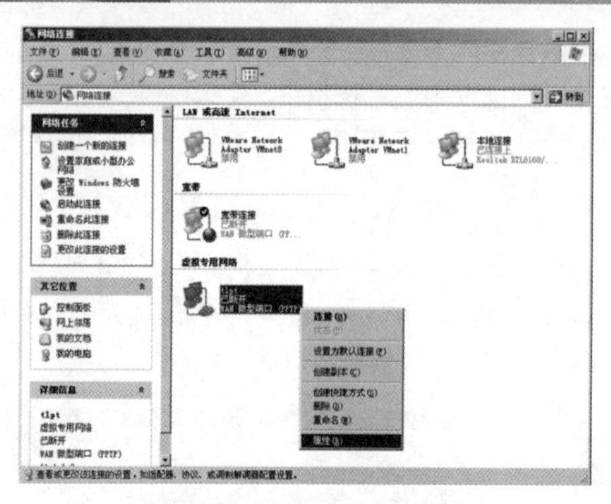

图 7-2-16　VPN 拨号连接属性

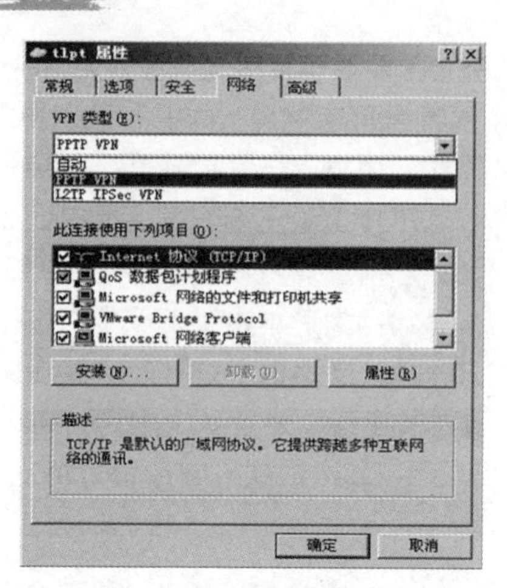

图 7-2-17　配置 VPN 类型

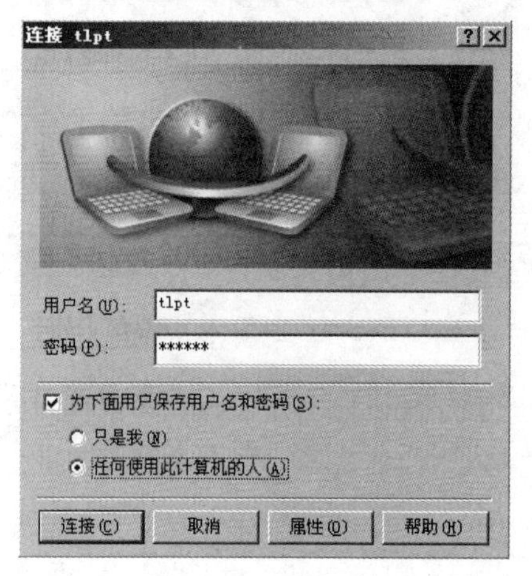

图 7-2-18　连接 VPN 服务器

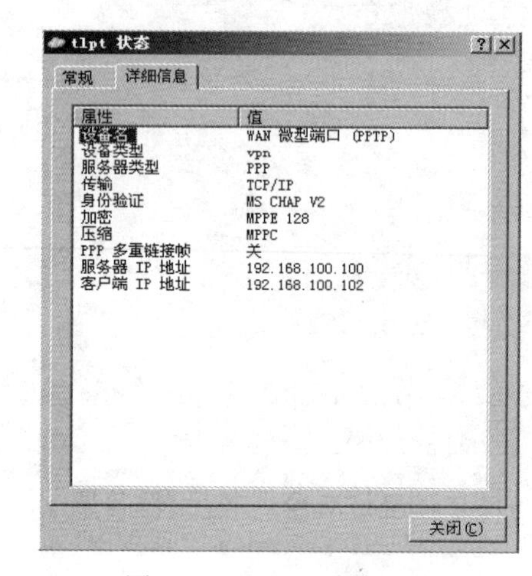

图 7-2-19　VPN 连接参数

我们也可以进入“命令提示符”窗口，使用 ipconfig 命令，可以查看当前客户端获得的 IP 地址，如图 7-2-20 所示，也可以使用 Ping 命令，测试与 VPN 服务器内网接口或内网 OA 服务器的连通情况，如图 7-2-21 所示。

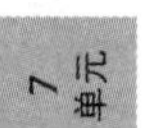

图 7-2-20　查看客户端获得的 IP 地址

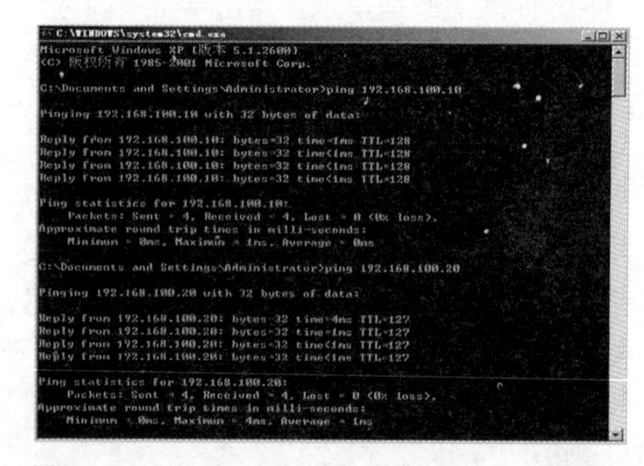

图 7-2-21　可以 Ping 通 VPN 服务器和 OA 服务器

7.3 实现 L2TP VPN

【任务 1】某企业通过内部的 OA 系统进行无纸化办公，OA 服务器架设在内网环境中，并连接在内网核心交换机上。职工 A 出差在外地，能访问 Internet，但他需要访问单位内网的 OA 服务器进行办公操作，网络管理员小王通过增加一台 Windows Server 2008 服务器，将其配置成 PPTP VPN 服务器，最终实现职工 A 通过 PPTP 方式拨入 VPN 服务器，访问 OA 服务器进行办公操作。但是企业希望提高 VPN 接入的安全性，则小王该如何进行配置操作呢？

【任务 2】基于预共享密码方法安全性不强，该企业希望进一步提高 VPN 接入的安全性，则小王又该如何进行配置操作呢？

7.3.1 配置基于预共享密钥的 L2TP VPN 服务器

【任务 1 分析】

网络管理员小王增加了一台 Windows Server 2008 服务器，这台服务器具有两块网卡，一块网卡连接到内网核心交换机，另一块网卡连接在 Internet 上。通过将其配置成基于预共享密钥的 L2TP VPN 服务器，使职工 A 通过 L2TP 方式拨入 VPN 服务器，访问内网 OA 服务器进行办公操作。任务拓扑如图 7-3-1 所示。

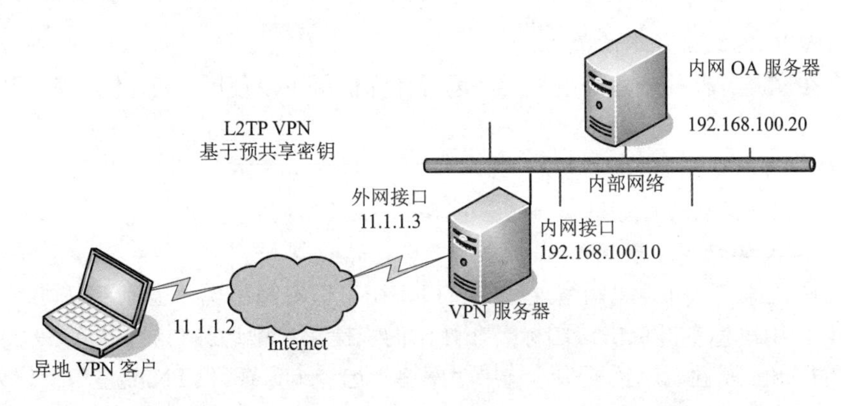

图 7-3-1 L2TP VPN（基于预共享密钥）网络拓扑

【任务操作步骤】

7.3.1.1 VPN 服务器基本配置

此例中 VPN 服务器基本配置过程请参照 7.2.1 节内容。

7.3.1.2 安装和启用 VPN 服务器

此例中安装和启用 VPN 服务器的基本过程请参照 7.2.2 节内容。

7.3.1.3　配置 VPN 服务器

配置用户属性与 7.2.3 节内容基本相同，在这里介绍它们的不同之处。

步骤 1：从“管理工具”窗口中选择“路由和远程访问”服务。

步骤 2：在“路由和远程访问”窗口中用鼠标右键单击服务器的计算机名，从弹出的快捷菜单中选择“属性”命令，如图 7-3-2 所示。

步骤 3：在打开的“VPN-SERVER（本地）属性”对话框中，选择“安全”选项卡，然后选中“为 L2TP 连接允许自定义 IPSec 策略”复选框，在“预共享的密钥”文本框中输入设定的密钥（本例中密钥为 111111），单击“确定”按钮，如图 7-3-3 所示。

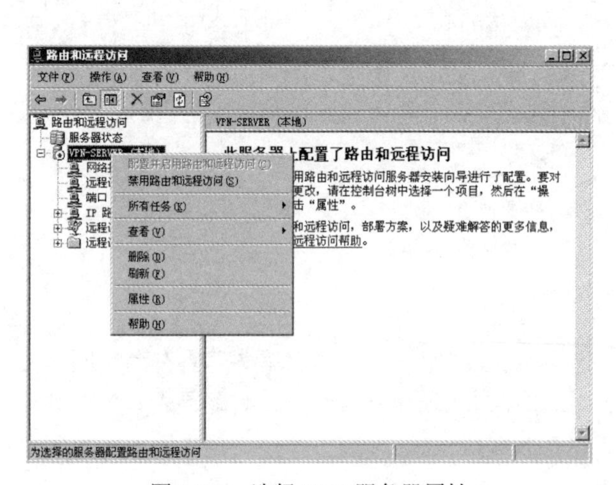

图 7-3-2　选择 VPN 服务器属性

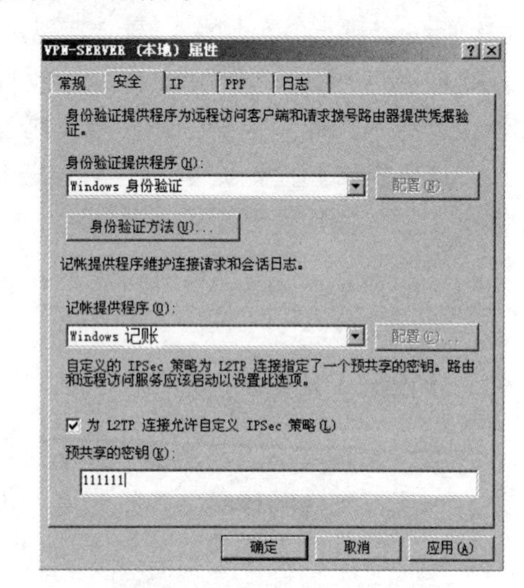

图 7-3-3　输入预共享密钥

7.3.1.4　VPN 客户端基本配置

配置好 VPN 服务器并创建好用户后，远程计算机就可以使用 VPN 方式拨入到 VPN 服务器了。

1. 创建 VPN 拨号连接

此例中创建 VPN 拨号连接的基本过程请参看 7.2.4 节内容。

2. 使用 VPN 客户端连接到 VPN 服务器

通过“控制面板”，打开“网络连接”窗口，在窗口右侧出现“虚拟专用网络”拨号连接的图标“tlpt”。用鼠标右键单击该图标，在弹出的快捷菜单中选择“属性”命令。

在弹出的“tlpt 属性”对话框中，选中“网络”选项卡，在“VPN 类型”下拉列表框中选择“L2TP IPSec VPN”，然后单击“确定”按钮，如图 7-3-4 所示。

再选中“安全”选项卡，单击“IPSec 设置”按钮，如图 7-3-5 所示。

在弹出的“IPSec 设置”对话框中，选中“使用预共享的密钥作身份验证”，然后在“密钥”文本框中输入 VPN 服务器配置的预共享密钥（111111），单击“确定”按钮，如图 7-3-6 所示。

双击系统桌面上的 VPN 连接快捷方式“tlpt”，会弹出“连接 tlpt”对话框。在此对话框中输入远程 VPN 服务器为该用户分配的用户名和密码（本例中用户名为 tlpt，密码为 123456），然后单击“连接”按钮。

在 VPN 连接成功之后，可以右键单击 VPN 连接快捷方式，在弹出的快捷菜单中选择“状态”，在弹出的“tlpt 状态”对话框中，选择“详细信息”选项卡，会列出 VPN 连接的相关信息，如图 7-3-7 所示。

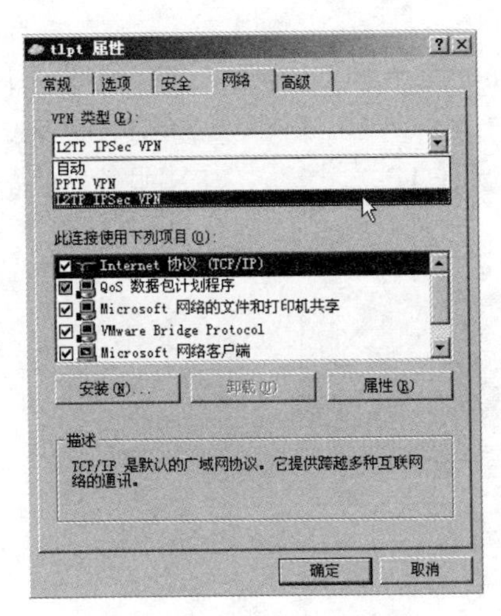

图 7-3-4　配置 VPN 类型

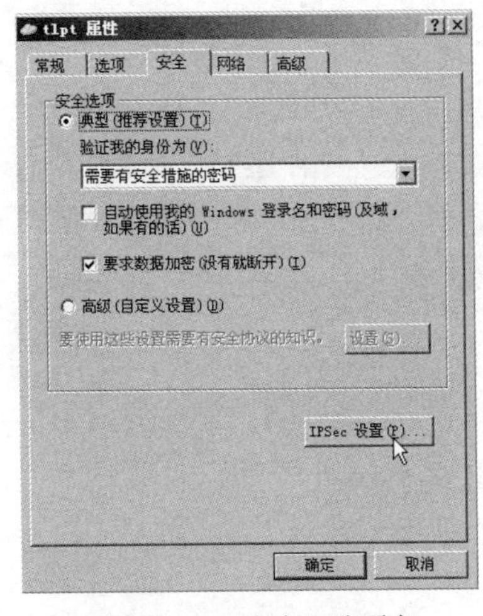

图 7-3-5　“安全”选项卡

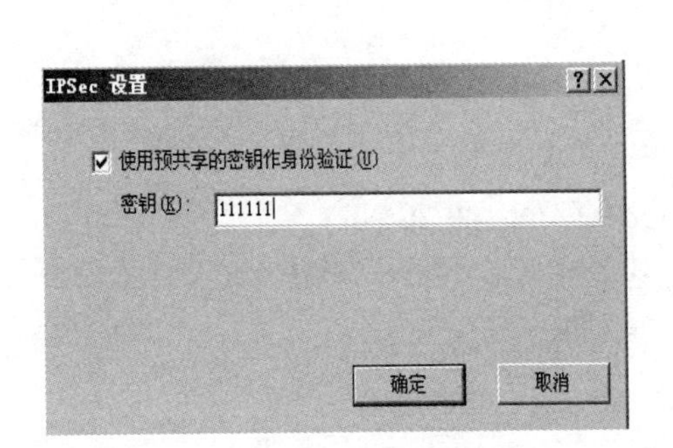

图 7-3-6　输入预共享密钥

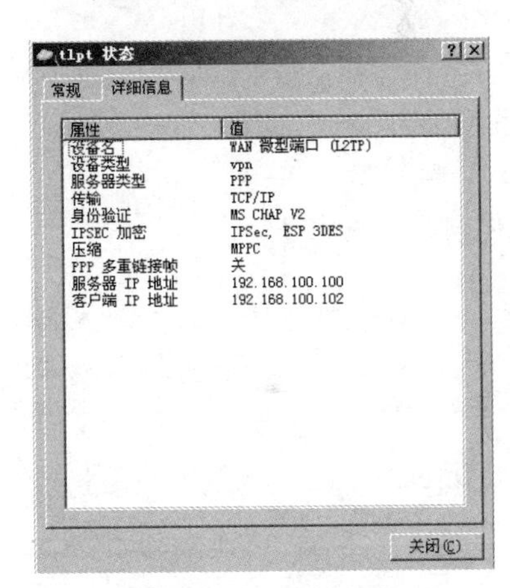

图 7-3-7　VPN 连接参数

3. 注意事项

在尝试用 L2TP 方式拨叫 VPN 服务器时，可能会出现下面的错误，如图 7-3-8 所示。

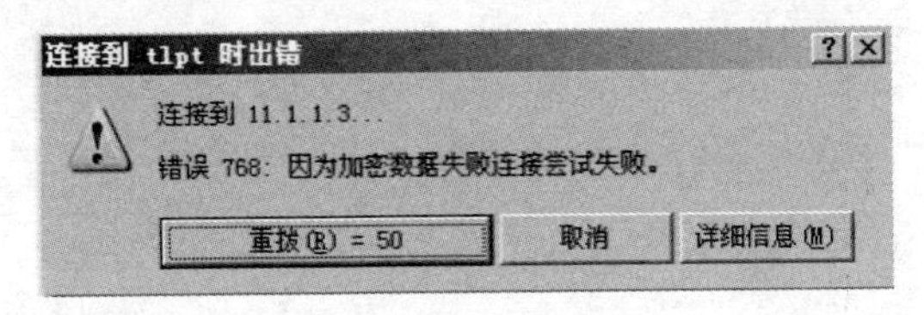

图 7-3-8　错误 768 提示

解决方法：单击“开始”，在弹出的菜单中选择“运行”，在“运行”文本框中输入“services.msc”，弹出“服务”窗口，在“服务”窗口中启用“IPSec Services”即可，如为了方便以后经常使用 L2TP IPSec VPN，则可以把该项服务设置为“自动”。

7.3.2 配置基于证书的 L2TP VPN 服务器

【任务 2 分析】

网络管理员小王又增加了一台 Windows Server 2008 服务器，这台服务器安装有一块网卡，这块网卡连接到内网核心交换机上，将其配置成证书 CA 服务器。再将原先的 L2TP VPN 服务器配置成基于证书的 L2TP VPN 服务器。使职工 A 通过 L2TP 方式拨入 VPN 服务器，访问 OA 服务器进行办公操作。任务拓扑如图 7-3-9 所示。

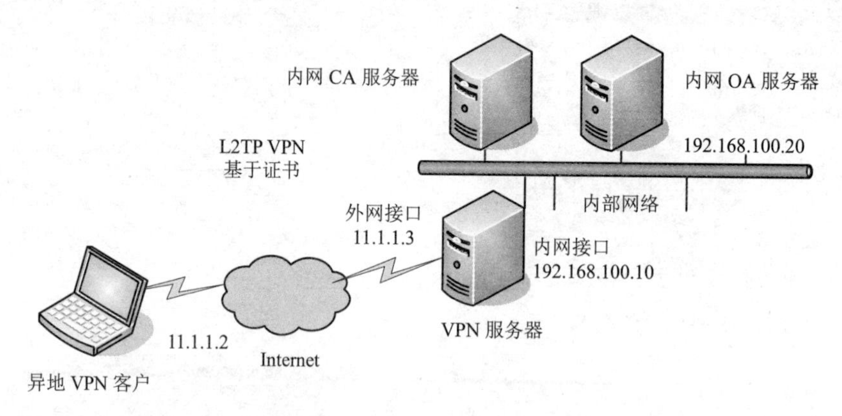

图 7-3-9 L2TP VPN（基于证书）网络拓扑

【任务操作步骤】

7.3.2.1 证书服务器安装和配置

步骤 1：首先配置证书服务器网卡的 IP 地址为 192.168.100.20/24。

步骤 2：在“服务器管理器”窗口中，单击“添加角色”，在图 7-3-10 所示对话框中选中“Active Directory 证书服务”复选框。

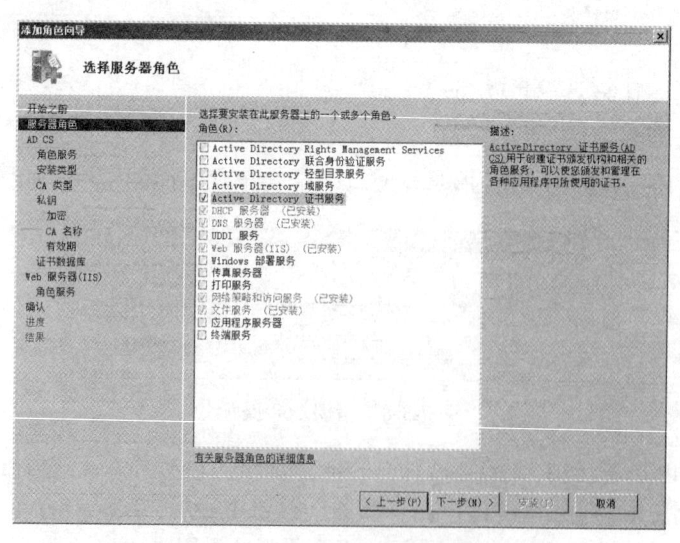

图 7-3-10 选择安装证书服务

步骤 3：在图 7-3-11 窗口中选中“证书颁发机构”和“证书颁发机构 web 注册”复选框，随后安装独立 CA 和根 CA。

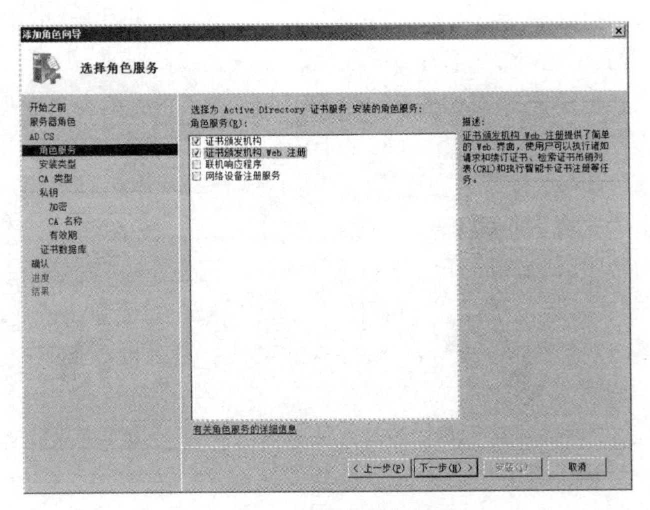

图 7-3-11　选择安装角色服务

步骤 4：在接下来的窗口中配置 CA 加密、CA 名称和有效期，最后单击“安装”进行安装。

成功安装好“证书服务”组件后，在“管理工具”菜单中打开“Certification Authority”，弹出“证书颁发机构”对话框。

7.3.2.2　VPN 服务器的配置

接下来要让 VPN 服务器“信任”证书颁发机构，并且为 VPN 服务器申请“服务器身份验证”证书。需要注意的是，一定要使用 MMC 的“证书”→“本地计算机”管理控制台插件导入根证书的方式“信任”证书颁发机构，不要采用下载“证书链”的方式。因为下载证书链信任证书颁发机构是让“用户”信任证书颁发机构，而使用 MMC 方式，是让“服务器（计算机）”信任证书颁发机构，两者是不同的。

1. VPN 服务器信任证书颁发机构

步骤 1：在 VPN 服务器上打开 IE 浏览器，登录http://192.168.100.20/certsrv，如图 7-3-12 所示。在该页面中单击“下载一个 CA 证书，证书链或 CRL”。

步骤 2：在出现的页面中单击“下载 CA 证书”链接，如图 7-3-13 所示。

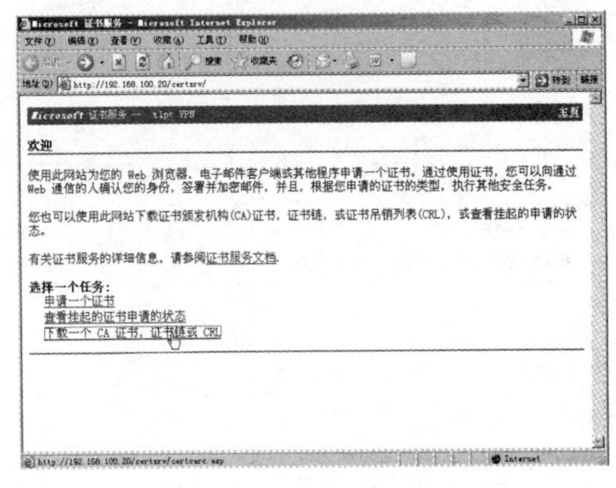

图 7-3-12　申请证书

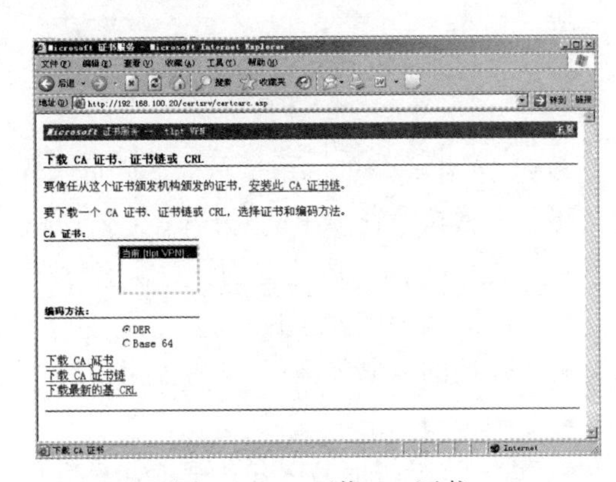

图 7-3-13　下载 CA 证书

步骤 3：在弹出的“文件下载”对话框中，将证书文件保存到指定位置，如“桌面”。

步骤 4：下载完成后，在“开始”菜单中选择“运行”命令，打开“运行”对话框。在“打开”文本框中，输入“MMC”后，单击“确定”按钮。在打开的 MMC 控制台中，选择“文件”→“添加/删除管理单元”命令。在弹出的“添加/删除管理单元”对话框中，单击“添加”按钮；在“添加独立管理单元”对话框中，选择“证书”，然后单击“添加”按钮。

步骤 5：在弹出的“证书管理单元”对话框中，选择“计算机账户”单选按钮。

步骤 6：单击“下一步”按钮，在出现的对话框中选择“本地计算机（运行这个控制台的计算机）”，然后单击“完成”按钮。

步骤 7：在控制台中，依次展开“证书（本地计算机）”→“受信任的根证书颁发机构”→“证书”，右键单击“证书”，选择“所有任务”→“导入”。在弹出的“欢迎使用证书向导”对话框中，单击“下一步”按钮，弹出“要导入的文件”对话框。在其中选择刚下载的证书，然后单击“下一步”按钮。

步骤 8：在弹出的“证书存储”对话框中，直接单击“下一步”按钮。最后在新弹出的“正在完成证书导入向导”对话框中单击“完成”按钮，提示导入成功。

2. VPN 服务器申请计算机证书

信任证书颁发机构后，要为 VPN 服务器申请计算机证书。

步骤 1：右击 VPN 服务器桌面上的“我的电脑”，在弹出的快捷菜单中选择“属性”命令，打开“系统属性”对话框。然后在其“计算机名”选项卡中，复制完整的计算机名称。

步骤 2：打开 IE 浏览器，登录http://192.168.100.20/certsrv，单击“申请一个证书”（如图 7-3-14 所示）→“高级证书申请”（如图 7-3-15 所示）→“创建并向此 CA 提交一个申请”（如图 7-3-16 所示），进入高级证书申请页面。

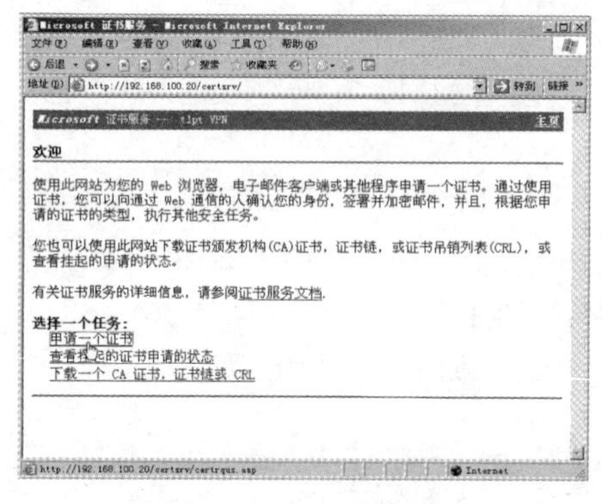

图 7-3-14　申请证书

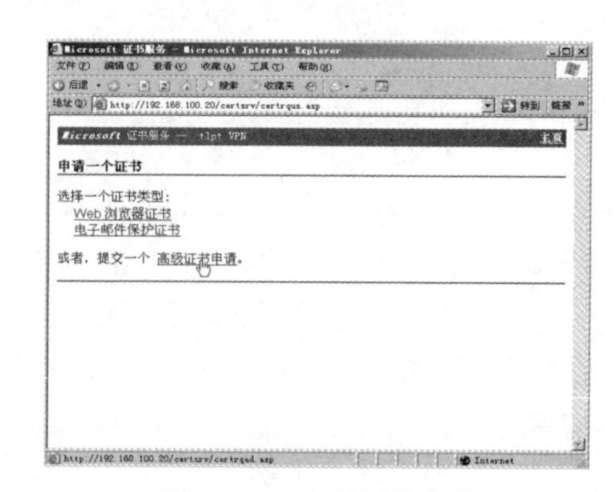

图 7-3-15　高级证书申请

步骤 3：在高级证书申请页面，此页中需要注意相关选项的填写。填写好相关信息后，单击“提交”按钮，在弹出的对话框中依次单击“是”按钮。其中：

- 姓名：VPN 服务器的计算机名称（复制的“完整的计算机名称”）。
- 国家（地区）：CN。
- 需要的证书类型：“服务器身份验证证书”。
- 密钥用法：“交换”或者“两者”。
- 选中：“将证书保存在本地计算机存储中”复选框。

- 申请格式：CMC 或 PKCS10。

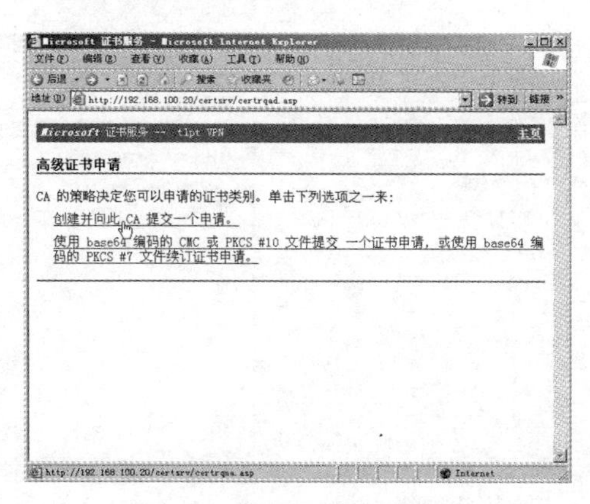

图 7-3-16　向 CA 提交申请

步骤 4：申请后，进入“证书挂起”页面，记住当前申请的 ID。在本案例中，申请 ID 为 2。

3. 证书服务器颁发 VPN 服务器申请的证书

VPN 服务器申请好计算机证书之后，需要到标准证书（CA）服务器上颁发 VPN 服务器申请的计算机证书。

步骤 1：返回到证书服务器（IP 地址为 192.168.100.20），在“管理工具”窗口中执行“Certification Authority”命令，在打开窗口的左侧单击“挂起的申请”，在右侧窗格中右键单击申请的证书，在弹出的快捷菜单中选中“所有任务”→“颁发”，如图 7-3-17 所示。

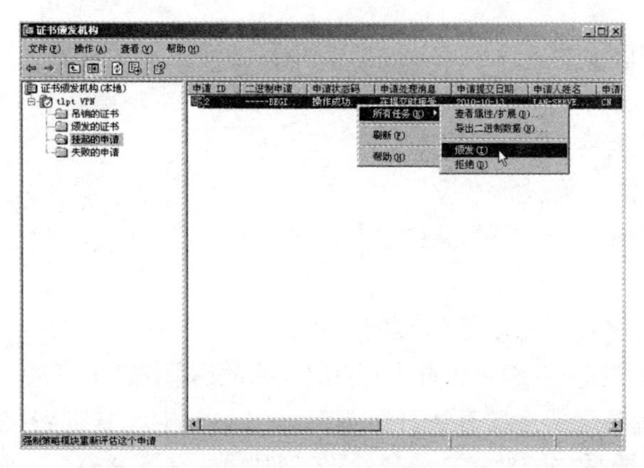

图 7-3-17　颁发证书

步骤 2：颁发完证书之后，在打开窗口的左侧单击“颁发的证书”，在右侧窗格中显示的是已经颁发的证书，申请 ID 是 2 就是 VPN 服务器的申请证书 ID。

步骤 3：双击已经颁发的证书，可以查看到证书的一些相关信息。如颁发给：VPN-server。（VPN 服务器“完整的计算机名称”）。

4. VPN 服务器安装证书服务器颁发的证书

步骤 1：返回到 VPN 服务器上，打开 IE 浏览器，登录http://192.168.100.20/certsrv，单击“查看挂起的证书申请的状态”，如图 7-3-18 所示。

步骤 2：在“查看挂起的证书申请的状态”页面中可以看到，申请的证书已经颁发，如图

7-3-19 所示，然后单击该证书。

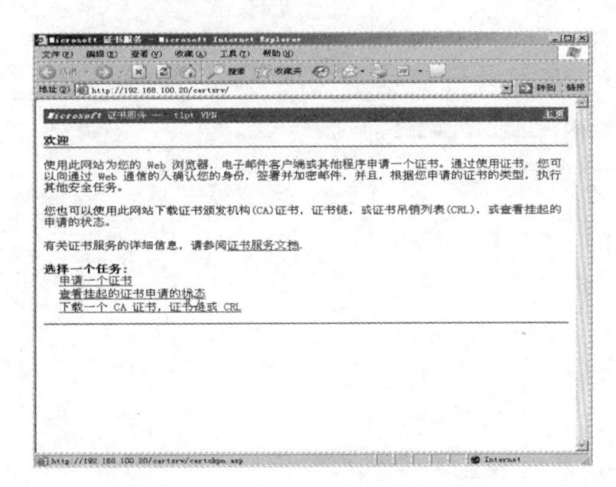

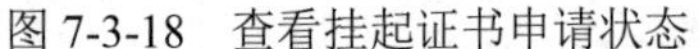

图 7-3-18　查看挂起证书申请状态

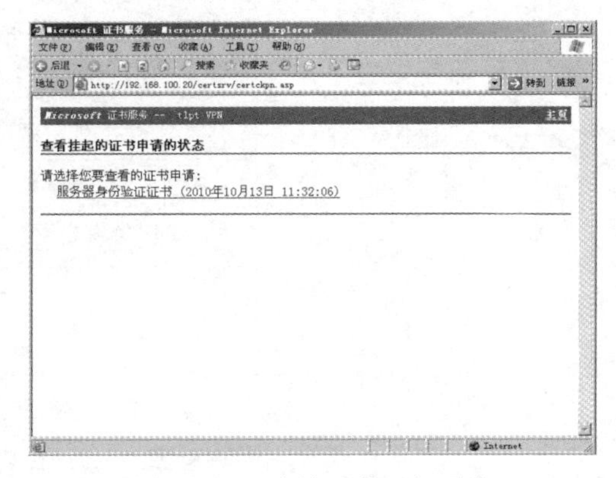

图 7-3-19　申请证书已经颁发

步骤 3：在“证书已颁发”页面中，单击“安装此证书”。

步骤 4：在“潜在的脚本冲突”对话框中，单击“是”按钮，然后弹出“证书已安装”对话框，提示“您的新证书已经安装成功”。

7.3.2.3　VPN 客户端的配置

VPN 客户端可以先通过 PPTP 方式拨号 VPN 服务器，确保 VPN 客户端能够同内网中标准证书（CA）服务器通信。

在 VPN 客户端上需要进行以下操作：“信任”证书颁发机构、申请证书、修改 VPN 拨号属性为 L2TP。

1. VPN 客户端信任证书颁发机构

此例中 VPN 客户端信任证书颁发机构的基本配置过程请参照 7.3.2.2 节中“VPN 服务器信任证书颁发机构”的内容。

2. VPN 客户端申请计算机证书

VPN 客户端申请计算机证书的基本配置过程请参照 7.3.2.2 节中“VPN 服务器申请计算机证书”的内容。

但在申请过程中，需要注意以下步骤的区别。

步骤 1：右击 VPN 服务器桌面上的“我的电脑”，在弹出的快捷菜单中选择“属性”命令，打开“系统属性”对话框。然后在其“计算机名”选项卡中，复制完整的计算机名称。

步骤 2：VPN 客户端是申请“客户端身份验证证书”，在证书申请页面中需要注意以下几项：

- 姓名：VPN 客户端计算机名（复制的“完整的计算机名称”）。
- 国家（地区）：CN。
- 需要的证书类型：“客户端身份验证证书”。
- 密钥用法：“交换”。
- 选中：“将证书保存在本地计算机存储中”复选框。
- 申请格式：PKCS10。

步骤 3：申请后，进入“证书挂起”页面，记住当前申请的 ID。在本案例中，申请 ID 为 3。

3. 证书服务器颁发 VPN 客户端申请的证书

VPN 客户端申请好计算机证书之后，需要到标准证书（CA）服务器上颁发 VPN 客户端申请的计算机证书。

步骤 1：返回到证书服务器（IP 地址为 192.168.100.20），在“管理工具”窗口中执行“证书颁发机构”命令，在打开窗口的左侧单击“挂起的申请”，在右侧窗格中右键单击申请的证书，在弹出的快捷菜单中选中“所有任务”→“颁发”。

步骤 2：颁发完证书之后，在打开窗口的左侧单击“颁发的证书”，在右侧窗格中显示的是已经颁发的证书，申请 ID 是 3 就是 VPN 服务器的申请证书 ID。

步骤 3：双击已经颁发的证书，可以查看到证书的一些相关信息。如颁发给：stud157（VPN 客户端“完整的计算机名称”）。

4. VPN 客户端安装证书服务器颁发的证书

此案例中 VPN 客户端安装证书服务器颁发的证书的基本配置过程请参照 7.3.2.2 节中“VPN 服务器安装证书服务器颁发的证书”的内容。

5. 使用 L2TP 方式拨号 VPN 服务器

在 VPN 客户端上，修改创建的 VPN 连接。在 VPN 连接的属性对话框中，在“VPN 类型”下拉列表框中选择“L2TP IPSec VPN”，然后单击“确定”按钮。

然后再拨号 VPN 服务器，成功后从 VPN 状态中可以看到 VPN 连接的详细信息。

7.4 利用 H3C MSR 系列路由器实现 GRE VPN

企业总部和分部分别通过 H3C MSR 系列路由器接入 Internet，但总部和分部都只有一个公网 IP 地址，因为办公需要，企业总部和分部的内部计算机需要能够互相通信访问，网络管理员小王该如何进行配置操作？

【任务分析】

网络管理员小王分别在企业总部和分部的出口路由器 RT3 和 RT1 上进行 GRE VPN 配置，最终使得分部远程办公室主机（RT1 的 LO0 模拟）能够与总部内网服务器（RT3 的 LO0 模拟）互相通信。任务拓扑如图 7-4-1 所示。

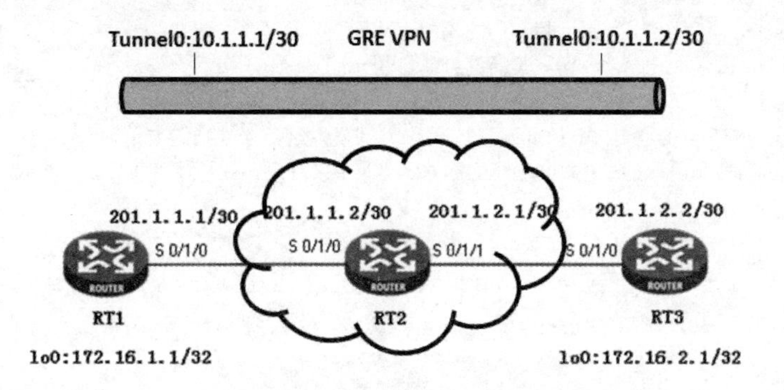

图 7-4-1 GRE VPN 网络拓扑

【任务操作步骤】

（1）路由器 RT1 的配置

```
<RT1>system-view
[RT1]interface Serial 0/1/0
[RT1-Serial0/1/0]ip address 201.1.1.1 255.255.255.252
[RT1-Serial0/1/0]quit
[RT1]interface LoopBack 0        //进入回环接口
[RT1-LoopBack0]ip address 172.16.1.1 255.255.255.255
[RT1-LoopBack0]quit
[RT1]interface Tunnel 0          //进入隧道口
[RT1-Tunnel0]ip address 10.1.1.1 255.255.255.252
[RT1-Tunnel0]tunnel-protocol gre        //隧道封装协议为 GRE
[RT1-Tunnel0]source 201.1.1.1           //封装后的包的源地址
[RT1-Tunnel0]destination 201.1.2.2      //封装后的包的目的地址
[RT1-Tunnel0]quit
[RT1]ip route-static 0.0.0.0 0.0.0.0 201.1.1.2                 //设置默认路由，指向 ISP
[RT1]ip route-static 172.16.2.0 255.255.255.0 Tunnel 0    //所有到 172.16.2.0 网段的数据从 Tunnel 0 走
```

（2）路由器 RT2 的配置

```
<RT2>system-view
[RT2]interface Serial 0/1/0
[RT2-Serial0/1/0]ip address 201.1.1.2 255.255.255.252
[RT2-Serial0/1/0]quit
[RT2]interface Serial 0/1/1
[RT2-Serial0/1/0]ip address 201.1.2.1 255.255.255.252
[RT2-Serial0/1/0]quit
```

（3）路由器 RT3 的配置

```
<RT3>system-view
[RT3]interface Serial 0/1/0
[RT3-Serial0/1/0]ip address 201.1.2.2 255.255.255.252
[RT3-Serial0/1/0]quit
[RT3]interface LoopBack 0               //进入回环接口
[RT3-LoopBack0]ip address 172.16.2.1 255.255.255.255
[RT3-LoopBack0]quit
[RT3]interface Tunnel 0                 //进入隧道口
[RT3-Tunnel0]ip address 10.1.1.2 255.255.255.252
[RT3-Tunnel0]tunnel-protocol gre        //隧道封装协议为 GRE
[RT3-Tunnel0]source 201.1.2.2           //封装后的包的源地址
[RT3-Tunnel0]destination 201.1.1.1      //封装后的包的目的地址
[RT3-Tunnel0]quit
[RT3]ip route-static 0.0.0.0 0.0.0.0 201.1.2.1                 //设置默认路由，指向 ISP
[RT3]ip route-static 172.16.1.0 255.255.255.0 Tunnel 0    //所有到 172.16.1.0 网段的数据从 Tunnel 0 走
```

（4）检查 RT1 的路由表

```
<RT1>dis ip routing-table
Routing Tables: Public
        Destinations : 10        Routes : 10

Destination/Mask    Proto   Pre  Cost        NextHop         Interface
```

```
0.0.0.0/0          Static 60   0     201.1.1.2     S0/1/0
10.1.1.0/30        Direct 0    0     10.1.1.1      Tun0
10.1.1.1/32        Direct 0    0     127.0.0.1     InLoop0
127.0.0.0/8        Direct 0    0     127.0.0.1     InLoop0
127.0.0.1/32       Direct 0    0     127.0.0.1     InLoop0
172.16.1.1/32      Direct 0    0     127.0.0.1     InLoop0
172.16.2.0/24      Static 60   0     10.1.1.1      Tun0
201.1.1.0/30       Direct 0    0     201.1.1.1     S0/1/0
201.1.1.1/32       Direct 0    0     127.0.0.1     InLoop0
201.1.1.2/32       Direct 0    0     201.1.1.2     S0/1/0
//以上表明 RT1 已经学习到总部内部网络的路由，路由的下一跳为隧道的接口地址
```

（5）检查 PC1 与 PC2 连通情况

测试远程办公室主机（RT1 的 LO0 模拟）与总部内网服务器（RT3 的 LO0 模拟）的连通情况，结果显示可以 Ping 通。

知识链接

GRE（Generic Routing Encapsulation）又称通用路由封装。GRE Tunnel 是一种非常简单的VPN，其基本思路是 VPN 网关把发往对方的数据包在网络边界重新进行封装，然后通过Internet将数据包发送到目标站点的对等 VPN 网关，这个过程也就是把一个私网的数据包封装在一个公网的数据包中。

假设计算机发送的数据包的源 IP 地址为 192.168.1.1，目的 IP 地址为 192.168.2.2，VPN 网关把数据包重新封装，新的源 IP 为隧道这一端的公网地址，目的 IP 为隧道另一端的公网地址。对方收到数据包后剥离报头，复原出原来的数据包，然后向其私有网络内的目标主机传递数据包。这样私网的数据包就穿过了公网，到达另一私网。

7.5　IPSec VPN 的配置

通过 GRE VPN 方式使得企业总部和分部的内部计算机能够互相通信访问，但其安全性不够。企业希望进一步提高 VPN 访问的安全性，网络管理员小王该如何进行配置操作？

7.5.1　配置 IPSec VPN

【任务分析】

由于 GRE VPN 在 Internet 上传输数据非常不安全，所以网络管理员小王分别在企业总部和分部出口路由器 R3 和 R1 上进行 IPSec VPN 配置，最终使得分部远程办公室主机 PC0 能够与总部内网服务器 Server 更加安全、稳定地互相通信。任务拓扑如图 7-5-1 所示。

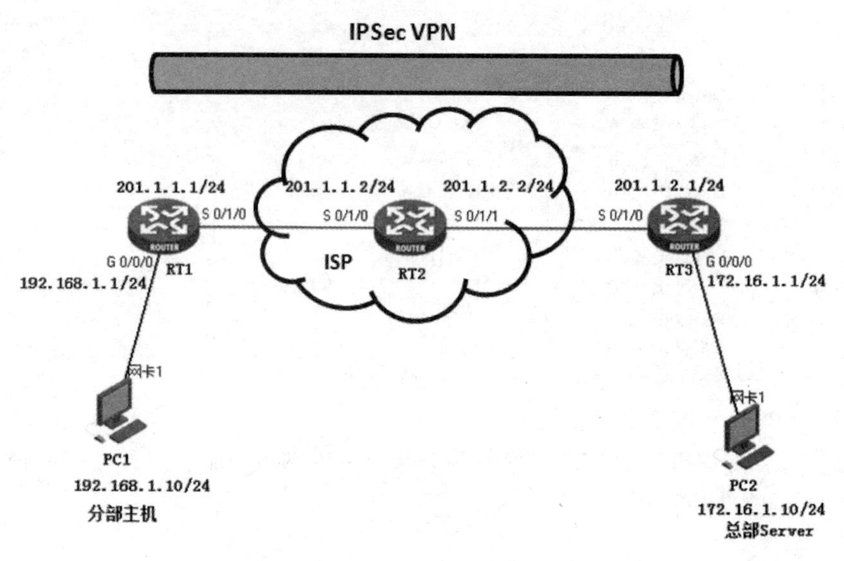

图 7-5-1　IPSec VPN 网络拓扑

【任务操作步骤】

（1）路由器 RT1 的配置

```
<RT1>system-view
[RT1]acl number 3001    //创建高级访问控制 3001
[RT1-acl-adv-3001]rule 10 deny ip source 192.168.1.0 0.0.0.255 destination 172.16.1.0 0.0.0.255    //创建规则 10，禁止192.168.1.0 网段访问 172.16.1.0 网段
[RT1-acl-adv-3001]rule 20 permit ip                //创建规则 20，允许所有通过
[RT1-acl-adv-3001]quit
[RT1]nat address-group 1 201.1.1.1 201.1.1.1        //配置地址池
[RT1]interface Serial 0/1/0
[RT1-Serial0/1/0]nat outbound 3001 address-group 1        //配置网络地址转换
[RT1-Serial0/1/0]quit
[RT1]ip route-static 0.0.0.0 0.0.0.0 201.1.1.2                //添加静态路由
[RT1]acl number 3002
[RT1-acl-adv-3002]rule 0 permit ip source 192.168.1.0 0.0.0.255 destination 172.16.1.0 0.0.0.255
[RT1-acl-adv-3002]rule 5 deny ip
[RT1-acl-adv-3002]quit
[RT1]ipsec proposal tran1                                    //创建安全提议 tran1
[RT1-ipsec-proposal-tran1]encapsulation-mode tunnel          //选择工作模式为隧道模式
[RT1-ipsec-proposal-tran1]transform esp                      //选择安全协议为 ESP
[RT1-ipsec-proposal-tran1]esp encryption-algorithm des       //设置 ESP 协议的加密算法为 des
[RT1-ipsec-proposal-tran1]esp authentication-algorithm sha1  //设置 ESP 协议的验证算法为 sha1
[RT1-ipsec-proposal-tran1]quit
[RT1]ike peer peer1                                          //创建一个 IKE 对等体
[RT1-ike-peer-peer1]pre-shared-key 123                       //配置预共享密钥验证的密钥
[RT1-ike-peer-peer1]remote-address 201.1.2.1                 //配置对端安全网关的 IP 地址
[RT1-ike-peer-peer1]quit
[RT1]ipsec policy map1 10 isakmp                             //创建一个安全策略
[RT1-ipsec-policy-isakmp-map1-10]security acl 3002           //配置安全策略引用 ACL
[RT1-ipsec-policy-isakmp-map1-10]ike-peer peer1              //配置安全策略引用的 IKE 对等体
```

```
[RT1-ipsec-policy-isakmp-map1-10]proposal tran1                //配置安全策略所引用的安全提议
[RT1-ipsec-policy-isakmp-map1-10]quit
[RT1]interface Serial 0/1/0
[RT1-Serial0/1/0]ip address 201.1.1.1 255.255.255.0
[RT1-Serial0/1/0]ipsec policy map1                             //在接口上应用安全策略
[RT1-Serial0/1/0]quit
[RT1]interface GigabitEthernet 0/0/0
[RT1-GigabitEthernet0/0/0]ip address 192.168.1.1 255.255.255.0
[RT1-GigabitEthernet0/0/0]quit
```

（2）路由器 RT2 的配置

```
<RT2>system-view
[RT2]interface Serial 0/1/0
[RT2-Serial0/1/0]ip address 201.1.1.2 255.255.255.0
[RT2-Serial0/1/0]quit
[RT2]interface Serial 0/1/1
[RT2-Serial0/1/0]ip address 201.1.2.2 255.255.255.0
[RT2-Serial0/1/0]quit
```

（3）路由器 RT3 的配置

```
<RT3>system-view
[RT3]acl number 3001    //创建高级访问控制 3001
[RT3-acl-adv-3001]rule 10 deny ip source 172.16.1.0 0.0.0.255 destination 192.168.1.0 0.0.0.255    //创建规则 10，禁止172.16.1.0 网段访问 192.168.1.0 网段
[RT3-acl-adv-3001]rule 20 permit ip                          //创建规则 20，允许所有通过
[RT3-acl-adv-3001]quit
[RT3]nat address-group 1 201.1.2.1 201.1.2.1                 //配置地址池
[RT3]interface Serial 0/1/0
[RT3-Serial0/1/0]nat outbound 3001 address-group 1           //配置网络地址转换
[RT3-Serial0/1/0]quit
[RT3]ip route-static 0.0.0.0 0.0.0.0 201.1.2.2               //添加静态路由
[RT3]acl number 3002
[RT3-acl-adv-3002]rule 0 permit ip source 172.16.1.0 0.0.0.255 destination 192.168.1.0 0.0.0.255
[RT3-acl-adv-3002]rule 5 deny ip
[RT3-acl-adv-3002]quit
[RT3]ipsec proposal tran1                                     //创建安全提议 tran1
[RT3-ipsec-proposal-tran1]encapsulation-mode tunnel           //选择工作模式为隧道模式
[RT3-ipsec-proposal-tran1]transform esp                       //选择安全协议为 ESP
[RT3-ipsec-proposal-tran1]esp encryption-algorithm des        //设置 ESP 协议的加密算法为 des
[RT3-ipsec-proposal-tran1]esp authentication-algorithm sha1   //设置 ESP 协议的验证算法为 sha1
[RT3-ipsec-proposal-tran1]quit
[RT3]ike peer peer1                                           //创建一个 IKE 对等体
[RT3-ike-peer-peer1]pre-shared-key 123                        //配置预共享密钥验证的密钥
[RT3-ike-peer-peer1]remote-address 201.1.1.1                  //配置对端安全网关的 IP 地址
[RT3-ike-peer-peer1]quit
[RT3]ipsec policy map1 10 isakmp                              //创建一个安全策略
[RT3-ipsec-policy-isakmp-map1-10]security acl 3002            //配置安全策略引用 ACL
[RT3-ipsec-policy-isakmp-map1-10]ike-peer peer1               //配置安全策略引用的 IKE 对等体
[RT3-ipsec-policy-isakmp-map1-10]proposal tran1               //配置安全策略所引用的安全提议
[RT3-ipsec-policy-isakmp-map1-10]quit
[RT3]interface Serial 0/1/0
[RT3-Serial0/1/0]ip address 201.1.2.1 255.255.255.0
```

```
[RT3-Serial0/1/0]ipsec policy map1                          //在接口上应用安全策略
[RT3-Serial0/1/0]quit
[RT3]interface GigabitEthernet 0/0/0
[RT3-GigabitEthernet0/0/0]ip address 172.16.1.1 255.255.255.0
[RT3-GigabitEthernet0/0/0]quit
```

（4）显示所配置的安全策略信息

```
<RT3> dis ipsec policy brief
IPsec-Policy-Name     Mode     acl     ike-peer name     Mapped Template
------------------------------------------------------------------------
map1-10               isakmp   3002    peer1

IPsec-Policy-Name     Mode     acl            Local-Address   Remote-Address
------------------------------------------------------------------------
```

（5）显示 ISAKMP SA 的信息

```
<RT3>dis ike sa
    total phase-1 SAs:  1
    connection-id  peer              flag          phase   doi
  ------------------------------------------------------------
      3            201.1.1.1     RD                1       IPSec
      4            201.1.1.1     RD                2       IPSec

  flag meaning
  RD--READY ST--STAYALIVE RL--REPLACED FD--FADING TO--TIMEOUT
```

（6）测试分部主机与总部 Server 之间的联通性

分部主机 PC1 可以 Ping 通总部 Server 主机 PC2。

7.5.2 IPSec VPN 概述

采用 GRE Tunnel VPN 技术的一个重要问题是数据包在 Internet 上传输是不安全的。IPSec VPN 使用先进的加密技术和隧道在 Internet 上建立安全的端到端私有网络。

IPSec VPN 的基础是数据机密性、数据完整性和身份验证。

1. 数据机密性

一个常见的安全性考虑是防止窃听者截取数据。数据机密性旨在防止消息的内容被未经身份验证或未经授权的来源拦截。VPN 利用封装和加密机制来实现机密性，常用算法有 DES、3DES 和 AES。

2. 数据完整性

数据完整性确保数据在源主机和目的主机之间传送时不被篡改。VPN 通常使用哈希来确保数据完整性，哈希类似于校验或封印，但更可靠，它可以确保没有人更改过数据内容。常用的算法有 MD5 和 SHA。

3. 身份验证

身份验证确保消息来自真实来源，并传送到真实目的地。用户可以通过用户标识确信与其通信的一方正是其所认为的那一方。常用的方法有预共享密钥和数字证书等。

IPSec 通过 AH 和 ESP 这两个安全协议来实现上述目标，并且还可以通过 IKE 为 IPSec 提供自动协商交换密钥、建立和维护安全联盟的服务，以简化 IPSec 的使用和管理。

（1）AH（Authentication Header，报文头验证协议），使用较少，可以同时提供数据完整性确认、数据来源确认、防重放等安全特性，但 AH 并不加密所保护的数据包。AH 常用摘要算法（单向 Hash 函数）MD5 和 SHA1 可实现该特性。

（2）ESP（Encapsulating Security Payload，封装安全载荷协议），使用较广，可以同时提供数据完整性确认、数据加密、防重放等安全特性。ESP 通常使用 DES、3DES、AES 等加密算法实现数据加密，使用 MD5 或 SHA1 来实现数据完整性。

为什么 AH 使用的较少呢？因为 AH 无法提供数据加密，所有数据在传输时以明文传输，而 ESP 提供数据加密；其次 AH 因为提供数据来源确认（源 IP 地址一旦改变，AH 校验失败），所以无法穿越 NAT。当然，IPSec 在极端的情况下可以同时使用 AH 和 ESP 实现最完整的安全特性，但是此种方案并不多见。

（3）IKE（Internet Key Exchange，Internet 密钥交换协议），是 IPSec 默认的安全密钥协商方法。IKE 通过一系列报文交换为两个实体（如网络终端或网关）进行安全通信派生会话密钥。

IKE 建立在 Internet 安全关联和密钥管理协议（ISAKMP）定义的一个框架之上。IKE 是 IPSec 目前正式确定的密钥交换协议，IKE 为 IPSec 的 AH 和 ESP 协议提供密钥交换管理和 SA 管理，同时也为 ISAKMP 提供密钥管理和安全管理。

（4）SA（Security Association，安全关联）是构成 IPSec 的基础，是两个通信实体经协商建立起来的一种协定，它们决定了用来保护数据包安全的安全协议（AH 协议或者 ESP 协议）、转码方式、密钥及密钥的有效存在时间等。

7.5.3　IPSec VPN 配置的一般步骤

本小节我们学习如何使用 IKE 实现 ISAKMP 协议来保证安全的 VPN 配置。整个配置过程大致有以下几个步骤。

1. 配置安全 ACL

```
[RT1]acl number acl-number
```

2. 配置安全提议

（1）创建安全提议

```
[RT1]ipsec proposal proposal-name
```

（2）选择工作模式

```
[RT1-ipsec-proposal-tran1] encapsulation-mode {transport|tunnel}
```

（3）选择安全协议

```
[RT1-ipsec-proposal-tran1]transform {ah|ah-esp|esp}
```

（4）选择 ESP 协议采用的加密算法

```
[RT1-ipsec-proposal-tran1]esp encryption-algorithm {3des|des|aes}
```

（5）选择 ESP 协议验证的算法

```
[RT1-ipsec-proposal-tran1]esp authentication-algorithm {3des|des|aes}
```

3. 配置 IKE

（1）创建一个 IKE 对等体

```
[RT1]ike peer peer-name
```

（2）配置采用预共享密钥验证时所用的密钥

```
[RT1-ike-peer-peer1]pre-shared-key [cipher|simple] key
```

（3）配置对端安全网关的 IP 地址

```
[RT1-ike-peer-peer1]remote-address low-ip-address [high-ip-address]
```

4．配置安全策略

（1）创建一条安全策略

```
[RT1]ipsec policy policy-name seq-number isakmp
```

（2）配置安全策略引用的 ACL

```
[RT1-ipsec-policy-isakmp-map1-10]security acl acl-number
```

（3）配置安全策略所引用的安全提议

```
[RT1-ipsec-policy-isakmp-map1-10]proposal proposal-name&<1-6>
```

（4）配置安全策略所引用的 IKE 对等体

```
[RT1-ipsec-policy-isakmp-map1-10]ike-peer peer-name
```

5．在接口上应用安全策略

```
[RT1-Serial0/1/0]ipsec policy policy-name
```

6．IPSec 的信息显示与调试维护

```
[RT1]display ipsec policy [brief|name policy-name [seq-number]]
```

7.6 创建 VPN 实验环境

企业可以通过 VPN 技术在互联网中通过创建私有网络来提供机密性和安全性的保障。VPN 的实现需要 Internet 环境，在 VPN 教学过程中可能没有 Internet 环境，我们可以通过利用 Windows Server 2008 或利用 Cisco 模拟器来实现 VPN 实验环境的搭建。

7.6.1 利用 Windows Server 2008 实现

我们将用 VMware Workstation 10.0.1 搭建两台 Windows Server 2008 虚拟机。两台虚拟机构成企业内部网络环境，宿主主机作为外网中的 VPN 客户端。

其中一台 Windows Server 2008 虚拟机 1 作为 VPN 服务器，另外一台 Windows Server 2008 虚拟机 2 作为内部网络中 OA 服务器或标准证书（CA）服务器，如图 7-6-1 所示。

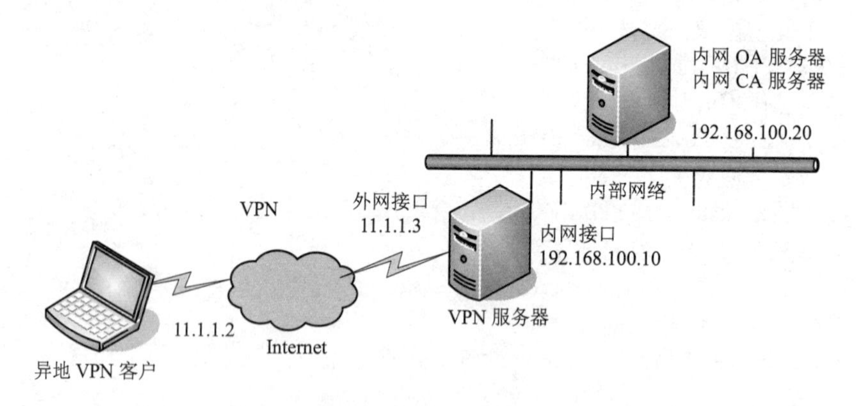

图 7-6-1 利用 Windows Server 2008 实现 VPN 技术的网络拓扑

利用 VMware Workstation 6.5 新建 Team，将虚拟机 1 和虚拟机 2 的相应网卡连接到虚拟交换机 LAN1 上，如图 7-6-2、图 7-6-3 所示。

1．宿主主机（VPN 客户机）配置

将宿主主机两块虚拟网卡 VMnet1 和 VMnet8 禁用，将其本地连接以太网卡配置为 IP 地址 11.1.1.2/24，网关 11.1.1.1，如图 7-6-4、图 7-6-5 所示。

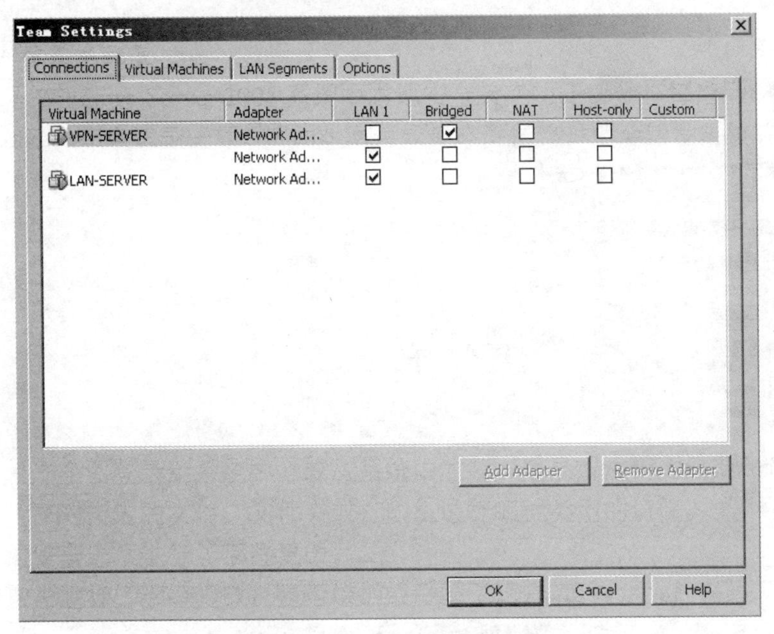

图 7-6-2　Team 中添加虚拟网卡

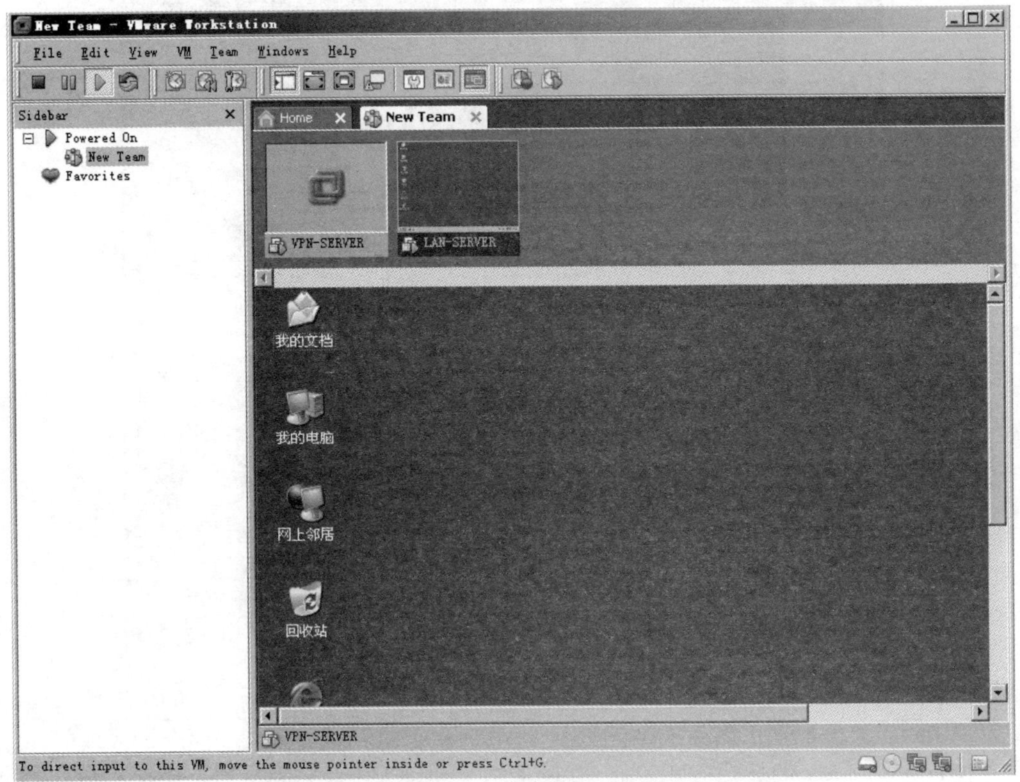

图 7-6-3　Team 创建成功

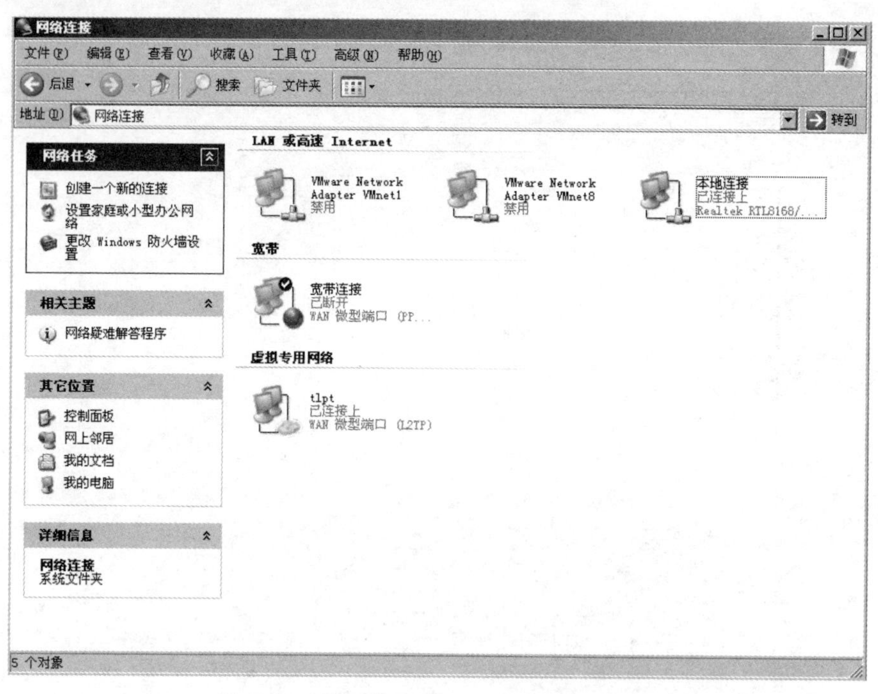

图 7-6-4　禁用宿主主机 VMnet1 和 VMnet8

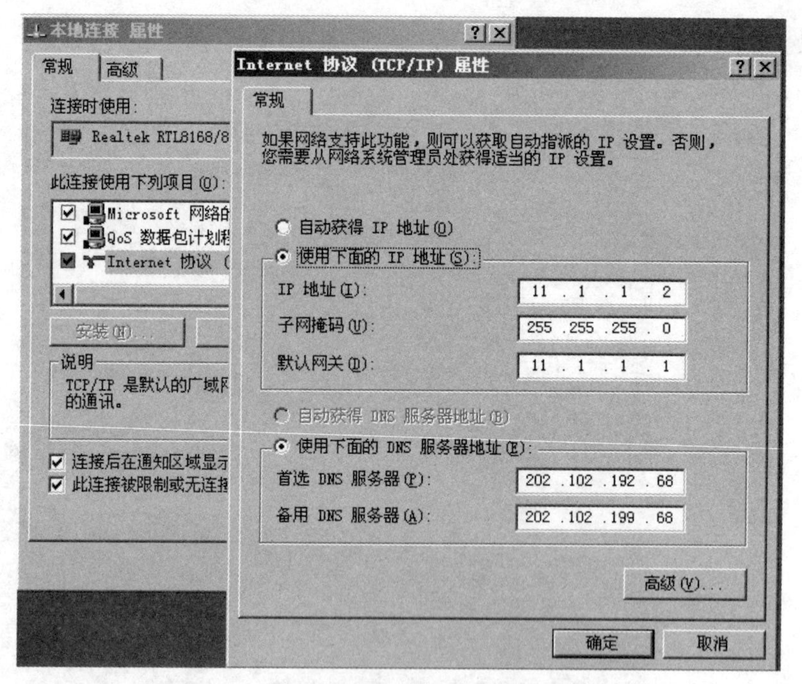

图 7-6-5　宿主主机本地以太网卡 TCP/IP 配置

2. VPN 服务器配置（虚拟机 1 配置）

在拥有一块网卡 1 的基础上再添加一块网卡 2，并将网卡 1 命名为 WAN，网卡 2 命名为 LAN。网卡 1（WAN）连接模式配置成桥接（Bridge），如图 7-6-6 所示。

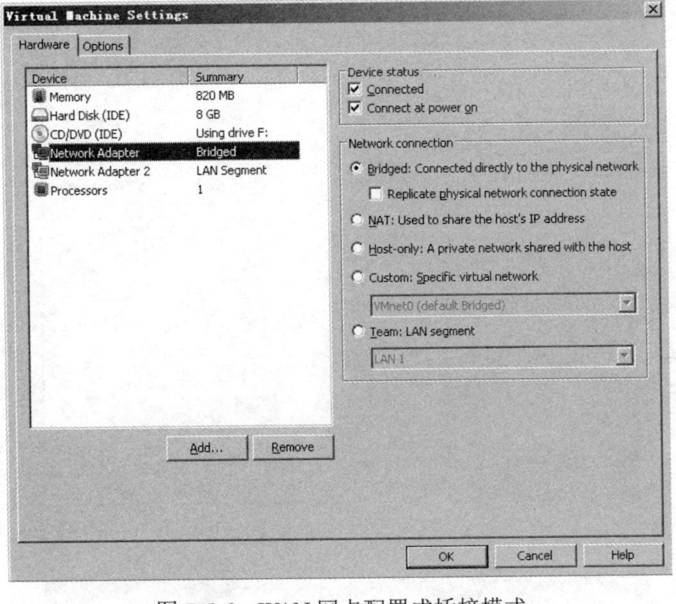

图 7-6-6　WAN 网卡配置成桥接模式

网卡 2（LAN）连接模式配置成 Team LAN1，如图 7-6-7 所示。

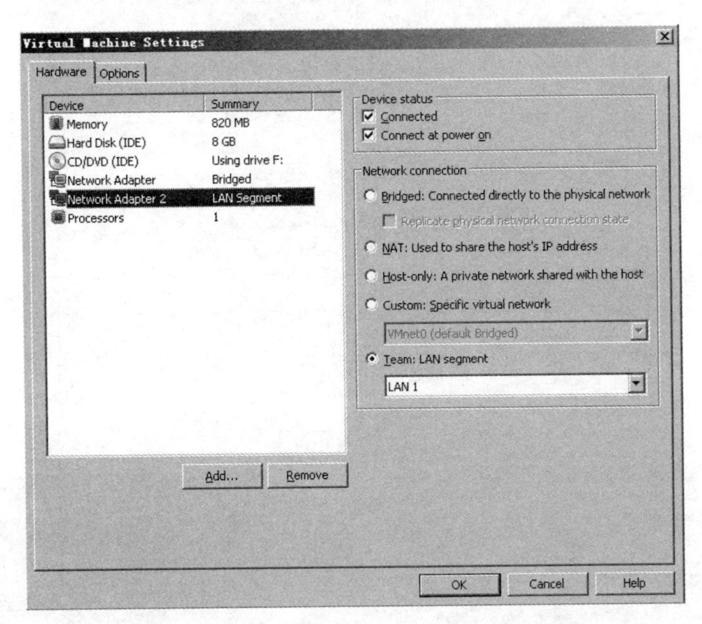

图 7-6-7　LAN 网卡配置成 Team LAN1 模式

网卡 1（WAN）TCP/IP 配置为 IP 地址 11.1.1.3/24，网关 1.1.1.1，如图 7-6-8 所示。

网卡 2（LAN）TCP/IP 配置为 IP 地址 192.168.100.10/24，网关不做配置，如图 7-6-9 所示。

3. 内网 OA 服务器/CA 服务器配置（虚拟机 2 配置）

内网 OA 服务器/CA 服务器（虚拟机 2）中网卡连接模式配置成 Team LAN1。网卡 TCP/IP 配置为 IP 地址 192.168.100.20/24，网关不做配置，如图 7-6-10、图 7-6-11 所示。

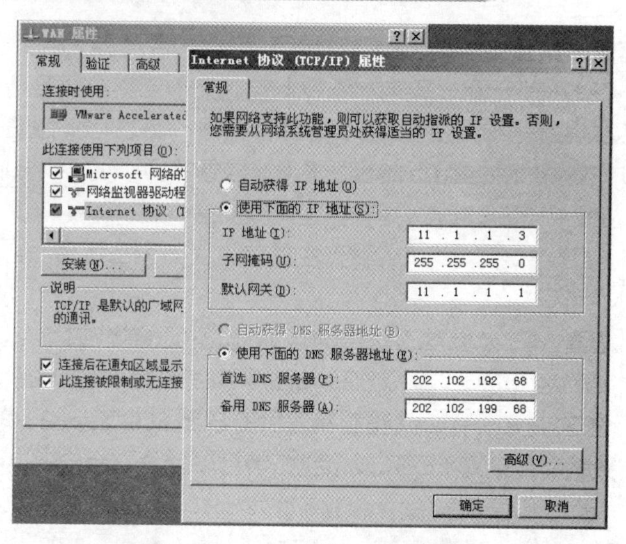

图 7-6-8　WAN 网卡 TCP/IP 配置

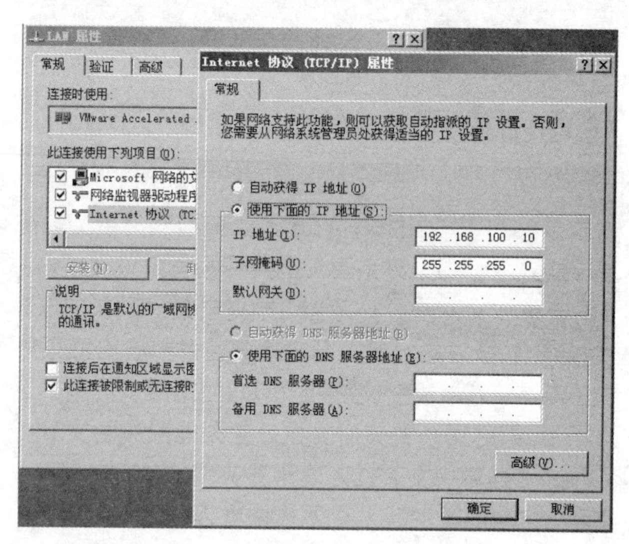

图 7-6-9　LAN 网卡 TCP/IP 配置

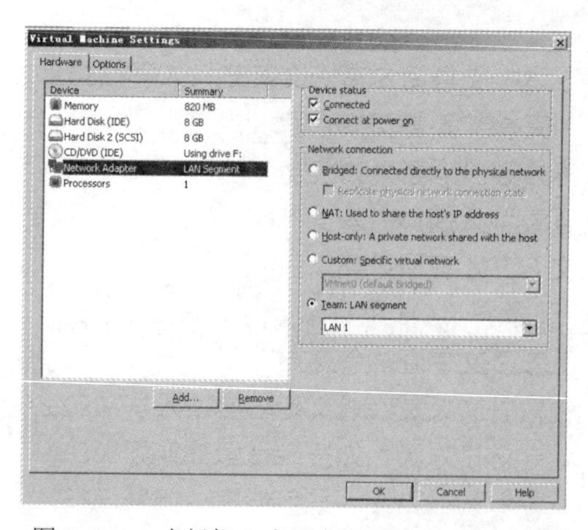

图 7-6-10　虚拟机 2 中网卡配置成 Team LAN1

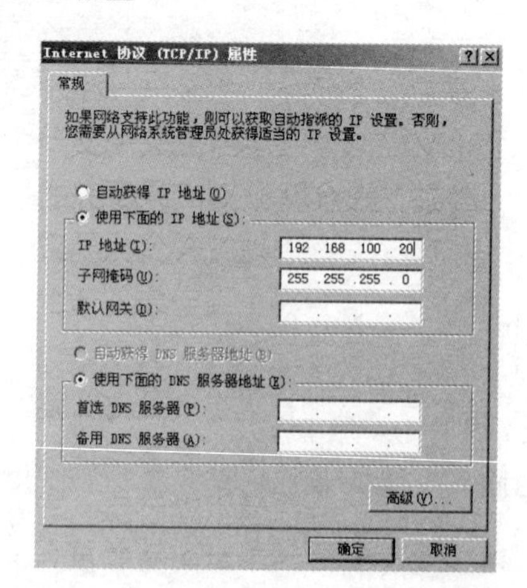

图 7-6-11　虚拟机 2 中网卡 TCP/IP 配置

7.6.2 利用 H3C 模拟器实现

利用 LITO 模拟器软件（V1.4.4 版本）搭建实训环境，如图 7-6-12、图 7-6-13 所示。

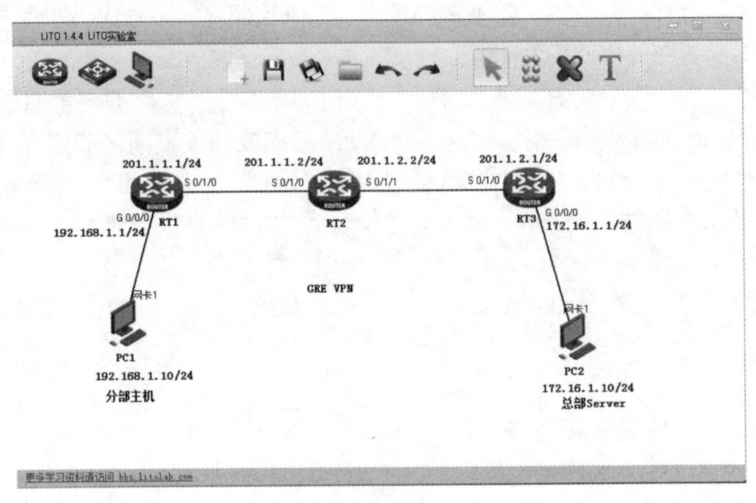

图 7-6-12 GRE VPN 组建

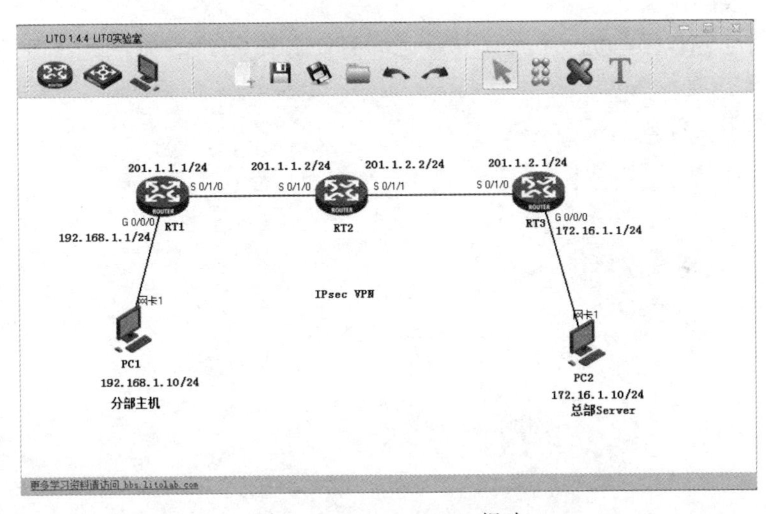

图 7-6-13 IPSec VPN 组建

习题七

一、填空题

1．VPN 实现在__________网络上构建私人专用网络。

2．__________指的是利用一种网络协议传输另一种网络协议，也就是对原始网络信息进行再次封装，并在两个端点之间通过公共互联网络进行路由，从而保证网络信息传输的安全性。

3．CA 指的是__________。

二、选择题

1．L2TP 工作在 OSI 的（　　）。

A．物理层　　B．数据链路层　　C．网络层　　D．传输层

2．IPSec 是（　　）VPN 协议标准。

A．第一层　　B．第二层　　C．第三层　　D．第四层

3．IPSec 在任何通信开始之前，要在两个 VPN 节点或网关之间协商建立（　　）。

A．IP 地址　　B．协议类型　　C．端口　　D．安全联盟

4．（　　）是 IPSec 规定的一种用来自动管理 SA 的协议，包括建立、协商、修改和删除 SA 等。

A．IKE　　B．AH　　C．ESP　　D．SSL

三、简答题

1．什么是 VPN？它具有哪些特点？

2．VPN 如何保证安全？应用在哪些场合？

3．简述构建 VPN 的一般步骤。

4．L2TP 协议的优点是什么？

5．IPSec 协议包含哪些协议？各个协议之间有什么关系？

6．IKE 的作用是什么？

7．SA 的作用是什么？

单元 8 安全管理局域网

单元导读

如何有效地预防和检测来自 Internet 的黑客攻击和病毒入侵已经成为当今网络安全领域的重要课题，作为一名合格的网络管理员，必须要能敏锐、及时地发现和处理网络中特别是网络服务器中存在的系统漏洞和安全隐患，有效地抑制和防止黑客的非法攻击。本单元我们将学习 Windows Server 2008 用户账户安全管理、组策略安全管理、NTFS 文件系统安全管理、H3C 交换机基于端口的安全技术以及 ARP 攻击的防范等方面的知识和技能。

单元学习目的

- 使学生初步具备安全管理账户的能力
- 使学生初步具备管理组策略的能力
- 使学生初步具备 NTFS 文件系统安全管理的能力
- 使学生初步具备 H3C 交换机端口的安全管理能力
- 使学生初步具备防范 ARP 攻击的能力

学前基础要求

在开始学习本单元内容之前，学生必须完成下列模块的学习，具备下列知识基础。

- 管理局域网资源常识
- 交换机基本配置知识

单元学习要点

- Windows Server 2008 用户账户安全管理

- Windows Server 2008 组策略安全管理
- Windows Server 2008 文件系统安全管理
- H3C 交换机基于端口的安全技术
- ARP 攻击防范

某高校校园网不断发展，其开放性、共享性和互联程度越来越高，网络应用已经遍布校园内每一个角落，网络系统的安全与保密问题显得越来越重要。目前由于信息系统的脆弱性而导致的系统安全问题日益严重。网络管理员小刘该采取哪些措施应对校园网运行过程中遇到的各种各样的网络安全问题？

网络攻击事件频发，其根本原因在于操作系统、网络设备甚至网络协议本身存在着严重的安全漏洞。网络管理员小刘只有配置安全的服务器、安全的网络设备和安全的数据存储，同时借助于各种安全策略和手段，拒绝存在各种安全隐患的用户接入网络，督促普通用户采取安全的措施，只有这样才能有效地防范网络攻击威胁。

经过与用户交流（可由教师扮演用户角色），安全措施具体要求如下：

1. 保证服务器用户账户的安全。
2. 保证服务器文件系统的安全。
3. 保证网络设备（交换机、路由器）的安全传输数据。
4. ARP 攻击的防范。
5. 设备要求。

（1）Windows Server 2008 系统的服务器若干台。

（2）H3C S3600 系列交换机。

其他设备综合考虑功能需求和经济性方面的要求。

1. 在前期网络组建的基础上，规划网络安全机制。
2. 进行管理员账户的安全配置、用户账户的安全配置、组策略的安全配置、NTFS 权限配置、NTFS 压缩配置、NTFS 加密配置、Cisco 交换机基于端口的传输控制、ARP 欺骗的防范，加强网络安全管理。

8.1 Windows Server 2008 用户账户安全管理

通常情况下，非法获得系统账户是入侵网络系统的第一步，其目的是通过得到合法的系统账户从而获得更多未授权的网络资源；使用默认的管理员账号和采用安全性不高的密码，都会成为黑客破解工具的漏洞，从而进一步窃取管理员权限；超限或过大地授权也会使用户获得更多的网络资源访问的能力。所以针对用户账户的安全管理尤为重要。

局域网络中系统管理员账户拥有着系统中最高的权限，因此，管理员账户也成为了黑客的主要攻击目标。作为网络管理员，应该做好管理员账户的安全管理，避免账户及密码被破解或盗取。

8.1.1 更改 Administrator 账户名

由于 Administrator 账户是微软操作系统的默认管理员账户，建议将此账户重命名为其他名称，以增加非法入侵者对系统管理员账户探测的难度。

1. 更改独立计算机中 Administrator 账户名

当我们以 Administrator 管理员账户登录到本地独立计算机时，选择“开始”→“管理工具”→“计算机管理”，此时出现“计算机管理”窗口，在窗口中，依次展开“系统工具”→“本地用户和组”→“用户”，右击 Administrator，选择“重命名”选项，然后输入新的系统管理员名称，如图 8-1-1 所示。

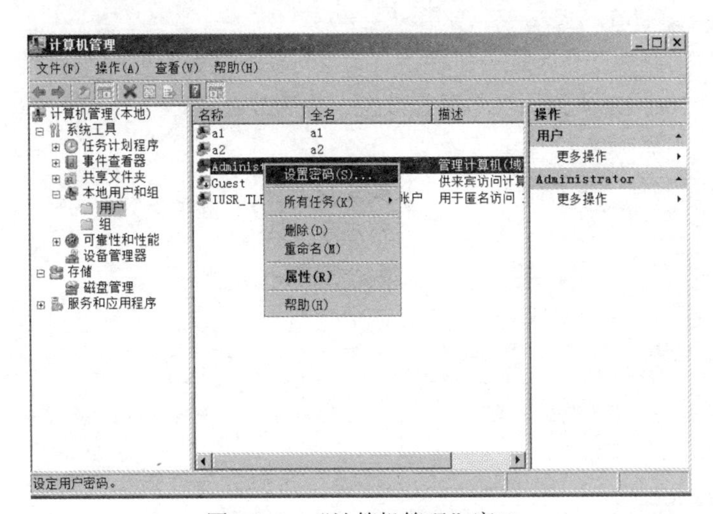

图 8-1-1 “计算机管理”窗口

2. 更改 Active Directory 控制器中 Administrator 账户名

域中所有用户账户都在域控制器的 Users 容器中，其中 Administrator 账户是整个域的超级管理员。当我们以 Administrator 管理员账户登录到域控制器时，选择“开始”→“管理工具”→“Active Directory 用户和计算机”，此时出现“Active Directory 用户和计算机”窗口，在窗口中，展开“域名”，选择 Users 选项。在 Users 容器中右击 Administrator，选择“重命名”选项，然后输入新的系统管理员名称，如图 8-1-2 所示。

3. 通过组策略更改 Administrator 账户名

通过 Windows 组策略设置可以在本地计算机或域控制器中更改 Administrator 账户名。

在本地计算机或域控制器中选择“开始”→“运行”，输入“gpedit.msc”，进入组策略编辑器控制台，依次展开“计算机配置”→“Windows 设置”→“安全设置”→“本地策略”→“安全选项”，如图 8-1-3 所示。在右侧窗口中双击“账户：重命名系统管理员账户”，然后重新命名系统管理员名称即可，如图 8-1-4 所示。

图 8-1-2 “Active Directory 用户和计算机”窗口

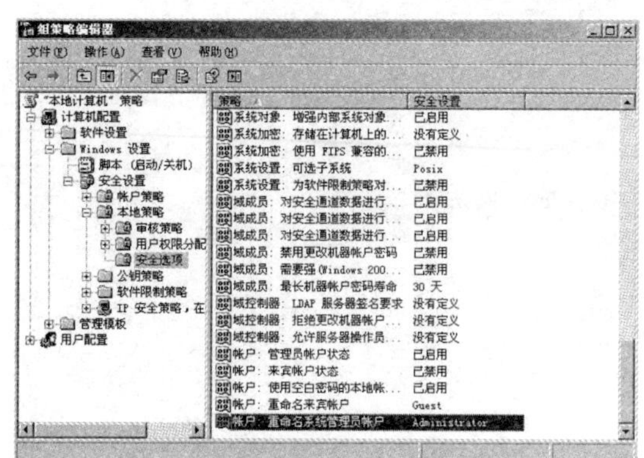

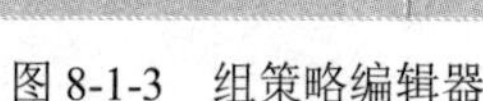
图 8-1-3 组策略编辑器

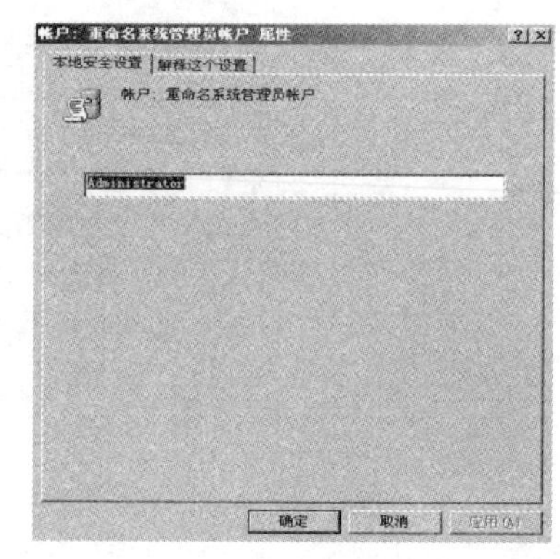

图 8-1-4 “账户：重命名系统管理员账户属性”对话框

8.1.2 禁用 Administrator 账户

如果更改 Administrator 账户名仍然达不到系统的安全需求，可以将 Administrator 账户禁用。然后使用其他管理员账户，执行计算机或网络的维护任务。

1．禁用独立计算机中的 Administrator 账户

登录到本地独立计算机时，选择“开始”→“管理工具”→“计算机管理”，此时出现“计算机管理”窗口，在窗口中，依次展开“系统工具”→“本地用户和组”→“用户”，右击 Administrator，选择“属性”选项，打开“Administrator 属性”对话框，选择“常规”选项卡，选中“账户已禁用”复选框，如图 8-1-5 所示。

2．禁用域控制器中的 Administrator 账户

以 Administrator 管理员账户登录到域控制器，选择“开始”→“管理工具”→“Active Directory 用户和计算机”，此时出现“Active Directory 用户和计算机”窗口，在窗口中，展开“域名”，选择 Users 选项，然后在 Users 容器中右击 Administrator，选择“属性”选项，打开“Administrator 属性”对话框，选择“账户”选项卡，在“账户选项”栏中选择“账户已禁用”，

如图 8-1-6 所示。

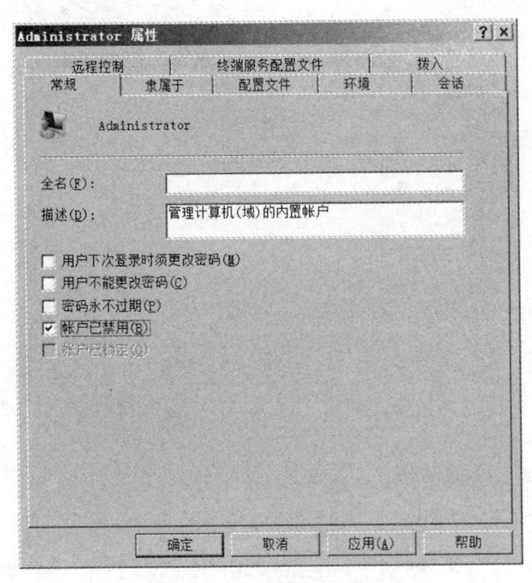

图 8-1-5 “常规”选项卡

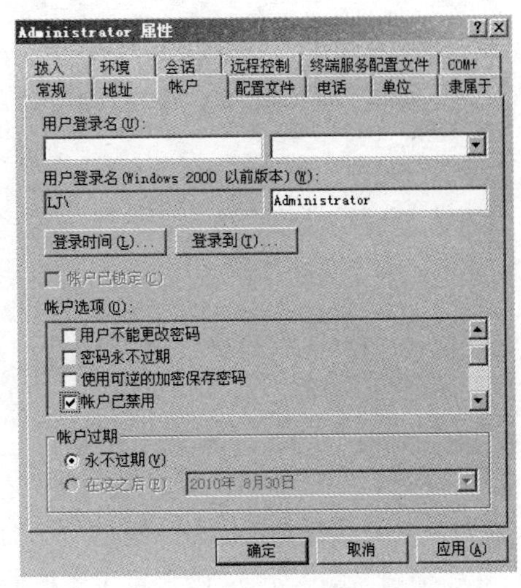

图 8-1-6 “账户”选项卡

8.1.3 减少 Administrators 组成员数量

Administrators 组可以执行计算机的维护任务，分配给该组的默认权限允许对整个系统进行完全控制。所以，只有受信任的人员才可成为该组的成员，减少 Administrators 组成员的数量可以有效地提高网络系统的安全。

1. 减少独立计算机中 Administrators 组成员数目

选择“开始”→“管理工具”→“计算机管理”，此时出现“计算机管理”窗口，在窗口中，依次展开“系统工具”→“本地用户和组”→“组”，然后在右侧窗口中，选择“Administrators”对象，出现“Administrators 属性”对话框，选择需要删除的管理员账户即可，如图 8-1-7 所示。

2. 减少域控制器中 Administrators 组成员数目

选择“开始”→“管理工具”→“Active Directory 用户和计算机”，此时出现“Active Directory 用户和计算机”窗口，在窗口中，展开“域名”，选择“Builtin”（内置组账户）选项，然后在右侧窗口中，选择“Administrators”对象，出现“Administrators 属性”对话框，选择“成员”选项卡。选择需要删除的管理员账户即可，如图 8-1-8 所示。

注意：其中“成员”选项中默认存在“Administrator”账户、“Domain Admins”组（指定的域管理员）、“Enterprise Admins”组（企业的指定系统管理员）。因此还应该控制“Domain Admins”组和“Enterprise Admins”组中成员的数量。

8.1.4 Administrator 账户口令设置

入侵者若想盗取系统内的重要数据信息或执行某项管理功能，就必须先获得管理员权限，即破解管理员账户密码。弱密码会使得攻击者易于破解而得以访问计算机和网络，而强密码则难以破解，即使是密码破解软件也难以办到。

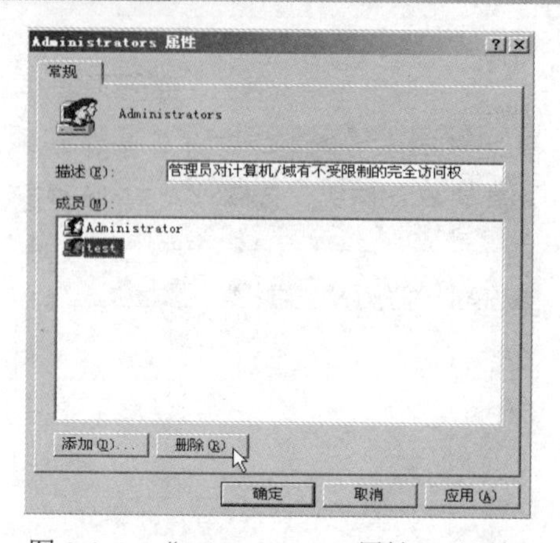

图 8-1-7 “Administrators 属性”对话框

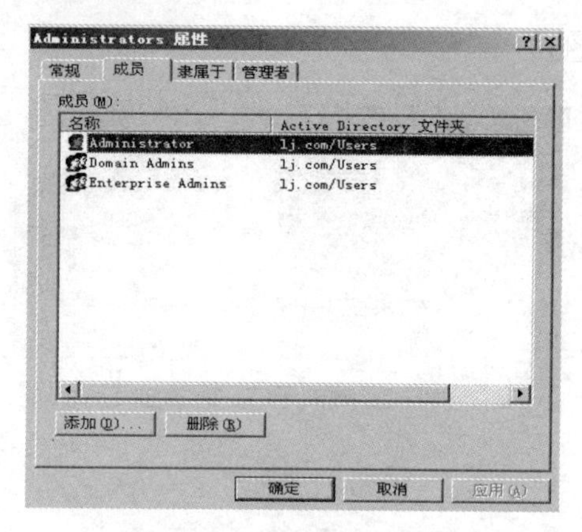

图 8-1-8 “成员”选项卡

密码破解软件采用的工作机制主要包括三种：巧妙猜测、词典攻击和自动尝试字符组合。从理论上说只要有足够的时间（例如一个穷举软件每秒钟可以重试 10 万次之多），使用这些方法可以破解任何账户密码，破解一个弱密码可能只需要几秒钟即可完成，但是要破解一个安全性较高的强密码则可能需要几个月甚至几年的时间。因此，系统管理员必须使用安全性较高的强密码，并且经常更改密码。

1．注意事项

（1）不能让账号名与密码相同。

（2）不要使用用户自己的姓名。

（3）不要使用英文词组。

（4）不要使用特定意义的日期。

（5）不要使用简单的密码。

2．安全密码原则

（1）用户密码应包含英文字母的大小写、数字、可打印字符，甚至是非打印字符，将这些符号排列组合使用，以期达到最好的保密效果。

（2）用户密码不要太规则，不要将用户姓名、生日和电话号码作为密码。

（3）密码长度设置时遵循 7 位或 14 位的整数倍原则。

（4）在通过网络验证密码过程中，不得以明文方式传输，以免被监听截取。

（5）密码不得以明文方式存放在系统中，确保密码以加密的形式写在硬盘上，且包含密码的文件是只读的。

（6）密码应定期修改，以避免重复使用旧密码。

（7）建立账号锁定机制。一旦同一账号密码校验错误若干次即断开连接并锁定该账户，经过一段时间才能解锁。

（8）由网络管理员设置一次性密码机制，用户在下次登录时必须更换新的密码。

3．强密码设置

早期的 Windows Server 2000 网络中，对密码是没有强制要求的。甚至 Windows Server 2008 系统都可以允许管理员账户不设置密码，不同的是管理员可以通过配置账户安全策略，提高用户账户密码的安全性。

强密码具有下列特征：

（1）长度至少有 7 个字符。

（2）不包含用户的生日、电话、用户名、真实姓名或公司名等。

（3）不包含完整的字典词汇。

（4）包含全部下列 4 组字符类型。大写字母（A、B、……、Z）、小写字母（a、b、……、z）、数字（0～9）、非字母字符（键盘上所有未定义为字母和数字的字符，如～、!、#、￥、%等）。

8.1.5 本地安全数据库配置

本地安全数据库用来存储本地计算机中的用户账户、组账户和其他安全信息。在工作组模式的网络中，当用户要求登录或访问某计算机的资源时，需要提供用户名及密码，并由该计算机的本地安全数据库对其登录的身份以及资源的访问权限进行验证。

1. 加密本地安全数据库

本地安全数据库保存在“%systemroot%\system32\config\”目录下的 SAM 文件中，保护该文件的安全，也就间接保护了管理员账户的安全，通常情况下可以通过加密方式实现。Syskey 是 Windows 系统内置的账户数据库加密专用工具，经过其对 SAM 文件加密后，即使入侵者窃取了 SAM 文件也无法获得其中的用户名和密码信息。主要操作过程如下：

步骤 1：单击“开始”→“运行”，在对话框中输入“syskey”，单击“确定”按钮，提示如图 8-1-9 所示的“保证 Windows 账户数据库的安全”对话框。系统默认选择“启用加密”单选按钮，即始终对 SAM 文件实行加密。单击“确定”按钮，即可对 SAM 文件进行二次加密。

步骤 2：单击“更新”按钮，出现如图 8-1-10 所示的“启动密码”对话框，系统默认选择“系统产生的密码”单选按钮。如果希望需要密码才能启动 Windows 操作系统，则可以选择“密码启动”按钮，设置一个安全性较高的密码。

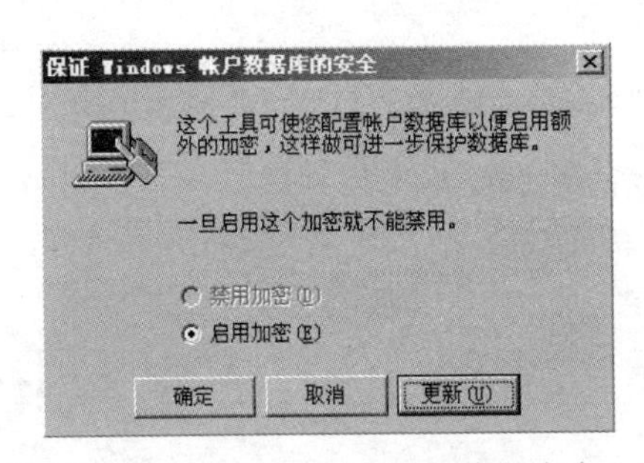

图 8-1-9 “保证 Windows 账户数据库的安全”对话框

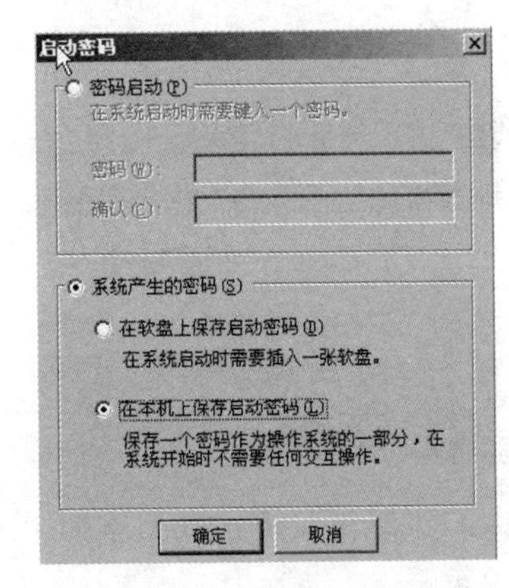

图 8-1-10 “启动密码”对话框

步骤 3：单击“确定”按钮，显示“成功”对话框。

步骤 4：单击“确定”按钮，保存设置。

2. 删除备份账户数据库

安装 Windows Server 2008 后，会自动在“%systemroot%\repair\”目录下保存一份 SAM 文件的备份。为防止账户和密码等相关信息的泄露，需要删除该备份文件。

8.2 Windows Server 2008 组策略安全管理

8.2.1 组策略概述

说到组策略，就不得不提到注册表。注册表是 Windows 操作系统中保存系统、应用软件配置的数据库，随着 Windows 操作系统的功能越来越丰富，注册表里的配置项目也越来越多。很多配置都是可以自定义设置的，但这些配置发布在注册表的各个角落，如果是手工配置，可想是多么困难和繁杂。而组策略则将系统重要的配置功能汇集成各种配置模块，供管理人员直接使用，从而达到方便管理计算机的目的。

简单点说，组策略管理就是修改注册表中的配置。当然，组策略使用自己更完善的管理组织方法，可以对各种对象中的设置进行管理和配置，远比手工修改注册表方便、灵活，功能也更加强大。

组策略程序位于 C:\WINNT\SYSTEM32 中，文件名为 gpedit.msc，单击“开始”→“运行”命令，在“运行”对话框的“打开”栏中输入 gpedit.msc，然后单击“确定”按钮即可启动 Windows 组策略编辑器，如图 8-2-1 所示。

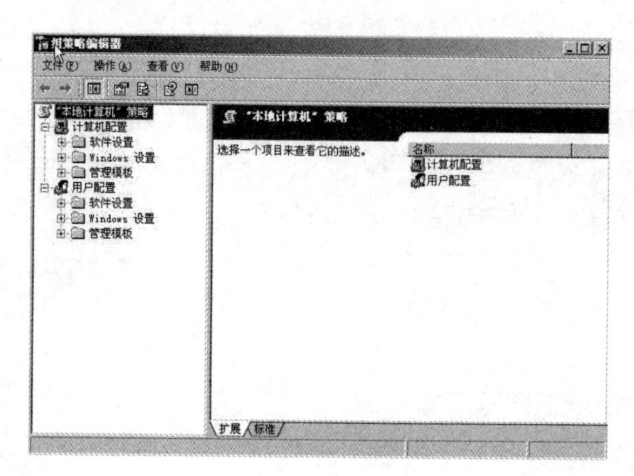

图 8-2-1　组策略编辑器

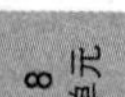

8.2.2 账户策略配置

账户策略主要用于限制本地用户账户或域用户账户的交互方式，其中包括密码策略和账户锁定策略。

8.2.2.1　密码策略配置

密码策略用于域或本地用户账户，确定密码设置，如图 8-2-2 所示。独立服务器默认禁用，而域控制器默认启用。其中包括：

1. 密码必须符合复杂性要求

如果启用此策略，密码必须符合下列最低要求：

（1）不能包含用户的账户名，不能包含用户姓名中超过两个连续字符的部分。

（2）至少有 6 个字符长。

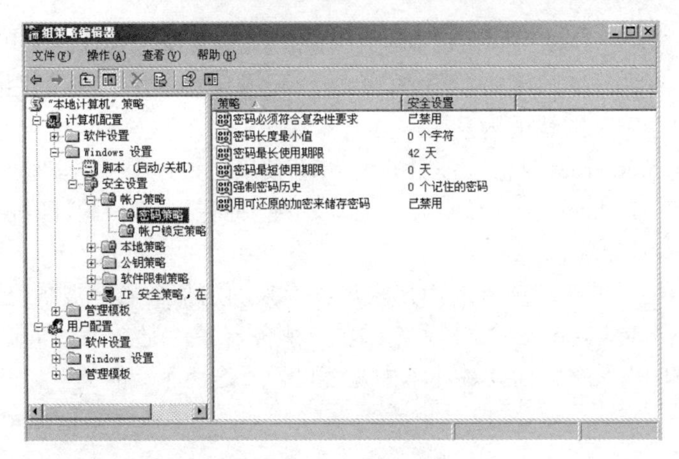

图 8-2-2　密码策略

（3）包含四类字符中的三类字符：英文大写字母（A～Z）；英文小写字母（a～z）；10 个基本数字（0～9）；非字母字符（例如!、$、#、%）。

（4）在更改或创建密码时执行复杂性要求。

2. 密码长度最小值

此安全设置确定用户账户密码包含的最少字符，可选范围为 1～14，如果直接设置为 0，则表示允许不设置密码。在 Windows Server 2003/2008 系统中，独立服务器的默认值为 0，而域控制器的默认值为 7。

3. 密码最长使用期限

此安全设置确定在系统要求用户更改某个密码之前可以使用该密码的期限（以天为单位）。可以将密码设置为在某些天数（介于 1～999 之间）后到期，或者将天数设置为 0，指定密码永不过期。如果密码最长使用期限介于 1～999 天之间，密码最短使用期限必须小于密码最长使用期限。如果将密码最长使用期限设置为 0，则可以将密码最短使用期限设置为介于 0～998 天之间的任何值。

注意：较好的安全操作是将密码设置为 30～90 天后过期，具体取决于系统环境。这样，攻击者用来破解用户密码以及访问网络资源的时间将受到限制。默认值为 42。

4. 密码最短使用期限

此安全设置确定在用户更改某个密码之前必须使用该密码一段时间（以天为单位）。可以设置一个介于 1～998 天之间的值，或者将天数设置为 0，允许立即更改密码。

密码最短使用期限必须小于密码最长使用期限，除非将密码最长使用期限设置为 0，指明密码永不过期。如果将密码最长使用期限设置为 0，则可以将密码最短使用期限设置为介于 0～998 之间的任何值。独立服务器上默认设置为 0，域控制器上默认值为 1。

5. 强制密码历史

此安全设置确定再次使用某个旧密码之前必须与某个用户账户关联的唯一新密码数。该值必须介于 0～24 个密码之间。此策略使管理员能够通过确保旧密码不被连续重新使用来增强安全性。独立服务器默认值为 0。域控制器默认值为 24。

6. 用可还原的加密来存储密码

使用此安全设置确定操作系统是否使用可还原的加密来存储密码。此策略为某些应用程序提供支持，这些应用程序使用的协议需要用户密码来进行身份验证。使用可还原的加密存储密码与存储纯文本密码在本质上是相同的。因此，除非应用程序需求比保护密码信息更重要，否则绝不要启用此策略，默认值为禁用。

通过远程访问或 Internet 身份验证服务（IAS）使用质询握手身份验证协议（CHAP）验证时需要设置此策略。在 Internet 信息服务（IIS）中使用摘要式身份验证时也需要设置此策略。

8.2.2.2　账户锁定策略配置

账户锁定策略用于域账户或本地用户账户，用来确定某个账户被系统锁定条件和时间长短，默认情况下 Windows Server 2008 系统的独立服务器禁止配置“复位账户锁定计数器”策略和“账户锁定时间”策略，而在域环境中是可以配置这两个策略的，如图 8-2-3 所示。其中包括：

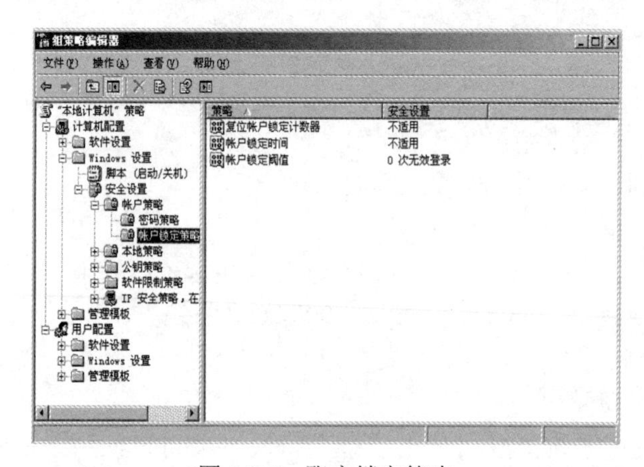

图 8-2-3　账户锁定策略

1. 复位账户锁定计数器

此安全设置确定在某次登录尝试失败之后将登录尝试失败计数器重置为 0 次。错误登录尝试之前需要的时间可用范围是 1～99,999 分钟。例如设置时间是 30 分钟，即用户账户被锁定后 30 分钟方可再次尝试登录。

如果定义了账户锁定阈值，此重置时间必须小于或等于账户锁定时间。

没有默认值，因为只有在指定了账户锁定阈值时，此策略设置才有意义。

2. 账户锁定时间

此安全设置确定锁定账户在自动解锁之前保持锁定的分钟数，可用范围为 0～99,999 分钟。如果将账户锁定时间设置为 0，账户将一直被锁定直到管理员明确解除对它的锁定。

如果定义了账户锁定阈值，则账户锁定时间必须大于或等于重置时间。

没有默认值，因为只有在指定了账户锁定阈值时，此策略设置才有意义。

3. 账户锁定阈值

此安全设置确定导致用户账户被锁定的登录尝试失败的次数。在管理员重置锁定账户或账户锁定时间期满之前，无法使用该锁定账户。可以将登录尝试失败次数设置为介于 0～999 之间的值。如果将值设置为 0，则永远不会锁定账户。

在使用 Ctrl+Alt+Del 组合键或密码保护的屏幕保护程序锁定的工作站或成员服务器上的密码尝试失败将记作登录尝试失败。默认值为 0。

8.2.3 本地策略配置

8.2.3.1 审核策略配置

审核策略是 Windows Server 2008 系统中本地安全策略的一部分，每当用户执行指定的某些操作时，审核日志都会记录一项。例如对文件或策略进行修改就会触发审核项，以显示指定的操作、相关用户账户，以及操作日期和时间。通过配置审核策略，系统可以自动地记录所有登录到本地计算机的事件，因此，管理员只要在日志中发现在非工作时段或陌生用户账户的系统登录，就能迅速判断系统被外来者入侵或试图入侵。各个审核设置的选项包括：

- 成功：请求的操作得以成功执行时会生成一个审核项。
- 失败：请求的操作失败时会生成一个审核项。
- 无审核：相关操作不会生成审核项。

通过审核可以记录下列四类信息：

- 哪些用户企图登录到系统中，或从系统中注销、登录或注销的日期和时间是否成功。
- 哪些用户对指定的文件、文件夹或打印机进行哪种类型的访问。
- 系统的安全选项进行了哪些更改。
- 用户账户进行了哪些更改，是否增加或删除了用户等。

通过查看这些信息，系统管理员能够及时发现系统存在的安全隐患。Windows Server 2008 系统的审核策略包含以下 9 个策略，如图 8-2-4 所示。

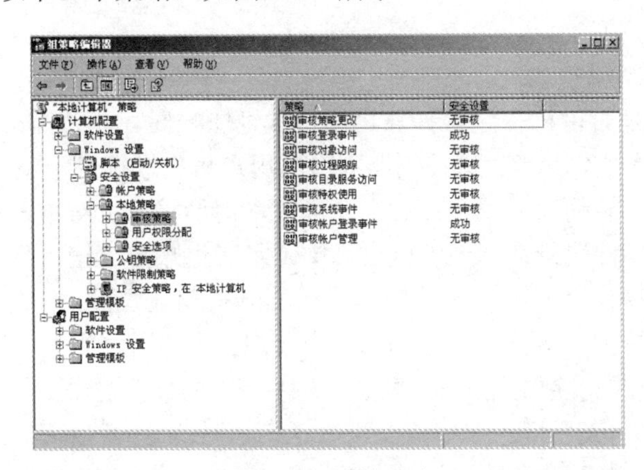

图 8-2-4 审核策略

1. 审核策略更改

该安全设置确定是否审核用户权限分配策略、审核策略或信任策略更改的每一个事件。

如果定义该策略设置，可以指定是否审核成功、审核失败，或根本不对该事件类型进行审核。对用户权限分配策略、审核策略或信任策略所作更改成功时，成功审核会生成审核项。对用户权限分配策略、审核策略或信任策略所作更改失败时，失败审核会生成审核项。

2. 审核登录事件

该安全设置确定是否审核每一个登录或注销计算机的用户实例。

在域控制器上将生成域账户活动的账户登录事件，并在本地计算机上生成本地账户活动的账户登录事件。如果同时启用账户登录和账户审核策略类别，那么使用域账户的登录将生成登录或注销工作站或服务器的事件，而且将在域控制器上生成一个账户登录事件。此外，在用户登录而检索登录脚本和策略时，使用域账户的成员服务器或工作站的交互式登录将在域控制器上生成登录事件。

3. 审核对象访问

该安全设置确定是否审核用户访问某个对象的事件，例如文件、文件夹、注册表项、打印机等，它们都有自己特定的系统访问控制列表（SACL）。

4. 审核过程跟踪

该安全设置确定是否审核事件（例如程序激活、进程退出、句柄复制和间接对象访问等）的详细跟踪信息。

5. 审核目录服务访问

该安全设置确定是否审核用户访问那些指定自己的系统访问控制列表（SACL）的 Active Directory 对象的事件。

默认情况下，在“默认域控制器组策略对象（GPO）”中该值设置为无审核，并且在该值没有任何意义的工作站和服务器中，它保持未定义状态。

6. 审核特权使用

该安全设置确定是否审核用户实施其用户权利的每一个实例。

7. 审核系统事件

当用户重新启动或关闭计算机时或者对系统安全或安全日志有影响的事件发生时，安全设置确定是否予以审核。

8. 审核账户登录事件

该安全设置确定是否审核在这台计算机用于验证账户时，用户登录到其他计算机或者从其他计算机注销的每个实例。当在域控制器上对域用户账户进行身份验证时，将产生账户登录事件，该事件记录在域控制器的安全日志中。当在本地计算机上对本地用户进行身份验证时，将产生登录事件。该事件记录在本地安全日志中，不产生账户注销事件。

9. 审核账户管理

该安全设置确定是否审核计算机上的每一个账户管理事件。账户管理事件的例子包括：

（1）创建、更改或删除用户账户或组。

（2）重命名、禁用或启用用户账户。

（3）设置或更改密码。

8.2.3.2 用户权限分配配置

用户权限分配时通过管理员权限将部分安全功能分配给指定用户账户，既可减少系统或网络管理员的工作负担，又可以将重要权限分摊到不同的用户账户，避免了个别用户权限过高而给系统或网络带来的威胁。

Windows Server 2008 有近三十多个用户权限分配策略，如图 8-2-5 所示，管理员可以为用户账户指派相应的安全管理权限，在这里介绍几种常见的用户权限分配策略。

1. 从网络访问此计算机

此用户权限确定允许哪些用户和组通过网络连接到计算机。此用户权限不影响终端服务。

2. 更改系统时间

此用户权限确定哪些用户和组可以更改计算机内部时钟上的日期和时间。分配了此用户权限的用户可以影响事件日志的外观。如果已更改了系统时间，则记录的事件将反映此新时间，而不是事件发生的实际时间。

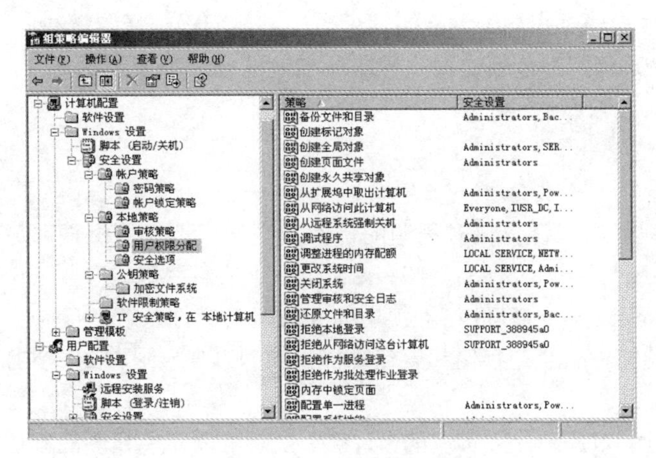

图 8-2-5　用户权限分配

3. 关闭系统

此安全设置确定哪些在本地登录到计算机的用户可以使用关机命令关闭操作系统。误用此用户权限会导致拒绝服务。

4. 拒绝本地登录

此安全设置确定要防止哪些用户在该计算机上登录。如果对账户同时进行了此策略设置和“允许本地登录”策略设置，则前者会取代后者。

5. 拒绝从网络访问这台计算机

此安全设置确定要防止哪些用户通过网络访问计算机。如果对账户同时进行了此策略设置和“从网络访问此计算机”策略设置，则前者会取代后者。

6. 通过终端服务拒绝登录

此安全设置确定禁止哪些用户和组作为终端服务客户端登录。

7. 通过终端服务允许登录

此安全设置确定哪些用户或组具有作为终端服务客户端登录的权限。

8. 允许在本地登录

此登录权限确定哪些用户能以交互方式登录到此计算机。通过在连接的键盘上按 Ctrl+Alt+Del 组合键启动登录，该操作需要用户拥有此登录权限。此外，可以登录用户的某些服务或管理应用程序可能要求此登录权限。如果为某个用户或组定义此策略，则还必须向 Administrators 组授予此权限。

8.3　Windows Server 2008 文件系统安全管理

【任务 1】某高校一台安装有 Windows Server 2008 的文件服务器磁盘空间资源紧张，其

中有若干大文件占用相当大的容量，网络管理员小刘如何操作配置解决磁盘空间不足的问题？

【任务 2】文件服务器中有若干文件安全性要求较高，仅允许网络管理员对其进行控制，若不采用第三方加密软件对其加密，网络管理员小刘如何操作配置解决此问题？

【任务 3】如果某个用户需要访问文件服务器上的已经加密过的文件，网络管理员小刘如何进行操作配置呢？

8.3.1 NTFS 权限

权限定义了用户、组或计算机对资源的访问类型。本地计算机管理员或域管理员可以为普通用户和组用户分配权限。NTFS（NT File System）文件系统是从 Windows NT 开始引入的文件系统，是 Windows Server 2008 推荐使用的高性能的文件系统，它提供了 FAT 中所没有的性能，支持许多新的文件安全、存储和容错功能，如 NTFS 权限、文件的压缩、加密、配额等技术。

NTFS 权限是基于 NTFS 分区实现的，NTFS 权限可以实现高度的本地安全性。通过对用户赋予 NTFS 权限可以有效地控制用户对文件和文件夹的访问。在 NTFS 分区上的每一个文件和文件夹都有一个列表，被称为 ACL（Access Control List，访问控制列表），该列表记录了每一个用户和组对该资源的访问权限。

8.3.2 NTFS 标准权限和 NTFS 特殊权限

对于 NTFS 分区上的文件和文件夹，管理员可以通过 NTFS 权限限制不同用户账户的访问权限。文件和文件夹的 NTFS 权限有两种类型：直接权限和继承权限。直接权限是系统创建对象时，默认赋予用户账户的访问和操作权限；继承权限是从父对象传播到当前对象的权限，继承权限可以减轻管理权限的任务，并且确保容器内的对象权限的一致性。

默认情况下 NTFS 权限具有继承性，即文件和文件夹继承来自其上层文件夹的权限。当然也可以禁止下层的文件和文件夹继承来自上层文件夹的分配权限。

NTFS 标准权限又分为 NTFS 文件夹权限和 NTFS 文件权限。

1. NTFS 文件夹权限（如图 8-3-1 所示）

（1）读取：查看该文件夹中的文件和子文件夹，以及查看文件夹的所有者、权限和属性（如只读、隐藏、存档和系统）。

（2）写入：在该文件夹内新建文件和子文件夹。

（3）列出文件夹目录：查看该文件夹内的文件和子文件夹的名称。

（4）读取和运行：完成“读取”权限和“列出文件夹目录”权限所允许的操作。

（5）修改：完成“写入”权限及“读取和运行”权限所允许的操作。

（6）完全控制：完成其他所有 NTFS 文件夹权限允许的操作。

2. NTFS 文件权限（如图 8-3-2 所示）

（1）读取：读取该文件和查看文件的属性、所有者及权限。

（2）写入：覆盖该文件，更改文件属性和查看文件的所有者的权限。

（3）读取和运行：完成“读取”权限所允许的操作，运行应用程序。

（4）修改：完成“写入”权限及“读取和运行”权限所允许的操作，修改和删除文件。

（5）完全控制：完成其他所有 NTFS 文件权限允许的操作。

设置 NTFS 文件权限与设置 NTFS 文件夹权限非常相似。NTFS 文件权限仅对目标文件有效，建议用户尽量不要采用直接为文件设置权限的方式，而是应当将文件放置在文件夹中，然后对该文件夹设置权限。

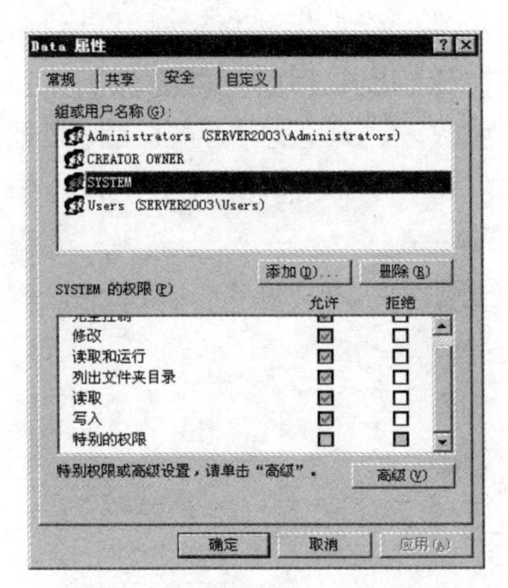

图 8-3-1　NTFS 文件夹权限

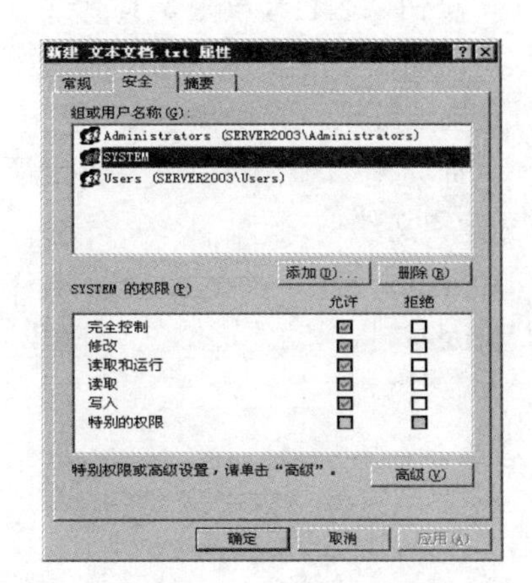

图 8-3-2　NTFS 文件权限

3. NTFS 特殊权限

前面所叙述的标准权限是为了简化权限的管理而设计的，标准使用权限已经能够满足一般的需求。但是用户还可以利用 NTFS 特殊权限更精确地指派权限，以便满足各种不同的权限需求，从而实现更加严格的网络安全管理（如图 8-3-3 所示）。

图 8-3-3　NTFS 特殊权限

例如，在 NTFS 特殊权限中把标准权限中的"读取"权限又细分为"读取数据""读取属性""读取扩展属性"和"读取权限"四种更加具体的权限。

8.3.3 NTFS 权限使用法则

通过前面的介绍可以看出，用户可以只隶属于某个用户组，也可以隶属于不同的用户组；用户与用户组之间的权限不一定相同；NTFS 分区中的文件和文件夹可以对不同的用户设置不同的权限，但在共享某个文件夹时又可以针对同一个用户设置不同的权限，那么这些权限之间的关系如何呢？这就是多重NTFS权限的问题。

一般说来，权限之间存在着继承、累加、优先和交叉的关系。

1. NTFS权限的继承性

默认情况下，NTFS权限是具有继承性的。所谓继承性，就是指NTFS权限自动从父对象传播到当前对象的过程。管理员可以根据实际需求，对权限继承进行相应配置。

（1）权限继承。文件和子文件夹从其父文件夹继承权限，则管理员为父文件夹指定的任何权限，同时也适用于在该父文件夹中所包含的子文件夹和文件，及将来在该文件夹中创建的所有新文件和文件夹。

例如，如图8-3-4所示，当文件夹B允许权限继承时，为文件夹A设置的访问权限（Read/Write），将自动传递给文件夹B。

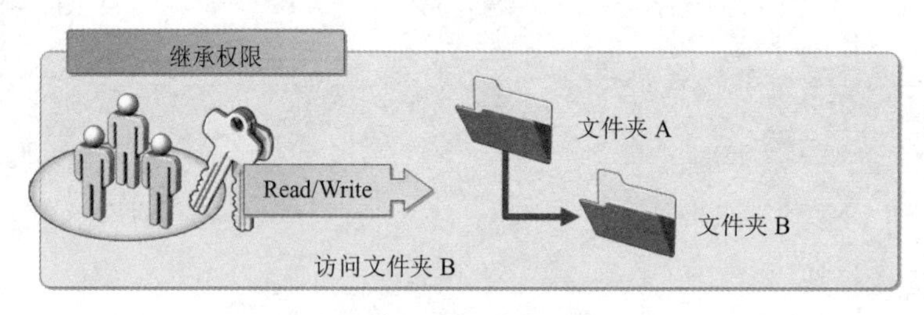

图8-3-4　权限继承

（2）禁止权限继承。用户可以设置让子文件夹或文件不要继承父文件夹的权限，这样该子文件夹或文件的权限将改为用户直接设置的权限。

例如，如图8-3-5所示，当文件夹B禁止权限继承时，为文件夹A设置的访问权限（Read/Write），将不会传递给文件夹B，文件夹C自动继承文件夹B的权限。

图8-3-5　禁止权限继承

【任务4】子文件夹B需要删除从父文件夹A继承来的权限，然后重新设置文件夹B的权限（允许Administrators组拥有完全控制权限，允许用户bob拥有只读权限），网络管理员小刘该如何进行操作配置？任务如图8-3-5所示。

【任务4分析】

网络管理员小刘通过对子文件夹B进行NTFS权限配置实现任务要求。

【任务4实施】

在NTFS分区中找到需要删除权限继承的文件夹B，在文件夹B上右击，选择弹出菜单中的“共享和安全”命令，在弹出的文件夹的属性对话框中打开“安全”选项卡，如图8-3-6所示。

如果在查看对象的权限时复选框为灰色，则表明此权限是从父对象文件夹 A 继承来的。现在需要删除“Users”组从父文件夹继承来的权限。但如果此时单击“删除”按钮直接删除此对象，则会弹出如图 8-3-7 所示的警告信息提示框。

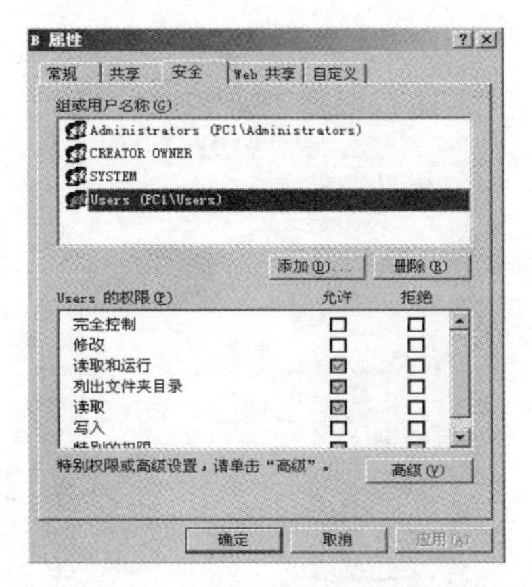

图 8-3-6　“安全”选项卡

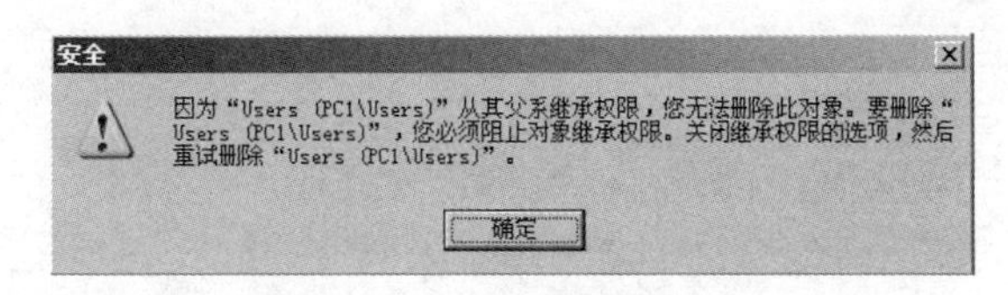

图 8-3-7　警告信息提示框

在图 8-3-6 中单击“高级”按钮，在弹出窗口中单击“编辑”，出现如图 8-3-8 所示的高级安全设置对话框，在此对话框的“权限”选项卡中选择“允许 Users 读取和运行 C:\该文件夹，子文件夹……”选项，然后将“允许父项的继承权限传播到该对象和所有子对象，包括那些在此明确定义的项目”复选框清除，随后弹出如图 8-3-9 所示的信息提示框。

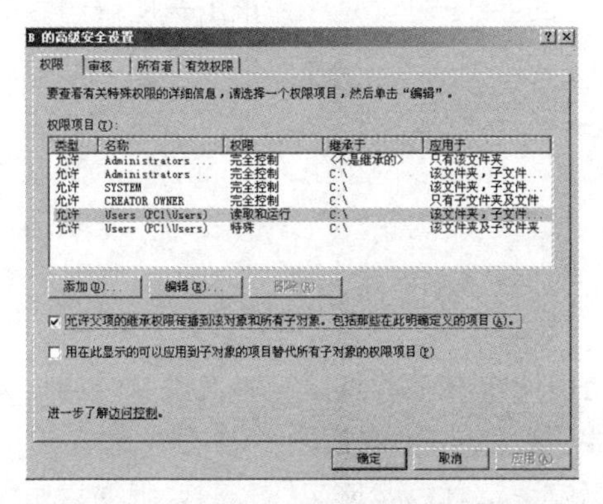

图 8-3-8　文件夹 B 高级安全设置对话框

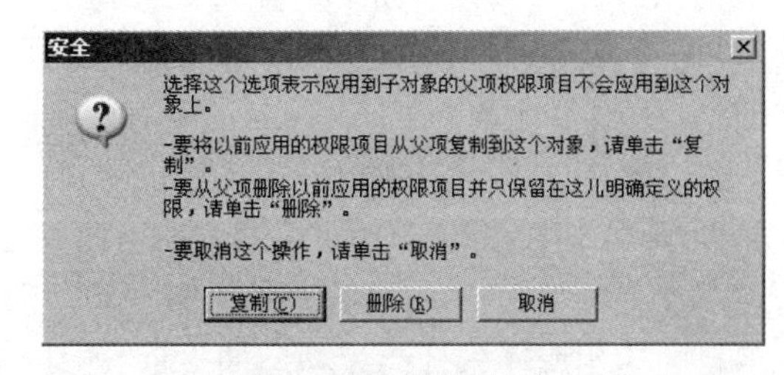

图 8-3-9　信息提示框

在图 8-3-9 中有“复制”和“删除”两个按钮。如果单击“复制”按钮就是将现有的从父文件夹继承来的权限复制一份，保留给该文件或文件夹，然后断开继承关系，同时也可以修改继承来的权限或者再分配权限；如果单击“删除”按钮就是将从父文件夹继承来的所有权限彻底删除，然后断开继承关系。

此时单击“删除”按钮，在“权限”选项卡中所有通过继承获得的权限都被删除，如图 8-3-10 所示，这时已经将继承来的权限删除了，只剩下 Administrators 组拥有“不是继承的”完全控制权限。

接下来可以为这个文件夹添加新的权限。单击“确定”按钮，返回“安全”选项卡，在此对话框中，只剩下 Administrators 组，而且权限栏中所有权限都没有设置，如图 8-3-11 所示。

设置 Administrators 组拥有“完全控制”权限。然后在此对话框单击“添加”按钮，弹出“选择用户和组”对话框，在“输入对象名称来选择”文本框中输入需要添加的用户的名称，本任务中是 bob，然后单击“确定”按钮，返回“安全”选项卡。根据实际情况设置该用户的访问权限，例如：给用户 bob“读取”权限，然后单击“确定”按钮。

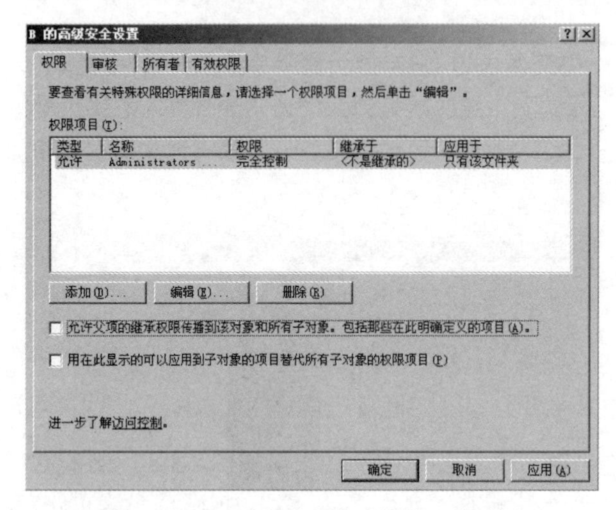

图 8-3-10　“B 的高级安全设置”对话框

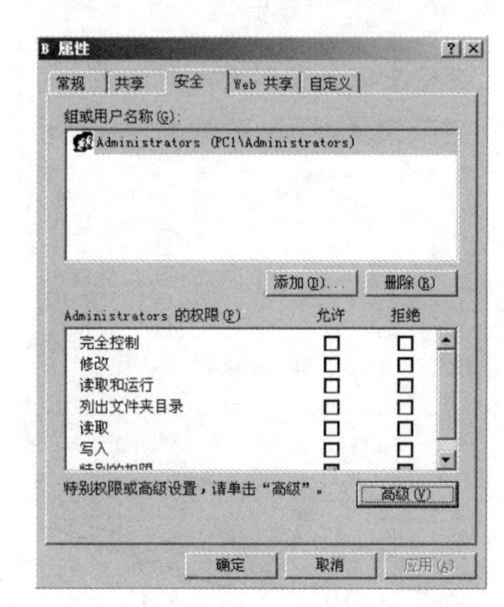

图 8-3-11　文件夹 B 的“安全”选项卡

2. NTFS 权限的累加性

用户对一个资源的最终权限是为该用户指定的全部 NTFS 权限和为该用户所属组指定的全部 NTFS 权限之和。如果一个用户有一个文件夹的读取权限，同时其所属的组又有对该文件夹写入的权限，则该用户对这个文件夹既有读取权限，也有写入权限。

例如：有一个用户 user1，如果 user1 属于 group1 和 group2 两个组，group1 组对某文件有读取权限，group2 组对此文件有修改权限，那么 User1 对该文件的最终权限为“读取+修改=修改”权限。

3. NTFS 权限的优先性

（1）文件权限高于文件夹权限。用户只要有访问一个文件的权限，即使没有访问该文件所在文件夹的权限，仍然可以访问该文件。用户可以通过通用命令规则（UNC）或本地路径，从各自的应用程序打开有权访问的文件。即使该用户由于没有包含该文件夹的权限而看不到该文件夹，但仍然可以访问那些文件。

也就是说如果没有访问某个文件所在的文件夹的权限，就必须要知道该文件的完整路径才能访问该文件，即如果没有该文件夹的权限，就不能看到该文件夹，也就不能通过网上邻居等方式进行浏览访问。

（2）拒绝权限高于其他权限。在 NTFS 权限中，拒绝权限优先于其他任何权限。即使用户作为一个组的成员有权访问文件或文件夹，一旦该用户被设置了拒绝访问权限，则最终将剥夺该用户可能拥有的任何其他权限。

在实际应用中，应当尽量避免使用拒绝权限，因为允许用户和组进行某种访问，要比设置拒绝权限更容易做到。只需巧妙地构造组合，灵活组织文件夹中的资源，即可通过各种各样的“允许”权限满足访问控制的需求。

4. NTFS 权限的交叉性

交叉性是指当同一文件夹在为某一用户设置了共享权限的同时又为用户设置了该文件夹的 NTFS 权限，如果所设权限不一致时，它的取舍原则是取两个权限的交集，即最终的权限是该用户对该文件夹的共享权限与 NTFS 权限中最为严格的权限。

例如文件夹 Folder 为用户 User1 设置的共享权限为“只读”，同时文件夹 Folder 为用户 User1 设置的 NTFS 权限为“完全控制”，那用户 User1 的最终访问权限为“只读”。

5. 复制和移动操作对权限的影响

在同一NTFS分区或不同NTFS分区间复制文件和文件夹时，继承目的文件夹的权限设置。

在同一 NTFS 分区移动文件或文件夹时，权限不变。

在不同 NTFS 分区移动文件或文件夹时，继承目的文件夹的权限设置。

当从 NTFS 分区向 FAT 分区中拷贝或移动文件和文件夹都将导致文件和文件夹的权限丢失，因为 FAT 分区不支持 NTFS 权限。

8.4 H3C 交换机基于端口的安全技术

【任务 1】办公室有一台 H3C 交换机，现在要求对接入交换机端口的用户进行认证和控制，那么管理员小刘该如何处理呢？

【任务 2】办公室现有小张、小王、小李三个用户，而三个用户的主机都相连到同一台交换机且在同一个 VLAN 中，现要求三个用户实现二层隔离，作为管理员的小刘又该如何实现这个要求呢？

【任务 3】为了实现对接入的交换机的终端主机进行有效的管理和监控，对于连接在办公室同一个交换机上的小张、小王、小李终端主机 IP 地址、MAC 地址、物理位置进行限定，作为管理员的小刘又该如何实现这个要求呢？

8.4.1 配置 802.1x

【任务 1 分析】

在局域网环境下，如果要求在交换机上实现对接入的用户进行认证和控制，小刘可以使用 802.1x 技术来实现。

【任务操作步骤】

（1）按照图 8-4-1 所示的网络拓扑进行连接。

（2）配置 802.1x 协议

```
<SW1>system-view        //进入系统视图
[SW1]dot1x              //开启全局 802.1x 特性
[SW1]interface Ethernet 0/4/0
```

```
[SW1-Ethernet0/4/0]dot1x                    //开启端口 802.1x 特性
[SW1]interface Ethernet 0/4/1
[SW1-Ethernet0/4/1]dot1x
[SW1]local-user h3c                         //配置本地认证用户
[SW1-luser-h3c]password simple h3c          //配置本地认证用户密码
[SW1-luser-h3c]service-type lan-access      //配置服务类型
[SW1-luser-h3c]quit
```

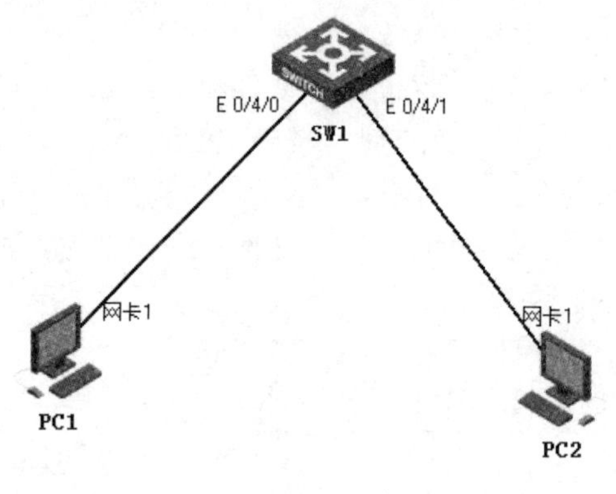

图 8-4-1　以太网端口安全实验图

（3）IP 地址的配置

PC1　IP：172.16.0.1/24

PC2　IP：172.16.0.2/24

（4）在 PC1 和 PC2 上使用 802.1x 客户端软件或 Windows 系统自带客户端接入交换机。

（5）测试 PC1 和 PC2 的连通性

在双方的主机都输入用户名和密码进行验证后，PC1 可以 Ping 得通 PC2。

注：此处实验需要在 H3C S3600 系列交换机上实际演练才能得到真实的效果。

知识链接

IEEE 802.1x 协议起源于 IEEE 802.11 协议，它是一种基于端口的网络接入控制协议。使用 802.1x 的系统通常为客户机/服务器体系结构，主要包括客户端、设备端、认证服务器。而认证服务器可分为本地认证服务器和远程集中认证服务器。

8.4.2　配置端口隔离

【任务 2 分析】

在局域网环境下，要实现在同一个 VLAN 中的报文二层隔离，可以在二层采用端口隔离技术来实现，在隔离组中的端口用户都相互隔离，但都可以连通隔离组中的上行端口。

【任务操作步骤】

（1）按照图 8-4-2 所示的网络拓扑进行连接。

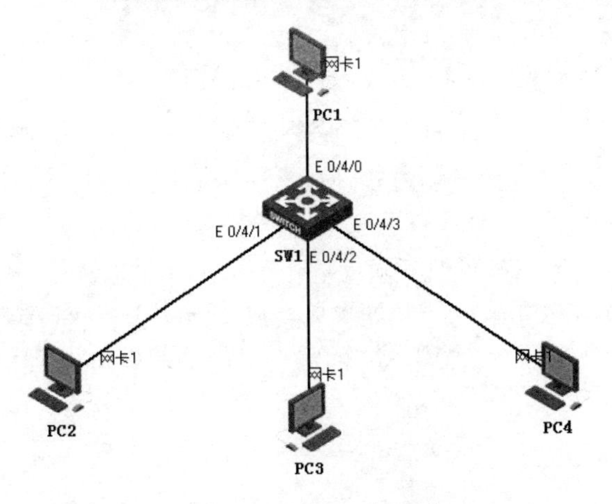

图 8-4-2 端口隔离配置

（2）配置交换机 SW1

```
<SW1>system-view                          //进入系统视图
[SW1]interface Ethernet 0/4/1             //进入端口视图
[SW1-Ethernet0/4/1]port-isolate enable    //将端口加入隔离组
[SW1-Ethernet0/4/1]quit
[SW1]interface Ethernet 0/4/2
[SW1-Ethernet0/4/2]port-isolate enable
[SW1-Ethernet0/4/2]quit
[SW1]interface Ethernet 0/4/3
[SW1-Ethernet0/4/3]port-isolate enable
[SW1-Ethernet0/4/3]quit
[SW1]interface Ethernet 0/4/0
[SW1-Ethernet0/4/0]port-isolate uplink-port  //配置该端口加入隔离组并成为隔离组中的上行端口。
```

（3）主机 IP 地址的配置

PC1　IP：172.16.1.10/24

PC2　IP：172.16.1.20/24　VLAN1

PC3　IP：172.16.1.30/24　VLAN1

PC4　IP：172.16.1.40/24　VLAN1

（4）显示加入交换机隔离组中的端口信息

```
[SW1]display port-isolate group
 Port-isolate group information:
 Uplink port support: YES
 Group ID: 1
 Uplink port: Ethernet0/4/0
 Group members:
    Ethernet0/4/1   Ethernet0/4/2   Ethernet0/4/3
```

（5）主机 PC2、PC3、PC4 与 PC1 之间的测试

结果：PC2 与 PC3、PC4 之间 Ping 不通，相互隔离；

　　　PC2、PC3、PC4 都可以 Ping 通 PC1

注意：此处实验需要在 H3C S3600 系列交换机上实际演练才能得到真实的效果。

📖 **知识链接**

端口隔离是为了实现报文之间的二层隔离，可以将不同的端口加入不同的 VLAN，但会浪费有限的 VLAN 资源。采用端口隔离特性，可以实现同一 VLAN 内端口之间的隔离。用户只需要将端口加入到隔离组中，就可以实现隔离组内端口之间二层数据的隔离。端口隔离功能为用户提供了更安全、更灵活的组网方案。

端口的隔离特性与端口所在的 VLAN 无关。对于属于不同 VLAN 的端口，二层数据肯定是相互隔离的。而对于属于同一个 VLAN 的端口，隔离组内的端口与隔离组外端口二层是双向互通的。

8.4.3 配置端口绑定

【任务 3 分析】

在局域网环境下，要求限定同一台交换机上的各主机 IP 地址、MAC 地址、端口，可以采用端口绑定技术来实现。

【任务操作步骤】

（1）按照图 8-4-3 所示的网络拓扑进行连接。

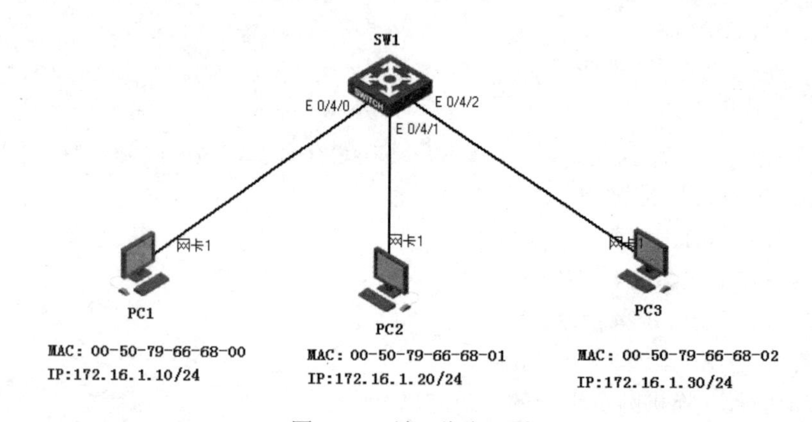

图 8-4-3　端口绑定配置

（2）配置交换机 SW1

```
[SW1]interface Ethernet 0/4/0
[SW1-Ethernet0/4/0]user-bind ip-address 172.16.1.10 mac-address 0050-7966-6800
[SW1-Ethernet0/4/0]quit
[SW1]interface Ethernet 0/4/1
[SW1-Ethernet0/4/1]user-bind ip-address 172.16.1.20 mac-address 0050-7966-6801
[SW1-Ethernet0/4/1]quit
[SW1]interface Ethernet 0/4/2
[SW1-Ethernet0/4/2]user-bind ip-address 172.16.1.20 mac-address 0050-7966-6802
[SW1-Ethernet0/4/2]quit
```

（3）主机 IP 地址的配置

PC1 IP：172.16.1.10/24

PC2 IP：172.16.1.20/24

PC3 IP：172.16.1.30/24

（4）主机 PC1、PC2、PC3 之间的测试

配置完成后，只有 IP 地址、MAC 地址、端口号与配置完全一致的主机报文才允许被转发通过，否则只要三者中的任何一个不符合，那么报文将会被丢弃。

注：此处实验需要在 H3C S3600 系列交换机上实际演练才能得到真实的效果。

8.5 ARP 攻击防范

8.5.1 ARP 协议简介

ARP 协议（Address Resolution Protocol）即地址解析协议，它是一个链路层协议，工作在 OSI 模型的第二层。

以太网中，网络设备之间要进行直接通信，必须知道 MAC 地址。因为以太网交换机设备不能够识别 32 位的 IP 地址，它们是以 48 位以太网地址（MAC 地址）传输数据包的。例如 A 主机要和 B 主机进行直接通信，就必须要知道目的主机 B 的 MAC 地址，这个目的 MAC 地址就是通过 ARP 协议获取的。

ARP 协议的基本功能就是完成 IP 地址转换成目的主机 MAC 地址的过程。地址解析其实就是主机在发送帧前将目的主机的 IP 地址转换成目的主机 MAC 地址的过程，这样才能保证局域网内各主机间可靠快速的通信。

8.5.2 ARP 协议的工作原理

1. 主机 A 与主机 B 在同一网段

假设主机 A 和 B 在同一个网段，主机 A 向主机 B 发送信息，具体的地址解析过程如下：

（1）主机 A 首先查看自己的 ARP 缓存表，确定其中是否包含主机 B 对应的 ARP 表项。如果找到了主机 B 对应的 MAC 地址，则主机 A 直接利用 ARP 表中的 MAC 地址对 IP 数据包进行第二层帧封装，并将数据包发送给主机 B。

（2）如果主机 A 在 ARP 缓存表中找不到对应的 MAC 地址，则将缓存该数据报文，然后以广播方式发送一个 ARP 请求报文。由于 ARP 请求报文以广播方式发送，该网段上的所有主机都可以接收到该请求，但只有被请求的主机 B 会对该请求进行处理。

（3）主机 B 比较自己的 IP 地址和 ARP 请求报文中的目标 IP 地址，如果相同则将 ARP 请求报文中的发送端主机 A 的 IP 地址和 MAC 地址存入自己的 ARP 表中，然后以单播方式发送 ARP 响应报文给主机 A。

（4）主机 A 收到 ARP 响应报文后，将主机 B 的 MAC 地址加入到自己的 ARP 缓存表中，用于后续报文的转发，同时将 IP 数据包进行封装后发送出去。

2. 主机 A 与主机 B 不在同一网段

当主机 A 和主机 B 不在同一网段时，主机 A 就会先向网关发出 ARP 请求报文。当主机 A 从收到的响应报文中获得网关的 MAC 地址后，将报文封装并发给网关。如果网关没有主机 B 的 ARP 表项，网关会广播 ARP 请求，目标 IP 地址为主机 B 的 IP 地址。当网关从收到的响应

报文中获得主机 B 的 MAC 地址后，就可以将报文发给主机 B。如果网关已经有主机 B 的 ARP 表项，网关直接把报文发给主机 B。

8.5.3 ARP 协议存在的漏洞及 ARP 欺骗

局域网中每台主机都包含一个称之为 ARP 缓存的数据结构，它的主要目的是为了减少数据包数目以提高网络传输性能。但是在 ARP 缓存表的实现机制中存在一个不完善的地方，当主机收到一个 ARP 的应答包后，它本身并不会去验证自己是否发送过这个 ARP 请求，验证该 ARP 应答包是否真正来源于其所生成的那个主机，而是直接将应答包里的 MAC 地址与 IP 对应的关系替换掉原有的 ARP 缓存表里的相应信息。ARP 欺骗正是利用了这个漏洞，来达到对网络进行攻击的目的。

8.5.4 定位 ARP 地址欺骗攻击者

1. Sniffer 嗅探法

当局域网中有 ARP 地址欺骗时，往往伴随着大量的 ARP 欺骗广播数据包。这时，流量检测机制应该能够很好地检测出网络的异常举动，利用 Sniffer、Ethereal、Wireshark 之类的抓包工具找到大量发送 ARP 广播包的机器，这基本上就可以当作攻击者进行处理。

2. 命令提示符法

在“开始”→“运行”中输入“cmd”，在弹出的命令窗口中输入系统自带的 ARP 命令即可完成。当局域网中发生 ARP 欺骗攻击的时候，攻击者会向全网不停地发送 ARP 欺骗广播，这时局域网中的其他主机就会动态更新自身的 ARP 缓存表，将网关的 MAC 地址记录成攻击者本身的 MAC 地址，此时，我们只要在其受影响的主机中使用“ARP -A”命令查询当前网关的 MAC 地址，就可知道攻击者的 MAC 地址。例如，输入“ARP -A”命令后的返回信息如下：

```
Interface: 192.168.1.2 --- 0x2
Internet Address      Physical Address       Type
192.168.1.1           00-41-57-57-44-67      static
192.168.1.9           00-0b-2f-1a-28-b5      dynamic
```

因当前电脑的 ARP 表是错误的记录，故该 MAC 地址不是真正网关的 MAC 地址，而是攻击者的 MAC 地址。此时，再根据网络正常时全网的 IP-MAC 地址对照表，查找攻击者的 IP 地址就可以了。

3. 利用相关软件工具

利用很多 ARP（病毒）定位工具，如 Anti ARP Sniffer（ARP 防火墙）、ArpDog 监控软件、360 安全卫士（360 ARP 防火墙部分组件）。利用此类软件，可以轻松地锁定 ARP 攻击者的 MAC 地址。然后，再根据欺骗机的 MAC 地址，对比查找全网的 IP-MAC 地址对照表，即可查出攻击者。

8.5.5 ARP 欺骗防范措施

ARP 欺骗攻击影响网络设备的正常通信，从网络管理角度，可以采取一些措施来防范。

1. IP 地址与 MAC 地址的静态绑定（此处需要添加静态绑定命令用法）

ARP 欺骗是通过 ARP 的动态刷新并不进行验证的漏洞来欺骗内网主机的。所以我们把 ARP 表全部设置为静态可以解决对内网的欺骗，也就是在用户端实施 IP 和 MAC 地址绑定。

可以在用户主机上建立一个批处理文件，此文件内容是绑定内网主机 IP 地址和 MAC 地址，且包括网关主机的 IP 地址和 MAC 地址的绑定。并且把此批处理文件放到系统的启动目录下，使系统每次重启后，自动运行此文件，自动生成内网主机 IP 地址到 MAC 地址的映射表。这种方法适用于小型的网络。在核心交换机上绑定用户主机 IP 地址和网卡的 MAC 地址，同时在边缘交换机上将用户计算机网卡的 IP 地址和交换机端口绑定的双重安全绑定方式。这样可以极大程度上避免非法用户使用 ARP 欺骗或盗用合法用户的 IP 地址进行流量的盗取，可以防止非法用户随意接入网络，网络用户如果擅自改动本机网卡的 IP 或 MAC 地址，该机器的网络访问将被拒绝，从而降低了 ARP 攻击的概率。

使用下列命令，可以用 ARP 命令将 IP 地址与 MAC 地址绑定在一起。

步骤 1：运行 cmd。

步骤 2：绑定 IP 地址与 MAC 地址。

arp -s [需绑定的 IP 地址] [需绑定 IP 的 MAC 地址]

例如：

```
arp -s 192.168.1.100 00-11-22-33-44-55
```

2. 采用 VLAN 技术隔离端口

局域网的网络管理员可根据需要，将本单位网络规划出若干个 VLAN。当发现有非法用户在恶意利用 ARP 欺骗攻击网络，或因合法用户受 ARP 病毒感染而影响网络时，网络管理员可先找到该用户所在的交换机端口，然后将该端口划成一个单独的 VLAN，将该用户与其他用户进行隔离，以避免对其他用户的影响。当然也可以关闭交换机的该端口来屏蔽该用户对网络造成影响。

3. ARP 防火墙和查杀软件

可以安装 ARP 防火墙或者开启局域网 ARP 防护。比如 ARP 病毒专杀工具、瑞星的 ARP 欺骗防御等。并且可以实时下载操作系统漏洞补丁，关闭不必要的服务来减少 ARP 病毒的攻击。

4. 采取 802.1x 认证

以上仅仅是从网络日常管理的角度提出的一些防范措施。ARP 协议本身存在着缺陷，即没有验证 ARP 应答包的真实性，所以，要彻底防止 ARP 欺骗行为的发生，必须引入实体认证机制。

所谓实体认证，是建立在密码体制上的一种高级互通协议，它运行在计算机通信网或者分布式系统中，为安全需要的各方提供一系列保证，借助于密码算法来达到验证协议参与各方身份的目的。简言之就是用某种手段或者机制，验证一个实体是否就是所声明的那个实体的过程。在引入实体认证机制以后，网络设备之间要进行通信，都要先确认对方真实身份。

为了防止因为 ARP 欺骗而造成的通信过程被监听、敏感信息泄密等的发生，有必要引入数据加密机制，对传输的信息进行加密处理，这样即使 ARP 欺骗攻击者可以截获传输的数据，但因为信息内容被加密，他得到的数据也是毫无意义的乱码。

802.1x 认证可以对未通过认证的主机进行隔离，当发现某台主机感染病毒时，将禁止其认证从而达到将病毒主机与网络隔离的目的。例如，在某高校需要上网的用户需要提前到网络管理中心登记，也就是在网关中心申请一个用户名，并创建密码，并且将用户主机的 MAC 地址和用户名进行绑定，如果用户的网卡更换后，还需要去网络管理中心进行重新登记、绑定。

用户上网前首先需要运行一个客户端软件，输入用户名和密码，通过认证服务器的认证后才能连网。

习题八

一、填空题

1．Windows Server 2008 最常用的两个内置账户是__________、__________。

2．打开组策略的命令是__________。

3．ARP 命令__________将 IP 地址与 MAC 地址绑定在一起。

二、选择题

1．一个共享文件夹的共享权限为更改，NTFS 权限为完全控制，当用户从网络访问此文件夹时的有效权限是（　　）。

A．完全控制　　B．更改　　C．读取　　D．拒绝访问

2．Windows Server 2008 的“本地安全策略”中不包括（　　）。

A．账户策略　　B．组策略　　C．公钥策略　　D．IP 安全策略

3．删除 ARP 表项可以通过（　　）命令进行。

A．arp -a　　B．arp -s　　C．arp -t　　D．arp -d

三、简答题

1．利用组策略管理计算机有哪些优点？

2．简述如何通过组策略对用户设置密码策略。

3．Windows Server 2008 系统中文件夹共享权限有哪些？

4．Windows Server 2008 系统中文件夹标准权限有哪些？

5．将一个压缩文件夹复制或移动到另一个 NTFS 分区上，其压缩属性如何变化？

6．什么是广播风暴？简述引起广播风暴的主要原因及相应对策。

7．简述 H3C 交换机端口的安全技术有哪些。

8．简述 H3C S3600 系列交换机端口隔离的基本步骤。

9．简述 ARP 协议的工作原理。

10．简述 ARP 攻击的原理及防范措施。

单元 9
组建无线局域网

单元导读

无线局域网 WLAN 是利用无线通信技术在一定的局部范围内建立的网络，是计算机网络与无线通信技术相结合的产物。本单元我们将学习 WLAN 的基本概念、相关标准协议、无线 AP 和无线网卡的配置及 WLAN 安全方面的知识，训练组建点对点模式无线局域网和集中控制模式无线局域网的能力。

单元学习目的

- 使学生初步具备选择无线局域网组件、拓扑结构的能力
- 使学生初步具备配置无线 AP、无线网卡的能力
- 使学生初步具备组建 Ad-Hoc 模式无线局域网的能力
- 使学生初步具备组建 Infrastructure 模式无线局域网的能力
- 使学生初步掌握无线局域网的主要安全技术

学前基础要求

在开始学习本单元内容之前，学生必须完成下列模块的学习，具备下列知识基础。

- 配置对等网知识
- 构建中小型局域网常识

单元学习要点

- 无线局域网的概念、标准
- 无线局域网的组件、拓扑结构和组网模式
- 无线 AP 配置

- 无线网卡配置
- 组建 Ad-Hoc 模式无线局域网
- 组建 Infrastructure 模式无线局域网
- 无线局域网安全技术

某高校校园网采用传统布线方式，随着个人数据通信的发展，功能强大的便携式数据终端以及多媒体终端得到了广泛应用。为了使校园网内的用户能够在任何时间、任何地点均能实现数据通信的目标，要求传统的计算机网络由有线向无线、由固定向移动、由单一业务向多媒体业务发展，无线局域网 WLAN 技术不仅是对校园网传统布线方式的有效补充，更是未来网络应用发展的趋势。

经过与用户交流（可由教师扮演用户角色），确定创建和配置 WLAN，具体要求：

1. 组建 Ad-Hoc 模式无线局域网，实现户外用户点对点无线通信。

2. 组建 Infrastructure 模式无线局域网，无线终端用户通过无线 AP 或无线路由实现无线通信。

3. 设备要求。

（1）安装 Linksys WMP300N 无线网卡的计算机。

（2）Linksys WRT300N 高速无线路由器。

其他设备综合考虑功能需求和经济性方面的要求。

1. 根据实际环境选择相适应的无线网络拓扑结构。
2. 统一规划 SSID 命名规则。
3. 制定 AP 名称、描述命名规则。
4. 配置无线用户采用的认证方式等。
5. 统一规划无线终端用户的 IP 地址。
6. 无线终端用户无线网络接入配置。

9.1 无线局域网概述

9.1.1 无线局域网简介

9.1.1.1 无线局域网的概念

无线局域网（Wireless Local Area Network，WLAN）是计算机网络与无线通信技术相结合的产物。它以无线多址信道作为传输介质，利用电磁波完成数据交互，实现传统有线局域网的功能。

9.1.1.2　无线局域网的特点

1．优势

（1）安装便捷。相对于网络布线施工工程，无线局域网最大的优势就是减少甚至免去了网络布线的工作量，一般只需要安装一个或多个接入点（AP）设备，就可以建立覆盖整个建筑或地区的局域网络。

（2）经济节约。有线网络缺少灵活性，在设计网络初期要尽量考虑未来网络发展的需求，随着网络的快速发展，用户数量的急剧增加，一旦网络的需求超出了预期的设计规划，又要花费较多费用进行网络改造。无线局域网可以避免或减少上述情况的发生，用户可以根据实际网络情况随时调整网络的布局、容量和安全。

（3）使用灵活。有线网络中，网络设备的安放位置受到网络信息点位置的很大限制。无线局域网络创建好后，在无线信号覆盖区域内任何一个位置都可以接入到网络。而且无线局域网还有一大优势，就是连接到无线局域网的用户可以在覆盖区域范围内随时移动并保持与网络的连接状态，可以实现真正的移动办公。

（4）易于扩展。无线局域网有多种配置方式，用户可以根据需要灵活选择。这样，无线局域网就能胜任从几个用户的小型局域网到上千用户的大型网络，并且能够提供像“漫游”等有线网络无法提供的特性。

（5）故障定位容易。有线网络一旦出现物理故障造成网络中断，往往很难查明，检修线路需要付出很大代价。无线网络则很容易定位故障，只需要更换故障设备即可恢复网络连接。

2．劣势

（1）传输性能。无线局域网是依靠无线电波进行传输的，而建筑物、树木和其他障碍物都有可能阻碍电磁波的传输，会影响到无线信号的质量。另外，无线局域网一般工作在自由频段，有可能受到其他处于同一频道信号的干扰。

（2）传输速率。无线网络的传输速率与有线网络相比要低得多。目前，无线局域网的最大有效传输速率为 60Mb/s，相对于 10Gb/s 骨干、1Gb/s 到桌面的有线网络，其所能提供的带宽很低。

（3）安全性。由于无线局域网采用公共的电磁波作为载体，很容易受到非法用户的入侵和数据监听，从而造成信息的泄露。

9.1.2　无线局域网标准

无线局域网目前比较流行的标准有 IEEE 802.11 协议、蓝牙（Bluetooth）标准、HomeRF 标准、欧洲的 HiperLAN 标准和我国自主知识产权的 WAPI 标准等。这些标准各有优劣，各有擅长的应用领域，有的适合于办公环境，有的适合于个人应用，有的则一直被家庭用户所推崇。国内目前使用最多的还是 IEEE 802.11g 标准。

9.1.2.1　IEEE 802.11x 标准

1．IEEE 802.11

1990 年 IEEE 802 标准化委员会成立 IEEE 802.11 无线局域网标准工作组，主要研究工作在 2.4GHz 开放频段的无线设备和网络发展的全球标准。1997 年 6 月，提出 IEEE 802.11（别名：Wi-Fi，Wireless-Fidelity，无线保真）标准，标准中物理层定义了数据传输的信号特征和调制。

802.11 是 IEEE 最初制定的一个无线局域网标准，主要用于解决办公室局域网和校园网中用户与用户终端的无线接入，业务主要限于数据存取，速率最高只能达到 2Mb/s。

由于它在速率和传输距离上都不能满足人们的需要，因此，IEEE 小组又相继推出了 802.11b 和 802.11a 两个新标准，前者已经成为目前的主流标准，而后者也被很多厂商看好。

2. IEEE 802.11b

1999 年 9 月 IEEE 802.11b 被正式批准，它是在 IEEE 802.11 的基础上的进一步扩展，采用直接序列扩频（DSSS）技术和补偿编码键控（CCK）调制方式。

IEEE 802.11b 标准规定工作频段在 2.4GHz～2.4835GHz，数据传输速率达到 11Mb/s，传输距离在室外为 300m，在办公环境中最长为 100m。IEEE 802.11b 标准实行动态传输速率，允许数据速率根据噪音状况在 1Mb/s、2Mb/s、5.5Mb/s、11Mb/s 等多种速率下自行调整。

IEEE 802.11b 已成为当前主流的无线局域网标准，被多数厂商所采用，所推出的产品广泛应用在办公室、家庭、宾馆、车站和机场等众多场合。

3. IEEE 802.11a

802.11b 标准工作于公共频段，容易与同一工作频段的蓝牙、微波炉等设备形成干扰，且速度较低，为了解决这个问题，在 802.11b 标准通过的同年，802.11a 标准应运而生。IEEE 802.11a 标准也是 IEEE 802.11 标准的补充，采用正交频分复用（OFDM）的独特扩频技术和 QFSK 调制方式，大大提高了传输速率和整体信号质量。

IEEE 802.11a 标准规定工作频段在 5.15GHz～8.825GHz，数据传输速率达到 54Mb/s，传输距离控制在 10～100m。

IEEE 802.11a 标准的优点是传输速度快，可达 54Mb/s，完全能满足语音、数据和图像等业务的需要。缺点是无法与 IEEE 802.11b 标准兼容，使一些已购买 IEEE 802.11b 标准的无线网络设备在新的 IEEE 802.11a 网络中不能使用。

4. IEEE 802.11g

虽然 802.11a 标准比起 802.11b 标准先进不少，但由于 802.11b 标准的广泛使用，无线局域网的部署和升级必须考虑到客户的既有投资，业界迫切需要一种与 802.11b 标准工作于同一频段且更为先进的技术。

2001 年 11 月，IEEE 802 实验性地批准了一种新技术——802.11g 标准。它是一种混合标准，有两种调制方式：802.11b 标准中采用的 CCK 和 802.11a 中采用的 OFDM。因此，它既可以在 2.4GHz 频段提供 11Mb/s 的数据传输速率，也可以在 5GHz 频段提供 54Mb/s 的数据传输速率。

5. IEEE 802.11i

IEEE 802.11i 对 WLAN 的 MAC 层进行了修改与整合，定义了严格的加密格式和身份验证机制，以改善 WLAN 的安全性。主要包括两项内容：Wi-Fi 保护访问（WPA）和强安全网络（RSN），并于 2004 年初开始实行。

6. IEEE 802.11e/f/h

IEEE 802.11e 标准对 WLAN MAC 层协议提出改进，以支持多媒体传输、支持所有 WLAN 无线广播接口的服务质量保证 QoS 机制。

IEEE 802.11f 标准定义访问节点之间的通信，支持 IEEE 802.11 的接入点互操作协议（IAPP）。

IEEE 802.11h 标准用于 802.11a 标准的频谱管理技术。

7. IEEE 802.11n

IEEE 802.11n 标准于 2009 年 9 月正式批准。传输速度理论值为 300Mb/s，因此需要在物理层产生更高速度的传输率。此项新标准应该要比 IEEE 802.11b 标准快 50 倍，而比 IEEE 802.11g 标准快 10 倍左右。

9.1.2.2 蓝牙（Bluetooth）

蓝牙技术（IEEE 802.15）是一种先进的近距离无线数字通信的技术标准，其目标是实现最高数据传输速率 1Mb/s（有效数据传输速率为 721kb/s）、传输距离为 10cm～10m，通过增加发射功率可扩展到 100m。蓝牙工作在 2.4GHz 频段，采用跳频扩频（FHSS）技术，跳频是蓝牙的关键技术，使用较高的跳频速率，使蓝牙系统具有较高的抗干扰能力。

蓝牙主要应用在手机、汽车、医疗设备、笔记本电脑等数字终端设备之间的通信和以上设备的 Internet 的连接。蓝牙系统也嵌入微波炉、电冰箱、空调和洗衣机等家用电器中。

9.1.2.3 HomeRF

HomeRF（RF，Radio Frequency，即射频）技术是由 HRFWG 工作组开发的，该工作组 1998 年成立，主要由 Intel、IBM、Compaq、3Com、Philips、Microsoft、Motorola 等几家大公司组成，旨在制定 PC 和用户电子设备之间无线数字通信的开放性工业标准，为家庭用户建立具有互操作性的音频和数据通信网。

2001 年 8 月推出的 HomeRF 2.0 版，集成了语音和数据传送技术，工作频段在 10GHz，数据传输速率达到 10Mb/s，在无线局域网的安全性方面主要考虑访问控制和加密技术。

9.1.2.4 HiperLAN

HiperLAN（High Performance Radio LAN）是由欧洲电信标准化协会（ETSI）的宽带无线电接入网络（BRAN）小组制定的无线局域网标准，已推出 HiperLAN1 和 HiperLAN2 两个版本。

HiperLAN1 由于数据传输速率较低，没有流行推广。HiperLAN2 在欧洲得到了比较广泛的支持，是目前比较完善的 WLAN 协议标准。

HiperLAN2 工作在 5GHz 频段，采用了正交频分复用（OFDM）的调制，可达到 54Mb/s 的传输速率。HiperLAN2 最大的特色是能够进行自动频率分配，AP 在工作的过程中同时监听环境干扰信息和邻近的 AP，进而根据无线信道是否被其他 AP 占用和环境干扰最小化的原则选择最合适的信道。

9.1.2.5 WAPI

WAPI（WLAN Authentication and Privacy Infrastructure，无线局域网鉴别与保密基础架构），是中国拥有独立自主知识产权的无线局域网安全技术标准。由中国宽带无线 IP 标准工作组所制定，主要规范 IEEE 802.11b 相关的安全加密标准。

WAPI 包括两个部分，一部分是 WAI（无线局域网鉴别基础架构），另一部分是 WPI（无线局域网保密基础架构），分别实现对用户身份的鉴别和对传输的数据加密。

WAPI 从应用模式上可以分为单点式和集中式两种，单点式主要应用于家庭和小型公司，集中式主要应用于大型企业和地区。

为了便于区分，表 9-1-1 中列出了不同无线标准之间的比较。

表 9-1-1　无线标准比较

无线技术与标准	蓝牙	802.11	802.11a	802.11b	802.11g	802.11n
推出时间	1994 年	1997 年	1999 年	1999 年	2002 年	2006 年
工作频段	2.4GHz	2.4GHz	5GHz	2.4GHz	2.4GHz	2.4GHz 和 5GHz
最高传输速率	2Mb/s	2Mb/s	54Mb/s	11Mb/s	54Mb/s	108Mb/s 以上
实际传输速率	低于 1Mb/s	低于 2Mb/s	31Mb/s	6Mb/s	20Mb/s	大于 30Mb/s
传输距离	10～30m	100m	80m	100m	150m 以上	100m 以上
主要业务	语音、数据	数据	数据、图像、语音	数据、图像	数据、图像、语音	数据、语音、高清图像
成本	低	高	低	低	低	低

9.1.3　无线局域网传输介质

目前应用最广泛的无线局域网的传输介质是无线电波，一方面原因是无线电波的覆盖范围较广，应用较广泛。在使用扩频方式进行通信时，特别是使用直接序列扩频调制方法时，因发射功率低于自然的背景噪声，信号具有很强的抗干扰、抗噪声、抗衰弱能力，使得通信非常安全，基本避免了通信信号的偷听和窃听，具有很高的可用性。

另一方面原因是无线局域网使用的频段主要是 S 频段（2.4GHz～2.4835GHz），如图 9-1-1 所示，这个频段也称为 ISM（Industrial Scientific Medical）频段，即工业、科学和医疗频段，该频段在美国不受 FCC（美国联邦通信委员会）的限制，属于工业自由辐射频段，不会对人体健康造成伤害。所以无线电波是无线局域网最常用的无线传输媒体。

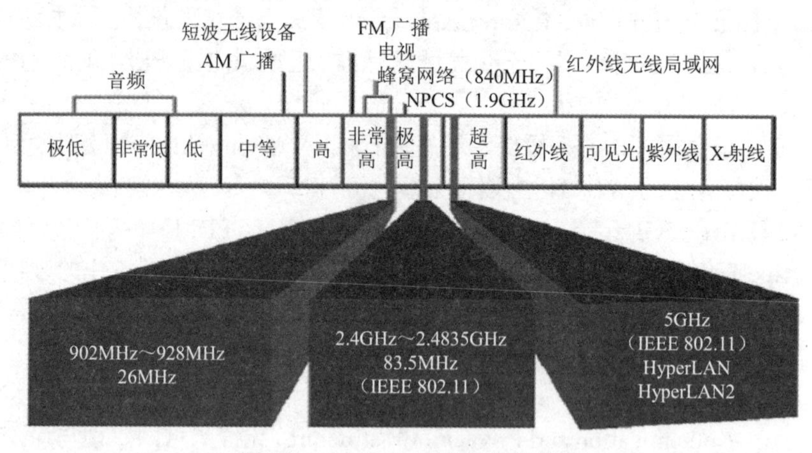

图 9-1-1　WLAN 传输使用的频带

9.2　无线局域网技术

9.2.1　无线局域网设备

无线局域网经常使用的设备有：无线网卡、无线 AP、无线桥接器和无线路由器。

无线网卡安装在计算机上，用于计算机之间或计算机与无线 AP、无线路由器之间的无线连接；无线 AP 用于信号放大及无线网与有线网的通信，其作用类似于有线网络的集线器或交换机；无线路由器则类似于带有无线功能的宽带路由器，除了用于连接无线网卡外，还可以直接实现无线局域网的 Internet 接入。

1. 无线网卡

无线网卡使客户工作站能够发送和接收无线电频率信号，使用调制技术，将数据流编码后放到 RF（射频）信号上。

无线网卡作为无线局域网的接口，实现与无线局域网的连接。根据接口类型的不同，无线网卡主要分为 3 种：PCMCIA 无线网卡、PCI 无线网卡和 USB 无线网卡。

- PCMCIA 无线网卡是笔记本电脑的专用网卡，如图 9-2-1 所示。
- PCI 无线网卡适用于普通的台式计算机，如图 9-2-2 所示。
- USB 无线网卡适用于笔记本电脑和台式计算机，支持热插拔，如图 9-2-3 所示。

图 9-2-1　PCMCIA 无线网卡

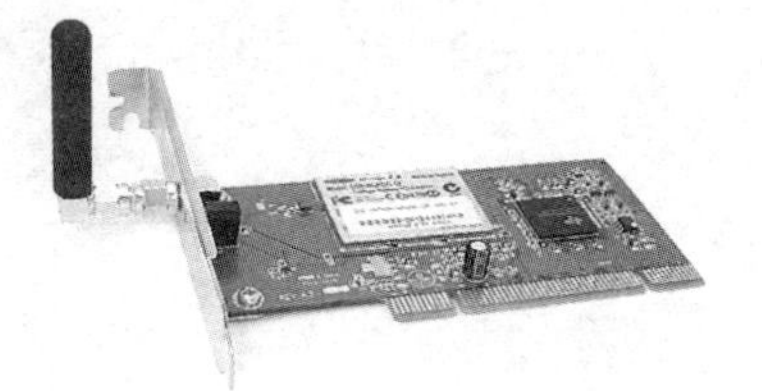

图 9-2-2　PCI 无线网卡

图 9-2-3　USB 无线网卡

2. 无线 AP

无线 AP（Access Point），也称为无线接入点，是一种网络设备，如图 9-2-4 所示。通常无线工作站之间不会直接进行通信，而是通过无线网卡与无线 AP 相连，再通过无线 AP 与其他无线工作站的无线网卡交换信号。无线 AP 通常还有 RJ-45 以太网口用来和有线网络相连。

图 9-2-4　室内型无线 AP

无线 AP 的功能类似于 802.3 以太网中的 Hub（集线器）。它在无线局域网和有线网络之间接收、缓冲存储和传输数据，以支持多个无线用户设备进行网络互访。

无线 AP 信号的覆盖范围按照无线局域网协议标准，如采用常见的 IEEE 802.11b 和 IEEE 802.11g 标准，理论覆盖范围为室内 100m，户外 300m。但在实际环境应用中，可能会碰到各种障碍物，玻璃、木板、石膏墙对无线信号影响较小，而混凝土墙和铁金属物对无线信号的屏蔽最大，所以实际覆盖范围为室内 30m，户外 100m。

一个无线 AP 理论上可以支持一个 C 类网段数量级的用户，但在实际应用中，为了保证客户端有足够的频宽可利用，一般建议一台 AP 支持 20～30 台左右的无线工作站为宜。

3. 无线桥接器

无线桥接器（Wireless Bridge）亦称为无线网桥，是将两个或多个不同建筑物的局域网通过无线网络连接起来，与功率放大器和高增益定向天线配合使用，传输距离可达几十千米，它可以提供点到点、点到多点和中继连接的连接方式，特别适用于城市中、远距离无线网络传输，如图 9-2-5 所示。

无线桥接器必须使用两个以上，而无线 AP 可以单独使用。无线桥接器的作用类似于以太网中的接入层交换机。它是传统的有线局域网与无线局域网之间的桥梁，是无线局域网中数据传输的“中转站”。

4. 无线路由器

无线路由器是集单纯型无线 AP、以太网交换机和路由器三者于一体的无线网络设备。借助于无线接入点，可以执行无线接入功能；借助于内置的多个以太网端口，可以用来连接有线设备；借助于路由接口，可以实现与 Internet 互连，实现 ADSL 和小区宽带无线共享接入，如图 9-2-6 所示。

图 9-2-5　无线桥接器

图 9-2-6　无线路由器

在接入速度上，目前有 11Mb/s、54Mb/s 和 108Mb/s 速率的无线路由器产品。无线路由器也可以按所处位置分为室内无线路由器和室外无线路由器，室内无线路由器覆盖范围较小，室外无线路由器覆盖范围比较大。

5. 无线天线

当无线工作站之间或无线工作站与无线 AP 之间相距较远或环境存在干扰因素时，信号会产生衰减，传输速率会明显下降，有时甚至无法实现彼此之间的通信连接。因此，必须借助于无线天线对所接收或发送的信号进行再放大。

无线天线就相当于一个信号放大器，主要用来解决无线网络传输中因传输距离、环境影响等因素造成的信号衰减和传输速率降低的问题。

目前，很多无线网卡、无线 AP 和无线路由器，都附带了天线。一般距离较近时，用户无需再安装额外的无线天线。然后，如果室内的传输距离超出 20～30m，户外的传输距离超出 50～100m，就必须考虑安装外置天线，以增强信号强度，保证传输速率，扩展无线网络覆盖范围。

无线天线有许多种分类方法。根据应用环境不同，分为室内天线和室外天线，需要注意的是室内天线没有经过防水和防雷击处理，因此绝对不能应用于室外。根据天线传输信号方向不同，分为全向天线和定向天线。全向天线将信号均匀地分布在中心点周围 360° 全方位区域，适用于连接点距离较近，分布角度范围大，且数量较多的情况，如图 9-2-7 所示。

定向天线的能量聚集能力最强，信号的方向指向性极好。因此当远程连接点数量较少或者角度方位集中时，采用定向天线的使用效果最佳，如图 9-2-8 所示。

图 9-2-7　室外全向天线

图 9-2-8　室外定向天线

9.2.2　无线局域网拓扑结构

无线局域网的拓扑结构可以分为两大类：无中心网络和有中心网络。

1. 无中心网络

无中心网络是在没有无线 AP 的情况下运行，被称为 Ad-Hoc 模式网络。IEEE 802.11 将这种工作在 Ad-Hoc 模式下的网络称为 IBSS（Independent BSS，独立的基本服务集），如图 9-2-9 所示。

Ad-Hoc 模式网络用于一台无线工作站（STA）和另一台或多台无线工作站的直接通信。该网络无法接入到有线网络中，只能独立使用。这是最简单的无线局域网结构。

构建 Ad-Hoc 模式网络的无线工作站要有相同的工作组名、SSID 和密码。

Ad-Hoc 模式网络组网灵活，任何时间，只要两个或更多的无线接口互相都在彼此的无线范围之内，它们就可以建立一个独立的网络。这些根据要求建立起来的典型网络在管理和预先调协方面没有任何要求。但是 Ad-Hoc 只能用于少数用户的组网环境，比如 4～8 个用户，并且他们离得足够近。

2. 有中心网络

有中心网络也称结构化网络，由无线 AP、无线工作站（STA）组成，覆盖的区域分为 BSS 和 ESS。

（1）BSS。有单一的 AP 参加，无线客户端都连接在无线 AP 上，这也称作 Infrastructure 模式网络。它可提供额外的服务，扩展客户端之间的距离。IEEE 802.11 将这样的无线网络称为 BSS，如图 9-2-10 所示。

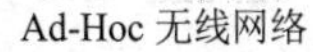

图 9-2-9　Ad-Hoc 模式网络

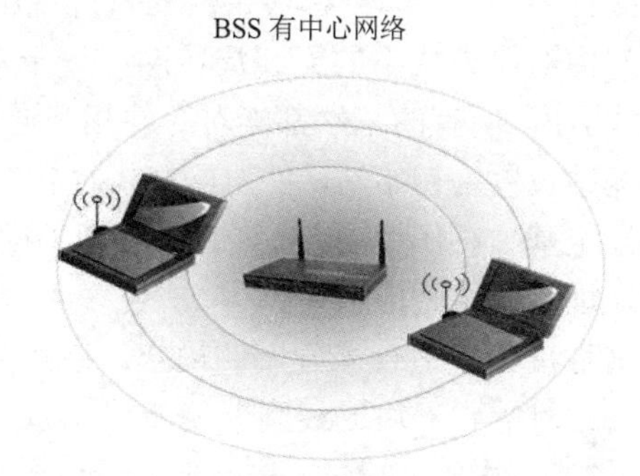

图 9-2-10　Infrastructure 模式网络（BSS 网络）

BSS 和 IBSS 服务的区域称为 BSA（Basic Service Area，基本服务区域）。

（2）ESS。当一个简单的 BSS 不能提供足够的无线覆盖时，一个或多个 AP 加入进来，组成一个 ESS（Extended Service Set，扩展服务集），也称作 Infrastructure 模式网络，如图 9-2-11 所示。

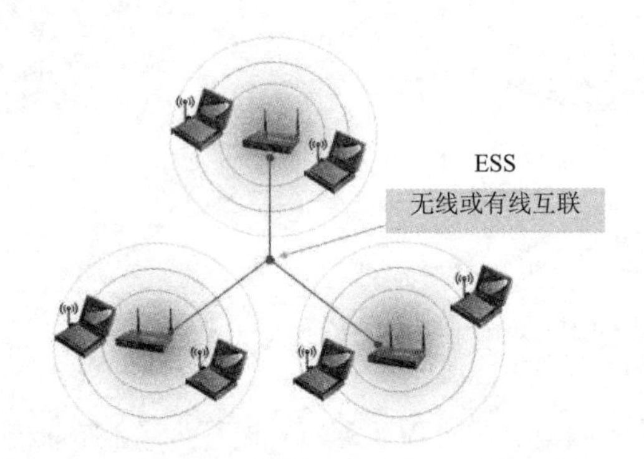

图 9-2-11　Infrastructure 模式网络（ESS 网络）

在 ESS 中，一个 BSS 通过其 BSSID（BSS Identifier，BSS 标识）来区别于其他的 BSS。ESS 服务的区域被称为 ESA（Extended Service Area，扩展服务区域）。

（3）Common Distribution System（共同分布系统）。它允许多个无线 AP 在一个 ESS 中以 BSS 的方式出现。一个 ESS 一般包括一个共同的 SSID 来允许用户漫游在多个无线 AP 之间。在两个无线 AP 之间有 10%～15%的覆盖范围重叠，只有一个 SSID，并且使用没有重叠的信道（比如一个 AP 在通道 1，另一个 AP 在通道 6）的情况下，可以实现漫游功能。

9.3　组建无线局域网

9.3.1　无线局域网组网模式

无线局域网的组网模式大致可分为两种，一种是 Ad-Hoc 模式，即点对点无线网络；另一种是 Infrastructure 模式，即集中控制式模式网络。这两种模式在室内和室外均有应用。

1. 室内无线局域网组建模式

（1）室内对等连接（Peer to Peer）组网——Ad-Hoc

室内对等方式下的无线局域网，属于对等式网络结构，不需要单独的具有控制转换功能的无线 AP，所有的基站都能对等地相互通信，如图 9-3-1 所示。在 Ad-Hoc 模式的局域网中，一个基站设置为初始站，并对网络进行初始化，使所有同域（SSID）的基站成为一个局域网，并且设定基站协作功能，允许有多个基站同时发送信息。这样在 MAC 帧中，就同时有源地址、目的地址和初始站地址。

这种模式较适合未建网的用户，或组建临时性的网络，如野外工作、临时流动会议等，每个基站只需要一块无线网卡就能相互通信，经济实惠。

（2）室内中心模式——Infrastructure

这种方式以星型拓扑为基础，属于集中控制方式的网络结构，以无线 AP 接入点为中心，所有的无线工作站要通过无线 AP 转接，如图 9-3-2 所示。当室内布线不方便，原来的信息点不够用或有计算机的相对移动时，可以利用此无线解决方案。这样就可以使安装有无线网卡的客户端共享有线网络资源，实现有线无线随时随地的共享连接。

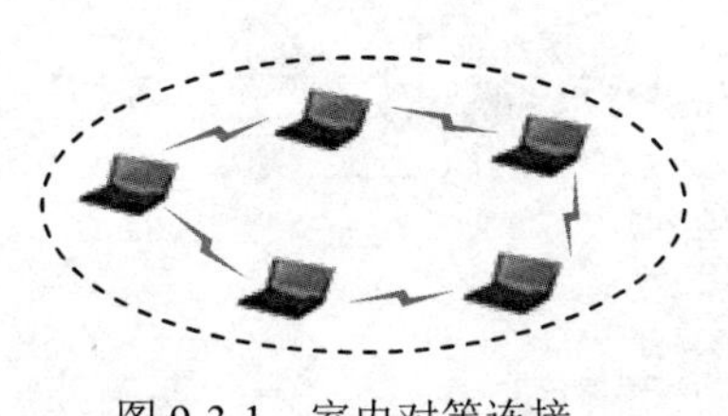

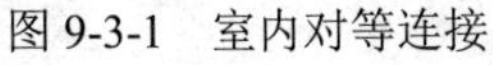

图 9-3-1　室内对等连接

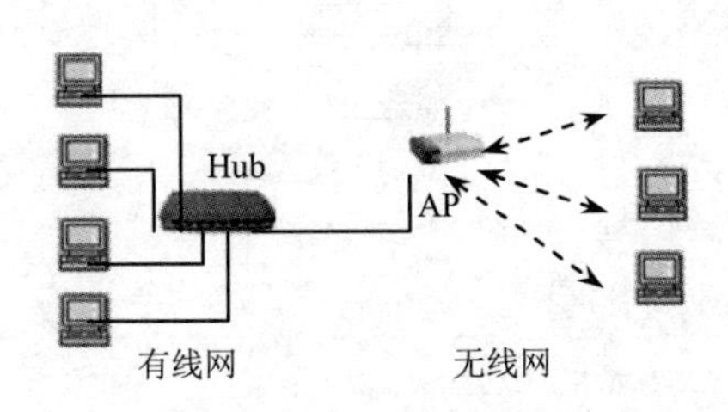

图 9-3-2　室内中心模式

2. 室外无线局域网组建模式

（1）室外点对点

在两个有线局域网之间，通过两台无线 AP 使用点对点网桥模式将它们连接在一起，可以实现两个有线局域网之间通过无线方式互连和资源共享，达到有线网络扩展的目的，如图 9-3-3 所示。

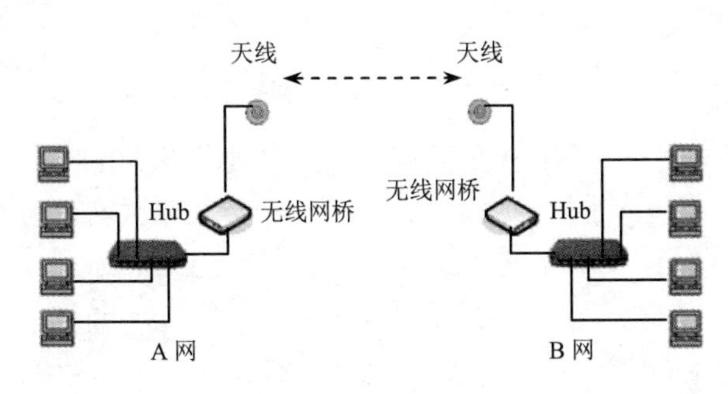

图 9-3-3　室外点对点

这种方式可以应用于公司的总部和分部，学校的总校与分校等两个点之间的联网方式。

（2）室外点对多点

点对多点的无线网桥功能能够把多个分散的有线网络连成一体，结构相对于点对点无线网桥来说较复杂。点对多点无线桥接通常以一个网络为中心点，其他接收点以此为中心进行通信。

这种方式适用于总部与多个分部的局域网连接。

如图 9-3-4 所示，A 网是有线中心局域网，B 网、C 网、D 网分别是外围的 3 个有线局域网。中心点的无线设备需要全向天线，其他各点采用定向天线。

（3）室外中继组网

中继模式可以实现信号的中继和放大，各 AP 之间可以通过设定 MAC 地址来互相连接，从而延伸无线网络的覆盖范围。当两个局域网络间的距离超过无线局域网产品所允许的最大传输距离，或者在两个网络之间有较高、较大干扰的障碍物存在时，便可以采用无线中继方案来扩展无线网络覆盖。

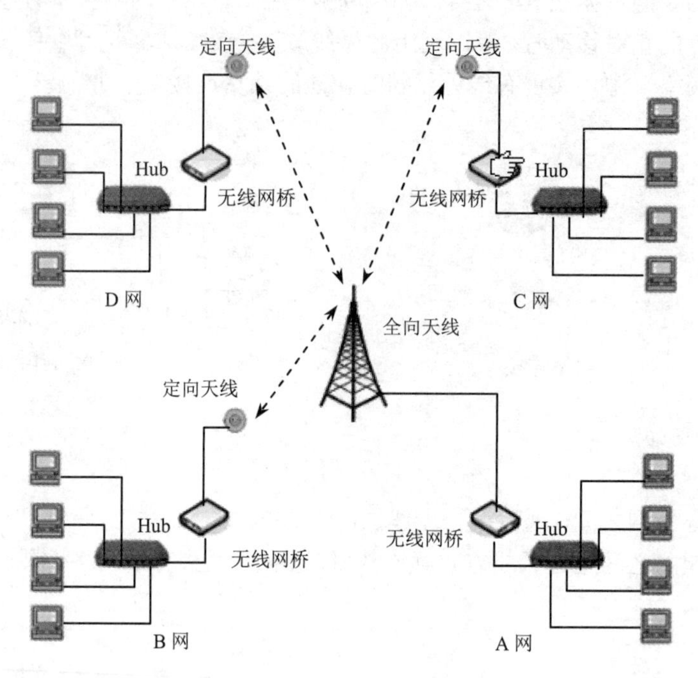

图 9-3-4　室外点对多点

如图 9-3-5 所示，处于 A 地和 B 地的两个有线局域网需要互联，因为距离较远或有建筑物阻挡，中间通过两台无线网桥作中继，从而实现两个有线局域网之间资源的共享，属于混合型连接结构。

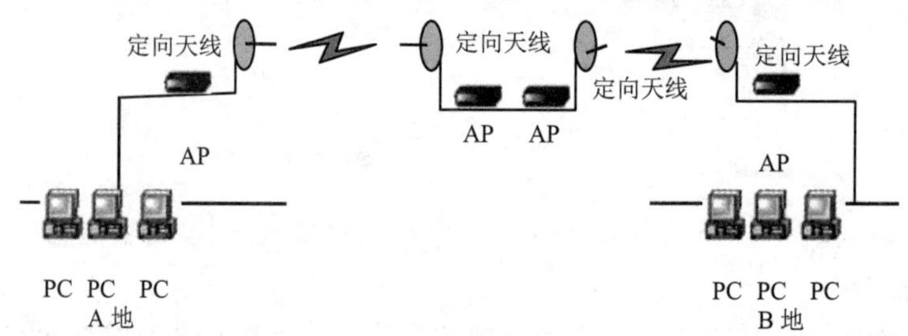

图 9-3-5　室外中继组网

9.3.2　配置无线 AP

以 Linksys WRT300N（Linksys——Cisco 公司子公司）高速无线路由器为例。该设备集成了无线 AP、交换机（4 端口）和路由器的功能，支持无线标准 IEEE 802.11n、IEEE 802.11g 和 IEEE 802.11b；最高传输速率达到 270Mb/s；拥有 1 个 10/100Base-T WAN 接口、4 个 10/100Base-T LAN 接口；工作频段为 2.4～2.4835GHz；安全性方面支持 WEP、WPA 和 WPA2 安全模式；网络管理支持 SNMP 和 Web 方式。其他厂家的无线路由器配置方法可能不同，但原理和过程基本相似。

1. 恢复至出厂配置状态

无线加电后，按住无线路由器背面的 Reset 按钮持续 5s，路由器将恢复至出厂配置状态。

2. 登录无线路由器

第一次配置无线路由器前，需要参考产品说明书给出的默认 LAN 口 IP 地址，一般情况下默认 IP 地址是 192.168.0.1 或 192.168.1.1，子网掩码是 255.255.255.0。

首先将管理计算机通过双绞线与 WRT300N 上任意一个 LAN 口相连，将管理计算机的网卡 IP 地址设置为与无线路由器同一网段上的地址，由于 WRT300N 默认的 LAN 口 IP 地址为 192.168.0.1，因此需要将管理计算机的 IP 地址设置为 192.168.0.xxx（xxx 范围为 2～254），子网掩码为 255.255.255.0，默认网关为 192.168.0.1，即路由器的 IP 地址（也可以将管理计算机的 IP 参数设置为自动获取，因为 WRT300N 默认开启了 DHCP 功能）。

然后在管理计算机上打开 IE 浏览器，在地址栏中输入http://192.168.0.1，出现路由器管理登录界面，如图 9-3-6 所示。输入默认的用户名、密码（可在无线路由器的说明书上找到），WRT300N 默认的用户名为 admin，密码为 admin，单击 OK 按钮。

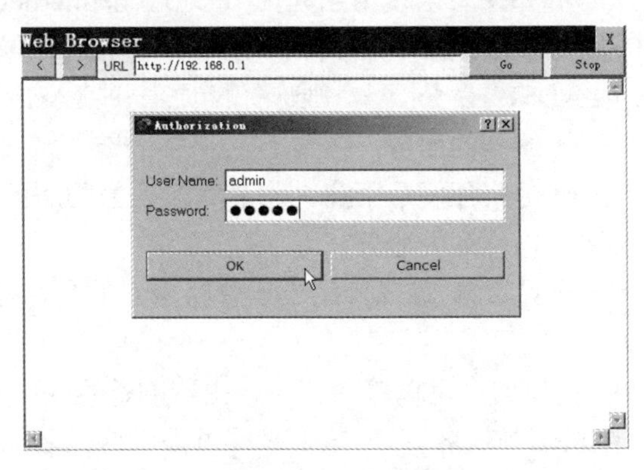

图 9-3-6　登录界面

登录成功后，将在浏览器中出现如图 9-3-7 所示的管理界面，在此可以进行相关配置。

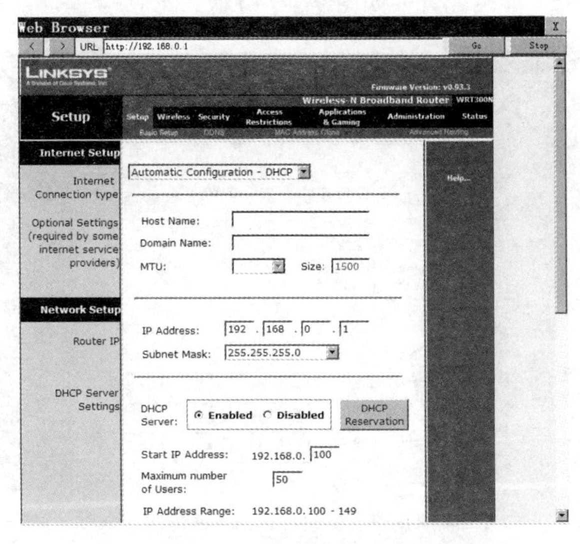

图 9-3-7　路由器管理界面

3. Basic Setup（基本配置）

（1）Internet Setup（互联网配置）如图 9-3-8 所示。

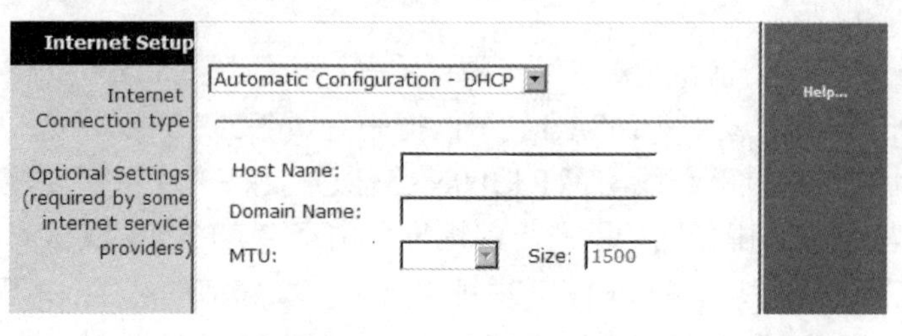

图 9-3-8 Internet Setup

1）Internet Connection type（互联网连接类型）。该部分用于设置如何将无线路由器连接到Internet。Internet 连接类型主要有：

- DHCP：无线路由器 Internet 接口的 IP 自动获得。
- Static IP（静态 IP）：如果要求使用永久性 IP 地址与 Internet 连接，则选择该项，并且还要填入 ISP 提供的 IP 地址、网关和 DNS 等参数。
- PPPoE：如果使用 ADSL 拨号上网，则选择该项，并填入 ISP 提供的账户名和密码。
- PPTP：是一种仅用于欧洲的服务。
- Telstra Cable：Telstra 是一种仅用于澳大利亚和新西兰的服务。
- L2TP：是一种仅用于以色列的服务。

2）Optional Settings（可选设置）。该部分用于设置路由器的名称等参数，大多数配置可以保持默认值。

- Host Name（路由器名称）：可以输入代表路由器的长达 39 个字符的名称。
- Domain Name（主机名与域名）：一些 ISP 要求提供这些名称作为身份识别。
- MTU：MTU 指的是最大传输单元。对于使用 ADSL 上网的用户，建议 MTU 的 Size（大小）设置为 1492。

（2）Network Setup（网络配置）如图 9-3-9 所示。

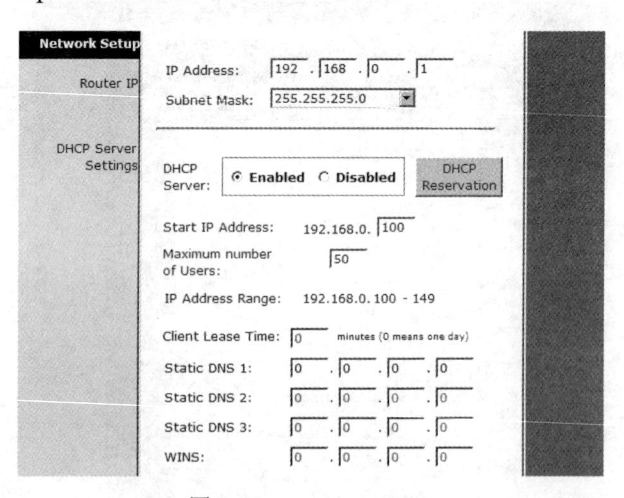

图 9-3-9 Network Setup

1）Router IP（路由器 IP）。该部分用于设置路由器的 IP 地址以及子网掩码，该 IP 是路由器和内网连接的以太网端口上的 IP 地址，通常路由器会默认配置 IP 地址 192.168.0.1 或 192.168.1.1，子网掩码是 255.255.255.0。

2）DHCP Server Settings（DHCP 服务器设置）。该部分用于对路由器的动态主机配置协议（DHCP）服务器功能进行配置。路由器可以作为网络中的一个 DHCP 服务器，自动为连接到无线路由器上的客户端分配 IP 地址。

- DHCP Server（DHCP 服务器）：DHCP 在产品出厂时默认启用。如果网络中已经存在 DHCP 服务器，或者不希望无线路由器提供 DHCP 功能，则单击 Disabled（禁用）单选按钮。
- Start IP Address（开启 IP 地址）：输入一个数值，即 DHCP 服务器分配 IP 地址的起始值。因为本路由器的默认 IP 地址是 192.168.0.1，所以开始 IP 必须为 192.168.0.2～192.168.0.254。默认的开始 IP 地址为 192.168.0.100。
- Maximum number of Users（用户最大数量）：输入希望 DHCP 服务器分配 IP 地址的最大数量，该数量不能超过 253。默认值为 50。
- Client Lease Time（客户端租用时间）：指的是配有动态 IP 地址的网络用户允许使用该 IP 地址的时间限制。动态 IP 地址到期后，DHCP 服务器会自动分配给用户一个新的动态 IP 地址。输入以分钟为单位的时间，默认配置为 0 分钟，代表 1 天。
- Static DNS1～3（静态 DNS1～3）：域名解析系统负责将域名解析成 IP 地址。ISP 至少会提供一个 DNS 服务器的 IP 地址。可以输入多达 3 个 DNS 服务器 IP 地址。如果全为 0，则路由器会将从 Internet 接口获得的 DNS 地址分配给内网客户端。
- WINS：如果使用 WINS 服务器负责将 NetBIOS 计算机名解析成 IP 地址，则要在这里输入该服务器的 IP 地址。否则，不填写任何数据。

4. Basic Wireless Settings（基本无线设置）

Basic Wireless Settings（基本无线设置）如图 9-3-10 所示。

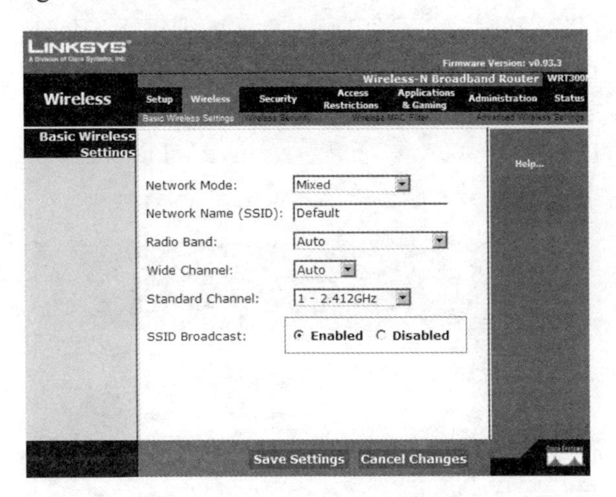

图 9-3-10 Basic Wireless Settings

（1）Network Mode（无线网络模式）：如果网络中有 IEEE 802.11b 设备、IEEE 802.11g 设备和 IEEE 802.11n 设备，则保留默认设置“Mixed（混合）”；如果网络中仅有 IEEE 802.11b

设备，则选择“Wireless-B Only”；如果网络中仅有 IEEE 802.11g 设备，则选择“Wireless-G Only”；如果网络中仅有 IEEE 802.11n 设备，则选择“Wireless-N Only”；如果想禁用无线网络，则选择“Disabled”。

（2）Network Name（SSID）（无线网络名称）：SSID 是无线网络里面所有设备共享的网络名。SSID 区分大小写，不得超过 32 个字符。本路由器默认的 SSID 为 Default，为了提高安全性能，最好修改默认的 SSID 名称。

（3）Radio Band（无线波段）：为了能使 IEEE 802.11n、IEEE 802.11g 和 IEEE 802.11b 设备在网络里面有最好的性能，选择“Wide（宽带）-40MHz Channel”。如果只有 IEEE 802.11g 和 IEEE 802.11b 设备，选择“Standard（标准）-20MHz Channel”。如果实在不确定该选哪个，就保持默认，选择“Auto”。

注意：如果选择“Wide-40MHz Channel”，则 IEEE 802.11n 设备可以使用两个信道：主要信道（Wide Channel，宽带信道）和第二信道（Standard Channel，标准信道），这会增强 IEEE 802.11n 设备的性能。

（4）Wide Channel（宽带信道）：如果在“Radio Band”里面选择“Wide-40MHz Channel”，这个设置会在 IEEE 802.11n 主要信道起作用。

（5）Standard Channel（标准信道）：混合网络就选这个信道，如果在混合网络里面选择“Wide-40MHz Channel”，则对于 IEEE 802.11n 来说，标准信道就会转变成第二信道。

注意：相邻的无线设备的无线信道不要重叠，为了减少两个无线 AP 之间的无线干扰，可以考虑将这个参数更改为 1 或者 11 都可以。

（6）SSID Broadcast（无线 SSID 广播）：无线客户端搜索本地无线网络连接的时候，无线网卡会探测到无线路由器发出的 SSID 广播。如果要广播无线路由器的 SSID，则保持默认“Enabled”；如果不希望广播无限路由器的 SSID，则选择“Disabled”。

注意：建议禁用 SSID 广播，除非无线网络是公开给大众用户。

5. Wireless Security（无线安全）

无线安全设置用于对无线网络的安全性进行配置，如图 9-3-11 所示。Linksys-WRT300N 无线路由器支持以下无线安全选项：WEP、WPA Personal、WPA Enterprise、WPA2 Personal 和 WPA2 Enterprise。其中 WEP 代表有线等效保密，WPA 代表 Wi-Fi 受保护接入，WPA 比 WEP 加密更强大。WPA2 又比 WPA 加密更强大，WPA Enterprise 和 WPA2 Enterprise 是与 RADIUS（拨入用户远程确认服务）服务器配合使用的 WPA。

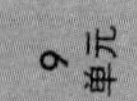

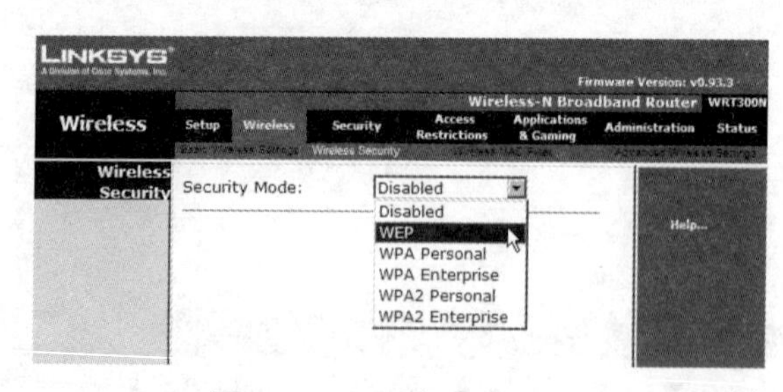

图 9-3-11 Wireless Security

（1）WEP：WEP 称为有线等效保密，是一种基本加密方法，不如 WPA 安全，WEP 密钥是固定的，除非手动修改，不利于大范围部署，如图 9-3-12 所示。

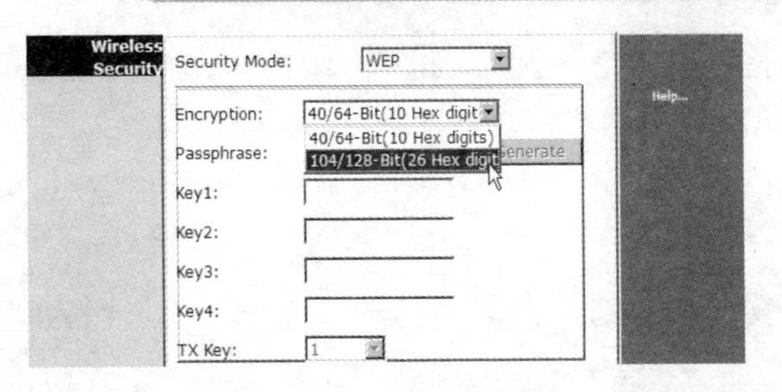

图 9-3-12　WEP 安全模式

在 Encryption 选项中，可以选择“40/64-Bit（10 Hex digits）”（10 个十六进制数字）或“104/128-Bit（26 Hex digits）”两种加密水平。Key1～Key4（密钥 1～密钥 4）文本框中可以手工输入密钥，默认采用 Key1 栏中输入的密钥，如果想更换其他密钥，则在 TX Key 选项中选择相应的密钥。如果嫌手工输入密钥太过麻烦，也可以在 Passphrase（密码短语）中输入些字符，单击 Generate（生成）按钮，会自动生成 4 组密钥。

（2）WPA Personal（WPA 个人）：如图 9-3-13 所示，WPA Personal 有两种加密方法，即 AES 和 TKIP。采用动态密钥，选择一种加密方法，然后在 Passphrase 文本框中输入 8～63 个字符的 WPA 共享密钥。在 Key Renewal（组密钥更新）文本框中输入组密钥更新时间，用于设定路由器更换密钥的周期。

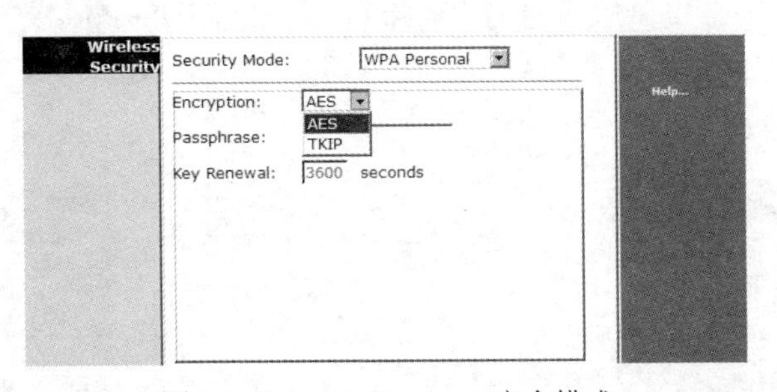

图 9-3-13　WPA Personal 安全模式

（3）WPA Enterprise（WPA 企业）：如图 9-3-14 所示，该选项是和 RADIUS（拨入用户远程确认服务）服务器配合使用的 WPA 安全方法（仅当 RADIUS 服务器连接到路由器时才能使用）。在 Encryption 下拉列表中选择想使用的算法类型“AES”或“TKIP”。在 RADIUS Server 文本框中输入 RADIUS 服务器的 IP 地址，在 RADIUS Port 文本框中输入端口号，在 Shared Secret 文本框中输入无线路由器和 RADIUS 服务器之间共享的密钥，在 Key Renewal 文本框中输入组密钥更新的时间。

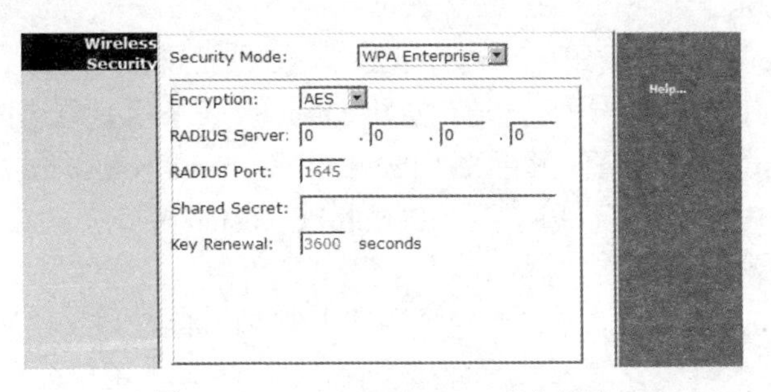

图 9-3-14　WPA Enterprise 安全模式

（4）WPA2 Personal（WPA2 个人）：如图 9-3-15 所示，WPA2 Personal 有两种加密方法，即 AES 和 TKIP+AES。使用动态密钥，在 Encryption 下拉列表中选择一种加密算法，在 Passphrase 文本框中输入 8～63 个字符的共享密钥，在 Key Renewal 文本框中输入组密钥更新的时间。

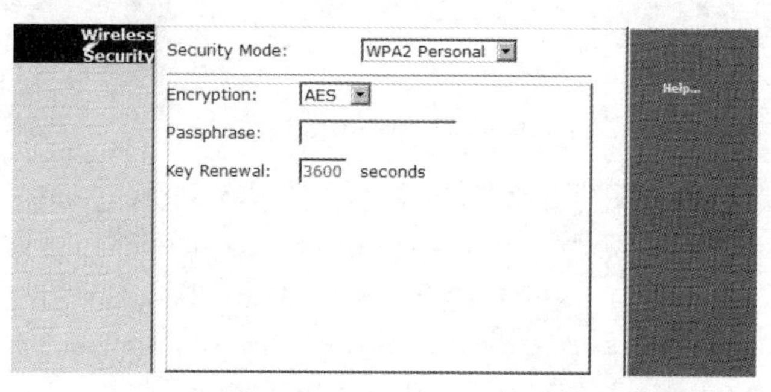

图 9-3-15　WPA2 Personal 安全模式

（5）WPA2 Enterprise（WPA2 企业）：如图 9-3-16 所示，该选项是和 RADIUS（拨入用户远程确认服务）服务器配合使用的安全方法（仅当 RADIUS 服务器连接到路由器时才能使用）。在 Encryption 下拉列表中选择想使用的算法类型“AES”或“TKIP+AES”。在 RADIUS Server 文本框中输入 RADIUS 服务器的 IP 地址，在 RADIUS Port 文本框中输入端口号，在 Shared Secret 中输入无线路由器和 RADIUS 服务器之间共享的密钥，在 Key Renewal 文本框中输入组密钥更新的时间。

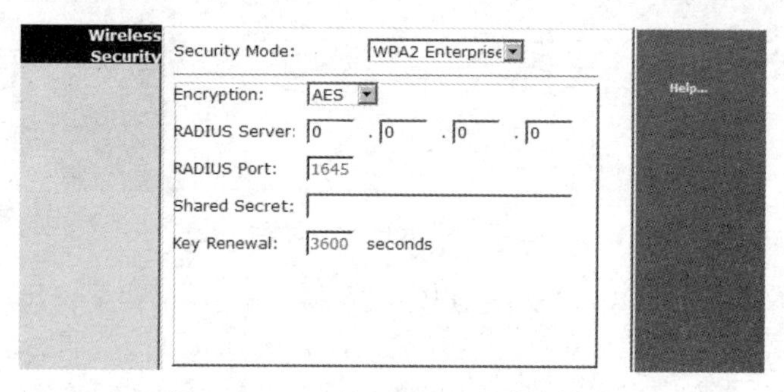

图 9-3-16　WPA2 Enterprise 安全模式

6. Wireless MAC Filter（无线 MAC 过滤）

无线访问可以通过 MAC 地址过滤来控制，这和禁用 SSID 广播一样，起到了安全的辅助作用，如图 9-3-17 所示。

如果使用 MAC 地址来对无线用户进行过滤，选中 Enabled（允许）单选按钮，如果不希望使用 MAC 地址来对无线用户进行过滤，选中 Disabled（禁用）单选按钮。

（1）Access Resolution（访问解析）：“Prevent PCs listed below from accessing the wireless network”阻止列出的电脑访问无线网络；“Permit PCs listed below to access wireless network”只允许列出的电脑访问无线网络。

（2）MAC Address filter list（MAC 地址过滤表）：在 MAC 地址过滤表中编辑无线用户的 MAC 地址。

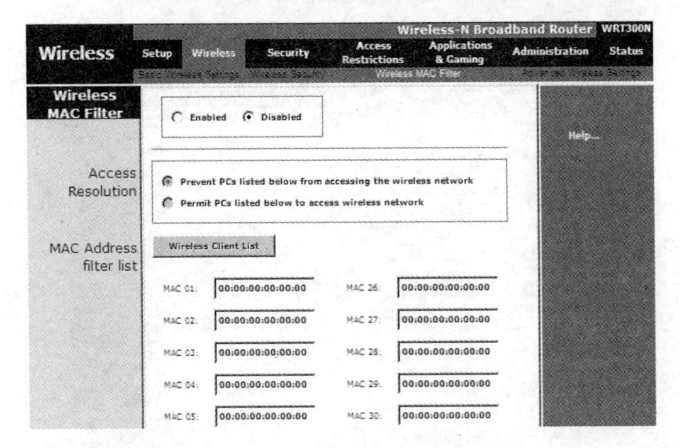

图 9-3-17　Wireless MAC Filter

7. Firewall（防火墙）

Firewall（防火墙）的设置界面如图 9-3-18 所示。

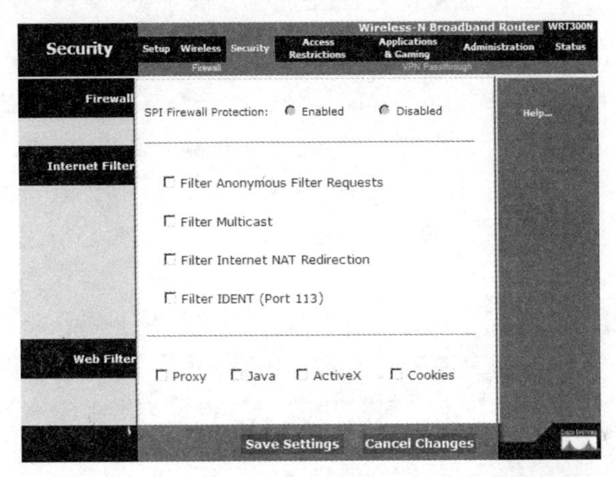

图 9-3-18　Firewall

（1）Filter Anonymous Filter Requests（过滤匿名互联网请求）：选中该复选框，可防止无线网络遭受其他 Internet 用户的 Ping 或是探测。这一功能也可以隐藏网络开放的端口，从而提高网络安全性能。

（2）Filter Multicast（过滤器多播）：选中该复选框可开启过滤器多播功能，无线路由器会允许 IP 多播包转发到相应的计算机上。

（3）Filter Internet NAT Redirection（过滤 Internet NAT 重定向）：选中该复选框可开启对 Internet NAT 重定向进行过滤，这一功能使用端口前转发来阻止来自 Internet 的计算机访问本地服务器。

（4）Filter IDENT（Port 113）（过滤器 IDENT 113 端口）：选中该复选框可开启对 113 端口进行过滤。这一功能可以使 113 端口免于被本地网络之外的设备进行扫描。

8. Access Restrictions（访问控制）

（1）Internet Access Policy（互联网访问策略）：如图 9-3-19 所示，在此界面中能够限制或允许特殊种类的 Internet 使用此业务，例如，可以限制在特定天数与时间里的 Internet 访问、指定业务、网站。

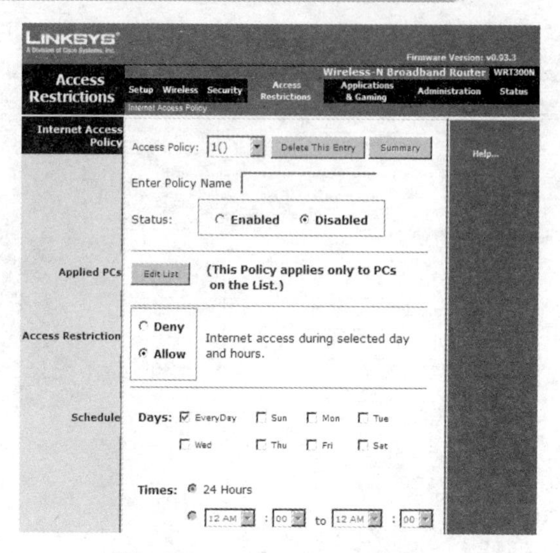

图 9-3-19　Internet Access Policy

1）Access Policy（访问策略）：可以定义 10 个访问策略，单击 Delete This Entry（删除这个策略）来删除选中的策略，单击 Summary（概要）查看选中策略的概要。

2）Enter Policy Name（输入策略名）：在此文本框中输入选中策略的名称。

3）Status（状态）：选中 Enabled 单选按钮启用策略，选中 Disabled 单选按钮禁用策略。

4）Applied PCs（应用于 PC）：单击 Edit List 按钮，编辑策略应用于无线网络中的哪些客户端。

5）Access Restriction（访问限制）：选中 Deny 单选按钮拒绝在选定的天数和时间内进行访问限制，选中 Allow 单选按钮允许在选定的天数和时间内进行访问限制。

6）Schedule（时间表）：在“Days（天数）”选项中设置一周中应用策略的天数。在“Times（时间）”选项中设置应用策略的时间。

（2）Website Blocking by URL Address（通过 URL 阻止网站）：如图 9-3-20 所示，通过在 URL 1～URL 4 文本框中输入网站的 URL，从而阻止对其访问。

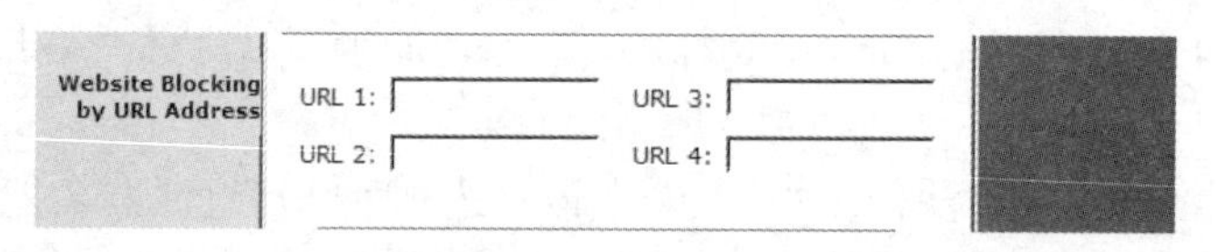

图 9-3-20　Website Blocking by URL Address

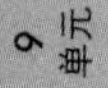

（3）Website Blocking by Keyword（通过关键字阻止网站）：如图 9-3-21 所示，通过在 Keyword 1～Keyword 4 文本框中输入关键字，从而阻止对包含有设置关键字的网站进行访问。

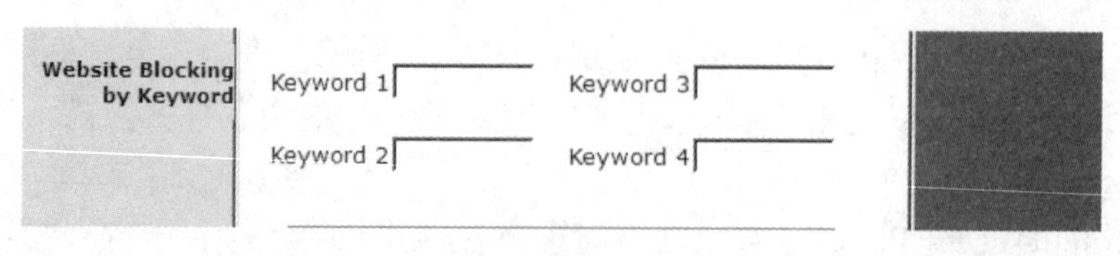

图 9-3-21　Website Blocking by Keyword

（4）Blocked Applications（阻止的服务）：如图 9-3-22 所示，可以从 Applications 下拉列

表中选择业务来对通过 Internet 访问的各种业务进行过滤，比如 FTP 或 Telnet，之后配置要进行过滤的端口范围。

9. Management（管理控制）

Management（管理控制）的设置界面如图 9-3-23 所示。

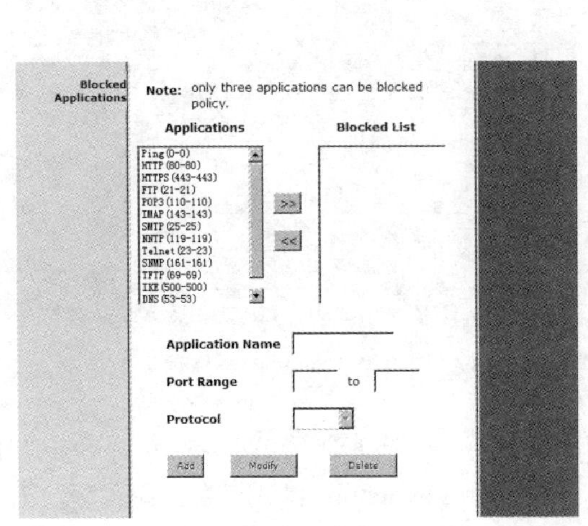

图 9-3-22　Blocked Applications

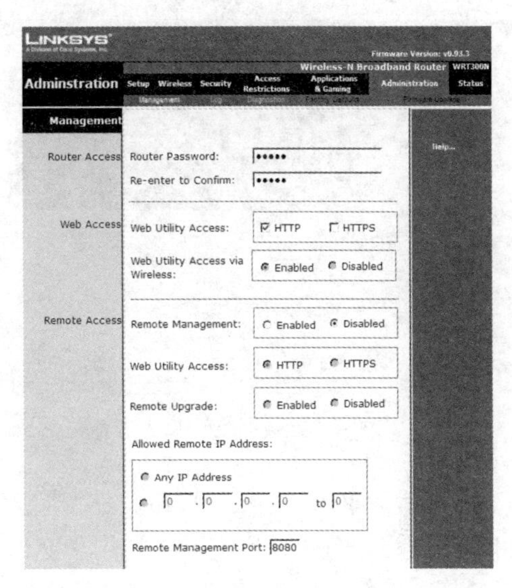

图 9-3-23　Management

（1）Router Access（路由访问）：在这里对无线路由器的密码进行更改。最好对无线路由器默认密码进行修改。

（2）Web Access（网页访问）。其中：

1）Web Utility Access（网页访问）：在此选择 HTTP 或是 HTTPS 访问无线路由器。

2）Web Utility Access via Wireless（无线接入网页）：在此选择是否可以通过无线来访问无线路由器。

（3）Remote Access（远程访问）：在此设置是否可以通过 Internet 访问路由器，为了安全，建议在 Remote Management 选项中选择 Disable 单选按钮禁用该功能。

注意：配置完成后一定要单击配置页面下方的“Save Settings（保存配置）”按钮。

9.3.3　配置无线网卡

在 9.3.2 节配置无线 AP 的基础上我们来学习如何配置无线网卡。假设在 9.3.2 节中无线 AP 的 SSID 设置为 linksy，SSID 广播设置为禁用；安全模式设置为 WPA Personal，WPA 算法设置为 AES，WPA 共享密钥设置为 12345678；其余采用默认配置。

（1）在普通笔记本电脑上配置网卡，首先在电脑上安装好无线网卡驱动程序。

（2）在笔记本电脑上打开“网络连接”窗口，用鼠标右键单击“无线网络连接”，在弹出的快捷菜单中执行“查看可用的无线连接”命令。随后弹出“无线网络连接”对话框，如图 9-3-24 所示。如果在无线 AP 上配置了广播 SSID，则单击图 9-3-24 左侧的“刷新网络列表”，会列出无线 AP 网络。为了无线网络安全，并未设置广播 SSID，此时需要手工添加 SSID。

（3）单击“无线网络连接”对话框左侧的“更改高级设置”，弹出“无线网络连接 属性”

对话框。选中“无线网络配置”选项卡，如图 9-3-25 所示。选中“用 Windows 配置我的无线网络设置”复选框，如果想用无线网卡厂商自带的配置程序，则不选择此项。

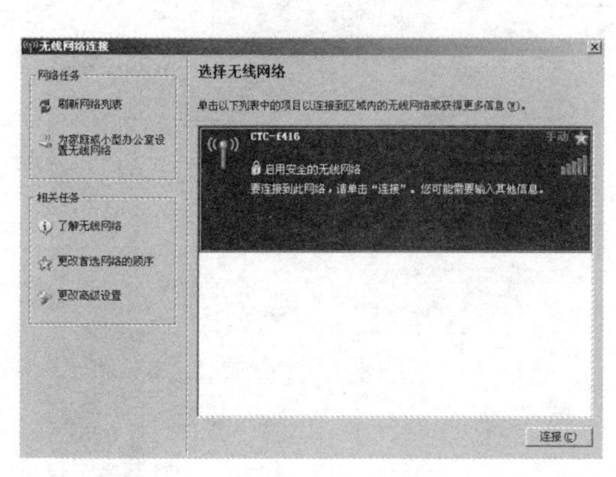

图 9-3-24　“无线网络连接”对话框

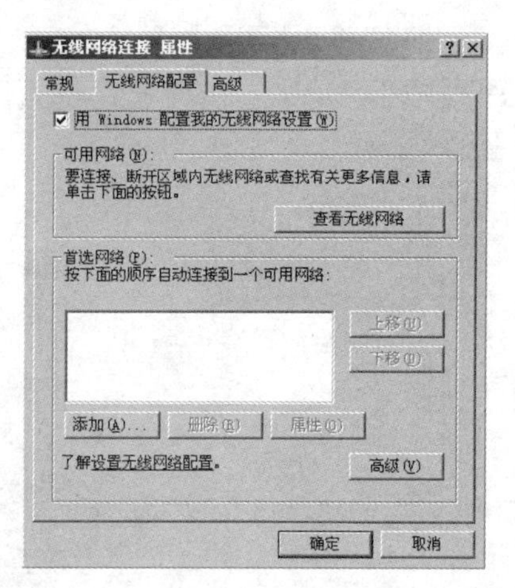

图 9-3-25　“无线网络连接 属性”对话框

（4）然后单击“高级”按钮，在“高级”对话框中有三种选择项（如图 9-3-26 所示）：“任何可用的网络（首选访问点）”，适用于 Ad-Hoc 模式和 Infrastructure 模式混合网络；“仅访问点（结构）网络”，仅适用于 Infrastructure 模式网络；“仅计算机到计算机（特定）”，适用于 Ad-Hoc 模式网络。默认选择为“任何可用的网络（首选访问点）”。

（5）返回“无线网络配置”选项卡，单击“添加”按钮。在弹出的“无线网络属性”对话框中，选中“关联”选项卡，如图 9-3-27 所示。在“网络名（SSID）”文本框中输入无线 AP 的 SSID 名称（在此我们输入 linksys）。选中“即使此网络未广播，也进行连接”复选框。

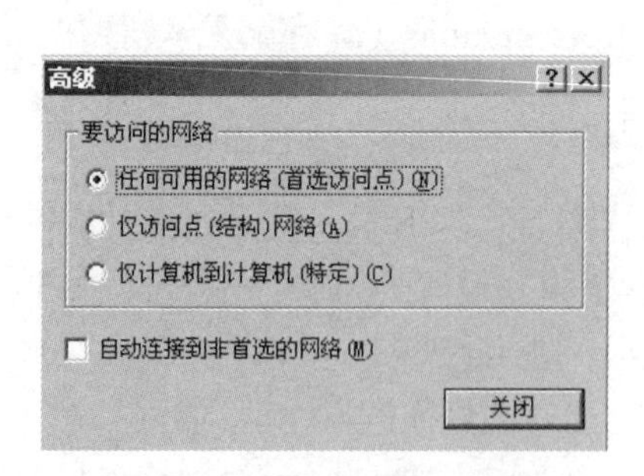

图 9-3-26　“高级”对话框

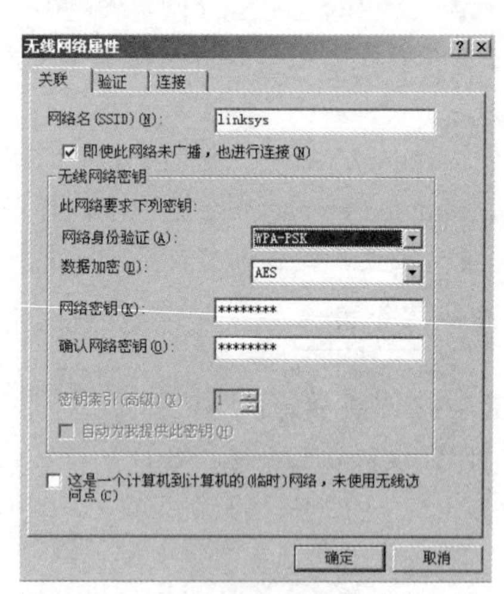

图 9-3-27　“无线网络属性”对话框

然后在“网络身份验证”下拉列表中选择和无线 AP 设置一致的方式（在此我们选择 WPA-PSK），“数据加密”方式也要和无线 AP 设置一致（在此我们选择 AES），在“网络密钥”文本框中输入相对应的密钥（在此我们输入 a1b2c3d4）。最后单击“确定”按钮。

注意：Microsoft 的 Windows 操作系统和 Linksys 无线路由器对“网络身份验证”和“数据加密”的称呼并不一致，如表 9-3-1 所示。

表 9-3-1 Windows 系统与 Linksys 无线路由器中“网络身份验证”和“数据加密”对应表

Windows 系统	Linksys 路由器
开放式（数据加密禁用）	禁用
开放式（数据加密用 WEP）	WEP
WPA-PSK	WPA Personal（WPA 个人）
WPA	WPA Enterprise（WPA 企业）
WPA2-PSK	WPA2 Personal（WPA2 个人）
WPA2	WPA2 Enterprise（WPA2 企业）
TKIP	TKIP+AES
AES	AES

（6）返回至“无线网络连接”对话框，如图 9-3-28 所示。如果在无线 AP 上配置了广播 SSID，则单击左侧的“刷新网络列表”，会列出无线 AP 网络“Linksys”。

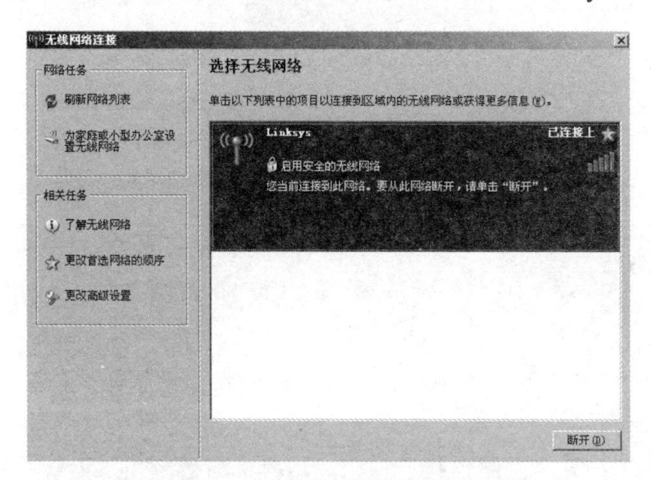

图 9-3-28 “无线网络连接”对话框

（7）双击无线网络“Linksys”，弹出“无线网络连接”对话框，如图 9-3-29 所示，在“网络密钥”和“确认网络密钥”文本框中输入无线 AP 上设置的密钥“a1b2c3d4”，单击“连接”按钮，开始进行无线连接。成功连接后，在桌面的右下角会有一个无线连接图标。

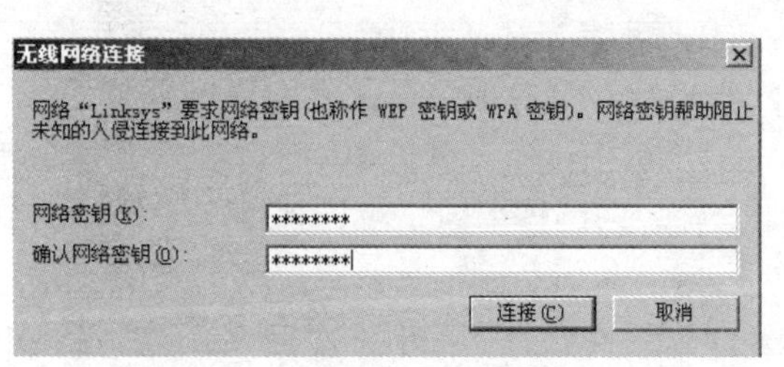

图 9-3-29 输入网络密钥

（8）检查无线网卡是否已经自动获得 IP 地址，能否 Ping 通无线 AP。

9.4 组建 Ad-Hoc（点对点）模式无线局域网

某高校校园内两名同学在户外学习，随身携带 PC1 和 PC2 两台笔记本电脑，都内置有 PCMCIA 无线网卡。现两人需要将两台 PC 的资源共享互访，但两人身处环境既没有数据存储设备也没有网络互连设备，两名同学该如何进行操作配置呢？

【任务分析】

两名同学可以对两台 PC 无线网卡进行相关配置，组建 Ad-Hoc（点对点）模式无线局域网，从而实现两台 PC 之间相互通信、资源共享。任务拓扑如图 9-4-1 所示。

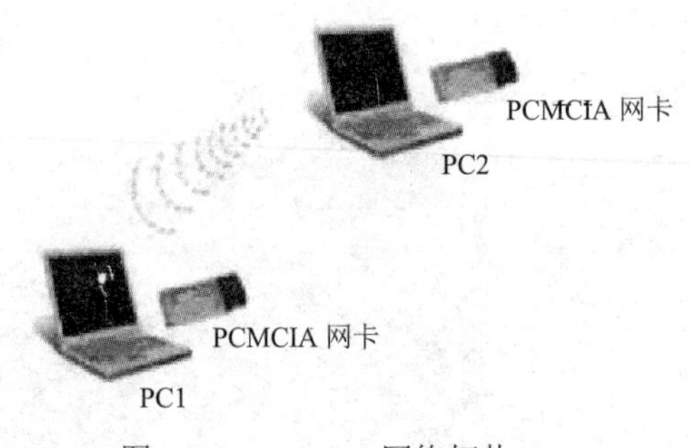

图 9-4-1 Ad-Hoc 网络拓扑

【任务实施】

首先确保两台 PC 已安装好网卡驱动，并且无线网卡正常工作。

1. PC1 的配置

（1）在 PC1 上，打开“网络连接”窗口，用鼠标右键单击“无线网络连接”，在弹出的快捷菜单中执行“属性”命令。

（2）在“无线网络连接 属性”对话框中，选中“Internet 协议（TCP/IP）”，单击“属性”按钮。在“TCP/IP 属性”对话框中选中“使用下面的 IP 地址”单选按钮，输入 IP 地址 192.168.1.1，子网掩码 255.255.255.0，网关不需要设置，然后单击“确定”按钮。

（3）在“无线网络连接 属性”对话框中，选中“无线网络配置”选项卡，选中“用 Windows 配置我的无线网络设置”复选框，单击“高级”按钮，在“高级”对话框中，选择“仅计算机到计算机（特定）”单选按钮，然后单击“关闭”按钮，如图 9-4-2 所示。

（4）返回到“无线网络连接 属性”对话框，选中“无线网络配置”选项卡，在对话框中单击“添加”按钮。

（5）在弹出的“无线网络属性”对话框中，选中“关联”选项卡。在“网络名（SSID）”文本框中输入无线网络的网络名，本任务中为“test”。不要选中“自动为我提供此密钥”复选框，然后在“网络身份验证”下拉列表中选择“开放式”，在“数据加密”下拉列表中选择“WEP”，在“网络密钥”文本框中输入符合 WEP 要求的密码，本案例中输入“12345”，如图 9-4-3 所示，最后单击“确定”按钮，至此无线终端 PC 上的设置就已完成。

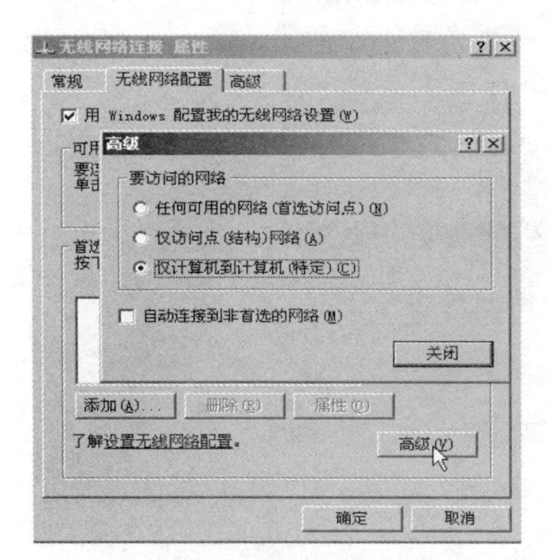

图 9-4-2　“高级”对话框

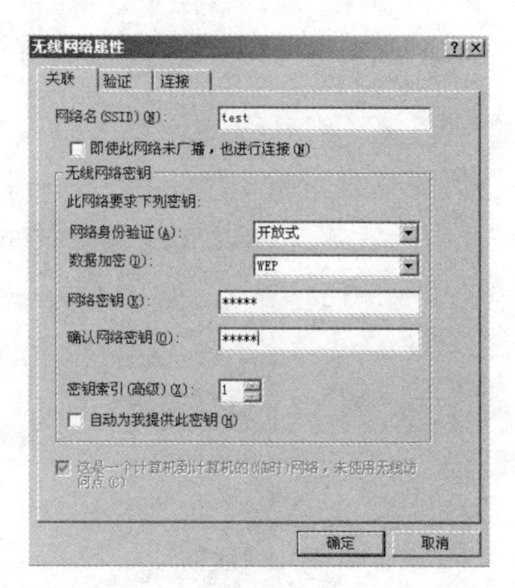

图 9-4-3　“无线网络属性”对话框

2. PC2 的配置

（1）在 PC2 上，同样执行上述操作。但要注意，要实现 Ad-Hoc 模式互连的主机的 IP 必须配置在同一网段内。本任务配置 PC2 的 IP 地址为 192.168.1.2，子网掩码为 255.255.255.0，网关同样不需要配置。

（2）在 PC2 上搜索无线信号，打开 PC2“网络连接”窗口，用鼠标右键单击“无线网络连接”，在弹出的快捷菜单中执行“查看可用的无线连接”命令。随后弹出“无线网络连接”对话框，在对话框右侧“选择无线网络”栏中列出了在 PC2 周围存在的无线 AP，其中就有 PC1 信号端的 SSID（test），如图 9-4-4 所示。

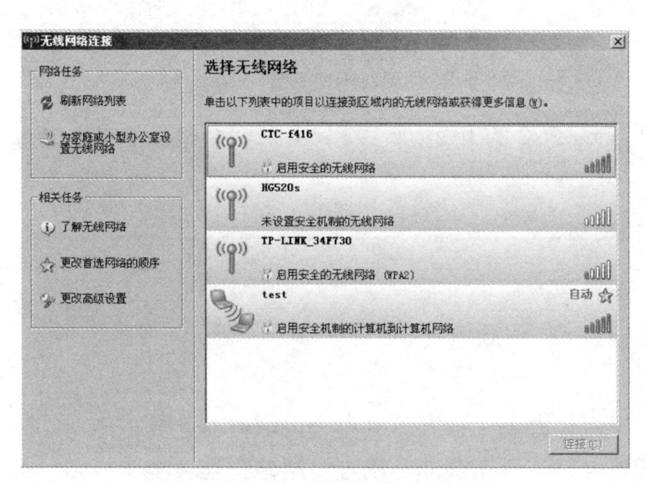

图 9-4-4　“无线网络连接”对话框

（3）在“选择无线网络”栏中，双击“test”，弹出“无线网络连接”对话框，在“网络密钥”和“确认网络密钥”文本框中输入信号端 PC1 上设置的密钥 12345，单击“连接”按钮，如图 9-4-5 所示。再返回到“选择无线网络”栏中，显示已经连接上 test，如图 9-4-6 所示。

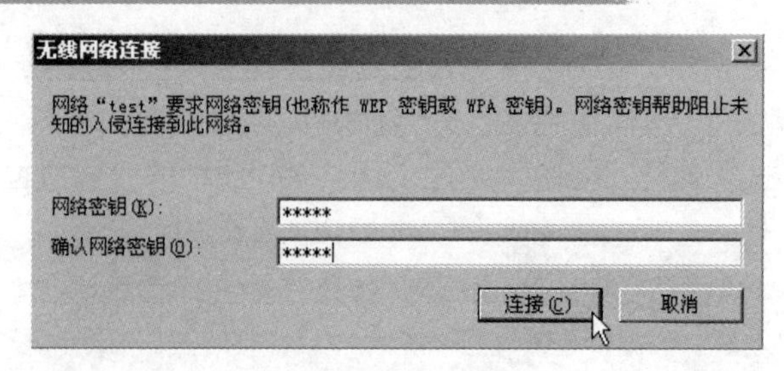

图 9-4-5　输入密钥

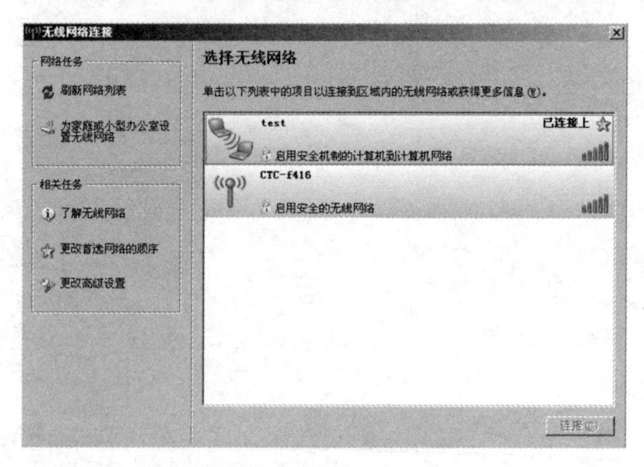

图 9-4-6　显示已连接上 test

（4）最后两台 PC 建立连接，构成对等网，状态如图 9-4-7 所示。

图 9-4-7　无线网络连接（点对点）

测试：在 PC1 上 Ping PC2 的 IP 地址 192.168.1.2，结果显示可以 Ping 通。

9.5　组建 Infrastructure（集中控制）模式无线局域网

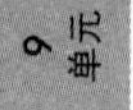

任务说明

某高校为了实现无纸化办公，需要将某办公区域内的计算机 PC1、PC2 和 PC3 组成一个局域网络，但是此区域网络综合布线非常困难，网络管理员小李该如何解决这个问题呢？

【任务分析】

通过组建 Infrastructure 模式无线局域网，可以实现 PC1、PC2 和 PC3 间互相访问通信。网络管理员小李增加了一台 Linksys-WRT300N 无线路由器，并且为 PC1、PC2 和 PC3 安装了

Linksys-WMP300N 无线网卡。网络管理员利用笔记本电脑 PC0 连接到 Router1，进行相关配置，然后分别对三台 PC 的无线网卡进行配置。任务拓扑如图 9-5-1 所示。

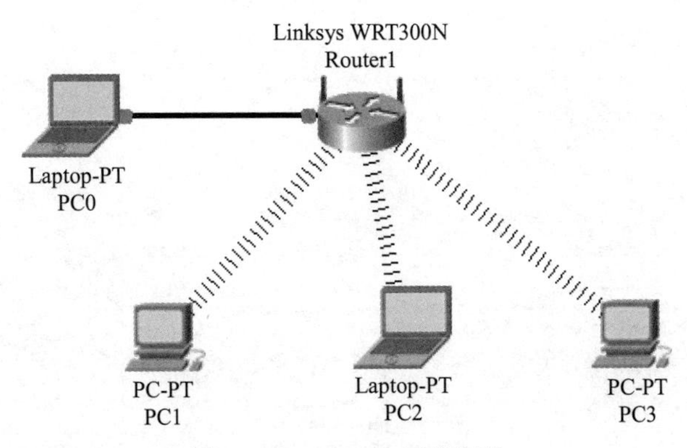

图 9-5-1　Ad-Hoc 网络拓扑

【任务实施】

首先确保三台 PC 已安装好网卡驱动，并且无线网卡正常工作。然后将 PC0 通过双绞线连接到 Router 1 的以太网端口上。

1. PC0 的配置

配置 Router 1 之前，参考产品说明书给出的默认 LAN 口 IP 地址，查看得知默认 IP 地址是 192.168.0.1/24。默认管理员为 admin，密码为 admin。

将 PC0 网卡 IP 地址设置为与无线路由器同一网段上的地址，本案例中 IP 地址设置为 192.168.0.100/24，网关为 192.168.0.1。

在 PC0 上打开 IE 浏览器，在地址栏中输入http://192.168.0.1，出现路由器管理登录界面。输入默认的用户名 admin，密码为 admin，最后单击 OK 按钮。登录成功后，将在浏览器中出现无线路由器的管理界面。

2. Router1 的配置

（1）进入 Basic Wireless Settings 配置界面，将 Network Mode 配置为 Mixed，Network Name（SSID）修改为 Linksys，SSID Broadcast 设置为 Disabled，其余选项保持默认配置。

注意：如果 AP 主动向外广播其 SSID，则无线网络安全程度降低，所以一定要将 SSID 广播设置为禁用。

（2）进入 Wireless Security 配置界面，将 Security Mode 配置为 WPA Personal，将 Encryption 配置为 AES，在 Passphrase 文本框中输入“a1b2c3d4”，其余选项保持默认配置。

注意：为了提高无线网络安全性，最好不要配置 WEP 安全模式。如果已经配置了 WEP 安全模式，则一定要采用 128 位加密方式以保证数据传输的安全性。

（3）进入 Basic Setup 配置界面，在 DHCP Server Settings 中，将 DHCP Server 配置为 Enabled，其余选项保持默认配置。

（4）配置完成后，一定要单击无线路由器管理界面下方的 Save Settings 按钮，保存配置。

3. PC1 的配置

（1）设置 PC1 的无线网卡的 IP 地址为自动获取，因为无线 AP 开启了 DHCP 功能。

（2）利用 PC1 的 Linksys WMP300N 无线网卡自带的管理程序，并未发现无线路由器 Router1 的 SSID，如图 9-5-2 所示。这是因为无线路由器禁用了 SSID 广播，这时需要手动添加。

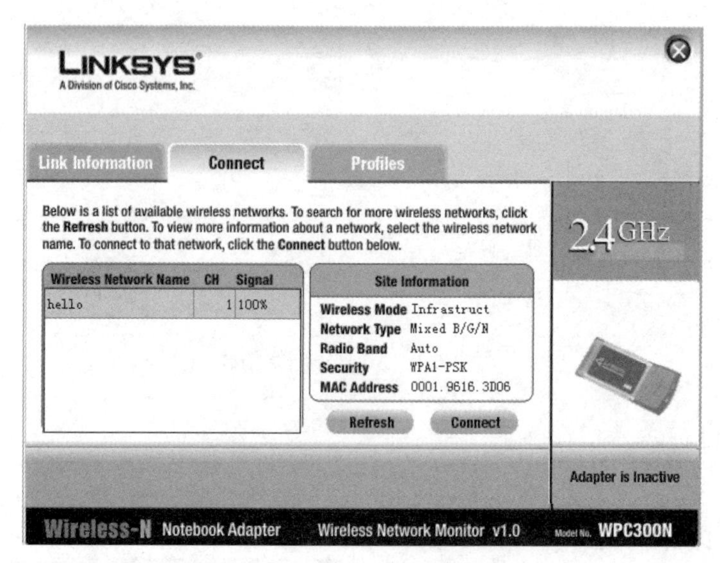

图 9-5-2　Linksys“Connect”选项

（3）在 PC1 的无线网卡配置中，SSID 设置为“Linksys”，Authentication 选项设置为“WPA-PSK”，PassPhrase 设置为“a1b2c3d4”，Encryption Type 设置为“AES”，如图 9-5-3 所示。

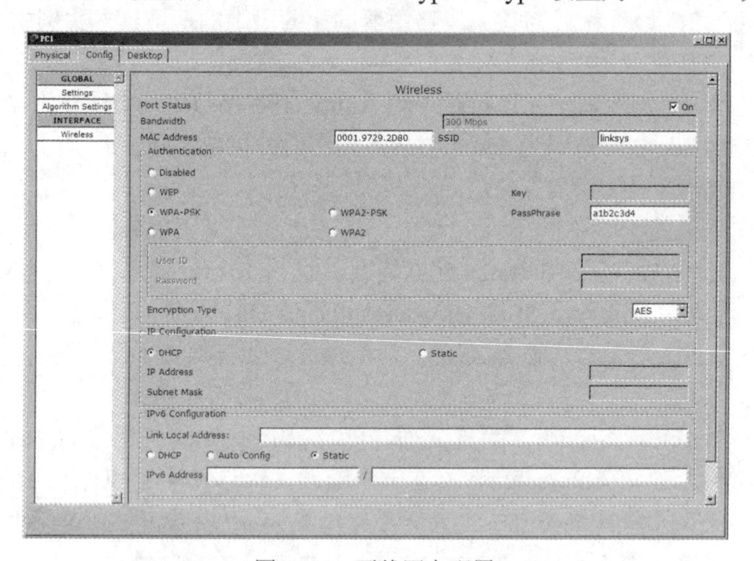

图 9-5-3　无线网卡配置

（4）返回 PC1 的 Linksys WMP300N 无线网卡自带的管理程序，在 Link Information 选项卡中可以看到“You have successfully connected to the access point”，而且信号强度与质量强度显示的都是绿色的，如图 9-5-4 所示，代表 PC1 已经连接到了无线 AP。可以查看到 PC1 获得的 IP 地址为 192.168.0.101，如图 9-5-5 所示。

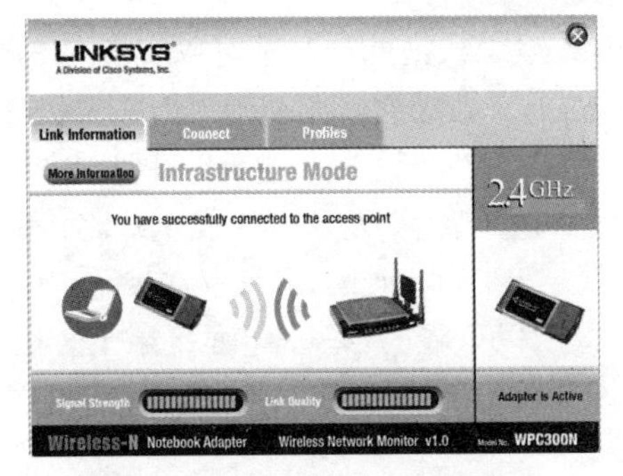

图 9-5-4 Link Information 选项卡

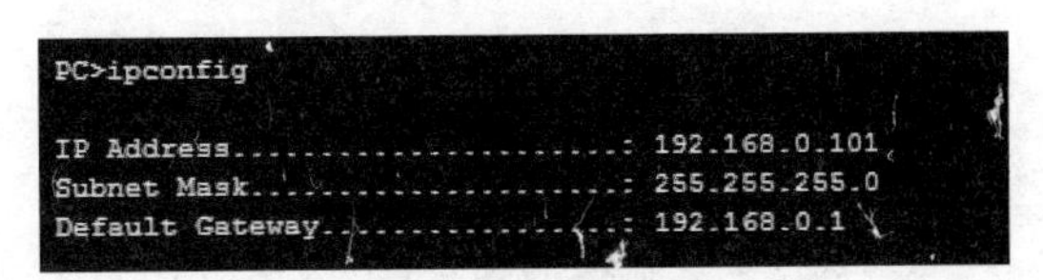

图 9-5-5 查看 PC1 获取的 IP 地址

9.6 无线局域网安全技术

由于无线局域网采用公共的电磁波作为载体，更容易受到非法用户入侵和数据窃听。无线局域网必须考虑的安全因素有三个：信息保密、身份验证和访问控制。为了保障无线局域网的安全，主要有以下几种技术：

1. 服务集标识符（SSID）

对无线 AP 设置不同的 SSID，无线工作站必须出示正确的 SSID 才能访问无线 AP，这样就可以允许不同的用户群组接入，并区别限制对资源的访问。因此可以认为 SSID 是一个简单的口令，从而提供口令认证机制，实现一定的安全。

但是如果配置无线 AP 主动向外广播其 SSID，则安全程度会下降，因为任何人都能够通过工具截获这个 SSID。为了尽量避免这种情况的发生，需要在无线 AP 上进行配置，不让无线 AP 主动向外广播其 SSID，这样无线工作站就必须主动提供正确的 SSID 号才能与无线 AP 进行连接。

2. 无线网卡物理地址过滤（MAC）

每个无线工作站的无线网卡都有唯一的物理地址，类似于以太网网卡的物理地址。可以在无线 AP 中建立允许访问的 MAC 地址列表。如果无线 AP 数量太多，还可以实现所有无线 AP 统一的无线网卡 MAC 地址列表，现在的无线 AP 也支持无线网卡 MAC 地址的集中 RADIUS 认证。

但是这种方法要求无线 AP 中的 MAC 地址列表必须随时更新，目前都是手工操作，可扩展性差，操作繁琐。而且 MAC 地址在理论上可以伪造，因此这也是较低级别的授权认证，只适合于小型网络规模。

3. 有线等效保密（WEP）

有线等效保密协议 WEP（Wired Equivalent Privacy）是由 802.11 标准定义的，用于在无线局域网中保护链路层数据。WEP 使用 40 位密钥或 128 位密钥，采用 RSA 开发的 RC4 对称加密算法，在链路层加密数据。WEP 加密采用静态的保密密钥，各无线工作站使用相同的密钥访问无线网络。WEP 也提供认证功能，当加密机制功能启用，客户端要尝试连接上 AP 时，AP 会发出一个 Challenge Packet 给客户端，客户端再利用共享密钥将此值加密后送回存取点以进行认证比对，如果正确无误，才能获准存取网络的资源，从而防止非授权用户的监听以及非法用户的访问。

40 位 WEP 具有很好的互操作性，所有通过 Wi-Fi 组织认证的产品都可以实现 WEP 互操作。现在的 WEP 也一般支持 128 位的密钥，能够提供更高等级的安全加密。但是它仍然存在许多缺陷，例如一个无线 AP 覆盖的服务区内的所有用户都共享同一个密钥，只要其中一个用户丢失了密钥都将造成整个无线网络的不安全。而且 WEP 已经被发现存在安全缺陷，40 位和 128 位密钥都已被人破译，128 位加密只不过是延长了破译时间而已。尽管存在缺陷，但 WEP 仍可以延迟未授权用户的入侵，防止黑客新手的攻击，所以可能的话，一定要采用 128 位 WEP 加密方式以保证数据传输的安全性。

4. Wi-Fi 保护接入（WPA）

WPA（Wi-Fi Protected Access）技术是在 2003 年正式提出并推行的一项无线局域网安全技术，将成为代替 WEP 的无线安全技术。WPA 是 IEEE 802.11i 的一个子集，其核心就是 IEEE 802.1x 和 TKIP（Temporal Key Integrity Protocol，暂时密钥集成协议）。

新一代的加密技术 TKIP 与 WEP 一样基于 RC4 加密算法，且对现有的 WEP 进行了改进，在现有的 WEP 加密引擎中增加了密钥细分（每发一个包重新生成一个新的密钥）、消息完整性检查（MIC）、具有序列功能的初始向量、密钥生成和定期更新功能等 4 种算法，极大地提高了加密安全强度。

另外 WPA 增加了为无线客户端和无线 AP 提供认证的 IEEE 802.1x 的 RADIUS（远程拨入用户认证服务）机制。

5. WPA2

WPA2 是 WPA 的下一代或增补版本，是由 Wi-Fi 联盟制定的，与 IEEE 802.11i 保持互操作性。WPA2 实现了 AES 加密算法。

WPA 和 WPA2 有企业模式和个人模式，每种模式都支持加密和用户认证。同时支持 PSK（预共享密钥）和 IEEE 802.1x 认证方法的产品称为企业模式，IEEE 802.1x 认证必须要有 AAA/RADIUS 服务器，企业模式适用于中等规模到大规模的网络环境。仅支持 PSK 认证且需要手工在无线 AP 和无线客户端上配置 PSK 的产品称为个人模式，个人模式适用于小规模的网络环境，如 SOHO 网络。

6. 端口访问控制技术（802.1x）

该技术也是用户无线局域网的一种增强性网络安全解决方案。当无线终端与无线 AP 连接后，是否可以使用无线 AP 的服务还要取决于 802.1x 的认证结果。如果认证通过，则无线 AP 为用户打开这个逻辑端口，否则就不允许用户连接无线网络。

802.1x 要求无线终端安装 802.1x 客户端软件，无线 AP 要内嵌 802.1x 认证代理，同时它还可以配合后台的 RADIUS 服务器，将用户的认证信息转发给 RADIUS 服务器进行严格的认证，杜绝未经授权的用户接入网络、盗用数据或进行破坏，还提供基于用户的认证系统及计费，特别适合于公共无线接入解决方案。

7. 虚拟专用网络（VPN）

通过 VPN（Virtual Private Networking）可以在一个公共的 IP 网络平台上通过隧道以及加密技术保证专用数据的网络安全性，VPN 主要采用 DES、3DES 以及 AES 等技术来保障数据传输的安全。

习题九

一、填空题

1．无线局域网是__________与__________相结合的产物。

2．WLAN 有两种主要的拓扑结构，即__________和__________。

3．IEEE 802.11a 有__________个互不重叠的信道。

二、选择题

1．WLAN 技术使用了哪种介质？（　　）

A．无线电波　　B．双绞线　　C．光波　　D．同轴电缆

2．IEEE 802.11a 的最大传输速率为（　　）。

A．11Mb/s　　B．108Mb/s　　C．54Mb/s　　D．36Mb/s

3．以下哪种不属于无线网卡的接口类型？（　　）

A．PCI　　B．PCMCIA　　C．IEEE1394　　D．USB

三、简答题

1．无线局域网分为哪些标准？各有什么特点？

2．试从工作频率、传输速率、传输距离上对 IEEE 802.11、IEEE 802.11b、IEEE 802.11a、IEEE 802.11g 进行比较。

3．蓝牙具有哪些特点？应用在哪些场合？

4．HomeRF 具有哪些特点？应用在哪些场合？

5．目前无线局域网所采用的拓扑结构有哪几类？

6．常见的无线局域网设备有哪些？

7．通常的无线路由器主要有哪些产品特性？

8．简述服务区标识符（SSID）匹配的工作原理。

9．简述现有的无线局域网安全技术。

单元 10 配置接入路由器

路由器是计算机网络中的桥梁，是连接网络与网络的核心设备。路由器主要完成路由，即数据传输的路径选择功能。当路由器某一端口接收到一个数据包时，它以一定的策略（路由协议）将其向目的方向转发，以保证数据包在结构复杂的网络中最终能到达目的地。同时它也可以完成一些网络管理功能（如防火墙、包过滤、NAT 等）。路由器的配置比较复杂，本单元侧重于介绍接入路由器的功能及组成、主要的接入方式、路由器 Comware 配置和文件管理方面的知识。

单元学习目的

- 使学生了解路由器的功能和软硬件组成
- 使学生掌握路由器的接入方法和基本配置方法
- 使学生具备路由器 Comware 配置和文件管理能力
- 使学生初步具备访问控制列表配置的能力

在开始学习这个单元内容之前，学生必须完成下列模块的学习，具备下列知识基础。

- 网络体系结构及 ISO/OSI 分层结构
- TCP/IP 协议及各层实现原理
- 交换机的基本配置
- 局域网组成及实现

- 路由器软硬件组成
- 路由器的硬件连接
- 路由器配置文件管理
- 路由器的 Comware 文件管理
- 标准访问控制列表和扩展访问控制列表配置与应用

某高校建设了自己的校园网，随着学校规模的增大，网络用户迅速增加，网络应用增多，造成了网络速度变慢，因此决定升级网络出口，采用专线接入 Internet，使用功能较为强大的路由器，并且需要对新购置的路由器进行配置和管理。

经过与用户交流（可由教师扮演用户角色），确定通过路由器实现外部出口连接，具体要求：

1. 能通过控制台端口对路由器进行初始配置。
2. 能够配置路由器的各种口令。
3. 可实现路由器的基本配置。
4. 能够实现路由器的安全管理。
5. 能够接入到 Internet。
6. 设备要求。

（1）H3C MSR 系列路由器。

（2）PC 一台。

（3）双绞线（若干根）。

（4）反转线一根。

1. 规划设计路由器配置方案。
2. 规划网络中计算机的 IP 地址、子网掩码、默认网关。
3. 在计算机上配置超级终端，启动路由器进行配置。
4. 通过 CLI 界面按要求配置路由器。
5. 查看路由器各种信息。
6. 配置路由器的路由功能。
7. 测试网络工作状态。

10.1 路由器概述

10.1.1 路由器的功能

路由器是一个用来把多个网络（也称为子网、物理网络）连接起来的设备，它工作在OSI模型的第三层，即网络层。一方面它能够跨越不同的物理网络类型（如DDN数字数据网、FDDI光纤分布数据接口网络、Ethernet以太网等）；另一方面它在逻辑上将整个互连网络分割成逻辑上独立的网络单位，使网络具有一定的逻辑结构。

路由器使用起来非常灵活。尽管每一台路由器都可以通过配置从而实现不同的功能，但所有的路由器都可以完成下面的工作：根据收到数据包中的网络层地址以及路由器内部维护的路由表决定输出端口及下一跳地址，并且重写数据链路层数据包头，转发数据包。通过动态维护路由表来反映当前的网络拓扑，并通过与网络上其他路由器交换路由和链路信息来维护路由表。为了执行这些基本的任务，路由器还应具有以下功能：

（1）过滤掉广播信息以避免网络拥塞。

（2）通过设定隔离和安全参数，禁止某种数据传输到网络。

（3）支持本地和远程同时连接。

（4）监视数据传输，并向管理信息库报告统计数据。

（5）诊断内部或其他连接问题并发出报警信号。

路由器类似于工作在数据链路层的网桥。网桥转发帧时，仅仅以链路层帧头中的信息作为转发的依据。路由器则主要以网络层分组头中的信息作为转发的依据，分析工作量更大，消耗更多的CPU时间。因此路由器的传输性能一般来说不如网桥或二层交换机。但正是因为路由器对数据的转发依赖链路层以上的高层协议（例如IP），所以能减轻对特定链路层协议的依赖，能适用于下面链路层的差异。当底层采用新的链路层协议时，以IP为基础的路由器仍然能适应联网的需要，不需要对相连的网络的结构进行任何改变。路由器的工作过程如图10-1-1所示。

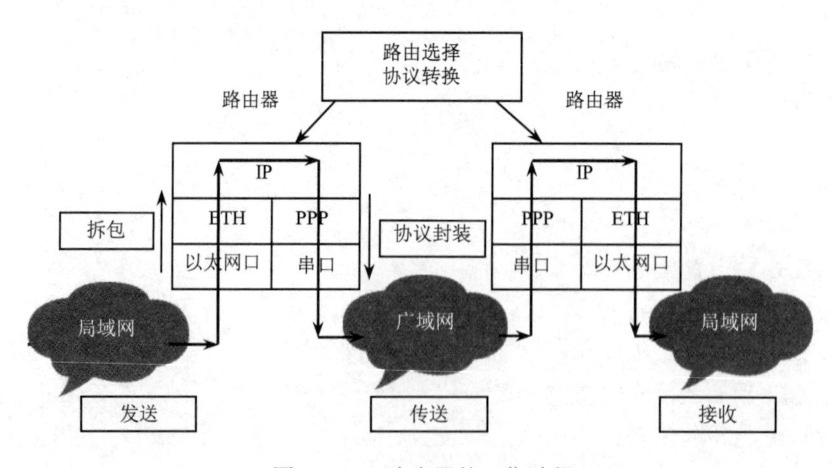

图10-1-1 路由器的工作过程

10.1.2 路由器基本硬件组成

路由器可以看成是一台具有特殊用途的计算机，和常见的 PC 一样，路由器有 CPU、RAM 和 ROM 等组件。路由器没有键盘、硬盘和显示器。本小节对 H3C MSR 路由器的硬件基础知识作简单介绍。读者可以参考其他资料，以对 H3C MSR 路由器进行更详细的了解。路由器各个部件的作用如下：

1. 中央处理器（CPU）

和 PC 一样，CPU 执行操作系统的指令，包括系统初始化、路由功能和交换功能等。

2. 闪存（Flash）

Flash 是一种可擦写的非易失性存储器，可以用电子的方式存储和擦除，主要用于存储应用程序文件、配置文件和日志文件。默认情况下，网络设备会从 Flash 存储器读取应用程序文件和相关配置文件进行引导。而且 Flash 存储器的形式多种多样，可能是 CF 卡、内置的 Flash 存储器等。

3. 随机存取存储器（RAM）

RAM 用于系统运行中的一些随机存储，比如存储当前运行的 Comware 系统程序和当前的相关配置等。当系统关闭或重启后其信息会丢失。

4. 只读存储器（ROM）

ROM 是一种永久性存储器。H3C 路由器使用 ROM 存储不需要被更改或更新的内容。

ROM 主要用来存储 BootROM 程序，而 BootROM 相当于 PC 中的 BIOS，是一个微型的引导程序，主要任务是查找应用程序文件并引导到操作系统，并且可以在应用程序文件或配置文件出现故障时可以提供一种恢复方法。当路由器断电或重启后，ROM 中的内容不会丢失。

10.1.3 路由器端口类型

1. 配置端口

路由器本身不带有输入和终端显示设备，需要进行必要的配置才能使其工作，大多数路由器都有配置端口，可通过特定的软件对其进行配置。

路由器的配置端口有两个，分别是控制台端口（Console 口）和辅助端口（AUX 口）。Console 端口通常是在进行路由器的基本配置时通过专用连线（一般指反转线）与计算机相连使用；而 AUX 端口是在路由器的远程配置连接时使用。

（1）Console 端口：Console 端口可以通过专用连线直接连接至计算机的串口，利用终端仿真程序（如 Windows 下的“超级终端”）进行路由器本地配置。路由器的 Console 端口多为 RJ-45 型端口，如图 10-1-2 所示。

（2）AUX 端口：AUX 端口为异步端口，主要用于远程配置，也可用于拨号连接，还可通过 AUI-to-RJ-45 收发器与 Modem 进行连接，支持硬件流控制（Hardware Flow Control）。AUX 端口与 Console 端口通常被放置在一起，但它们各自所适用的配置环境不一样，如图 10-1-2 所示。

2. 网络端口

路由器是一种用于网络之间互联的网络接入设备，因其连接的网络可能多种多样，所以其接口类型也就比较多。路由器既可以对不同局域网段进行连接，也可以对不同类型的广域网络进行连接，所以路由器的接口类型一般分为局域网接口和广域网接口两种。

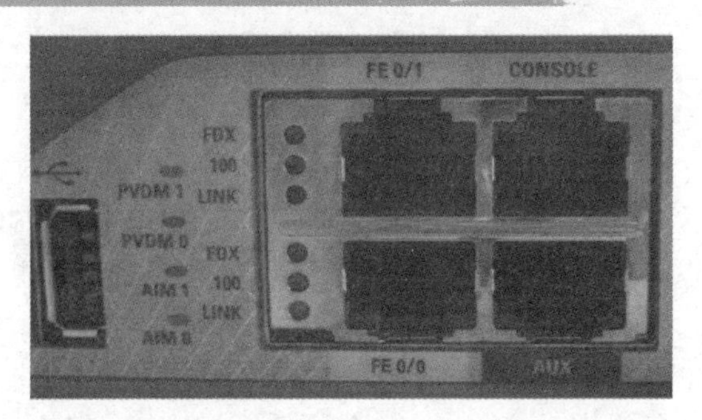

图 10-1-2　Console 端口和 AUX 端口

（1）局域网端口。常见的以太网端口主要有 AUI、BNC 和 RJ-45 端口，还有 FDDI、ATM、光纤端口。下面介绍常用的几种。

1）AUI 端口：AUI 端口是用来与粗同轴电缆连接的端口，它是一种 D 型 15 针端口，在令牌环网络或总线型网络中是一种比较常见的端口。路由器可通过粗同轴电缆收发器与 10Base-5 网络连接，但更多的借助于外接的收发转发器（AUI-to-RJ-45）来实现与 10Base-T 网络的连接，如图 10-1-3 所示为 AUI 端口。

2）RJ-45 端口：RJ-45 端口是常见的双绞线以太网端口。因为在快速以太网中主要采用双绞线作为传输介质，所以根据端口的通信速率不同，RJ-45 端口又可分为 10Base-T 网络 RJ-45 端口（如图 10-1-3 所示）和 100Base-TX 网络 RJ-45 端口（如图 10-1-4 所示）两类。其实这两种 RJ-45 端口仅就端口本身而言是完全相同的，但端口中对应的网络电路结构是不相同的。

图 10-1-3　Ethernet AUI 端口/10Base-T RJ-45 端口

图 10-1-4　10/100Base-TX RJ-45 端口

3）光纤端口：在局域网中，光纤端口有 ST、SC、FC、LC 端口等类型，它用来与光纤相连。一般情况下，这种光纤端口不直接通过光纤连接至工作站，而是通过光纤连接到快速以太网或千兆以太网等具有光纤端口的交换机上，如图 10-1-5 所示为 SC 端口。

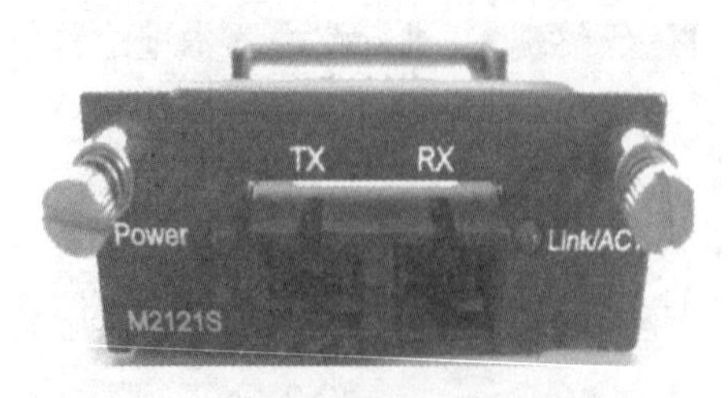

图 10-1-5　SC 端口

（2）广域网端口。广域网规模大，网络环境复杂，路由器用于连接广域网端口的速率要求非常高。下面介绍几种常见的广域网端口。

1）RJ-45 端口：利用 RJ-45 端口也可以建立广域网与局域网之间的连接，以及与远程网络或 Internet 的连接。如图 10-1-6 所示为快速以太网（Fast Ethernet）端口。

2）AUI 端口：AUI 端口是用于与粗同轴电缆连接的网络端口，常用于与广域网的连接。在 Cisco 低端路由器上，提供了 AUI 和 RJ-45 两个广域网连接的端口，用户可以根据自己的需要选择适当的类型。广域网 AUI 端口如图 10-1-7 所示。

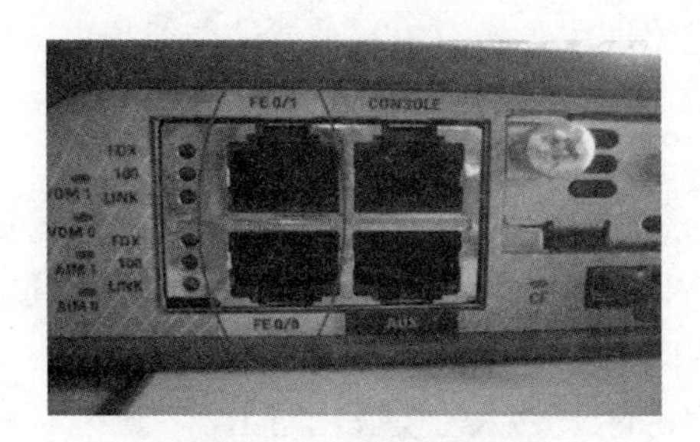

图 10-1-6　快速以太网端口

图 10-1-7　广域网 AUI 端口

3）高速同步串口：在路由器的广域网连接中，应用最多的端口是“高速同步串口（Serial Port）”，这种端口主要用于连接目前应用非常广泛的 DDN、帧中继（Frame Relay）、X.25、PSTN（模拟电话线路）等网络连接模式。这种同步端口一般要求速率非常高，因为一般通过这种端口所连接的网络的两端都要求实时同步，如图 10-1-8 所示为高速同步串口。

4）异步串口：异步串口（ASYNC）主要应用于 Modem 或 Modem 池的连接，用于实现远程计算机通过公用电话网接入网络，如图 10-1-9 所示为异步串口。

图 10-1-8　高速同步串口

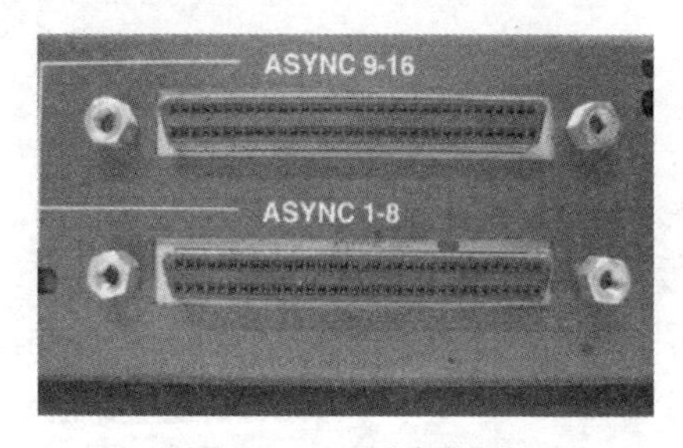

图 10-1-9　异步串口

5）ISDN BRI 端口：ISDN BRI 端口用于 ISDN 线路通过路由器实现与 Internet 或其他远程网络的连接，可实现 128kb/s 的通信速率。ISDN 有两种速率连接端口：一种是 ISDN BRI（基本速率端口），另一种是 ISDN PRI（基群速率端口）。ISDN BRI 端口采用 RJ-45 标准，与 ISDN NT1 的连接执行 RJ-45-to-RJ-45 直通线。如图 10-1-10 所示为 ISDN BRI 端口。

图 10-1-10　ISDN BRI 端口

路由器的设计大致有两种，第一种是固化设计，对于固定设计的路由器，它只提供固定的接口。在接口的全名中，只有一个数字，并且根据它在路由器中的物理顺序进行编号。例如第一个 10M 以太网的全名是 Ethernet0，第二个串口的全名是 Serial1。如今传统固定接口的路由器已不能很好地满足用户多变的组网需求，因为固定接口的路由器的网络接口类型和接口数量是固定的，一旦网络需要升级，就不得不将原有的设备抛弃，重新购置，造成了很严重的重复投资；其次，随着网络的普及，已经不可能存在能够适用于所有用户需要的网络模型，每个用户都会提出适合自己特性的需求，以充分利用网络并保护原有投资。于是第二种模块化设计应运而生，并很快成为网络市场的热门产品。

目前，模块化路由器已经成为用户和厂商重点选择的对象。其原因是模块化路由器相对于固定接口的路由器来说，最大的优势在于其接口采用模块化设计，可以根据用户的不同需求选择不同类型的接口模块，并可以通过增加或替换接口模块来适应用户在不同应用环境下扩容的需求和业务的发展，保护用户原有的投资。如图 10-1-11 所示为模块化路由器。

图 10-1-11　模块化路由器

10.1.4　路由器 Comware 简介

路由器也有自己的操作系统，H3C 路由器采用的操作系统软件称为 Comware，目前分为两个版本（V5、V7）。与计算机上的操作系统一样，H3C Comware 会管理路由器的硬件和软件资源，包括存储器分配、进程、安全性和文件系统。

H3C Comware 采用模块化的方法构建网络设备的核心软件平台。Comware 对硬件驱动和底层的系统进行了封装，为上层模块提供了统一的编程接口；同时 Comware 还集成了路由、安全、IP 转发等功能，可以适应复杂的网络环境；并且 Comware 制定了内部软硬件的接口标准和规范，为第三方平台提供了开发的平台和相关接口。

10.1.5　路由器的引导过程

当路由器启动时，通常基本上都要经过硬件自检、BootROM 软件引导、Comware 系统的初始化等几个阶段，之后将由操作系统接管设备的控制，完成相关的业务功能，具体引导过程如图 10-1-12 所示。

当路由器加电之后，首先进行的是硬件自检，接着加载 BootROM 的启动程序，在 BootROM 程序的引导下查找 Comware 应用程序文件，如果找到即将解压缩并加载运行。之后，Comware 将读取配置文件，待整个系统启动后，用户就可以进入命令行界面进行相关操作了。

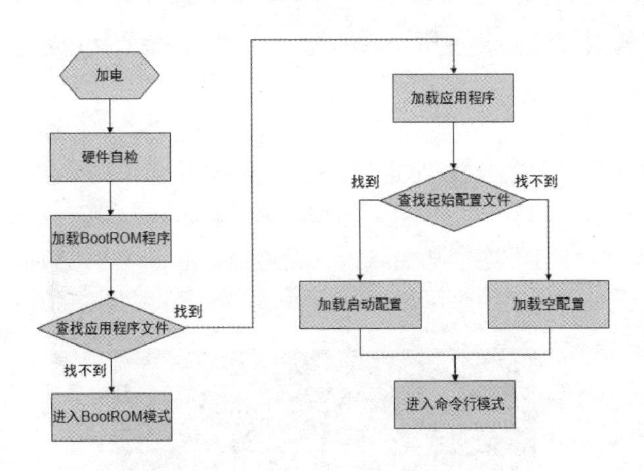

图 10-1-12　路由器的引导过程

10.2　路由器的硬件连接

路由器的应用非常广泛，它所具有的端口类型一般也是比较多的，它们用于各自不同的网络连接。如果不能区分各个端口的作用，就很可能造成错误的连接，从而导致网络连接的不正确，造成网络阻塞。路由器的硬件连接主要包括与局域网设备之间的连接、与广域网设备之间的连接以及路由器的配置端口与相应配置设备之间的连接。

10.2.1　路由器与局域网设备之间的连接

局域网设备主要是指交换机，路由器通常支持的端口有 RJ-45 端口和 SC 端口。

（1）RJ-45-to-RJ-45：这种连接方式表示路由器所连接的两端都是 RJ-45 端口。如果路由器和交换机等集线设备均提供 RJ-45 端口，则可用双绞线将交换机和路由器的两个端口连接在一起。需要注意，与交换机之间的连接不同，路由器和交换机之间的连接不能用交叉线缆（Crossover Cable），而必须使用直通电缆（Straight-through Cable）。另外，路由器与交换机端口通信速率应当尽量匹配。

（2）AUI-to-RJ-45：如果路由器仅拥有 AUI 端口，而交换机提供的是 RJ-45 端口，则必须借助于 AUI-to-RJ-45 收发器才可实现两者之间的连接。而且收发器与交换机之间的双绞线也必须使用直通线缆，连接如图 10-2-1 所示。

图 10-2-1　AUI-to-RJ-45 连接

（3）SC-to-RJ-45 或 SC-to-AUI：如果交换机拥有光纤端口，而路由设备提供 RJ-45 端口或 AUI 端口，则必须借助于 SC-to-RJ-45 或 SC-to-AUI 收发器才可实现两者之间的连接。收发器与交换机设备之间的双绞线必须使用直通线缆。

10.2.2 路由器与互联网设备之间的连接

路由器与互联网接入设备的连接情况主要有以下几种：

（1）异步串行口：异步串行口主要用来与Modem连接，使远程计算机通过公用电话网接入局域网络。除此之外，也可用于连接其他终端。当路由器通过电缆与 Modem 连接时，必须用AYSNC-to-DB25或AYSNC-to-DB9适配器。路由器与Modem或终端的连接如图10-2-2所示。

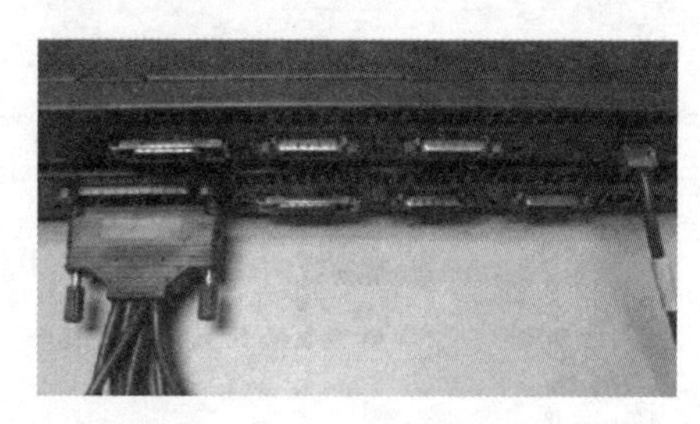

图10-2-2 异步串行口连接

（2）同步串行口：在路由器中支持的同步串行口类型比较多，如 Cisco 路由器可以支持5种不同类型的端口，分别是：EIA/TIA-232端口、EIA/TIA-449端口、V.35端口、X.21串行电缆端口和EIA-530端口。需要注意的是，适配器连线的两端采用不同的外形（一般带插针的一端称为“公头”，而带有孔的一端通常称为“母头”），但也有例外，如EIA-530端口两端都是一样的端口类型，这主要是考虑到连接的紧密性。各类端口的“公头”为DTE（Data Terminal Equipment，数据终端设备）连接适配器，“母头”为DCE（Data Communications Equipment，数据通信设备）连接适配器。

（3）ISDN BRI端口：路由器的ISDN BRI模块分为两类，即ISDN BRI S/T模块和ISDN BRI U模块。前者必须与ISDN的NT1终端设备一起才能实现与互联网的连接，因为S/T端口只能连接数字电话设备，不能通过NT1连接现有的模拟电话设备，连接图如图10-2-3所示。

而后者由于内置有NT1模块，称之为“NT1+”终端设备，它的“U”端口可以直接连接模拟电话外线，因此无须再外接 ISDN NT1，可以直接连接至电话线墙板插座，连接图如图10-2-4所示。

图10-2-3 ISDN BRI S/T模块

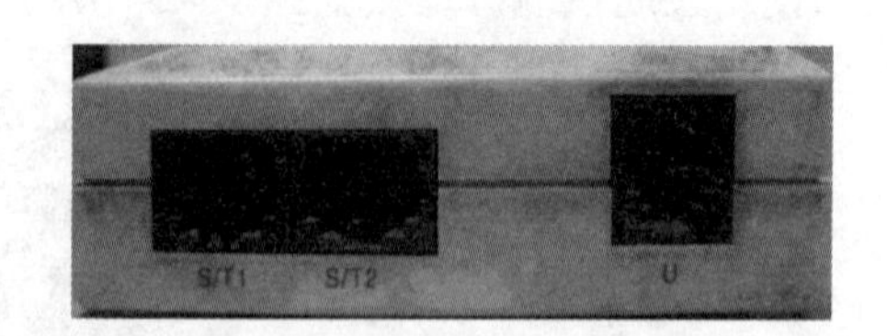

图10-2-4 ISDN BRI U模块

10.2.3 路由器配置端口的连接

依据配置方式的不同，路由器所采用的配置端口也不同，主要有两种：一种是本地配置时采用的“Console”端口；另一种是远程配置时采用的“AUX”端口。

1．Console 端口的连接方式

要使用计算机配置路由器，必须用反转电缆将路由器的 Console 端口与计算机的“串口/并口”连接在一起，这种连接线一般来说需要特制，根据计算机端口所使用的串口还是并口，选择使用 RJ-45-to-DB9 或 RJ-45-to-DB25 转换用适配器，如图 10-2-5 所示。

2．AUX 端口的连接方式

当需要通过远程访问的方式实现对路由器的配置时，就需要使用 AUX 端口。根据 Modem 所支持的端口情况，来确定通过 AUX 端口与 Modem 进行连接时要借助的收发器是 RJ-45-to-DB9 还是 RJ-45-to-DB25。路由器 AUX 端口与 Modem 的连接方式如图 10-2-6 所示。

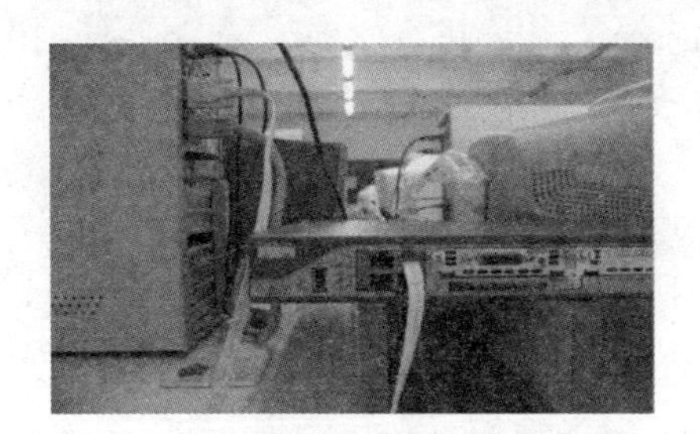

图 10-2-5　Console 端口连接方式

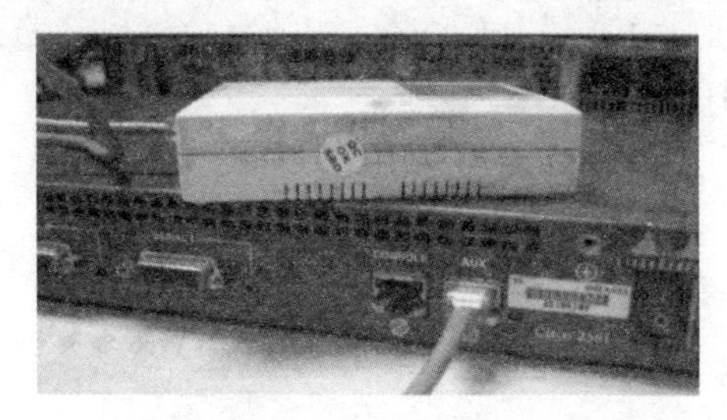

图 10-2-6　AUX 端口的连接方式

10.3　接入路由器的基本配置

任务说明

【任务 1】某高校网络中心刚购置一台接入路由器，现需要将其配置启用，网络管理员小方该如何进行操作配置？

【任务 2】网络管理员小方身处异地，需要对网络中心的路由器进行登录配置，身边正好有台计算机和调制解调器，小方该如何进行操作配置？

【任务 3】网络管理员小方身处异地，需要对网络中心的路由器进行登录配置，身边没有调制解调器，但能上 Internet，小方该如何进行操作配置？

在进行路由器的配置前，需要计划好一些内容，如路由器的名称、准备使用的接口、为接口分配的 IP 地址、封装的广域网协议、要在路由器上运行的网络协议和路由协议，以及用于访问路由器的密码等。

路由器本身没有输入输出设备，使用 Comware 对路由器进行配置时，必须把路由器与某个终端或计算机连接起来，借助终端或计算机，实现对 Comware 的配置。

10.3.1　路由器的配置环境

一般路由器操作系统都支持多种方式对路由器进行配置，用户可以选择以下连接方式对路由器进行配置：

- 利用终端通过 Console 口进行本地配置。

- 利用异步端口连接 Modem 进行远程配置。
- 通过 Telnet 方式进行本地或者远程配置。
- 通过 TFTP 服务器下载预先编辑好的路由器配置文件。

但是路由器的第一次设置必须通过第一种方式即 Console 口方式进行。下面对前三种典型的配置方法进行说明。

1. 通过 Console 口搭建本地配置环境

【任务 1 分析】

由于路由器第一次运行的时候，必须通过 Console 口的方式对路由器进行配置，因此网络管理员小方利用 Console 线缆将计算机与路由器 Console 口相连进行本地配置。任务一拓扑如图 10-3-1 所示。

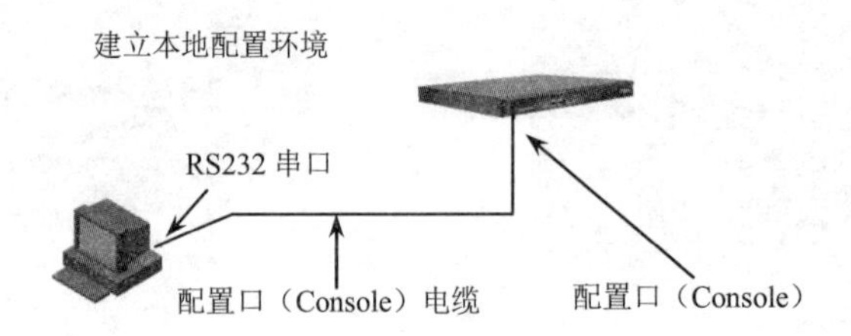

图 10-3-1　通过 Console 端口配置连接图

【任务 1 实施】

（1）准备工作。将计算机的 COM1 口通过标准的 RS232 电缆和路由器的 Console 口连接好，然后路由器开机启动。在不同系列、不同型号的路由器中，Console 口、AUX 口在路由器的正面还是反面会有所不同，需要参阅相关产品的安装手册。

（2）打开超级终端。在 Windows 操作系统中单击“开始”→“程序”→“附件”→“通信”，在列出的菜单中打开“超级终端”程序，出现超级终端“连接描述”对话框，如图 10-3-2 所示。在“名称”文本框中输入一个名称，例如“Cisco”，单击“确定”按钮。出现“连接到”对话框，如图 10-3-3 所示，在“连接时使用”下拉列表中选择计算机的 COM1 口，单击“确定”按钮。

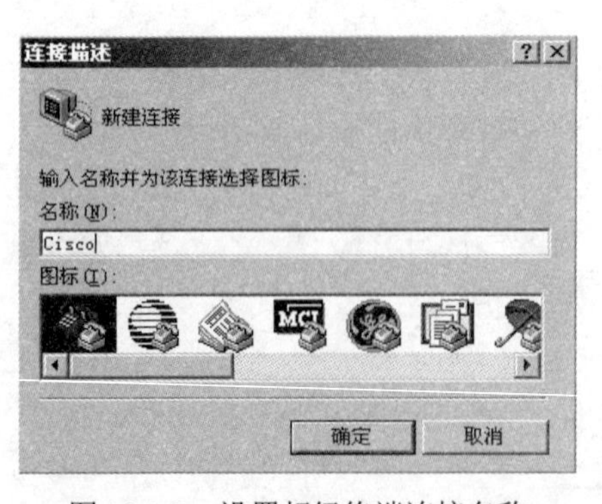

图 10-3-2　设置超级终端连接名称

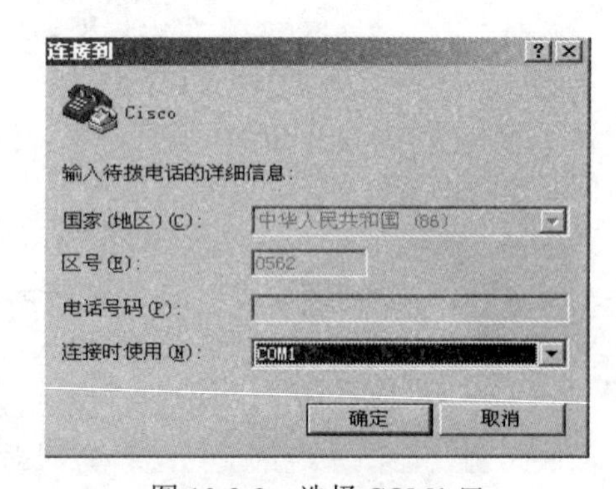

图 10-3-3　选择 COM1 口

（3）设置通信参数。通信参数的设置如图 10-3-4 所示。

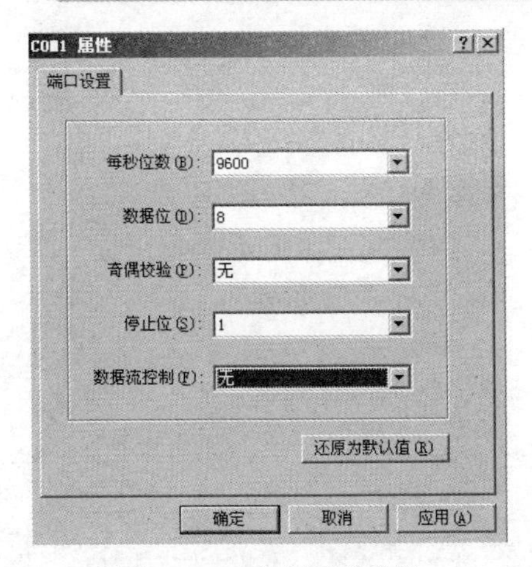

图 10-3-4　设置通信参数

通常路由器在出厂的时候 Console 口的通信波特率被设置为 9600b/s。因此，在图 10-3-4 所示对话框中，单击"还原为默认值"按钮设置超级终端的通信参数，再单击"确定"按钮。按"回车"键，查看超级终端窗口上是否出现路由器提示符或其他字符，如果出现提示符或者其他字符，则说明计算机已经连接到路由器，可以开始配置了。

（4）观察路由器启动过程。关闭路由器电源，稍后重新打开电源，观察路由器的启动过程，如图 10-3-5 所示。

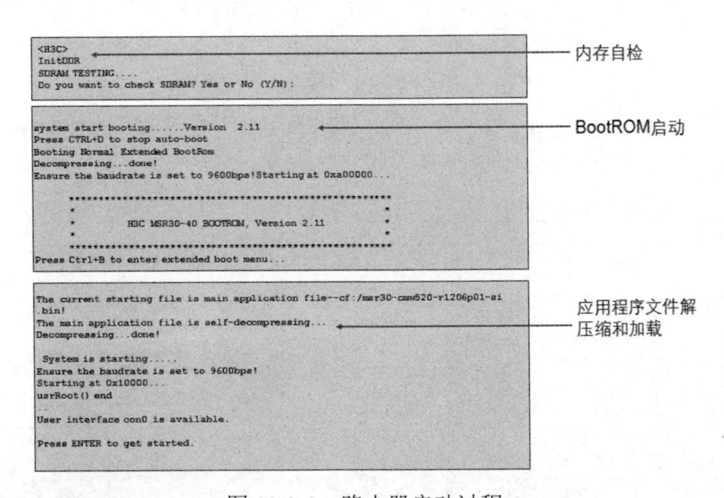

图 10-3-5　路由器启动过程

2. 通过异步口搭建远程配置环境

【任务 2 分析】

路由器的第一次配置一定要通过路由器的 Console 口进行，在此之后网络管理员小方可以通过 Modem 拨号方式，与路由器的异步串口（包括 8/16 异步口以及 AUX 口）上连接的 Modem 建立连接，搭建远程配置环境。需要注意的是在通过路由器的异步口搭建远程配置环境时，路由器必须首先设置控制密码（Enable Password），否则只能进入普通用户模式，无法进入特权模式对路由器进一步配置。任务二拓扑如图 10-3-6 所示。

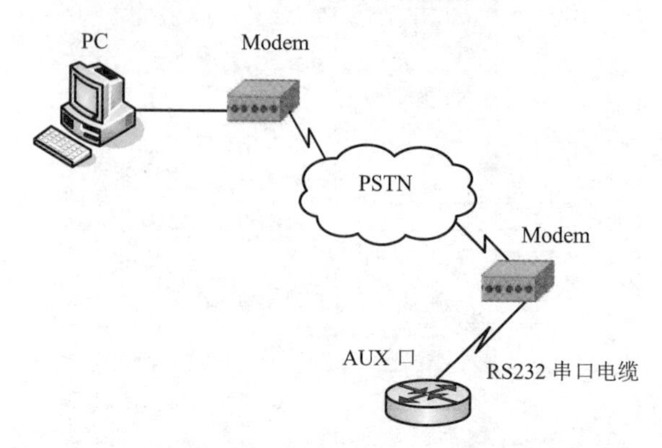

图 10-3-6　通过拨号线路远程配置路由器

【任务 2 实施】

（1）在计算机的串口上和路由器的异步口上分别连接异步 Modem。

（2）对连接在路由器 AUX 口上的异步 Modem 进行初始化，设置为自动应答方式，具体的方法是：将用于配置 Modem 的终端或者超级终端的波特率设置成和路由器连接的 Modem 的异步口波特率一致，将 Modem 通过标准 RS232 电缆连接到计算机串口上，根据 Modem 的说明书，将 Modem 设置成为自动应答方式，一般的异步 Modem 的初始化序列为“AT&FS0 =1&W”，出现“OK”提示则表明初始化成功，然后将初始化过的 Modem 连接到路由器的 AUX 口。

（3）在用于远程配置的计算机上运行终端仿真程序，例如 Windows 操作系统的超级终端等，建立新连接。和通过 Console 口配置一样，设置终端仿真类型为 VT100，选择连接时使用 Modem，并且输入路由器端的电话号码，如图 10-3-7 所示。

（4）然后利用远程计算机进行拨号，与路由器异步口上连接的 Modem 建立远程连接，如图 10-3-8 所示。连接成功之后，按“回车”键，直到出现命令行提示符。

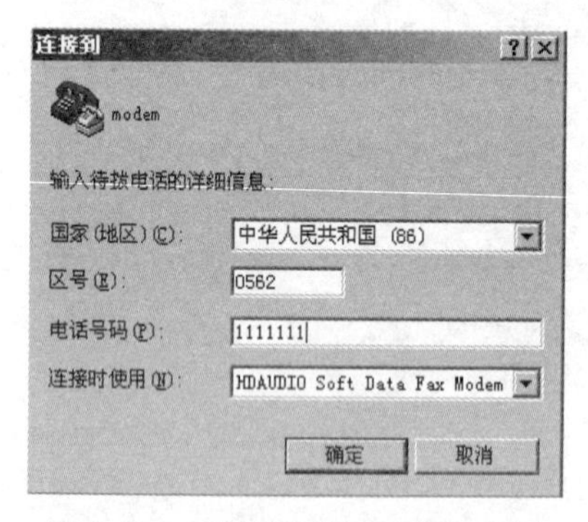

图 10-3-7　超级终端拨号连接配置

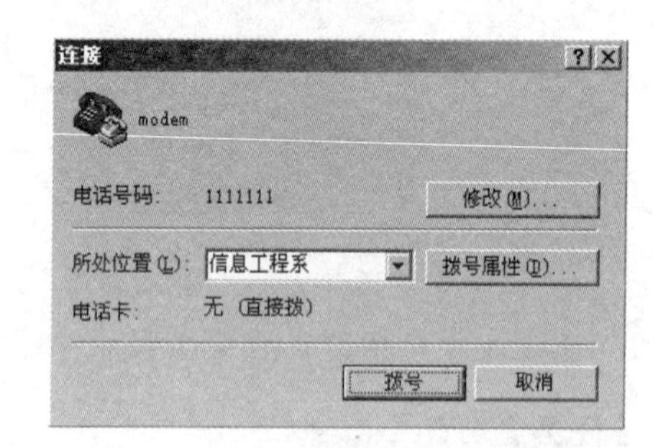

图 10-3-8　在远程计算机上拨号

3. 搭建本地或者远程 Telnet 配置环境

【任务 3 分析】

如果已经配置好了路由器各端口的 IP 地址，同时可以正常进行网络通信，则网络管理员小方可以通过局域网或者广域网，执行 Telnet 客户端登录到路由器上，对路由器进行本地或者远程的配置。任务三拓扑如图 10-3-9 所示。

图 10-3-9　通过 Telnet 远程登录路由器

需要注意的是通过 Telnet 方式对路由器进行配置，首要条件是路由器已经可以进行正常的网络通信，同时用于配置的计算机和路由器网络可以连通，否则不能通过 Telnet 方式对路由器进行配置。

【任务 3 实施】

（1）路由器 RT1（充当 PC 机使用）的配置

```
<RT1> system-view
[RT1]interface GigabitEthernet 0/0/0
[RT1-GigabitEthernet0/0/0]ip address 172.16.1.10 255.255.255.0
[RT1-GigabitEthernet0/0/0]quit
```

（2）路由器 RT2 的配置

```
<RT2>system-view                    //进入系统视图
[RT2]telnet server enable           //开启 Telnet 服务器功能
[RT2]interface GigabitEthernet 0/0/0
[RT2-GigabitEthernet0/0/0]ip address 172.16.1.20 255.255.255.0
[RT2-GigabitEthernet0/0/0]quit
[RT2]local-user h3c                 //创建本地用户
[RT2-luser-h3c]password simple h3c  //设置用户密码
[RT2-luser-h3c]service-type telnet  //指定用户服务类型
[RT2-luser-h3c]authorization-attribute level 3        //指定用户级别为 3
[RT2-luser-h3c]quit
[RT2]user-interface vty 0 4                           //进入 VTY 用户界面
[RT2-ui-vty0-4]authentication-mode scheme             //为 VTY 用户配置验证方式为 scheme
[RT2-ui-vty0-4]quit
```

（3）通过 Telnet 方式访问路由器。将计算机上的网卡端口通过局域网与路由器的以太网端口连接，如果需要建立远程 Telnet 配置环境，则需要将计算机和路由器的广域网口连接。

注意：通过 Telnet 方式对路由器进行配置的过程中，不能修改路由器端口的 IP 地址，否则 Telnet 连接会断开。如果确实有必要修改，可以在修改端口 IP 地址之后，重新用新的 IP 地址进行 Telnet 登录。

在计算机上配置网卡 IP 地址为 172.16.1.10/24。打开 DOS 命令行窗口。首先测试计算机与路由器的 IP 是否连通，之后再进行 Telnet 远程登录，如图 10-3-10 所示。

10.3.2　利用命令行接口进行配置

路由器的命令行端口（Command Line Interface，CLI）是一个基于 DOS 命令行的软件系统模式，对大小写不敏感（即不区分大小写）。不仅路由器有这种模式，交换机、防火墙也都有，其实就是一系列相关命令。与 DOS 命令不同的是，CLI 可以缩写命令与参数，只要它包含的字符足以与其他当前可用到的命令和参数区别开来即可。

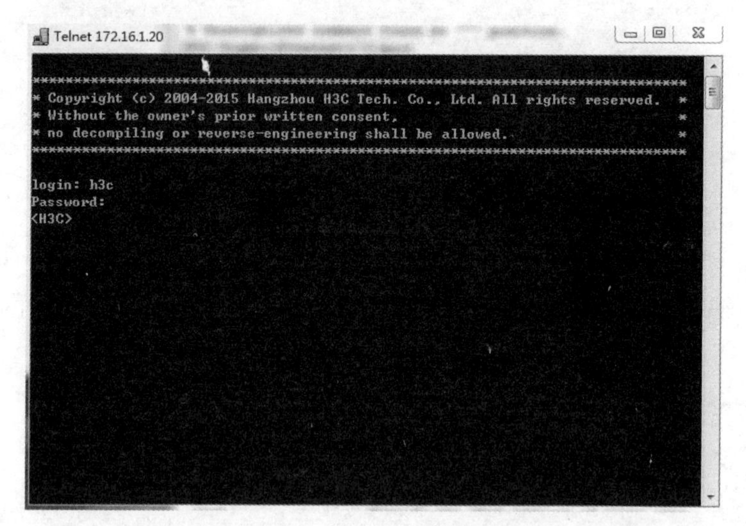

图 10-3-10　Telnet 登录到路由器

虽然对路由器的配置和管理可以通过多种方式实现，既可以使用纯字符形式的命令行和菜单（Menu），也可以使用图形界面的 Web 浏览器，但是相比其他方式，命令行接口方式的功能更为强大。

10.3.2.1　路由器的配置视图

路由器的操作模式主要有用户视图、系统视图和其他配置视图。

1. 用户视图

路由器的初始状态是用户视图，通常称为用户视图。在这种视图下，用户可以查看启动后的设备基本运行状态和统计信息。

2. 系统视图

系统视图是配置全局通用的参数视图，可以在用户视图下使用 system-view 命令进入该视图。

3. 其他配置模式

路由器还有一些其他的配置模式，包括端口配置模式、路由器协议配置模式、终端线路配置模式等。

（1）端口配置视图。路由器支持两种类型的端口：物理端口和逻辑端口。物理端口即该端口在路由器上有对应的、实际存在的硬件端口，如以太网端口、同步串行端口、异步串行端口、ISDN 端口等；逻辑端口即该端口在路由器上没有对应的、实际存在的硬件端口，如 Dialer 端口、NULL 端口、Loopback 端口、子端口等。逻辑端口可以与物理端口关联，也可以独立于物理端口存在。端口配置模式用于对指定端口进行相关配置。

（2）路由器协议配置视图。用于对路由器进行动态路由的配置。

（3）终端线路配置视图。用于设置终端线路的登录密码。在全局模式下使用“user-interface vty first-num2 [last-num2]”命令，即可进入终端线路配置模式。

10.3.2.2 常用路由器命令行功能介绍

1. 在线帮助命令

在 CLI 下，用户能够使用的命令是由路由器当时所处的模式决定的。如果用户不知道在所处的视图下有哪些可以执行的命令，可以在该模式的系统提示符下简单输入一个“？”，便可以获得该命令模式下所有可以执行的命令和该命令的简短说明。例如，在用户视图下输入“？”，得到的结果如图 10-3-11 所示。

```
<Sysname>?
User view commands:
  backup              Backup next startup-configuration file to TFTP server
  boot-loader         Set boot loader
  bootrom             Update/read/backup/restore bootrom
  cd                  Change current directory
  clock               Specify the system clock
  copy                Copy from one file to another
  debugging           Enable system debugging functions
  delete              Delete a file
  dialer              Dialer disconnect
  dir                 List files on a file system
  display             Show running system information
  fixdisk             Recover lost chains in storage device
  format              Format the device
  free                Clear user terminal interface
  ftp                 Open FTP connection
  graceful-restart    Restart LDP protocol
  language-mode       Specify the language environment
  license             Software license information
---- More ----
```

图 10-3-11 在用户视图下输入“?”的提示信息

对于一些命令，用户可能知道这个命令是以某些字符开头的，但是完整的命令又不知道，只需要输入开头的少量字符，同时紧挨着这些字符再键入“?”。例如：

```
< RTA >di?
dialer
dir
display
```

如上例，在用户模式下输入“di？”，便列出了特权模式下以字符“di”开头的所有命令。

如果不知道某个命令后面可以跟随哪些参数，或者有哪些后续命令选项，操作系统也能提供强大的帮助。只需要输入该命令，同时输入一个空格后，再输入“？”，便会将该命令的所有后续命令或者参数类型列出来，并且对各个后续命令选项给予简短的说明，给出各个参数的取值范围，以保证输入指令的正确性。例如：

```
< RTA >display interface ?
 Ethernet          Ethernet interface
 GigabitEthernet   GigabitEthernet interface
  NULL             NULL interface
  brief            Brief information of status and configuration for interface(s)
  |                Matching output
  <cr>
```

上例列出了后续的所有命令，并且给出了简短的说明。

2. 命令的简写

在路由器上输入一个命令时，并不需要将整词输入。一般来说，命令的 3～4 个字符就可以使路由器分清所用过的命令，并执行相应的动作。例如，以下命令：

```
< RTA >system-view                    //能简写成< RTA >sys
```

3. CLI 快捷键和高级编辑功能

通过使用快捷键可以加快 CLI 命令的输入和编辑。表 10-3-1 列出了一些常用的快捷键。

表 10-3-1　CLI 快捷键及功能描述

快捷键	命令功能
普通字符键	若编辑缓冲区未满，则插入到当前光标位置，并向右移动光标
<Backspace>	删除光标位置的前一个字符，光标前移
<←>或<Ctrl+B>	光标向左移动一个字符位置
<→>或<Ctrl+F>	光标向右移动一个字符位置
<Ctrl+A>	将光标移动到当前行的开头
<Ctrl+E>	将光标移动到当前行的末尾
<Ctrl+D>	删除当前光标所在位置的字符
<Ctrl+W>	删除光标左侧连续字符串内的所有字符
<Esc+D>	删除光标所在位置及其右侧连续字符串内的所有字符
<Esc+B>	将光标移动到左侧连续字符串的首字符处
<Esc+F>	将光标向右移到下一个连续字符串之前
<Ctrl+X>	删除光标左侧所有的字符
<Ctrl+Y>	删除光标右侧所有的字符

4. 配置历史命令缓存

路由器操作系统提供了可以记录用户输入命令的功能，也就是所谓的命令行历史记录功能，这个功能在输入一些比较长、复杂的指令时特别有用，以前输入的指令可以通过上下光标键或快捷键调用出来。用户可以通过 display history-command 来显示这些命令。

路由器默认为每个用户缓存了最近 10 次输入的命令。可以在用户界面视图下通过 history-command max-size 命令来设置用户界面历史缓冲区的容量。

5. 路由器状态显示命令

```
< RTA > display version                  //显示系统的硬件配置、软件版本、配置文件名等信息
< RTA > display interfaces               //显示路由器上配置的所有端口的统计信息
< RTA > display ip interfaces            //显示 IP 接口信息
< RTA > display ip interfaces brief      //查看端口 IP 简要状态信息
< RTA > display ip routing-table         //查看路由器中路由表的摘要信息
< RTA > display current-configuration    //查看当前路由器运行的配置信息
< RTA > display startup                  //查看 flash 中 startup.cfg 文件中的内容
```


6. 路由器测试命令

（1）Tracert 命令。使用 Tracert 命令可以发现数据包到达其目的地所实际经过的路径。Tracert 命令显示数据包所经过的域名和 IP 地址，以及到达相应节点所花费的时间，网络管理员可以由此了解数据包传送过程中的路由情况，为更好地配置路由器提供依据。除此之外，网络管理员还可以使用 Tracert 命令来定位数据包在传输过程中发生的错误，以及错误所在的位置，从而对路由表重新定义，以提高网络的性能和提供更可靠的网络服务。

Tracert 命令格式为：

```
tracert [-a source-ip | -f first-ttl | -m max-ttl | -p port | -q packet-number | -w timeout ] * remote-system
```

其中“[ ]”内的参数是可选项，-a source-ip 表示 tracert 报文的源 IP 地址；-f first-ttl 表示指定一个初始 TTL；-m max-ttl 表示指定一个最大的 TTL；-p port 表示目的设备的 UDP 端口号；-q packet-number 表示每次发送的探测报文的个数；-w timeout 表示等待探测报文响应的报文的超时时间；remote-system 表示目的设备的 IP 地址或主机名。

```
[RTA]tracert 192.168.3.1
traceroute to 192.168.3.1(192.168.3.1) 30 hops max,40 bytes packet, press CTRL_C to break
1 192.168.1.2 17 ms    17 ms    17 ms
2 192.168.2.2 18 ms    19 ms    19 ms
```

（2）Ping 命令。Ping 命令能够向目的主机发送一个特殊的数据包，然后等待从这个主机返回的响应数据包，从得到的信息中，可以分析线路的可靠性、线路的延迟和目的节点是否可达等信息。

命令格式为：

```
ping [ip] [-a source-ip ] *remote-system
```

其中参数含义与 Tracert 命令相同，由于 ping 命令参数较多，此处只列举了常用的几个参数，读者可以查阅相关手册资料来了解更多的参数使用方法。

10.4　配置文件的管理

【任务 1】某高校网络中心购置一台接入路由器，对路由器进行了详细配置之后，网络管理员小方希望保存已经做好的配置，而且还希望将配置文件更加安全地保存在 TFTP 服务器中，小方该如何进行操作配置？

【任务 2】网络管理员小方成功地备份配置文件到 TFTP 服务器中了，但路由器中的配置文件被其他人误删除了，小方该如何进行操作配置，恢复路由器之前的运行状态？

10.4.1　备份配置文件到 TFTP 服务器

【任务 1 分析】

网络管理员小方添加了一台计算机作为 TFTP 服务器，将计算机通过交叉电缆与路由器 G0/0/0 端口相连，将路由器中的配置文件备份到 TFTP 服务器中。任务一拓扑如图 10-4-1 所示。

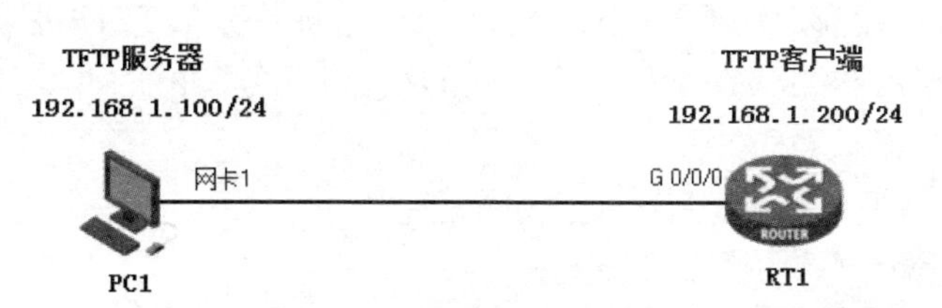

图 10-4-1　TFTP 服务器方式

【任务 1 实施】

1. 配置 TFTP Server

将 TFTP 的 IP 地址设置为 192.168.1.100/24，网关设置为 192.168.1.200。

2. 配置路由器端口 G0/0/0

```
<RT1>system-view
[RT1]interface GigabitEthernet 0/0/0
[RT1-GigabitEthernet0/0/0]ip address 192.168.1.200 255.255.255.0
[RT1-GigabitEthernet0/0/0]quit
```

3. 路由器上保存运行配置文件

当前起作用的是运行配置文件，如果不保存运行配置文件，路由器重启后，以前的运行配置文件将会丢失。如果路由器有启动配置文件，启动配置文件会拷贝到 RAM 中成为运行配置文件；如果路由器中没有运行配置文件，则会以空配置启动。

```
<RT1>save        //保存当前配置到 CF 卡中的 startup.cfg 文件
```

4. 拷贝运行配置文件到 TFTP 服务器

<RT1>tftp 192.168.1.100 put startup.cfg

验证：在 TFTP 服务器上可以查看已经成功接收到路由器 R1 的启动配置文件 startup.cfg，如图 10-4-2 所示。

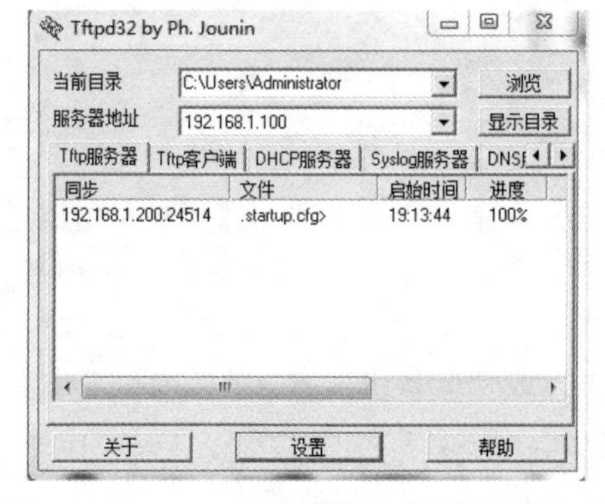

图 10-4-2 TFTP 服务器接收到启动配置文件

10.4.2 恢复配置文件

【任务 2 分析】

如果路由器的 flash 中还有启动配置文件，则小方将启动配置文件拷贝到运行配置文件上；如果路由器的 flash 中没有启动配置文件，小方可通过将备份在 TFTP 服务器上的路由器的启动配置文件复制到路由器上，从而恢复运行配置文件。任务二拓扑如图 10-4-1 所示。

【任务 2 实施】

1. 配置 TFTP Server

操作步骤同任务一。

2. 配置路由器端口 G0/0/0

操作步骤同任务一。

3. 恢复运行配置文件

<RT1>tftp 192.168.1.100 get startup.cfg

知识链接

通常 H3C 品牌的网络设备提供了丰富的软件维护方法，主要包括以下几种。

（1）在命令行模式中使用 TFTP/FTP 来上传/下载应用程序和相关配置文件，从而实现应用程序的升级或配置管理。

（2）在 BootROM 模式中通过以太网接口采用 TFTP/FTP 来完成应用程序的软件升级。

（3）在 BootROM 模式中通过 Console 口采用 XModem 协议来完成 BootROM 及应用程序的升级。

10.5 访问控制列表配置

10.5.1 访问控制列表概述

1. ACL 概述

对路由器需要转发的数据包，先获取包头信息，然后和设定的规则进行比较，根据比较的结果对数据包进行转发或者丢弃，而实现包过滤的核心技术就是访问控制列表。

ACL（Access Control List，访问控制列表）是一系列运用到路由器或交换机接口的指令列表，它根据从数据包包头中发现的信息（源地址、目的地址、源端口、目的端口和协议等）来控制路由器应该允许还是拒绝数据包通过，从而达到访问控制的目的。ACL 适用于所有的被路由协议，如 IP、IPX、AppleTalk 等。ACL 表中包含了匹配关系、条件和查询语句，表只是一个框架结构，其目的是为了对某种访问进行控制。

信息点间通信和内外网络的通信都是企业网络中必不可少的业务需求，但是为了保证内网的安全性，需要通过安全策略来保障非授权用户只能访问特定的网络资源，从而达到对访问进行控制的目的。简而言之，ACL 可以过滤网络中的流量，是一种控制访问的网络技术手段。

2. ACL 功能

ACL 是 H3C Comware 软件中最常用的功能之一，ACL 应用十分广泛，可以实现以下主要功能：

（1）包过滤防火墙功能：网络设备的包过滤防火墙功能用于实现包过滤。

（2）NAT（Network Address Translation，网络地址转换）：由于公网地址的短缺，通过设置 ACL 来控制哪些数据包需要进行地址转换。

（3）QoS（Quality of Service，服务质量）的数据分类：通过设置 ACL 来保障对传输的数据进行分类并提供有差别的服务，从而保障数据报文的服务质量。

（4）路由策略和过滤：通过 ACL 来对符合条件的路由信息实施相关策略。

（5）按需拨号：在配置路由器建立 PSTN/ISDN 等网络连接时，通过设置 ACL 来触发拨号的行为数据，从而发起拨号连接。

3. ACL 类型

H3C MSR 路由器上的 ACL 主要包含 IPv4 ACL 和 IPv6 ACL。本章节主要介绍 IPv4 ACL。

在配置 IPv4 ACL 的时候，需要定义一个数字序号，而且使用这个序号来唯一标识一个 ACL。ACL 序号有如表 10-5-1 所示的几种类型。

表 10-5-1　访问控制列表序号

种类	数字标识的范围
基本访问控制列表	2000～2999
高级访问控制列表	3000～3999
基于二层的访问控制列表	4000～4999
用户自定义的访问控制列表	5000～5999

（1）基本 ACL：根据报文的源 IP 地址制定相关规则。

（2）高级 ACL：根据报文的源 IP 地址、目的 IP 地址、IP 相关协议类型及特性等三、四层信息制定规则。

（3）基于二层的 ACL：根据报文的源 MAC 地址、目的 MAC 地址、VLAN 信息、二层协议类型等信息制定规则。

（4）用户自定义 ACL：可以根据报文的报文头、IP 头为基础，指定从第几个字节开始和掩码进行“与”操作，并将从报文中提取出来的字符串和用户定义的字符串进行比较，最终找到匹配的报文。

10.5.2　基本访问控制列表的配置

基本访问控制列表配置的基本格式为：

```
[RTA]acl number acl-number
[RTA-acl-basic-2000]rule [rule-id] { deny | permit }[fragment | logging | source { sour-addr sour-wildcard | any } | time-rang time-name]
```

（1）deny：表示丢弃符合条件的报文。

（2）permit：表示允许符合条件的报文通过。

（3）fragment：分片信息。

（4）logging：对符合条件的报文可记录日志信息。

（5）source {sour-addr sour-wildcard | any}：指定规则的源地址信息。其中 sour-addr 表示报文的源 IP 地址，sour-wildcard 表示反掩码，any 表示任意源地址。

（6）time-rang time-name：指定规则生效的时间段。

10.5.3　高级访问控制列表的配置

高级访问控制列表与基本访问控制列表相比，提供了更多的功能和灵活性。使用高级访问控制列表可以建立非常复杂的报文过滤机制。

高级访问控制列表配置的基本格式为：

```
[RTA]acl number acl-number
[RTA-acl-adv-3000] rule [ rule-id ] { deny | permit } protocol [ destination { dest-addr dest-wildcard | any } | destination-port
```

operator port1 [port2] established | fragment | source { sour-addr sour-wildcard | any } | source-port operator port1 [port2] | time-range time-name]

（1）deny：表示丢弃符合条件的报文。

（2）permit：表示允许符合条件的报文通过。

（3）protocol：IP 所承载的协议类型。通常可以选取 gre(47)、icmp(1)、igmp(2)、ip、ipinip(4)、ospf(89)、tcp(6)、udp(17)。

（4）destination { dest-addr dest-wildcard | any }：用来确定报文的目的 IP 地址信息。

（5）source { sour-addr sour-wildcard | any }：用来确定报文的源 IP 地址信息。

（6）port1、port2：TCP 或 UDP 的端口号。

（7）operator：端口操作符，取值可以为 lt（小于）、gt（大于）、eq（等于）、neq（不等于）、range（在范围内）。

（8）established：TCP 连接建立标识，是 TCP 协议特有的参数，定义规则匹配带有 ack 或者带有 rst 标志的 TCP 连接报文。

10.5.4　访问控制列表的应用

某单位办公室的 PC3、PC4 两台主机分别连接在 H3C S3600 交换机上，Web 服务器和 FTP 服务器分别连接在另一台 H3C S3600 交换机上。两台交换机分别连接在 H3C MSR 30-20 路由器的 G0/0/0 和 G0/0/1 端口上。主机与服务器之间通信一切通畅（PC1 IP：172.16.1.10/24、PC2 IP：172.16.1.20/24，网关均为 172.16.1.254；PC3 IP：192.168.1.30/24、PC4 IP：192.168.1.40/24、网关均为 192.168.1.254）。

【任务 1】网络管理员小方发现 PC3 主机通信异常，希望阻止 PC3 主机通过路由器访问服务器资源，小方该如何进行操作配置？

【任务 2】网络管理员小方希望 PC4 主机仅仅不能够访问 Web 服务器资源，同时又不影响其他主机的通信，小方该如何进行操作配置？

在路由器或交换机上应用访问控制列表需要有两个步骤：

（1）定义访问控制列表。

（2）在路由器或交换机的某个端口上应用已经定义过的访问控制列表。

注意事项：

（1）ACL 可以在一个端口上进行双向控制，此时需要配置两条命令，一条为 inbound，一条为 outbound。

（2）尽量考虑将高级 ACL 放在靠近源端的位置上，保证被拒绝的数据包尽早拒绝，避免浪费网络带宽。

（3）尽量考虑将基本 ACL 放在靠近目的端的位置上，由于标准 ACL 只使用源地址，如果将其靠近源端，则会阻止数据包流向其他端口。

（4）当在路由器端口上应用 ACL 时，用户要指明 ACL 是应用于流入数据还是流出数据。入站 ACL 在数据包被允许后，路由器才会处理路由工作。如果数据包被丢弃，则节省了执行路由查找的开销。出站 ACL 在传入数据包被路由到出站接口后，才由出站 ACL 进行处理。相比之下，入站 ACL 要比出站 ACL 更加高效。

例如：假设要拒绝从源网段 192.168.1.0 的任何主机使用路由器的 G0/0/0 端口与目的主机 192.168.2.100 建立 FTP 连接，但是允许其他数据通过此端口，则使用下面的高级访问控制列表语句：

```
[RTA]acl number 3002
[RTA-acl-adv-3002]rule deny tcp source 192.168.1.0 0.0.0.255 destination 192.168.2.100 0.0.0.255 destination-port eq ftp
[RTA]interface GigabitEthernet0/0/0
[RTA- GigabitEthernet0/0/0]firewall packer-filter 3002 inbound
```

【任务 1 分析】

网络管理员小方可以在路由器 RT1 上配置基本访问控制列表，阻止 PC3 主机访问服务器资源。任务一拓扑如图 10-5-1 所示。

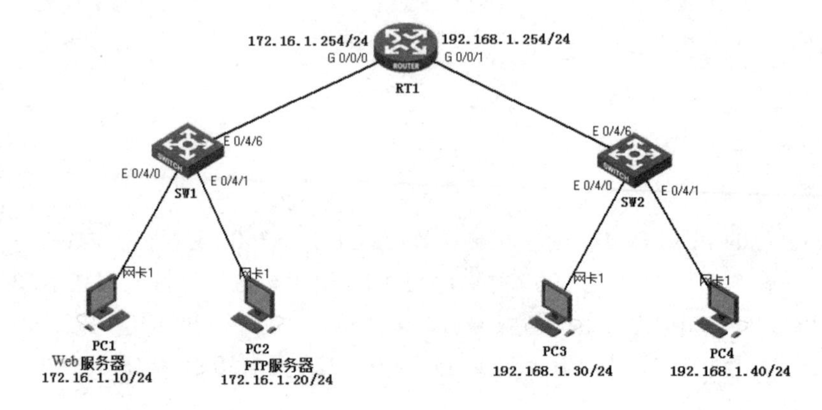

图 10-5-1　访问控制列表配置

【任务操作步骤】

1. 配置 Web Server 和 FTP Server

将 Web Server 的 IP 地址设置为 172.16.1.10/24，网关设置为 172.16.1.254。

将 FTP Server 的 IP 地址设置为 172.16.1.20/24，网关设置为 172.16.1.254。

2. 配置路由器 RT1

```
<RT1>system-view
[RT1]interface GigabitEthernet 0/0/0
[RT1-GigabitEthernet0/0/0]ip address 172.16.1.254 255.255.255.0     //配置路由器接口 G0/0/0 地址
[RT1-GigabitEthernet0/0/0]quit
[RT1]interface GigabitEthernet 0/0/1
[RT1-GigabitEthernet0/0/1]ip address 192.168.1.254 255.255.255.0    //配置路由器接口 G0/0/1 地址
[RT1-GigabitEthernet0/0/1]quit
[RT1]rip                          //开启路由器 RIP 路由协议
[RT1-rip-1]version 2              //RIPv2 版本
[RT1-rip-1]undo summary           //关闭自动路由聚合功能
[RT1-rip-1]network 172.16.1.0     //宣告 172.16.1.0 网段
[RT1-rip-1]network 192.168.1.0    //宣告 192.168.1.0 网段
```

```
[RT1-rip-1]quit
[RT1]firewall enable                    //开启包过滤防火墙功能
[RT1]acl number 2001                    //定义基本 ACL 2001
[RT1-acl-basic-2001]rule 0 deny source 192.168.1.30 0.0.0.0   //拒绝源 IP 地址为 192.168.1.30 的报文通过
[RT1-acl-basic-2001]quit
[RT1]interface GigabitEthernet 0/0/1
[RT1-GigabitEthernet0/0/1]firewall packet-filter 2001 inbound   //将 ACL 2001 规则应用在 G0/0/1 的入口
[RT1-GigabitEthernet0/0/1]quit
```

3. 测试

在 PC3 上 Ping Web 服务器（PC1）的 IP 地址 172.16.1.10，结果显示 Ping 不通。

【任务 2 分析】

网络管理员小方可以在路由器 RT1 上配置高级访问控制列表，阻止 PC4 主机访问 Web 服务器资源。任务二拓扑如图 10-5-1 所示。

【任务操作步骤】

1. 路由器 RT1 的配置

```
<RT1>system-view
[RT1]interface GigabitEthernet 0/0/0
[RT1-GigabitEthernet0/0/0]ip address 172.16.1.254 255.255.255.0     //配置路由器接口 G0/0/0 地址
[RT1-GigabitEthernet0/0/0]quit
[RT1]interface GigabitEthernet 0/0/1
[RT1-GigabitEthernet0/0/1]ip address 192.168.1.254 255.255.255.0   //配置路由器接口 G0/0/1 地址
[RT1-GigabitEthernet0/0/1]quit
[RT1]rip                                //开启路由器 RIP 路由协议
[RT1-rip-1]version 2                    //RIPv2 版本
[RT1-rip-1]undo summary                 //关闭自动路由聚合功能
[RT1-rip-1]network 172.16.1.0           //宣告 172.16.1.0 网段
[RT1-rip-1]network 192.168.1.0          //宣告 192.168.1.0 网段
[RT1-rip-1]quit
[RT1]firewall enable                    //开启包过滤防火墙功能
[RT1]acl number 3001                    //定义基本 ACL 3001
[RT1-acl-basic-3001]rule 0 deny tcp source 192.168.1.40 0.0.0.0 destination 172.16.1.10 0.0.0.0 destination-port eq 80
      //拒绝源 IP 地址为 192.168.1.40 访问目的 IP 地址为 172.16.1.10 的 Web 资源
[RT1-acl-basic-3001]quit
[RT1]interface GigabitEthernet 0/0/1
[RT1-GigabitEthernet0/0/1]firewall packet-filter 3001 inbound   //将 ACL 3001 规则应用在 G0/0/1 的入口
[RT1-GigabitEthernet0/0/1]quit
```

2. 测试

在 PC4 的 IE 浏览器上输入http://172.16.1.10 访问 Web服务器，显示无法访问。

习题十

一、填空题

1. ________电缆用于连接 Comware 设备的控制台端口。

2．将 H3C Comware 复制到 TFTP 服务器的命令是________。

3．________ACL 通过比较源 IP 地址来定义 ACL 的规则。

二、选择题

1．在 H3C 路由器上查看当前配置的命令为（　　）。

A．show running-configuration　　B．show current-configuration

C．display current-configuration　　D．display configuration

2．作为一般原则，ACL 应该放置在网络的（　　）。

A．互联网中　　B．网络的核心层中

C．靠近被控制的通信流量　　D．以上都不是

三、简答题

1．如何配置路由器以太网接口？

2．如何配置路由器串行接口？

3．如果要使用 TFTP 方式备份路由器的配置文件，需要进行哪些操作？

4．简述 ACL 的工作过程。

5．简述 ACL 的分类以及每种分类的特点。

6．在进行访问列表配置时应该遵循哪些原则？

单元 11
网络安全

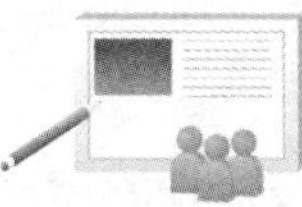

单元导读

随着全球信息化进程的不断推进，Internet 的应用不断地普及和发展，Internet 在人们生活中的地位越来越重要。但 Internet 是个开发系统，面临很多不安全因素，因此网络安全显得尤为重要，网络安全已上升到国家战略高度。

本单元可使学生了解网络安全方面的概念，初步掌握防范网络攻击的方法和工具。

单元学习目的

- 了解网络安全的概念，网络威胁来自哪些方面。
- 了解常见网络攻击与防范，黑客与计算机病毒、木马、蠕虫的概念，防火墙的功能。
- 了解加密的概念，数字认证的过程。
- 领会网络攻击的防范，数字认证的实现过程。
- 掌握常见杀毒软件的使用，加密软件的使用，数字签名的应用。

学前基础要求

在开始学习这个单元内容之前，学生必须完成下列模块的学习，具备下列知识基础。

- 网络基础知识
- 常见软件使用

单元学习要点

- 网络威胁及网络攻击防范

- 加密的概念，数字认证的过程
- 杀毒软件的使用，加密软件的使用

11.1 网络安全概述

随着全球信息化进程的不断推进，Internet 的应用不断地普及和发展，Internet 在人们生活中的地位越来越重要。Internet 是一个开放式互联系统，其目的是方便人们通过网络进行信息交换，但其安全性很不完善。病毒通过 Internet 传播，其危害性到了空前的程度，黑客通过 Internet，可以在世界任何一个角落，对 Internet 上的主机发动攻击。每年世界上成千上万的电脑因病毒感染或黑客攻击而引起系统崩溃、数据丢失，造成巨大的经济损失。网络安全问题已发展成为一个社会问题，它对社会经济秩序甚至国家安全构成威胁，许多国家除了加强技术的研究外，还制定了有关的法律法规，开展国际合作，打击制作病毒、黑客攻击等行为，提高网络系统的安全性。本章主要讨论通过技术手段加强网络安全。

11.1.1 什么是网络安全

1. 网络安全的概念

网络安全是在现有网络基础上，通过采取相应的安全措施，保护网络系统及数据不遭到破坏、泄露和篡改，从而提供正常网络服务。网络安全主要防止利用窃听、冒充、篡改和抵赖手段，对用户的信息安全造成影响，避免非法访问、黑客攻击、病毒入侵。

2. 网络安全的级别

美国国家计算机安全中心（NCSC）于 1983 年提出了“可信计算机系统评测标准”（TCSEC），规定了安全计算机的基本准则，将计算机系统的安全等级分为了四大类，依次为 D、B、C 和 A。A 是最高的一类，每一类都代表一个保护敏感信息的评判准则，并且一类比一类严格。在 C 和 B 中又分若干个子类，我们称为级。

（1）D 类：最小的保护。这是最低的一类，不再分级，这类是那些通过评测但达不到较高级别安全要求的系统，早期商用系统属于这一类。

（2）C 类：该类安全等级能够提供审慎的保护，并为用户的行动和责任提供审计能力。又分两个子类。

- C1：无条件的安全保护。这是 C 类中较低的一个子类，提供的安全策略是无条件的访问控制，具有识别与授权的责任。早期的 UNIX 系统属于这一类。
- C2：有控制的存取保护。这是 C 类中较高的一个子类，除了提供 C1 中的策略与责任外，还有访问保护和审计跟踪功能。

（3）B 类：属强制保护，要求系统在其生成的数据结构中带有标记，并要求提供对数据流的监视，B 类又分三个子类：

- B1：标记安全保护，是 B 类中的最低子类，除满足 C 类要求外，要求提供数据标记。
- B2：结构安全保护，是 B 类中的中间子类，除满足 B1 要求外，要实行强制性的控制。
- B3：安全域保护，是 B 类中的最高子类，提供可信设备的管理和恢复，即使计算机崩溃，也不会泄露系统信息。

（4）A 类：经过验证的保护，是安全系统等级的最高类，这类系统可建立在具有结构、规范和信息流封闭的形式模型基础之上。目前，A 类安全等级只包含 A1 一个安全类别。

TCSEC 共定义了四类 7 级可信计算机系统准则，银行界一般都使用满足 C2 级或更高级别的计算机系统。

11.1.2 网络安全面临的主要威胁

网络安全问题主要来自操作系统的漏洞、黑客攻击、病毒入侵、网络配置不当和网络管理不力等方面。

1. 系统的漏洞

网络系统普遍采用 TCP/IP 协议，TCP/IP 在设计时以方便应用为首要任务，许多协议，如文件传输协议（FTP），缺乏认证和保密措施。网络操作系统和应用程序普遍存在漏洞，黑客和病毒往往利用这些漏洞对网络系统进行破坏。

2. 黑客攻击

黑客会利用网络扫描工具，发现目标系统的漏洞，发动攻击，破坏目标系统的安全，主要方法有：

（1）拒绝服务攻击

拒绝服务攻击是指通过制造无用的网络数据，造成网络拥堵，大量占用系统资源等方法，使目标主机或网络失去及时响应访问请求的能力。分布式拒绝服务攻击的危害性更大，黑客首先进入一些易于攻击的系统，然后利用这些被控制的系统向目标系统发动大规模的协同攻击，其威力比拒绝服务攻击大很多。

（2）口令破解

用户名/口令是网络中很重要的一种身份鉴别方法，它实现起来简单，被广泛地使用。黑客利用黑客程序记录用户登录过程或用口令破解器来获取口令，进而在网络上进行身份冒充，从而对网络安全造成威胁。如果黑客获取了系统用户的口令，则将对系统造成灾难性的后果。

（3）电子邮件炸弹

黑客通过不断地向某邮箱发送电子邮件，从而造成邮箱的崩溃，如果接收方为邮件服务器，则可能造成服务器的瘫痪。

（4）Web 攻击

CGI（Common Gateway Interface，通用网关接口）运行在服务器上，提供同 Html 页面的接口，其脚本和应用程序在处理用户输入的数据时，会造成对系统安全的威胁。另外，ASP 技术和微软的 IIS 同样存在诸多漏洞，可能会引起攻击。

（5）木马

黑客将木马程序放置到用户计算机上，可以控制感染木马病毒的计算机，进而窃取、破坏敏感资料，如密码信息等。

3. 恶意程序破坏

网络已成为病毒、蠕虫传播的主要途经，病毒通过网络入侵，具有更大的传播速度和更大的传播范围，其破坏性也不言而喻，有些恶性的病毒会造成系统瘫痪、数据破坏或丢失，严重地危害到网络安全。

4. 网络配置管理不当

网络配置管理不当会造成非授权访问。网络管理员在配置网络时，往往因为用户权限设置过大、开放不必要的服务器端口，或者一般用户因为疏忽，丢失账号和口令，从而造成非授权访问，给网络安全造成危害，有时甚至是致命的。

11.2 安全扫描

11.2.1 安全扫描概述

1. 安全扫描

安全扫描是指对计算机系统或网络设备进行安全性检测，收集和分析被扫描的系统或网络的信息，从而找出安全隐患或漏洞。我们可以向目标主机发送数据报文，根据返回的结果来了解目标主机的状况，如目标主机运行何种操作系统、开放了哪些端口和服务等。安全扫描技术是一类重要的网络安全技术，安全扫描技术与防火墙、入侵检测系统互相配合，能够有效提高网络的安全性。网络管理员通过扫描可以找出系统的漏洞，从而提高网络安全管理水平，而攻击者可以通过扫描发现目标主机的漏洞，来发动攻击。

端口扫描技术和漏洞扫描技术是网络安全扫描技术中的两种核心技术，并且广泛运用于当前较成熟的网络扫描器中，如著名的Nmap和Nessus。

2. 端口扫描

一个端口就是一个潜在的通信通道，也就是一个入侵通道。对目标计算机进行端口扫描，能得到许多有用的信息，从而发现系统的安全漏洞。端口扫描也可使系统用户了解系统目前向外界提供了哪些服务，从而为系统用户管理网络提供明确目标。

3. 漏洞扫描

漏洞扫描主要通过以下两种方法来检查目标主机是否存在漏洞：一种是在端口扫描后得知目标主机开启的端口以及端口上的网络服务，将这些相关信息与网络漏洞扫描系统提供的漏洞库进行匹配，查看是否有满足匹配条件的漏洞存在。另一种是通过模拟黑客的攻击手法，对目标主机系统进行攻击性的安全漏洞扫描，如测试弱口令等，若模拟攻击成功，则表明目标主机系统存在安全漏洞。

11.2.2 系统补丁

系统存在这样那样的漏洞，我们需要进行修补，称为给系统打补丁。补丁一般有两种形式，一种是Hotfix，通常称为修补程序，另一种是SP（补丁包）。那么这两者之间有什么联系和区别呢？

1. Hotfix修补程序

Hotfix 是针对某一个具体的系统漏洞或安全问题而发布的专门解决该漏洞或安全问题的程序，通常称为修补程序。例如，微软公司通常会及时地将软件产品中发现的重大问题以安全公告的形式公布于众，这些公告都有一个唯一的编号，如Windows XP系统的冲击波病毒补丁名称为“Windows XP-KB823980-x86-CHS.exe”，是一个Hotfix，我们可以登录微软网站下载，来修补系统漏洞。

2. SP补丁包

SP 是 Service Pack 的缩写，意即补丁包。举例来说，微软的操作系统及软件产品经常会被发现漏洞，微软针对不同的漏洞都发布了 Hotfix 来修补，但用户查看自己的电脑是否安装了某个 Hotfix 或者去下载安装这些 Hotfix 也很繁琐。因此，微软就将 Hotfix 打包，进行发布，称为 SP 补丁包，通常 SP 补丁包中包含有 SP 发布日期前所发布的所有 Hotfix。所以，用户只要下载并安装最新的 SP 补丁包，就不需要再去下载安装 SP 发布日期前的 Hotfix 了。SP 补丁包按发布日期的先后顺序排列，分别称为 SP1、SP2、SP3 等，如 Windows 2003 Server 目前已发布了 SP2 补丁包。

11.3 黑客与网络攻击

许多上网的用户对网络安全可能抱着无所谓的态度，认为最多不过是被“黑客”盗用账号，他们往往会认为“安全”只是针对那些大中型企事业单位的。其实，在无政府、无国界的虚拟网络世界中，现实生活中所有的“阴险”和“卑鄙”都表现得一览无余。在这样的信息时代，几乎每个人所使用的系统都面临着安全威胁，因此，有必要对网络安全有所了解，并能够处理一些安全方面的问题。那些平时不注意安全防范的人往往在受到安全攻击、付出惨重的代价后才会后悔不已。因此，对黑客、入侵者、网络攻击及对这些攻击的防范等应该有比较详细的了解。

11.3.1 黑客

1. 黑客文化发展史

黑客（Hacker），源于英语动词 hack，意为“劈，砍”。黑客在早期是一个带有褒义的词，通常是指具有高级计算机技术，并有能力通过创新的方法分析系统的人。黑客能使系统趋于完善和安全，他们以保护系统为目的，而入侵行为只是他们找出系统漏洞的手段。早期的黑客中出现了几个大名鼎鼎的人物，如 GNU 项目的发起人 Richard Stallman 就曾是黑客，他们对系统进行分析，这些工作对系统的设计和优化起到关键作用。

二十世纪六七十年代，随着第一台个人计算机 DEC PDP-1 出现，投入到计算机技术研究的人越来越多，他们为电脑技术的发展做出了巨大贡献。正是这些黑客，倡导了一场个人计算机革命。随着计算机网络的出现和发展，Hacker 的队伍不断壮大，他们对计算机资源的商业化和私有化发出挑战，一些著名的自由软件组织都是黑客发起的，他们通过网络开展国际合作，如著名的 Linux 系统最初就是由 Linus Torvalds 开发出系统内核后，与众多的 Hacker 一起进行完善和扩充的产物，它是一个免费软件，其功能甚至与 UNIX 不相上下。黑客的出发点和动机在当时得到相当多的认可，形成了所谓的黑客文化。

现代网络的安全问题突出，时刻面临来自各地的入侵者。因此，许多公司和政府机构邀请黑客为他们检验系统的安全性，甚至还请他们设计新的安全规程。可见黑客在 Internet 的发展过程中，对网络系统安全技术的发展做出了贡献。

但是随着网络和计算机技术的商业化，信息的私有化程度越来越高，社会对黑客行为普遍持审慎态度，进而通过法律等手段来进行控制。

2. 黑客与骇客

网络入侵者是那些利用网络漏洞破坏网络的人。他们也具备广泛的电脑知识，但与黑客不同的是他们以破坏为目的，这些群体称为骇客（Cracker）。骇客通常以获取利益为目的，他们入侵系统，非法获取数据，为自己谋取经济利益，如将获取的商业机密出卖、盗取银行账号等。在我国，人们已习惯将黑客和骇客混为一谈了，比如某人利用计算机技术进行犯罪，我们就将他称为黑客犯罪。

11.3.2 网络攻击概述

随着网络技术的飞速发展，网络中的安全漏洞问题起来越突出。即便旧的安全漏洞补上了，新的安全漏洞又将不断涌现。网络攻击正是利用这些存在的漏洞和安全缺陷对系统和资源进行攻击。

网络安全不再只是针对那些大中型企事业单位和网站而言。其实，单从技术上说，黑客入侵的动机是成为目标主机的主人。只要他们获得了一台网络主机的超级用户权限后，他们就可以为所欲为。因此，我们每一个人都有可能面临着安全威胁，都有必要对网络安全有所了解，并能够处理一些安全方面的问题。

11.3.2.1 常见网络攻击方法

1. 口令入侵

所谓口令入侵是指入侵者使用某些合法用户的账号和口令登录到目标主机，然后再实施攻击活动。入侵者必须先得到该主机上的某个合法用户的账号，然后再进行合法用户口令的破译。

2. 放置特洛伊木马程序

特洛伊木马程序常被伪装成工具程序或者游戏，一旦用户执行了这些程序之后，计算机系统中会多出一个程序，该程序在 Windows 启动时悄悄执行。当用户连接到因特网上时，这个程序会向攻击者发出信息，而且攻击者可以利用这个潜伏的程序，任意地修改用户计算机的参数设置、复制或删除文件、窥视用户整个硬盘中的内容等。

3. WWW 欺骗技术

黑客通过修改用户浏览网页的 URL 地址，将其指向黑客自己的服务器，来达到欺骗用户的目的。当用户浏览目标网页的时候，实际上是向黑客服务器发出请求，用户浏览的是黑客提供的内容，是虚假的。

4. 电子邮件攻击

电子邮件是互联网上应用十分广泛的一种通信方式。攻击者使用一些邮件炸弹软件或 CGI 程序向目标邮箱发送大量内容重复、无用的垃圾邮件，从而使目标邮箱无法正常使用。当垃圾邮件的发送流量特别大时，还有可能造成邮件服务器系统反应缓慢，甚至瘫痪。这种攻击方法具有技术简单、见效快等优点。

5. 僵尸主机

攻击者在突破一台主机后，往往以此主机作为据点，攻击其他主机，从而隐藏攻击者信息。

6. 网络监听

网络是主机的一种工作模式，在这种模式下，不管信息的发送方和接收方是谁，监听主机可以接收到本网段同一条物理通道上传输的所有信息。用户登录验证时，输入的密码需要从用户端传送到服务器端，此时如果通信的信息没有进行加密，攻击者只要使用某些网络监听工具（如 NetXRay、Sniffer 等），就可轻而易举地截取包括口令和账号在内的信息资料。

7. 安全漏洞攻击

许多系统都有安全漏洞（Bugs），其中一些是操作系统或应用软件本身具有的，如缓冲区溢出漏洞。若攻击者特别配置一串准备用作攻击的字符，甚至可以访问根目录，从而拥有对整个网络的绝对控制权。

8. 端口扫描攻击

所谓端口扫描，就是利用 Socket 编程，与目标主机的某些端口建立 TCP 连接，进行传输协议的验证等，从而侦知目标主机有哪些端口是处于激活状态、提供了哪些服务、提供的服务中是否含有某些缺陷等。常用的扫描方式有：Connect()扫描、Fragmentation 扫描。

11.3.2.2 常见网络攻击防范

在对网络攻击进行上述分析与识别的基础上，我们应当认真制定有针对性的策略，采取防范措施。还必须做到预防为主，将重要的数据备份并时刻注意系统运行状况。

（1）提高安全意识

1）不要随意打开来历不明的电子邮件。

2）尽量避免从 Internet 上下载不知名的软件、游戏程序。即使是从知名的网站上下载的软件，也要用最新的病毒和木马查杀软件对软件和系统进行扫描。

3）密码设置尽可能使用字母、数字、符号混排，单纯的英文或者数字很容易穷举。重要密码最好经常更换。

4）及时下载安装系统补丁程序。

5）不随便运行黑客程序，不少这类程序运行时会泄露用户的个人信息。

6）在支持 HTML 的 BBS 上，如发现提交警告，很可能是骗取密码的陷阱，要查看其源代码。

（2）使用防毒、防黑软件。

杀毒软件可以有效监控系统注册表的修改，从而防止软件非法安装。防火墙是一个用以阻止黑客访问内部网络的屏障，也可称之为控制进/出两个方向通信的门槛。在网络边界上通过一定的策略来隔离内部和外部网络，可以阻挡来自外部网络的侵入。

（3）设置代理服务器，隐藏自己的 IP 地址。

保护自己的 IP 地址是很重要的。即便你的机器上安装了木马程序，如果黑客没有你的 IP 地址，也无法进行攻击，而保护 IP 地址的最好方法就是设置代理服务器。

（4）由于黑客经常会针对特定的日期发动攻击，计算机用户在此期间应特别提高警惕。

（5）对于重要的个人资料做好严密的保护，并养成资料备份的习惯。

11.4 恶意代码

恶意代码是一种程序，能破坏被感染计算机中的数据、运行具有入侵性或破坏性的程序。按其工作机理和传播方式区分，恶意代码有普通病毒、木马、蠕虫和复合型病毒 4 类。

11.4.1 常见的恶意代码

1. 普通计算机病毒

普通计算机病毒一般都具有自我复制的功能，同时，它们还可以把自己的副本分发到其他文件、程序或计算机中去。病毒一般寄宿在其他程序中，当被感染文件执行一些操作（例如打开一个文件，运行一个程序，单击邮件的附件等）的时候，病毒就会自我复制。

2. 木马

特洛伊木马（简称木马）这类代码是根据古希腊神话来命名的。这种代码比较隐蔽，被感染计算机表面没有什么特征，但黑客却可以利用它来达到控制他人计算机的目的。

3. 蠕虫

蠕虫是完全独立的程序，这是它与普通计算机病毒的最大区别。蠕虫的自我复制不像其他的病毒，它可以自动创建与它的功能完全相同的副本，并在无人干预的情况下自动运行。蠕虫是通过系统中存在的漏洞和不安全的设置进行入侵的，它的自身特性可以使其以极快的速度通过网络自动传播。

4. 复合型病毒

通过多种方式传播的恶意代码称为复合型病毒，著名的尼姆达（Nimda）蠕虫病毒实际上就是复合型病毒的一个例子，它通过 E-mail、网络共享、Web 服务器和 Web 终端 4 种方式进行传播。

11.4.2 木马

1. 木马病毒概述

“特洛伊木马”的英文叫做 Trojan horse，其名称取自希腊神话的木马屠城记，它是一种基于远程控制的黑客工具。木马病毒通常寄生于用户的计算机系统中，并可将用户信息通过网络发送给黑客。

木马也算是一种病毒，但与传统的计算机病毒不同，它通常并不像病毒程序那样感染文件。

木马的传播方式主要有三种：

（1）通过 E-mail：黑客将木马程序以附件形式随邮件一起发送出去，收件人只要打开附件，计算机系统就会感染木马。

（2）软件下载：一些木马被捆绑在某些软件的安装程序上，只要安装这些程序，木马就会随之安装在用户的计算机中。

（3）通过会话软件（如 QICQ）的“传送文件”进行传播，不知情的网友一旦打开带有木马的文件就会感染木马。

2. 木马的危害

木马会在被感染的计算机系统里开一个“后门”，黑客可以从特定“后门”进入系统，然后随心所欲操纵他人的计算机，如读、写、存、删除文件，得到他人的隐私、账号密码等。

3. 木马分类

根据木马的特点及其危害范围，木马可分为以下六大类别：后门木马、密码木马、键盘记录木马、DoS 攻击木马、程序杀手木马、广告木马。

（1）后门木马

后门木马在网络中被恶意者大量传播。该类木马采用反弹端口技术绕过防火墙，对被感染的系统进行远程文件和注册表的操作，可以捕获被控制的计算机屏幕。中了该类木马后，被感染的系统将完全控制在黑客手中。

（2）密码木马

该类木马可以找到隐藏密码并把它们发送到指定的信箱。一些用户喜欢把自己的各种密码以文件的形式存放在计算机中，认为这样方便；还有人为了不必在登录时每次都输入密码，使用 Windows 提供的密码记忆功能。许多黑客软件可以很容易地寻找到这些密码，把它们送到黑客手中。

（3）键盘记录木马

这种特洛伊木马是非常简单的。它们只做一件事情，就是记录用户的键盘敲击并且在 LOG 文件里查找密码。

（4）DoS 攻击木马

随着 DoS 攻击被越来越广泛地使用，被用作 DoS 攻击的木马也越来越流行。黑客入侵了一台机器，植入 DoS 攻击木马后，日后这台计算机就会为其发动 DDoS 攻击提供帮助。

（5）程序杀手木马

一般木马要能通过防木马软件扫描才能发挥作用，常见的防木马软件有 ZoneAlarm、Norton Anti-Virus 等。程序杀手木马的功能就是关闭感染机器上运行的这类软件，让其他的木马更好地发挥作用。

（6）广告木马

此类木马采用各种技术隐藏于系统内，修改 IE 等网页浏览器的主页，禁止多种系统功能，收集系统信息发送给传播广告木马的网站。更严重的是修改网页定向，导致一些正常的网站不能登录。MSN 病毒就是这种木马，它诱使用户单击一个可执行文件，就导致了 900 多个网站不能正常访问。

11.4.3 蠕虫

随着网络的普及与发展，蠕虫病毒成为对互联网危害最严重的一种计算机程序，与传统的病毒不同，蠕虫病毒以计算机为载体，以网络为攻击对象。

1. 蠕虫的定义

广义上说，凡是能够引起计算机故障、破坏计算机数据的程序统称为计算机病毒，从这个角度来看，蠕虫也是一种计算机病毒。但是蠕虫病毒和普通病毒有着很大的区别。普通病毒是需要寄生的，而蠕虫是一种通过网络传播的恶意代码，它具有普通病毒的一些共性，如传播性、隐蔽性、破坏性等；同时也具有一些自己的特征，如独自传播、可对网络造成拒绝服务等。蠕虫病毒借助网络，在短短的时间内就可蔓延到整个网络，造成网络瘫痪，其传播速度比普通病毒更快。

2. 蠕虫的特点

蠕虫病毒具有以下特点。

（1）传播迅速，难以清除

一旦某台计算机感染了蠕虫病毒，在短时间内，几乎网络上所有的计算机都会被依次传染，而且感染这些病毒后，很难清除。

（2）利用操作系统和应用程序的漏洞主动地进行攻击

此类蠕虫主要是“红色代码”“尼姆达”“求职信”和“震荡波”等。由于 IE 浏览器的漏洞，在不用手工打开附件的情况下，感染了“尼姆达”蠕虫的邮件病毒就能激活，而此前即便是很多防病毒专家也一直认为，只要不去打开带有病毒附件的邮件，病毒就不会有危害。

（3）传播方式多样

一些蠕虫可利用的传播途径包括文件、电子邮件、Web 服务器、网络共享等。

（4）与黑客技术相结合

潜在的威胁和损失更大。以红色代码为例，感染后的机器的 web\scripts 目录下将生成一个 root.exe，可以远程执行任何命令，从而方便黑客入侵。

11.4.4 计算机病毒

1. 计算机病毒的概念

世界各个国家每年都因感染计算机病毒而遭受重大损失，随着网络的快速发展，计算机病毒的主要传播途径已变成计算机网络，计算机病毒已成为危害网络安全的主要威胁。那么，什么是计算机病毒呢？

计算机病毒是指编制或者在计算机程序中插入的破坏计算机功能或者毁坏数据，影响计算机使用，并能自我复制的一组计算机指令或者程序代码。计算机病毒有自我复制能力，通过存储介质或网络，计算机病毒可以很快地蔓延。计算机病毒将自身附着在各种类型的文件上，当满足一定条件时，会产生一定的破坏性。

计算机病毒的定义很大程度上来源于生物病毒，它们有很多相似之处，如能够自我复制，即传染性；具有潜伏性和隐蔽性；能够产生一定的破坏作用，即破坏性；当条件满足时，能够启动触发机制，使病毒进行传染或破坏，即触发性。当然，计算机病毒不同于生物病毒，它破坏的只是计算机系统或设备，对人体没有任何影响。

2. 计算机病毒的分类

计算机病毒的分类方法有好几种，按照病毒的传播方式，可以将计算机病毒分为以下 4 类。

（1）引导型病毒

引导型病毒在 ROM BIOS 系统引导时，即取得对操作系统的控制权，它常驻内存，伺机传染和破坏。引导型病毒可以感染磁盘的引导扇区，也可以改写硬盘的分区表，因此其破坏性极强，有时会造成整个硬盘数据的丢失。

（2）文件型病毒

文件型病毒是较为常见的病毒，文件型病毒感染的主要是扩展名为 COM、EXE、OVL 的文件，病毒将自身附着在系统的文件中，当文件被执行时，病毒也同时被装入内存。感染文件型病毒会造成文件的执行速度变慢，甚至无法执行程序，它还可能会造成感染文件的长度变长。

（3）混合型病毒

混合型病毒综合了引导型和文件型病毒的特点，它通过感染引导区和文件，增加了传染性和杀毒难度，因此其破坏力比前两者更强。

（4）宏病毒

宏病毒是微软 Office 出现以后才出现的病毒，它利用 Office 提供的宏功能，通过.doc 文档及.dot 模板进行自我复制及传播。由于 Office 应用很广，因此宏病毒一度非常流行，传播极快。

3. 病毒的防治策略

（1）减少感染的机率

病毒通常通过网络传播，用户要做到不从不可靠的渠道下载软件，不随意打开来历不明的电子邮件，将会减少与病毒接触的机会。在安装软件时，进行病毒扫描也是非常重要的。

（2）安装杀毒软件

安装杀毒软件是防治病毒的有力措施，我们应该选择经过公安部认证的病毒防治产品。计算机病毒更新很快，还应该及时地对杀毒软件的病毒库进行升级。

（3）安装最新的系统补丁

病毒往往利用操作系统的漏洞进行传播，因此，及时地下载并安装系统的补丁，将有助于切断病毒传播的途经。

（4）建立备份和恢复制度

任何杀毒软件都不能确保万无一失，重要数据一旦丢失或破坏，其损失可能是不可估量的。运行良好的备份和恢复计划有助于将损失降到最低。

4. 几种常见杀毒软件

（1）360 杀毒

360 杀毒是 360 安全中心出品的一款免费的云安全杀毒软件，整合了五大领先查杀引擎，包括国际知名的 BitDefender 病毒查杀引擎、小红伞病毒查杀引擎、360 云查杀引擎、360 主动防御引擎以及 360 第二代 QVM 人工智能引擎，其防杀病毒能力得到多个国际权威安全软件评测机构的认可，荣获多项国际权威认证。

（2）金山毒霸

金山毒霸是香港金山公司的产品，具有漏洞修复、邮件防毒、聊天防毒、网页防毒等功能，支持移动网络计算技术，具备先进的病毒防火墙实时反病毒技术，有单机版和网络版，但稳定性和兼容性方面略有欠缺。

（3）诺顿

诺顿杀毒软件是一款国外杀毒软件，其特点是有很强的稳定性和兼容性，具有出色的病毒隔离技术，也可以自动更新病毒库。

（4）卡巴斯基

卡巴斯基是俄罗斯产的杀毒软件，其查杀能力和准确性皆有独到之处，在网络用户中有良好的口碑。

（5）腾讯电脑管家

腾讯电脑管家是腾讯公司推出的免费安全管理软件，能有效预防和解决计算机上常见的安全风险，并帮助用户解决各种电脑“疑难杂症”、优化系统和网络环境，是中国综合能力最强、最稳定的安全软件。

上述杀毒软件厂商均有自己的网站，实时地发布病毒公告，提供杀毒工具下载和及时的升级服务，我们通过这些网站可以增加对病毒的了解，提高防范病毒的技术。

当然，任何杀毒软件都不是万能的，对于病毒，我们还是应该以预防为主，在此基础上，再配合使用杀毒软件，这样才能较好地保护计算机安全。

11.5 防火墙（Firewall）

在日常生活中，我们为了保障财产安全，通常为自己的企业或公司修一道墙。互联网是个开放系统，信息安全问题非常突出，互联网上的每个网络都有可能遭到攻击，从而产生严重的后果。因此，一些重要的网络都会安装防火墙（Firewall），以确保内部网络的信息系统安全。

11.5.1 防火墙（Firewall）的概念

防火墙是一个或一组系统，包括软件和硬件，其功能是将内部网络和外部网络(如 Internet)按照一定的控制策略进行隔离。防火墙在内外网络之间执行访问控制策略，通过制定一些访问规则，能够允许系统“同意”的用户和数据进入自己的网络，同时也能够拒绝未经允许的访问者和数据，从而最大限度地阻止入侵行为，有效地保护网络信息安全。

防火墙具有以下三个方面的基本特性：

（1）内部网络和外部网络之间的所有数据包都必须经过防火墙。

这是由防火墙所处网络位置决定的，因为只有当防火墙是内、外部网络之间通信的唯一通道，才可以全面、有效地保护内部网络不受外部攻击。

（2）只有符合安全策略的数据包才能通过防火墙。

这是防火墙的工作原理特性。防火墙是根据这样的防护机制来保护内部网络的：它对允许的通信不产生影响，而对不允许的通信则拒绝其通过。

（3）防火墙本身具有预防入侵的功能。

防火墙处于网络边缘，有时要面对黑客的入侵，因此防火墙自身要具有非常强的抗击入侵能力。防火墙的抗入侵能力由两个因素决定：防火墙操作系统本身是关键，只有自身具有完整信任关系的操作系统，才能保证系统的安全性；其次就是尽量减少防火墙的服务功能。

11.5.2 防火墙的分类

根据防火墙的工作原理和功能，将防火墙分为以下五类。

1．包过滤（Packet Filtering）型

包过滤型防火墙工作在 OSI 网络参考模型的网络层和传输层，它根据数据包的源地址、目的地址、端口号和协议状态等标志确定是否允许数据包通过。只有满足过滤条件的数据包才被转发到相应的目的地，其余数据包则从数据流中被丢弃。

包过滤方式是一种通用、廉价和有效的安全手段。它不是针对具体的网络服务，适用于所有网络服务，具有通用性。大多数路由器都提供数据包过滤功能，所以这类防火墙多数是由路由器集成的，价格便宜，并且它能很大程度地满足多数企业的安全要求。

2．应用代理（Application Proxy）型

应用代理型防火墙工作在 OSI 的最高层，即应用层。它完全“阻隔”了网络通信流，通过对每种应用服务编制专门的代理程序，实现监视和控制应用层通信流的作用。应用代理型防火墙典型网络结构如图 11-5-1 所示。

代理型防火墙最突出的优点就是安全。由于它工作在最高层，所以它可以对网络中任何一层数据通信进行控制，而不是像包过滤那样，只是对网络层的数据进行过滤。另外，由于内外部网络之间的通信不是直接的，而都需先经过代理服务器审核，通过后再由代理服务器代为连接，因此避免了入侵者使用数据驱动类型的攻击方式入侵内部网。

代理防火墙的最大缺点就是速度相对比较慢，当用户对内外部网络网关的吞吐量要求比较高时，代理防火墙就会成为内外部网络之间的瓶颈。

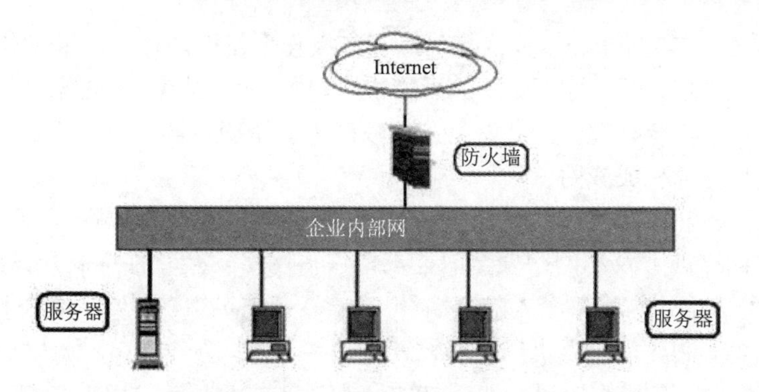

图 11-5-1 应用代理型防火墙结构

下面是几款防火墙：

思科防火墙 ASA5505，如图 11-5-2 所示。

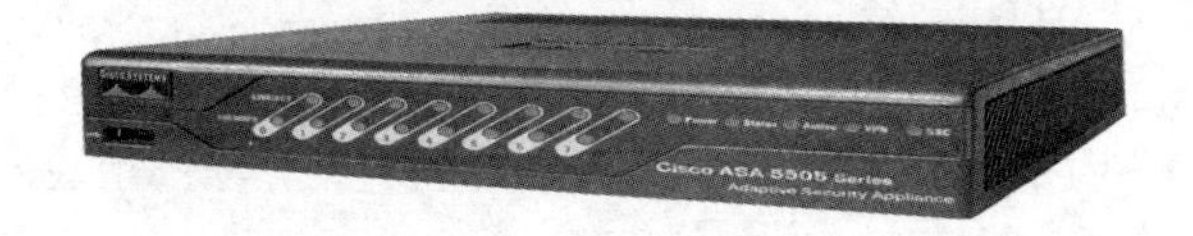

图 11-5-2 Cisco ASA 5505-SEC-BUN-K9

清华紫光防火墙 UG2806L，如图 11-5-3 所示。

图 11-5-3 清华紫光防火墙 UG2806L

3. 状态检测防火墙（Stateful Inspection）

状态检测防火墙技术是新一代的防火墙技术，是由 CheckPoint 公司引入的。它监视第一个有效连接的状态，并根据这些信息决定网络数据包是否能够通过防火墙。它在协议栈底层截取数据包，然后分析这些数据包，并且将当前数据包和状态信息与前一时刻的数据包和状态信息进行比较，从而得到该数据包的控制信息，来达到保护网络安全的目的。

和代理防火墙相比，状态检测防火墙使用用户定义的过滤规则，不依赖预先定义的应用信息，执行效率比代理防火墙要高，并且它不识别特定的应用信息，所以不用对不同的应用信息制定不同的应用规则，从而具有伸缩性好的优点。

4. 第四代防火墙

防火墙技术和产品随着网络攻击和防护手段的发展而改进，到 1997 年初，具有安全操作系统的防火墙产品面市，防火墙产品进入了第四代。具有安全操作系统的防火墙本身就是一个操作系统，因而在安全性上较之以前的防火墙有质的提高。获得安全操作系统有两种方法：一种是通过许可证方式获得操作系统的源码；另一种是通过固化操作系统内核来提高可靠性。因此建立的防火墙系统有以下特点：防火墙厂商具有操作系统的源代码，并可实现安全内核；对安全内核实现加固处理，即去掉不必要的系统特性，加上内核特性，加强安全保护；对每个服务器、子系统都作了安全处理，一旦网络入侵攻破了一个服务器，它将被隔离在此服务器内，不会对网络的其他部分构成威胁。

5. 纯软件防火墙

随着计算机网络的普及和网络安全的需求，许多网络安全软件厂商开发出了基于纯软件的用于 PC 机的防火墙，俗称“个人防火墙”，它安装在主机中，只对一台主机进行防护。

一旦安装了个人防火墙，就可以把它设置成“学习模式”，这样，对遇到的每一种新的网络通信，个人防火墙都会提示用户一次，询问如何处理这种通信。然后，个人防火墙便记住了其响应方式，并应用于以后遇到的同种网络通信。例如，如果用户已经安装了一台个人 Web 服务器，个人防火墙可能将第一个传入的 Web 连接加上标记，并询问用户是否允许它通过。用户可能允许所有的 Web 连接、来自某些特定 IP 地址范围的连接等，个人防火墙就将这些规则应用于此后所有传入的 Web 连接。

可以将个人防火墙看成在用户计算机上建立的一个虚拟网络接口，计算机操作系统不再直接通过网卡进行通信，而是操作系统与个人防火墙的对话，仔细检查网络通信后，再通过网卡通信。

11.5.3 防火墙的主要功能

一般来说，防火墙在配置上可防止来自“外部”未经授权的交互式登录，这大大有助于防止破坏者登录到网络中用户的计算机上。一些设计更为精巧的防火墙既可以防止来自外部的信息流进入内部，同时又允许内部的用户可以自由地与外部通信。如果切断防火墙，就可以保护用户免受网络上任何类型的攻击。防火墙的功能主要体现在如下方面：

1. 包过滤

包过滤是防火墙所要实现的最基本功能，按照用户的安全策略对流经防火墙的网络通信报文进行监控。可以限制能够访问的服务、限制访问者，防止攻击。

2. 审计和报警

防火墙对违反安全策略的访问，将作出记录和报告。防火墙可以采用多种方式及时向管理员进行报警，如声音、邮件、电话、手机短信息等。

3. NAT（Network Address Translation，网络地址转换）

网络地址转换功能现在也已成为防火墙的标准配置之一。通过此项功能就可以很好地屏蔽内部网络的结构，对内部网络用户起到了保护作用。

4. Proxy（代理）

可以提供 HTTP、FTP、TELNET、SMTP 等应用代理，保护内部网络资源不受外部黑客攻击，对外部网络中的用户访问内部网络资源实施监控，按内部网络规则控制内部用户访问外部网络，因此也可以防止内部信息的外泄。

5. 流量控制和统计分析、流量计费

流量控制可以分为基于 IP 地址的控制和基于用户的控制。基于 IP 地址的控制是对通过防火墙各个网络接口的流量进行控制，基于用户的控制是通过用户登录来控制每个用户的流量，从而防止某些应用或用户占用过多的资源。并且通过流量控制可以保证重要用户和重要接口的连接。

流量统计建立在流量控制基础之上，进而实现流量计费。

6. VPN（虚拟专用网）

VPN 作为一种新的网络技术，它具有较强的通信优势。通过 VPN，可以将地域上分散的，属于企事业单位的 LAN 或专用子网有机地联成一个整体。这种技术省去了建设专用通信线路的费用，而且可以为传输的数据提供可靠性和完整性保护，避免数据在传输过程中的泄密或非法篡改。防火墙支持 VPN 通信，已成为一种趋势，不管在经济上，还是在功能上，都比单独使用一种 VPN 设备更加合理。

11.6 加密与认证

网络应用越来越普及，在网络中进行文件传输、收发电子邮件和签署合同文本等，已经非常普遍。但是网络安全问题时刻存在，黑客程序、远程侦听手段无处不在，网络中传输的信息随时有被截取和篡改的可能。如果我们在进行网络登录时用户（甚至是 Root 用户或 Administrator 用户）的密码被截取，那么可能会造成网络的全面崩溃；我们在进行电子商务活动中传输的重要信息，如果被竞争对手截取可以说是致命的。因此，对网络中传输的信息进行加密势在必行，现代的加密技术在网络中的应用随之产生，并得到了蓬勃发展。

11.6.1 加密

1. 加密的历史

加密作为保障数据安全的一种方式，有非常悠久的历史，它的起源要追溯到公元前，古时候的加密与我们现在的加密技术有巨大的区别，古埃及人最先使用特别的象形文字作为信息编码，随着时间推移，希腊文明开始使用一些方法来保护他们的书面信息。

近代加密技术主要应用于军事领域，如两次世界大战。最广为人知的编码机器是 German Enigma 机，在第二次世界大战中德国人利用它来进行加密。此后，由于 Alan Turing 和 Ultra 计划以及其他人的努力，终于对德国人的密码进行了破解。随着计算机的发展，运算能力的增强，密码的破解能力不断增强，于是人们不断地研究出新的数据加密方式，现代加密技术中的 RSA 是非常典型的，使用此算法产生的私钥和公钥在网络加密中应用非常普遍。

2. 加密的概念

数据加密就是对原来为明文的文件或数据按某种算法进行处理，使其成为不可读的一段代码，通常称为“密文”，只能在输入相应的密钥之后才能还原成原来的内容，通过这样的途径来达到保护数据不被非法窃取、阅读的目的。

该过程的逆过程为解密，即将加密的编码信息转化为原来数据的过程。

3. 两种加密方法

加密技术通常分为两大类：对称式密码体制和非对称式密码体制。

对称式密码体制就是加密和解密使用同一个密钥，通常称为“Session Key”。这种加密技术目前被广泛采用，如美国政府所支持的 DES 加密标准就是一种典型的“对称式”加密方法，它的 Session Key 长度为 56Bits。

非对称式密码体制通常有两个密钥，称为“公钥”和“私钥”，它们两个必须配对使用，否则不能打开加密文件。这里的“公钥”是指可以对外公布的，“私钥”则不能，只能由持有者一个人拥有。对称式的加密方法，如果是通过网络来传输加密文件，很难把密钥告诉对方，因为不管用什么方法，密钥都有可能被窃听到。而非对称式加密在这方面有极大的优越性，因为非对称式的加密方法有两个密钥，且其中的“公钥”是可以公开的，不怕别人知道，收件人解密时只要用自己的私钥即可，这样就很好地解决了密钥的传输安全性问题。

4．密钥策略

使用对称式加密算法，加密的密钥和解密的密钥是相同的，只有通信双方都使用同一个密钥，才能够进行完整的通信，其缺点主要是在通信之前必须有一个安全的密钥交换过程以及有多个通信方时会造成密钥量呈几何级数急剧增加。而非对称式加密算法则不同，它加解密时使用是一个公钥和一个与公钥不同的私钥组成的密钥对。用公钥加密的结果只能用私钥才能解密；而用私钥加密的结果也只能用公钥解密。同时，用公钥推导私钥的代价在现实中是十分高昂的，甚至是不可行的。因此你可以将你的公钥散发给他人，而你自己则安全地持有你的私钥。这样其他人向你发送邮件时就可以用你的公钥进行加密，而这封被加密的邮件只有你才能用你的私钥解密并阅读，这就是用公钥加密算法进行加密的基本原理。

当然在实际应用中，由于对称式加密算法比非对称式加密算法快得多，所以通常是用非对称式加密算法来加密对称式加密算法随机生成的密钥，而正文仍用对称式加密算法随机生成的密钥进行加密，这样接收到加密邮件的人，可以通过拥有的私钥，解密得到对称式加密算法的密钥，从而可以解密正文。这种方式既解决了对称式加密的密钥在网络中传递的安全性问题，又解决了非对称式加密方法速度慢的问题。

11.6.2　对称式密码体制

对称式密码体制又称为传统密码体制，主要有 DES 加密标准和 IDEA 加密算法。

1．DES 加密标准

美国国家标准局 1973 年开始研究除国防部外其他部门的计算机系统的数据加密标准，多次向公众发出了征求加密算法的公告后，于 1977 年 1 月，美国政府颁布了采纳 IBM 公司设计的方案作为非机密数据的正式数据加密标准 DES（Data Encryption Standard），它主要用于公用信息的加密，后来成为国际标准化组织的国际标准。

DES 加密标准的主要特点有：

（1）提供高质量的数据保护，防止数据未经授权的泄露和未被察觉的修改。

（2）具有相当高的复杂性，使得破译比较困难，同时又便于理解和掌握。

（3）DES 密码体制的安全性不依赖于算法的保密，其安全性是以加密密钥的保密为基础。

（4）实现成本低，运行效果好，并且适用于多种完全不同的应用。

DES 标准的主要应用范围有：

（1）计算机网络，防止被窃取或篡改。

（2）金融系统，如银行信用卡的使用。

（3）加密文件，可以对重要文件进行加密。

DES 标准有三个参数：Key、Data、Mode。其中 Key 为 8 个字节共 64 位，是 DES 标准的密钥，但有 8 位作为校验位，因此实际上只有 56 位；Data 为 8 个字节 64 位，是要被加密或被解密的数据；Mode 为 DES 的工作方式，加密或解密。

如果加密，则用 Key 去把数据 Data 进行加密，生成 Data 的密码形式（64 位）作为 DES 的输出结果；如果为解密，则用 Key 去把密码形式的数据 Data 解密，还原为 Data 的明码形式（64 位）作为 DES 的输出结果。在网络通信时，在通信的源端用 Key 对重要数据进行 DES 加密，然后以密码形式在公共通信网（如电话网）中传输到通信网络的终端，数据到达目的地后，用同样的 Key 对密码数据进行解密，便再现了明码形式的重要数据。这样，即使在通信传输过程中数据被窃听，可能也因无法解密而得不到明文数据。

通过定期改用新的 Key，可以更进一步提高数据的保密性，现在金融交易网络通常都这样做。但由于 DES 采用密钥长度太短，其保密强度不够，且密钥在传送过程中必须保证安全，因而在网络环境下，通常会与其他算法配合使用，而不单独使用。

2. IDEA 加密算法

IDEA 加密算法是在 DES 标准的基础上发展起来的，它对 DES 进行了改进，其密钥长度为 128 位，安全性大为加强，并且其实现速度也比 DES 快，因此，IDEA 算法被认为是目前最好的分组密码算法，著名加密软件 PGP 采用了 IDEA 算法。

3. 传统加密体制的缺点

DES 与 IDEA 都属于传统的加密体制，它们都存在两个方面的问题，一个是密钥的数量随着通信者的增加而成几何级数增长，如果有 1000 个人互相通信，则需要密钥数目为 499500 个，在网络环境下，密钥数量的增加会加大网络的负担。另一个问题是密钥的安全性，如果我们选择利用网络进行传递，那么必须对密钥进行加密，通过传统的加密算法很难完美地解决这个问题，而必须借助于非对称式加密体制。

11.6.3 非对称式密码体制

对称式密码体制又称为公开密码体制，主要有 RSA 密码体制和椭圆曲线加密算法（ECC）。

1. RSA 密码机制

（1）RSA 简介

RSA 是以发明者的名字命名，即 Ron Rivest、Ad Shamir 和 Leonard Adleman。RSA 加密体制是一种基于公钥加密系统的加密体制，其基本思想是使用两个不同的密钥对信息进行加密和解密，加密密钥通常是称为公钥的密钥，解密密钥则是称为私钥的密钥。解密密钥在理论上可以由加密密钥推算出来，但这种推导解密密钥的算法在具体实现时却是不可行的，RSA 算法经历了各种攻击，至今未被完全攻破，因此 RSA 加密体制有很强的安全性。

RSA 是第一个既能用于数据加密也能用于数字签名的算法，它易于理解和操作，已成为事实上的国际标准，它被用于 PGP 中对密钥进行加密。RSA 加密体制解决了网络上通信者数量大的问题，我们可以将加密密钥发送到密钥服务器上，通信对方只须从服务器上下载即可，大大地减少了加密密钥的传送次数，因此特别适合网络环境。

（2）RSA 的安全性

RSA 的安全性依赖于大数分解的困难性，但其难度是否等同于大数分解，一直未能得到理论上的证明，因为没有证明破解 RSA 就一定需要做大数分解。假设存在一种无须分解大数的算法，那它肯定可以修改成为大数分解算法。现在，人们已能分解多个十进制位的大素数。因此，n 的值必须选大一些，n 的值越大，分解越困难。

（3）RSA 的速度

随着 RSA 中 n 值的增大，运算代价不断增加，RSA 的速度比传统加密算法 DES 慢几个数量级。速度一直是 RSA 的缺陷，因此，RSA 一般来说只用于少量数据加密，如 PGP 中对密钥的加密。

2. 椭圆曲线加密算法（ECC）

椭圆曲线算法也是一种基于公钥密码体制的加密算法。椭圆曲线算法与 RSA 算法相比，有以下特点：

（1）安全性能更高，如 160 位 ECC 与 1024 位 RSA 有相同的安全强度。

（2）计算量小，处理速度快；存储空间占用小，ECC 的密钥尺寸和系统参数与 RSA 相比要小得多，所以占用的存储空间小得多。

（3）带宽要求低。因此 ECC 具有广泛的应用前景，利用基于有限域的椭圆曲线可实现数据加密、密钥交换、数字签名等密码方案。

11.6.4 数字认证

随着电子商务系统技术应用的普及，很多客户将通过网络获得商家和企业的信息，但网络安全问题也使得某些敏感或有价值的数据有被盗用的风险。为了建立顾客、商家和企业等交易方在网络平台上的信任关系，电子商务系统必须提供具有十分可靠的安全保密技术，从而确保信息传输的保密性、数据交换的完整性、发送信息的不可否认性、交易者身份的确定性。我们可以通过数字认证来解决这个问题。数字认证离不开证书授权机构、数字证书、数字签名。

1. 证书授权机构

证书授权机构为电子商务中网络各方的信任关系提供服务，也就是认证中心（CA，Certificate Authority），是一家能向用户签发数字证书以确认用户身份的管理机构。为了防止数字凭证的伪造，认证中心的公共密钥必须是可靠的，其作用相当于身份证上的印章，认证中心必须公布其公共密钥或由更高级别的认证中心提供一个电子凭证来证明其公共密钥的有效性。

2. 数字证书

数字证书就是网络通信中标志通信各方身份信息的一系列数据，用于网络身份验证，其作用类似于日常生活中的身份证，所以数字证书又有“数字身份证”之称。它是由一个权威机构——证书授权中心（CA）发行的，人们可以在网络通信中用它来识别证书拥有者的身份。

一个标准的 X.509 数字证书包含以下一些内容：

- 证书的版本信息。
- 证书的序列号，每个证书都有一个唯一的证书序列号。
- 证书所使用的签名算法，如 RSA 算法。
- 证书的发行机构（CA 中心）的名称，命名规则一般采用 X.500 格式。
- 证书的有效期，现在通用的证书一般采用 UTC 时间格式，它的计时范围为 1950 年至 2049 年。
- 证书拥有者的名称，命名规则一般采用 X.500 格式。
- 证书拥有者的公开密钥。
- 证书发行机构（CA 中心）对证书的数字签名。

3. 数字证书的功能

计算机网络技术的发展，极大地推动了电子政务和电子商务应用的开展，但是网络安全问题同样不容忽视。网络中的信息安全问题主要包括四个方面：信息传输的保密性、信息的完整性、信息的不可否认性、身份的确定性，使用数字证书可以有效地解决网络信息安全问题。

（1）信息传输的保密性

电子政务和电子商务应用均涉及机密或敏感信息，如涉密公文、信用卡账号和口令、订货和付款的信息等。数字证书采用公开密钥体制（PKI），包含公钥和私钥的信息，可以有效地保护信息安全。

（2）信息的完整性

网络中身份确定很困难，通过用户名/口令模式会有安全隐患。数字证书有 CA 中心的数字签名，所以不可能伪造和篡改，同时包含证书拥有者的身份信息，使用数字证书可以增加网络中的身份的确定性。

（3）信息的不可否认性

在日常生活中，人们通过用印章或签名的方法来实现信息的不可否认性问题。使用数字证书可以实现数字签名，从而实现网络中信息的不可抵赖性。

（4）身份的确定性

在网络中，信息可能在网络传输过程中被截获、篡改后再转发出去，造成信息的完整性受损，如果信息接收方不能识别这些被篡改的信息，可能会造成严重后果。数字证书中采用完整性校验算法，信息接收者可以判断收到的信息是否已被改动，如被改动则认为该信息无效，以此保证信息的完整性。

4. 数字证书的应用

数字证书在电子商务系统和电子政务中广泛应用。其应用范围涉及需要身份认证及信息安全的各个行业，包括传统的商业、制造业、流通业的网上交易，以及公共事业、金融服务业、工商税务海关、政府行政办公、教育科研单位、保险、医疗等网上事务系统，下面是一些具体的系统：

- 网上报税、网上报关系统。
- 企业网上招标采购系统（B2B）。
- 网上证券交易、网上银行等应用。
- 社保应用系统，根据用户的需要，把个人数字证书存放在社会保障卡内，为个人网上安全经济行为提供便利。
- 政府集中招标采购系统，如：药品集中招标采购网。
- 政府 OA 系统。

5. 数字签名

（1）数字签名概述

对文件进行加密只解决了传送信息的保密问题，而通过数字签名可以确定发信人的身份，防止他人对传输的文件进行破坏，以保证网络上数据的完整性。数字签名技术在电子商务安全保密系统中有着特别重要的地位，在电子商务安全服务中的源鉴别、完整性服务、不可否认服务中，都要用到数字签名技术。在电子商务中，完善的数字签名应具备签字方不可抵赖签名、他人不能伪造签名、在公证人面前能够验证签名的真伪的能力。

目前的数字签名建立在公钥体制基础上，它是公开密钥加密技术的应用。它的主要方式是，报文的发送方A从报文文本（称为X）中生成一个128位的散列值MD（或报文摘要）。发送方用自己的私有密钥（SKA）对这个散列值进行加密以形成发送方的数字签名（称为EMD）。然后，这个数字签名将作为报文的附件和报文一起发送给报文的接收方。接收方首先从接收到的原始报文中计算出128位的散列值MD1（或报文摘要），接着再用发送方的公开密钥（PKA）来对报文后附加的数字签名EMD进行解密得到MD2。如果两个散列值MD1与MD2相同，那么接收方就能确认该数字签名是发送方的。通过数字签名能够实现对原始报文的鉴别，过程如图11-6-1所示。

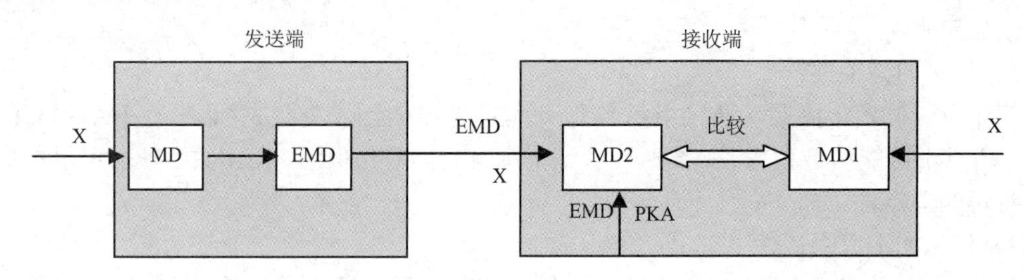

图 11-6-1　数字签名过程

数字签名与我们通常在书面文件上的签名有相同之处，采用数字签名，也能确认两点。第一，信息是由签名者发送的；第二，信息自签发后到收到为止未曾作过任何修改。因此数字签名可用来防止电子信息被伪造，或冒用别人的名义发送信息，或发出信息后又加以否认等情况发生。

（2）数字签名技术

目前数字签名采用较多的是公钥加密技术，数字签名是通过密码算法对数据进行加密、解密变换实现的，用DES算法及其改进算法、RSA算法都可实现数字签名。应用广泛的数字签名方法主要有三种，即：RSA签名、DSS签名和Hash签名。这三种算法可单独使用，也可综合使用。但三种技术或多或少都有缺陷，或者没有成熟的标准。

RSA签名使用的是RSA技术。用RSA或其他公开密钥算法的最大优点是妥善解决了密钥分配管理问题。因为公开密钥加密使用两个不同的密钥，其中有一个是公开的，另一个是保密的。公开密钥可以保存在未加密的电子邮件信息中、电话簿中或公告牌里，我们也可以将公开密钥放到公钥服务器上，网上的任何用户都可获得公开密钥。而私有密钥是用户专用的，由用户本人持有，使用私有密钥可以对由公开密钥加密的信息进行解密。

RSA算法中数字签名技术实际上是通过一个哈希函数来实现的。数字签名提取了文件的特征，文件如果发生改变，数字签名的值也将发生变化。不同的文件将得到不同的数字签名。一个最简单的哈希函数是把文件的二进制码相累加，取最后的若干位。哈希函数对发送数据的双方都是公开的。

DSS数字签名是由美国国家标准化研究院和国家安全局共同开发的。由于它是由美国政府颁布实施的，主要用于与美国政府关系密切的公司，其他公司则较少使用，它只是一个签名系统，而且美国政府从国家利益的角度考虑，不提倡使用任何削弱政府窃听能力的加密软件。

Hash签名是最主要的数字签名方法，也称之为数字摘要法（Digital Digest）或数字指纹法（Digital Finger Print）。它与RSA数字签名是单独的签名不同，该数字签名方法是将数字签名与要发送的信息紧密联系在一起，它更适合于电子商务活动。将一个商务合同的个体内容与签名结合在一起，与合同和签名分开传递相比，增强了可信度和安全性。数字摘要（Digital Digest）

加密方法亦称安全 Hash 编码法（SHA，Secure Hash Algorithm）或 MD5（MD Standard For Message Digest），由 Ron Rivest 所设计。该编码法采用单向 Hash 函数将需加密的明文“摘要”成一串 128bit 的密文，这一串密文亦称为数字指纹（Finger Print），它有固定的长度，且对不同的明文，其摘要必定不同。这样这串摘要便可成为验证明文是否是“真身”的“指纹”了。

数字签名提供了一个安全的确认发送方身份的方法。如果第三方冒充发送方发出了一个文件，因为接收方在对数字签名进行解密时使用的是发送方的公开密钥，只要第三方不知道发送方的私有密钥，解密出来的数字签名和经过计算的数字签名必然是不相同的，那么可以判定第三方的冒充行为。

安全的数字签名还可以使接收方得到保证：文件确实来自声称的发送方。由于用于签名的私有密钥只有发送方自己保存，他人无法做一样的数字签名，因此他不能否认自己参与了交易。

（3）具有保密性的数字签名

以上签名方法不能保证对报文 X 实现保密，因为发送方 A 的公开密钥 PKA 很容易得到，图 11-6-2 可以实现加密和数字签名。SKA、SKB 分别为 A 和 B 的私有密钥，而 PKA、PKB 分别为 A 和 B 的公开密钥。

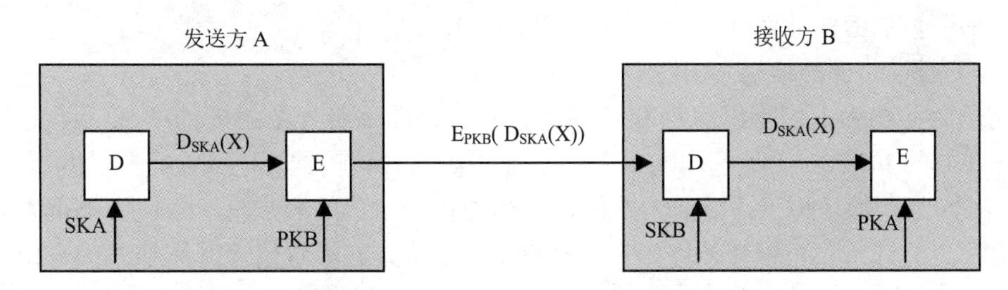

图 11-6-2　安全的数字签名

数字签名和加密解密过程虽然都使用公开密钥体系，但实现的过程正好相反，使用的密钥对也不同。数字签名使用的是发送方的密钥对，发送方用自己的私有密钥进行加密，接收方用发送方的公开密钥进行解密。这是一个一对多的关系：任何拥有发送方公开密钥的人都可以验证数字签名的正确性，而加密解密则使用的是接收方的密钥对。这是多对一的关系：任何知道接收方公开密钥的人都可以向接收方发送加密信息，只有拥有接收方私有密钥的人才能对信息解密。在实际应用中，通常一个用户使用两个密钥对，一个密钥对用来数字签名，另一个密钥对用来加密解密。这种方式提供了更高的安全性。

11.6.5　电子商务安全技术

1．电子商务的安全技术

公开密钥加密技术是电子商务系统中使用的主要加密技术，它主要用于保密密钥的分发和数字签名，以实现身份验证、信息完整性检验和交易的防抵赖行为等。

基于数据加密技术的数字信封、数字签名、安全数据传输、身份验证、安全电子交易等都是电子商务中使用的安全技术。

电子商务的安全要求如下：传输数据的保密性、数据的完整性、交易各方身份的真实性、交易的不可抵赖性。

在电子商务中，对数据传输保密性的保护通常采取数据加密技术实现。数字信封技术也是一种保证数据安全性的技术，它利用对称密钥和公开密钥体制相结合来保障数据的安全。

在电子商务中，保护数据信息完整性是通过安全散列函数和数字签名技术实现的。身份验证是采用公钥加密、数字签名、数字证书技术及口令等实现的。

2. 安全套接层协议（SSL）

SSL 协议最初是由 Netscape Communication 公司为了保证 Web 通信协议的安全而设计开发的，又叫“安全套接层协议”（Secure Sockets Layer，SSL），主要用于提高应用程序之间数据的安全。SSL 协议可以保证任何安装了安全套接层的客户机和服务器间事务安全，它涉及所有的 TCP/IP 应用程序。SSL 协议所采用的加密算法和认证算法使它具有较高的安全性，因此它很快成为事实上的工业标准。

SSL 协议被广泛用于 Internet 上的安全传输、身份验证等，现行的 Web 浏览器普遍将 HTTP 和 SSL 相结合，从而实现 Web 服务器和客户端浏览器之间的安全通信。

SSL 采用 TCP 作为传输协议来提供数据的可靠性传输。SSL 工作在传输层之上，独立于更高层应用，可为更高层协议（如 HTTP、FTP 等）提供安全服务。SSL 协议在应用层协议通信之前就已完成了加密算法、通信密钥的协商和服务器认证工作。在此之后应用层协议所传送的数据都会被加密，从而保证通信的保密性。

3. 安全电子交易协议（SET）

电子商务在为人们提供机遇和便利的同时，也面临着一个最大的挑战，即交易的安全问题。在开放的 Internet 上处理电子商务，保证买卖双方传输数据的安全已成为电子商务的重要问题。在网上购物环境下，持卡人希望在交易中保密自己的账户信息，使之不被人盗用；商家则希望客户的订单不可抵赖，且在交易过程中，交易各方都希望验明其他方的身份，以防止被欺骗。为了克服 SSL 安全协议的缺点，满足电子交易持续不断增加的安全要求，由美国 VISA 和 MasterCard 两大信用卡组织联合国际上多家科技机构，共同制定了应用于 Internet 上的以银行卡为基础进行在线交易的安全标准，这就是安全电子交易（Secure Electronic Transaction，SET）协议。

SET 协议采用公钥密码体制和 X.509 数字证书标准，主要应用于 B2C 模式中保障支付信息的安全性。SET 提供了消费者、商家和银行之间的认证，确保了交易数据的安全性、完整性和交易的不可否认性，另外还保证不将消费者的银行卡号暴露给商家，因此它成为目前公认的信用卡/借记卡等网上交易的国际安全标准。

11.6.6 加密软件 PGP

1. PGP 简介

为了保护一些隐私文件或机密文件，人们常用一些软件对这些文件进行加密处理，这些软件就叫做加密软件。加密软件是通过改变文件的内容来进行工作的，在这个过程中，使用密码或者专用加密硬件作为内容变化的依据。

典型的加密软件是 PGP（Pretty Good Privacy），其创始人是美国的 Phil Zimmermann。PGP 采用了 RSA 与传统加密相结合的加密算法，既可以解决 RSA 加密速度慢的问题，又可以避免传统加密算法出现的安全性问题。它被大量地用于对电子邮件的加密，一方面可以防止非授权阅读，另一方面可以对邮件进行数字签名。PGP 操作方便，功能强大，速度快，而且源代码公开，因此，PGP 成为一种非常流行的公钥加密软件包。

PGP 的数字签名是基于加密技术的，它的作用就是用来确定用户是否是真实的。应用最多的还是电子邮件，如当用户收到一封电子邮件时，邮件上面标有发信人的姓名和信箱地址，很多人可能会简单地认为发信人就是信上说明的那个人，但实际上伪造一封电子邮件对某些人来说非常容易。在这种情况下，就要用到数字签名，用它来确认发信人身份的真实性。

数字签名是用由私钥加密的结果可以用公钥解密的原理来实现的。数字签名的过程为：将正文和发信时间（包括发信时间是为了保证一封被签名的邮件不会因在 Internet 上的截获者恶意的重复发送而使接收者以为是发送者多次发送同一条消息）通过一个消息摘要算法，该算法保证对于不同的消息，其摘要是不同的，同时通过摘要是无法获得原文的，然后对所得的摘要用自己的私钥进行加密，并将加密结果作为数字签名附在正文及发信时间后发送给对方。而检验数字签名的过程为：接收者对正文及发信时间用同样的信息摘要算法生成摘要，再对所附数字签名用该电子邮件声明者的相应公钥进行解密，如果两者所得的结果相同，则可验证是对方的签名，否则无法通过对数字签名的检验。下面介绍 PGP 的使用方法。

2. PGP10.0.3 的使用

PGP 提供了免费试用版本，在 www.pgp.com 上可以下载。PGP 的安装很简单，只须按照安装向导的提示进行选择即可。

（1）PGP 密钥

在利用 PGP 进行加密操作之前，我们需要生成一对密钥，即公钥和私钥，公钥用来分发给通信的对方，让他们用公钥加密文件，私钥由自己保管，我们用私钥来解密用自己的公钥加密的文件。

单击“开始”→“程序”→“PGP”→“PGPkeys”，运行 PGP，单击“File”→“New PGP Key”或使用工具按钮，开始生成密钥对。如图 11-6-3 所示，在接下来的密钥生成向导中，我们需要输入用户名和 E-mail 地址，用户名和 E-mail 地址可以帮助通信对方有效地搜索公钥和确认数字签名。单击“Advanced”，在图 11-6-4 所示对话框中可以自定义参数设置，用户可以选择加密类型、密钥的长度、密钥的有效日期等。当然，如果不单击“Advanced”，则 PGP 采用默认的值，加密类型为 RSA、密钥的长度为 2048、密钥的有效日期是永远有效。

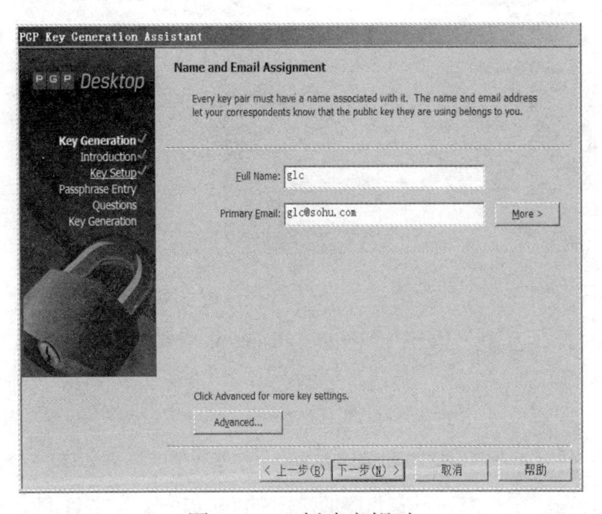

图 11-6-3　创建密钥对

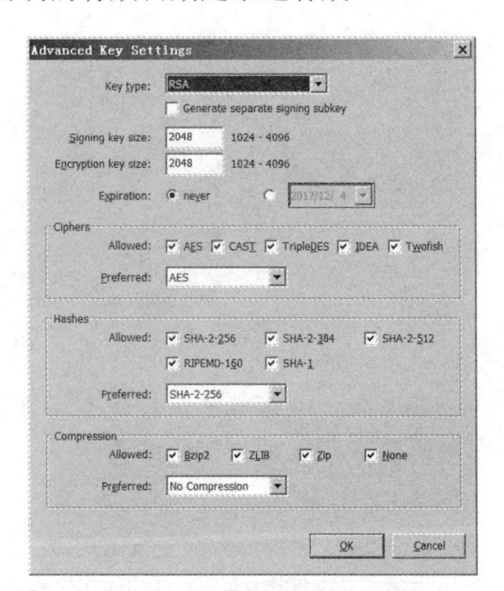

图 11-6-4　密钥高级设置

接下来，输入密码必不可少，这个密码一方面是我们用私钥解密时需要确认的密码，另一方面也是生成密钥的参考数据，如图 11-6-5 所示。这样，PGP 就开始生成密钥对了。

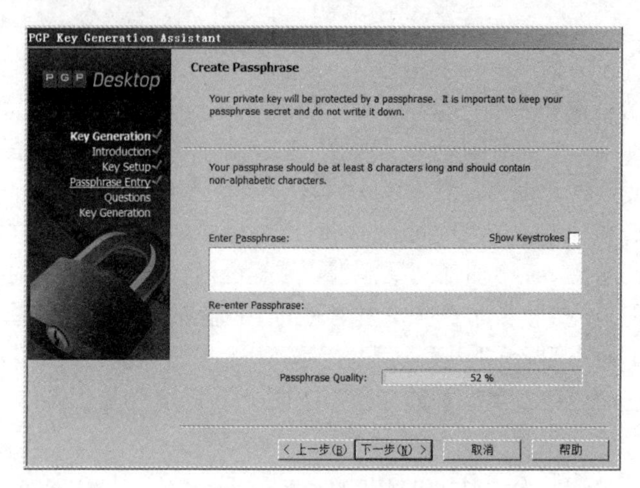

图 11-6-5　创建密钥

（2）加密和解密

对文件加密时，选中要加密的文件，如 aaa.htm，右击后，选择“PGP DeskTop”中的“Secure aaa.htm with key…”，在弹出的对话框的“key source”中选择要用的密钥，单击“Add”，使它加入到“Keys to add”列表框中，如图 11-6-6 所示，单击“OK”按钮，就生成了一个扩展名为 PGP 的加密文件。

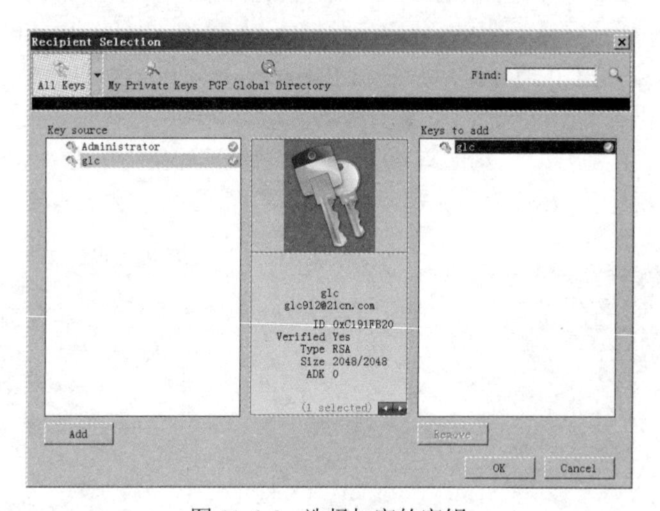

图 11-6-6　选择加密的密钥

解密时，双击加密文件或右击加密文件，选择“PGP”中的“Decrypt & Verify aaa.htm”，在密码框中输入解密密码即可。

（3）密钥管理

在生成密钥对后，对于私钥需要妥善保管，丢失私钥是非常危险的。公钥的发布有两种方式，一种方式是选中密钥后单击“File”→“Export”→“keyring”，在弹出的对话框输入文件名，如图 11-6-7 所示，单击“保存”，即可生成公钥的文件，然后，我们可以把此文件发给通信对方。

选中密钥后单击“File”→“Export”→“Keyring”，单击右侧按钮，在打开的对话框中输入公钥和私钥文件名，单击“保存”，出现如图 11-6-8 所示窗口，单击“OK”，即可生成密钥对。

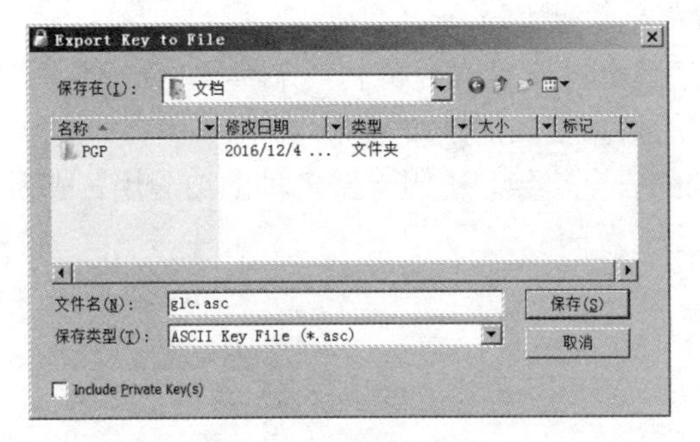

图 11-6-7　导出公钥

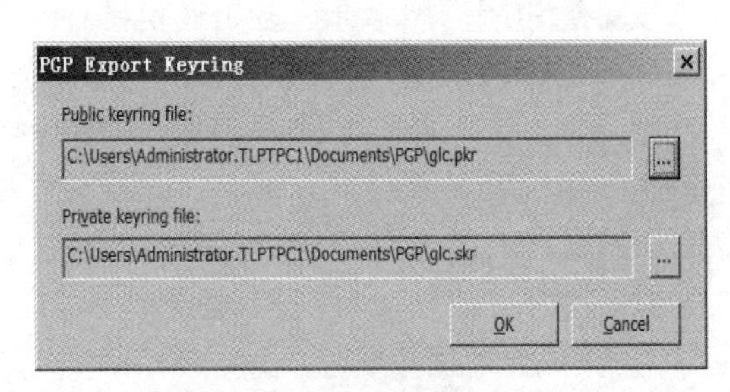

图 11-6-8　导出密钥对

另一种方式，是右击密钥对“glc”→“Send To”→“keyserver.pgp.com”或单击工具按钮，如图 11-6-9 所示，将公钥发送到公钥根服务器上，此方式便于大范围地发布公钥。这样，通信对方可以在图 11-6-10 所示的窗口左侧单击“Search for Keys”，通过 PGP 提供的搜索公钥的功能到公钥根服务器上去下载公钥。

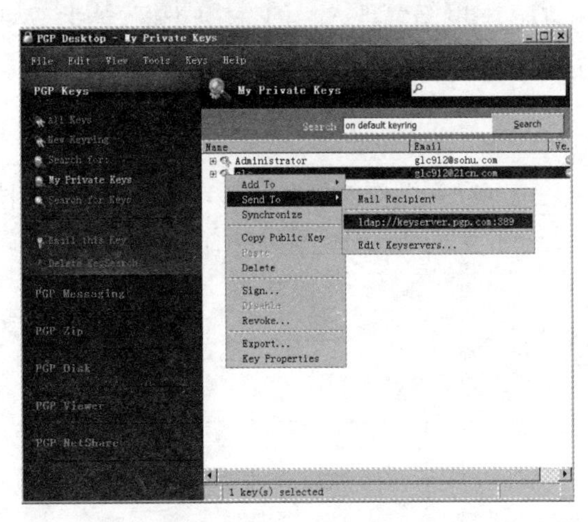

图 11-6-9　导出公钥

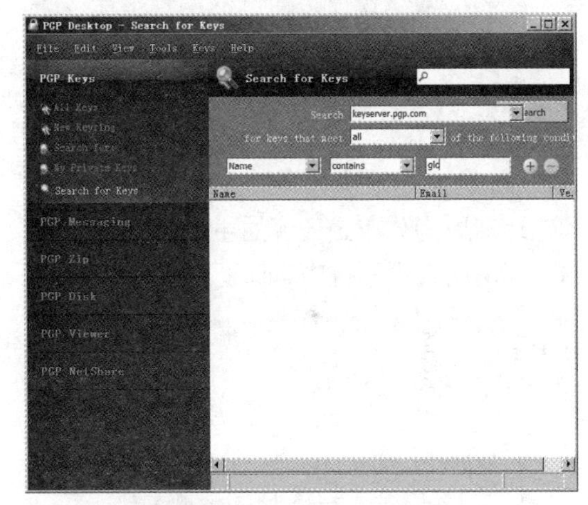

图 11-6-10　导出密钥对

11.7　网络安全和网络管理技术

11.7.1　网络隔离技术

1. 网络隔离技术

网络隔离，英文名为 Network Isolation，主要是指把两个或两个以上可路由的网络（如 TCP/IP）通过不可路由的协议（如：IPX/SPX、NetBEUI 等）进行数据交换而达到隔离目的。网络隔离技术的目标是确保把有害的攻击隔离，保证可信网络内部信息不外泄的前提下，完成网间数据的安全交换。网络隔离技术是在原有安全技术的基础上发展起来的，它弥补了原有安全技术的不足，突出了自己的优势。

2. 网络隔离技术的发展历程

为了实现高安全度网络环境，研究者提出了隔离的概念，第一代隔离技术是完全隔离（物理隔离），到目前已发展到第五代隔离技术，称为安全通道隔离。

安全通道隔离技术通过专用通信硬件和专有安全协议等安全机制，来实现内外部网络的隔离和数据交换，不仅解决了以前隔离技术存在的数据交换的速度瓶颈问题，并有效地把内外部网络隔离开来，而且高效地实现了内外网数据的安全交换，透明支持多种网络应用，成为当前隔离技术的发展方向。

11.7.2 网络管理技术

1. 集成化的网络管理

集成是指将不同性质的事物根据一定的规则集合在一起，使它们能作为一个整体进行工作的方法。随着计算机网络和电信网络互通、融合，SNMP 和用于电信网络的 CMIP 的集成将成为一种趋势。

SNMP 和 CMIP 的集成使网络管理者能同时管理基于不同协议的代理，即集成多种协议。

2. 基于 Web 的网络管理

传统的网络管理是通过网络管理命令来实现的，对网络管理人员的要求较高。基于 Web 的网络管理 WBM 允许网络管理员使用 Web 浏览器，在网络任何节点进行网络配置和管理，具有界面友好、操作简便等特点。

3. CORBA 技术在网络管理系统的应用

CORBA 是解决分布式处理环境下的软硬件系统互联互操作的规范。近年来，CORBA 技术正逐渐成为分布式环境的主流，能够有效解决异构环境下的应用系统互操作性和系统集成问题，在网络管理系统中有广泛的应用。

习题十一

简答题

1．网络安全主要面临的威胁有哪些？

2．如何发现和修补系统漏洞？

3．什么是计算机病毒？计算机病毒通常分为哪几类？如何防范计算机病毒？

4．什么是防火墙？防火墙有哪些功能？

5．如何选择防火墙？

6．入侵检测系统与入侵防护系统相比有何不同？

7．什么是对称式加密和非对称式加密？什么是公钥和私钥？

8．为什么 RSA 不直接用于网络数据的加密？RSA 的安全性如何？

9．数字证书的功能是什么？

10．简述数字签名的过程。

11．试用 PGP 生成密钥，并对电子邮件进行加密和解密。

12．什么是网络管理？网络管理有哪些功能？

单元 12 配置 IPv6 网络

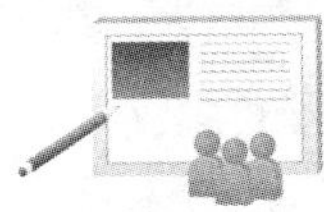

单元导读

IPv6 正处在不断发展和完善的过程中，它在不久的将来将取代目前被广泛使用的 IPv4。欧盟委员会计划于2012 年前将其成员国境内四分之一的商业和政府部门以及家用网络转换成 IPv6 网络，美国开始对已经与网络服务商签订 IPv6 协议的政府部门给予一定的奖励政策。

本单元帮助学生了解 IPv6 的特点和发展，了解 IPv6 网络地址类型和编址方法，使学生掌握并实现对 IPv6 网络地址配置的方法和操作，并使学生初步掌握 IPv4 到 IPv6 过渡技术及相关操作能力。

单元学习目的

- 使学生了解 IPv6 的特点和发展
- 使学生掌握 IPv6 网络地址类型和编址方法
- 使学生掌握并实现对 IPv6 网络地址配置的方法和操作
- 使学生初步掌握 IPv4 到 IPv6 过渡技术及相关操作

学前基础要求

在开始学习本单元内容之前，学生必须完成下列模块的学习，具备下列知识基础。

- 网络体系结构及 ISO/OSI 分层结构
- TCP/IP 协议及各层实现原理
- IPv4 协议的内容及相关知识

- IPv6 概述及优势
- IPv6 地址配置
- IPv6 的编址
- IPv6 地址类型
- IPv4 到 IPv6 的过渡

12.1 IPv6 概述及特点

12.1.1 IPv6 的特点

IPv6 是 Internet Protocol version 6 的缩写，是 IETF（Internet Engineering Task Force，互联网工程任务组）设计的用于替代现行版本 IP 协议（IPv4）的下一代 IP 协议。

目前因特网所采用的协议族是 TCP/IP 协议族，IP 是 TCP/IP 协议族中网络层的协议，是 TCP/IP 协议族的核心协议。目前 IP 协议的版本号是 4（简称为 IPv4），它的下一个版本就是 IPv6。IPv6 正处在不断发展和完善的过程中，IPv6 与 IPv4 相比，其独特的优势将使 IPv6 有取代 IPv4 的趋势。

目前我们使用 IPv4 协议，其最大问题是网络地址资源有限，从理论上讲，IPv4 可以编址 1600 万个网络、40 亿台主机。但采用 A、B、C 三类编址方式后，可用的网络地址和主机地址的数目大打折扣，以至目前的 IPv4 地址近乎枯竭。其中北美占有 3/4，约 30 亿个，中国在 2000 年时只有 3 千多万个，现在虽然有 1 亿多个，但 IP 地址资源依然紧缺。2011 年，APNIC 宣布可供分配的 Ipv4 地址资源已经告罄。IP 地址不足，严重地制约了我国及其他国家互联网的应用和发展。

随着电子技术及网络技术的发展，计算机网络将进入人们的日常生活，人们身边的每一样物品都可能需要连入因特网，因此，IP 地址匮乏现象更加严重，这样，IPv6 应运而生。单从数字上来说，IPv6 所拥有的地址容量约为 IPv4 的 8×10^{28} 倍，达到 $2^{128}-1$ 个。这不但解决了计算机网络地址资源数量的问题，同时也为更多的电子设备连入互联网提供了条件。

如果说 IPv4 实现的只是人机对话，而 IPv6 网络则可以扩展到任意事物之间的对话，IPv6 网络可以扩展到众多人们日常生活中使用的设备，如家用电器、传感器、远程照相机、汽车等，它将无时不在，深入到社会每个角落，将给人们的生活带来巨大的影响。

与 IPv4 相比，IPv6 具有以下几个优势：

（1）IPv6 具有更大的地址空间。IPv4 中规定 IP 地址长度为 32，即有 $2^{32}-1$ 个地址；而 IPv6 中 IP 地址的长度为 128，即有 $2^{128}-1$ 个地址。

（2）IPv6 使用更小的路由表。IPv6 的地址分配一开始就遵循聚类（Aggregation）的原则，这使得路由器能在路由表中用一条记录（Entry）表示一片子网，大大减小了路由器中路由表的长度，提高了路由器转发数据包的速度。

（3）IPv6 增加了增强的多播支持以及对流的支持（Flow Control），加速网络中多媒体应用的发展，为服务质量（Quality of Service，QoS）控制提供了良好的网络平台。

（4）IPv6 加入了对自动配置（Auto Configuration）的支持。这是对 DHCP 协议的改进和扩展，使得网络（尤其是局域网）的管理更加方便和快捷。

（5）IPv6 具有更高的安全性。在使用 IPv6 网络中用户可以对网络层的数据进行加密并对 IP 报文进行校验，极大地增强了网络的安全性。

当然，IPv6 并非十全十美，IPv6 还需要不断完善，IPv6 与 Ipv4 共存的情况在一段时期无法避免，因此，IPv4 到 IPv6 的过渡技术是必需的。但从长远看，IPv6 有利于互联网的持续和长久发展。目前，国际互联网组织已经决定成立两个专门工作组，制定相应的国际标准。

12.1.2　IPv6 的结构

IPv6 包由 IPv6 包头（40 字节固定长度）、扩展包头和上层协议数据单元三部分组成，见图 12-1-1。

IPv6
包头
扩展包头
上层协议数据单元
有效负载
IPv6 包

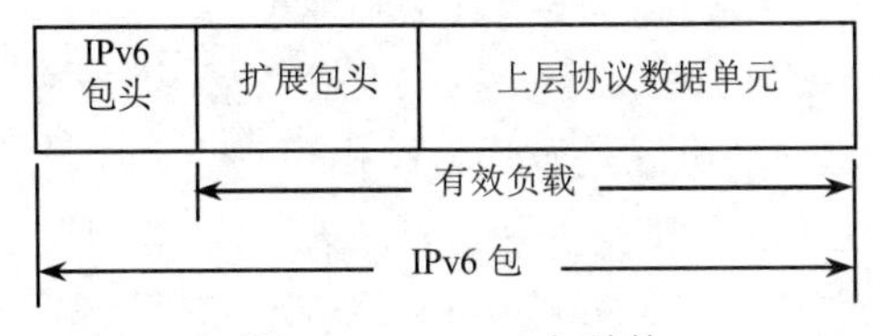

图 12-1-1　IPv6 包结构

IPv6 包扩展包头的分段包头（下文详述）中指明了 IPv6 包的分段情况。其中不可分段部分包括：IPv6 包头、Hop-by-Hop 选项包头、目的地选项包头（适用于中转路由器）和路由包头；可分段部分包括：认证包头、ESP 协议包头、目的地选项包头（适用于最终目的地）和上层协议数据单元。但是需要注意的是，在 IPv6 中，只有源节点才能对负载进行分段，并且 IPv6 超大包不能使用该项服务。

（1）包头。IPv6 包头长度固定为 40 字节，去掉了 IPv4 中一切可选项，只包括 8 个必要的字段，因此尽管 IPv6 地址长度为 IPv4 的 4 倍，但 IPv6 包头长度仅为 IPv4 包头长度的 2 倍。图 12-1-2 显示了 IPv6 包头的格式。

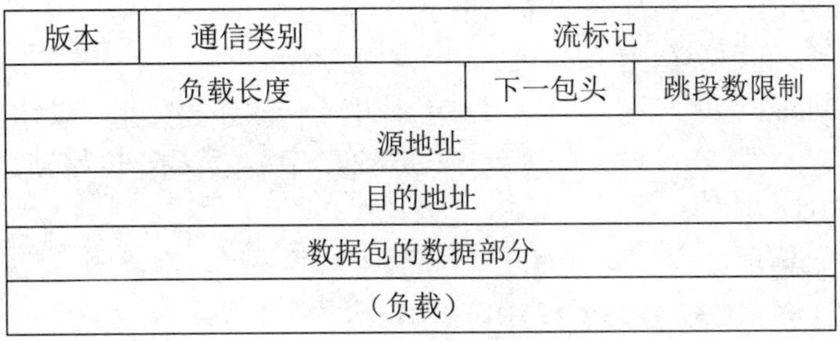

版本
通信类别
流标记
负载长度
下一包头
跳段数限制
源地址
目的地址
数据包的数据部分
（负载）

图 12-1-2　IPv6 包头格式

其中的各个字段分别为：

版本号（Version）：4 位，IP 协议版本号，值为 6。

通信类别（Traffic Class）：8 位，指示 IPv6 数据流通信类别或优先级。功能类似于 IPv4 的服务类型（TOS）字段。

流标记（Flow Label）：20 位，IPv6 新增字段，标记需要 IPv6 路由器特殊处理的数据流。该字段用于某些对连接的服务质量有特殊要求的通信，诸如音频或视频等实时数据传输。在 IPv6 中，同一信源和信宿之间可以有多种不同的数据流，彼此之间以非 0 流标记区分。如果不要求路由器做特殊处理，则该字段值置为 0。

负载长度（Payload Length）：16 位，负载长度包括扩展头和上层 PDU，16 位最多可表示 65535 字节负载长度。超过这一字节数的负载，该字段值置为 0，使用扩展头逐个跳段（Hop-by-Hop）选项中的超大负载（Jumbo Payload）选项。

下一包头（Next Header）：8 位，识别紧跟 IPv6 头后的包头类型，如扩展头（如果有的话）或某个传输层协议头（诸如 TCP、UDP 或者 ICMPv6）。

跳段数限制（Hop Limit）：8 位，类似于 IPv4 的 TTL（生命期）字段。与 IPv4 用时间来限定包的生命期不同，IPv6 用包在路由器之间的转发次数来限定包的生命期。包每经过一次转发，该字段减 1，减到 0 时就把这个包丢弃。

源地址（Source Address）：128 位，发送方主机地址。

目的地址（Destination Address）：128 位，在大多数情况下，目的地址即信宿地址。但如果存在路由扩展头的话，目的地址可能是发送方路由表中下一个路由器接口。

（2）扩展包头。IPv6 包头设计中对原 IPv4 包头所做的一项重要改进就是将所有可选字段移出 IPv6 包头，置于扩展头中。由于除 Hop-by-Hop 选项扩展头外，其他扩展头不受中转路由器检查或处理，这样就能提高路由器处理包含选项的 IPv6 分组的性能。

通常，一个典型的 IPv6 包，没有扩展头。仅当需要路由器或目的节点做某些特殊处理时，才由发送方添加一个或多个扩展头。与 IPv4 不同，IPv6 扩展头长度任意，不受 40 字节限制，以便于日后扩充新增选项，这一特征加上选项的处理方式使得 IPv6 选项能得以真正的利用。但是为了提高处理选项头和传输层协议的性能，扩展头总是 8 字节长度的整数倍。

目前，RFC 2460 中定义了以下 6 个 IPv6 扩展头：Hop-by-Hop（逐个跳段）选项包头、目的地选项包头、路由包头、分段包头、认证包头和 ESP 协议包头。

1）Hop-by-Hop 选项包头：包含分组传送过程中每个路由器都必须检查和处理的特殊参数选项。其中的选项用于描述一个分组的某些特性或用于提供填充。这些选项有：

- Pad1 选项（选项类型为 0），填充单字节。
- PadN 选项（选项类型为 1），填充 2 个以上字节。
- Jumbo Payload 选项（选项类型为 194），用于传送超大分组。使用 Jumbo Payload 选项，分组有效载荷长度最大可达 4,294,967,295 字节。负载长度超过 65,535 字节的 IPv6 包称为“超大包”。
- 路由器警告选项（选项类型为 5），提醒路由器分组内容需要做特殊处理。路由器警告选项用于多播收听者发现和 RSVP（资源预定）协议。

2）目的地选项包头：指明需要被中间目的地或最终目的地检查的信息。有两种用法：

- 如果存在路由扩展头，则每一个中转路由器都要处理这些选项。
- 如果没有路由扩展头，则只有最终目的节点需要处理这些选项。

3）路由包头：类似于 IPv4 的松散源路由。IPv6 的源节点可以利用路由扩展包头指定一个松散源路由，即分组从信源到信宿需要经过的中转路由器列表。

4）分段包头：提供分段和重装服务。当分组大于链路最大传输单元（MTU）时，源节点负责对分组进行分段，并在分段扩展包头中提供重装信息。

5）认证包头：提供数据源认证、数据完整性检查和反重播保护。认证包头不提供数据加密服务，需要加密服务的数据包，可以结合使用 ESP 协议。

6）ESP 协议包头：提供加密服务。

12.1.3　IPv6 的安全性

IPv6 协议不但能够提供更多的 IP 地址，支持自适应配置，解决目前互联网架构的弊端，提供高质量服务等新的特性，而且充分考虑了网络安全问题，它支持各种安全选项，包括审计功能、数据完整性检查、保密性验证。

（1）IPSec 安全体系架构。IPSec 安全体系架构可以为 IPv6 网络环境下的网络层数据传输提供各种安全服务，如提供访问控制、数据源的身份验证、数据完整性检查、机密性保证，以及抗重播攻击等，解决了网络层端到端数据传输的安全问题。

IPSec 安全框架主要包括：用于鉴别网络包的身份验证报头（Authentication Header，AH）、用来加密网络传递内容封装的安全有效载荷（Encrypted Security Payload，ESP）、Internet 密钥交换（Internet Key Exchange，IKE）以及安全关联等相关组件。

AH 和 ESP 都是基于密钥分发的协议，可单独使用，也可配合使用。它们都可以用于以下两种工作模式。

- 传送模式：主要是用于对 IP 层以上的各层协议的保护。
- 隧道模式：主要用于对 IP 数据包进行传输的隧道功能。

（2）其他层次上的安全技术。IPSec 为网络中数据的有效性、一致性以及完整性提供了保证，但是网络安全威胁是多层面的，它们分布在物理层、数据链路层、网络层、传输层和应用层各个层次。对于物理层的安全隐患，可以通过保障电磁兼容环境、配置冗余设备及线路、安全供电来解决。对于物理层以上层面的安全隐患，可以采用以下防护手段：通过诸如 AAA、RADIUS 等安全访问控制协议，来控制用户对网络的访问权限，从而防止针对应用层的攻击；通过 MAC 地址和 IP 地址绑定、限制每个端口的 MAC 地址使用数量、设立每个端口广播包流量、使用基于端口和 VLAN 的 ACL、建立安全用户隧道等来防范针对二层网络的攻击；通过进行路由过滤、对路由信息的加密和认证、定向多播控制、提高路由收敛速度、减轻路由振荡的影响等措施来加强三层网络的安全性。路由器对 IPSec 的良好支持保证了网络数据的安全，为网络安全提供了诸多解决办法。

（3）IPv6 所面临的新的安全问题。IPv6 协议强制性要求实现 IPSec，IPv6 拥有巨大的地址空间，增大了地址扫描的难度，从这个角度讲，IPv6 网络将更加安全。但是由于密钥管理问题，IPSec 仍然难以广泛部署和实施，许多安全攻击发生在应用层而不是网络层，因此 IPv6 网络仍然面临许多安全问题。

1）IPv6 网络管理急需加强。IP 网中许多不安全问题主要是管理造成的。IPv6 的管理与 IPv4 在思路上有可借鉴之处。但对于一些网管技术，如 SNMP 等，不管是移植还是重新设计，其安全性都必须从本质上有所提高。由于目前针对 IPv6 的网管设备和网管软件几乎没有成熟产品出现，因此缺乏对 IPv6 网络进行监测和管理的手段，缺乏对大范围的网络故障定位和性能分析的手段。

2）PKI 管理在 IPv6 中是悬而未决的新问题。

3）IPv6 网络同样需要防火墙、VPN、IDS、漏洞扫描、网络过滤、防病毒网关等网络安全设备。事实上 IPv6 环境下的病毒已经出现，这方面的安全技术研发还需要加强。

4）IPv6 协议仍需在实践中完善，例如 IPv6 多播功能仅仅规定了简单的认证功能，所以还难以实现严格的用户限制功能，而移动 IPv6（Mobile IPv6）也存在很多新的安全挑战。DHCP 必须经过升级才可以支持 IPv6 地址，DHCPv6 仍然处于研究、制订之中。

5）向 IPv6 迁移的可能漏洞。由于 IPv6 与 IPv4 网络将会长期共存，网络必然会同时存在两者的安全问题，或由此产生新的安全漏洞。从 IPv4 过渡到 IPv6 意味着需要重新设计软件程序和新硬件设备，兼容 IPv6 的防火墙产品比较少，安全问题也变得更明显。

12.2　IPv6 地址配置

RFC 2373 和 RFC 2374 定义的 IPv6 地址长度为 128 位，IPv6 地址由两个逻辑部分组成：64 位的网络前缀和 64 位的主机地址，主机地址通常根据物理地址自动生成，叫做 EUI-64（或者 64 位扩展唯一标识）。

12.2.1　IPv6 地址空间的分配

IPv6 地址的前几位二进制位用于指定地址类型，我们把用于指定地址类型的二进制位称为格式前缀。这些格式前缀的分配状况见表 12-2-1。

表 12-2-1　IPv6 地址空间的分配

格式前缀	分配状况	占寻址空间的比例
0000 0000	保留	1/256
0000 0001	未分配	1/256
0000 001	预留给 NSAP 分配	1/128
0000 010	未分配	1/128
0000 011	未分配	1/128
0000 1	未分配	1/32
0001	未分配	1/16
001	可聚集全球单点传送地址	1/8
010	未分配	1/8
011	未分配	1/8
100	未分配	1/8
101	未分配	1/8
110	未分配	1/8
1110	未分配	1/16
1111 0	未分配	1/32
1111 10	未分配	1/64
1111 110	未分配	1/128

续表

格式前缀	分配状况	占寻址空间的比例
1111 1110 0	未分配	1/512
1111 1110 10	链路本地单点传送地址	1/1024
1111 1110 11	节点本地单点传送地址	1/1024
1111 1111	多点传送地址	1/256

IPv6 的单点传送地址包括可聚集全球单点传送地址、链路本地单点传送地址、节点本地单点传送地址，共计占 IPv6 寻址总空间的 15%。

12.2.2 IPv6 地址语法

1．标准格式

IPv6 的地址表示方法与 IPv4 不同，IPv4 采用点号分隔十进制数格式，而 IPv6 采用的是冒号分隔十六进制数格式。IPv6 地址表示方法中，将长度为 128 位二进制位地址分成每 16 位二进制位作为一组的形式，并将 16 位二进制位分组写成 4 位十六进制数，中间用冒号分隔，这就是我们所说的冒号分十六进制格式。

下面先看一个以二进制形式表示的 IPv6 地址：

0010000111011010000000000110100110000000000000000010111100111011

0000001010101010000000001111111111111110001010001001110001011010

该 128 位地址以 16 位为一组可表示为：

0010000111011010 0000000011010011 0000000000000000 0010111100111011

0000001010101010 0000000011111111 1111111000101000 1001110001011010

每个 16 位分组转换成十六进制并以冒号分隔：

21DA:00D3:0000:2F3B:02AA:00FF:FE28:9C5A

IPv6 可以将每 4 个十六进制数字中的前导零位去除做简化表示，但每个分组必须至少保留一位数字。去除前导零位后，上述地址可写成：21DA:D3:0:2F3B:2AA:FF:FE28:9C5A。

2．IPv6 地址的零压缩

某些类型的地址中可能包含很长的零序列，为进一步简化表示法，IPv6 还可以将冒号分十六进制格式中相邻的连续零位进行零压缩，用双冒号“::”表示。

例如链路本地地址 FE80:0:0:0:2AA:FF:FE9A:4CA2 可压缩成 FE80::2AA:FF:FE9A:4CA2；多点传送地址 FF02:0:0:0:0:0:0:2 压缩后，可表示为 FF02::2。

要想知道“::”究竟代表多少个“0”，我们可以做这样的计算：用 8 去减压缩后的分组数，再将结果乘以 16。例如，在地址 FF02::2 中，有两个分组（“FF02”分组和“2”分组），那么被压缩掉的“0”共有(8−2)*16 = 96 位。

值得注意的是，在一个特定的地址中，零压缩只能使用一次，也就是说，在任意一个冒号分十六进制格式中只能出现一个双冒号“::”，否则我们就无法知道每个“::”所代表的确切零位数了。

3．IPv6 地址前缀

前缀是地址中具有固定值的位数部分或表示网络标识的位数部分。IPv6 的子网标识、路由器和地址范围前缀书写格式为：地址/前缀长度。例如 21DA:D3::/48 是一个路由器前缀，而 21DA:D3:0:2F3B::/64 是一个子网前缀。

注意：IPv4 中普遍使用的被称为子网掩码的点分十进制网络前缀表示法在 IPv6 中已不再使用，IPv6 仅支持前缀长度表示法。

12.2.3 IPv6 地址类型

地址中的前导位定义特定的 IPv6 地址类型，包含这些前导位的变长字段称作格式前缀（FP）。

IPv6 单播地址被划分为两部分。第一部分包含地址前缀，第二部分包含接口标识符。表示 IPv6 地址/前缀组合的简明方式如下所示：IPv6 地址/前缀长度。

以下是具有 64 位前缀的地址的示例：

3FFE:FFFF:0:CD30:0:0:0:0/64

此示例中的前缀是 3FFE:FFFF:0:CD30。该地址还可以以压缩形式写入，例如：

3FFE:FFFF:0:CD30::/64

IPv6 定义以下地址类型：

1. 单播地址

用于单个接口的标识符，发送到此地址的数据包被传递给标识的接口。通过高序位八位字节的值来将单播地址与多路广播地址区分开。多路广播地址的高序列八位字节具有十六进制值 FF。此八位字节的任何其他值都标识单播地址。

以下是不同类型的单播地址：

（1）链路－本地地址。这些地址用于单个链路并且具有以下形式：FE80::InterfaceID。链路－本地地址用在链路上的各节点之间，用于自动地址配置、邻居发现或未提供路由器的情况。

（2）站点－本地地址。这些地址用于单个站点并具有以下格式：FEC0::SubnetID:InterfaceID。站点－本地地址用于不需要全局前缀的站点内的寻址。

（3）全局 IPv6 单播地址。这些地址可用在 Internet 上并具有以下格式：010（FP，3 位）TLA ID（13 位）Reserved（8 位）NLA ID（24 位）SLA ID（16 位）InterfaceID（64 位）。

（4）任播地址。一组接口的标识符（通常属于不同的节点）。发送到此地址的数据包被传递给该地址标识的所有接口。任播地址类型可以代替 IPv4 广播地址。

通常，节点始终具有链路－本地地址。它可以具有站点－本地地址和一个或多个全局地址。

2. 多播地址

IPv6 中的多播在功能上与 IPv4 中的多播类似，发送者和每一接收者之间实现点对多点网络连接。如果一台发送者同时给多个接收者传输相同的数据，也只须复制一份相同数据包。它提高了数据传送效率。

多播分组的前 8 位设置为 FF，接下来的 4 位是地址生存期（0 是永久的，而 1 是临时的），再后 4 位表示多播地址范围（分组可以达到多远，1 为节点，2 为链路，5 为站点，8 为组织，而 E 是全局，即整个因特网）。

12.2.4 IPv6 地址配置

12.2.4.1 IPv6 自动配置

IPv6 的一个重要目标是支持节点即插即用，也就是说，应该能够将节点插入 IPv6 网络并且不需要任何人为干预即可自动配置它。IPv6 支持以下类型的自动配置。

（1）全状态自动配置。此类型的配置需要某种程度的人为干预，因为它需要通过动态主机配置协议，由 IPv6（DHCPv6）服务器自动配置 TCP/IP 协议信息。DHCPv6 服务器保留并维护所配置的节点的信息，以便服务器知道每个在使用中的地址的使用期限，以及该地址何时可供重新分配。

（2）无状态自动配置。此类型配置适合于小型组织和个体。在此情况下，每一主机根据接收的路由器广播的内容确定其地址。通过使用 IEEE EUI-64 标准来定义地址的网络 ID 部分，可以合理假定该主机地址在链路上是唯一的。

不管地址是采用何种方式确定的，节点都必须确认其可能地址在本地链路中是唯一的。解决的方法是通过将邻居请求消息发送到可能的地址，如果节点接收到任何响应，就表明该地址已被其他节点使用，需要重新确定地址。

12.2.4.2　IPv6 安装

1. Windows 2000 操作系统

（1）确认 Windows 操作系统的补丁包已经升级到 SP4。

（2）下载补丁包“tcpipv6-sp4.exe”，并双击运行该自解压文件。

（3）依次打开“控制面板”→“网络和拨号连接”，右击“本地连接”，再依次单击“属性”→“安装”→“协议”，选择“MSR IPv6 Protocol”协议，即可成功安装 IPv6 协议栈。

2. Windows XP/Windows Server 2003 操作系统

（1）IPv6 协议栈的安装。单击“开始”→“运行”，输入 CMD，在 CMD 窗口中执行 ipv6 install。

（2）IPv6 地址设置。单击“开始”→“运行”，输入 CMD，在 CMD 窗口中执行 netsh 进入系统网络参数设置环境，然后执行：

```
interface ipv6
```

窗口中显示：

```
netsh interface ipv6>
```

然后再执行：

```
interface ipv6>add address"本地连接"2001:da8:207::9402
```

注意：“本地连接”是指计算机上建立的某个连接的名称。

（3）IPv6 默认网关设置。在上述系统网络参数设置环境中执行：

```
interface ipv6 >add route ::/0 "本地连接" 2001:da8:207::9401 publish=yes
```

（4）设定 IPv6 DNS 地址。在上述系统网络参数设置环境中执行：

```
interface ipv6 > add dns "本地连接" 2001:251:e101:0::2
```

3. Windows 7 操作系统

（1）“开始”→“程序”→“附件”→右键单击“命令提示符”→“以管理员身份运行”。

（2）netsh interface ipv6 isatap set state enabled。

（3）netsh interface ipv6 isatap set router 隧道 IP。

4. Linux 操作系统

（1）安装 IPv6 协议

```
modprobe ipv6
```

（2）IPv6 地址设置

```
ifconfig eth0 inet6 add 2001:da8:207::9402
```

（3）IPv6 默认网关设置

```
route -A inet6 add ::/0 gw 2001:da8:207::9401
```

（4）网络测试命令

```
ping6
```

或

```
traceroute6
```

5. Solaris 操作系统

（1）创建 IPv6 接口

```
touch /etc/hostname6.hme0
```

（2）添加 IPv6 地址

在/etc/inet/ipnodes 文件中，加入如下一行：

```
2001:da8:207::9402 ipv6.bnu.edu.cn bnu-ipv6
```

（3）设置 DNS 查找顺序

在/etc/nsswitch.conf 文件中，修改 hosts 和 ipnodes 项如下：

```
hosts: files dns
ipnodes: files dns
```

（4）添加默认路由

```
route add –inet6 default 2001:da8:207::9401 –interface
```

（5）测试命令

```
ping –A inet6 IPv6  目标地址
traceroute –A inet6 IPv6  目标地址
```

6. IPv6 的 ISATAP 隧道和 6 to 4 隧道测试

（1）ISATAP 隧道点 IP 地址是 isatap.sjtu.edu.cn。

用户设置 ISATAP 隧道的终节点 router 为 isatap.sjtu.edu.cn。

Windows XP/2003 设置如下：

```
C:\Documents and Settings\Administrator>netsh
netsh>int
netsh interface>ipv6
netsh interface>ipv6>install
netsh interface ipv6>isatap
netsh interface ipv6 isatap>set router isatap.sjtu.edu.cn（或是高端路由器的 IP）
```

Windows 7 设置如下：

单击“开始”→“程序”→“附件”→“命令提示符”，选择“以管理员身份运行”。

在新开启的“命令提示符”窗口中执行以下两条命令：

```
netsh interface ipv6 isatap set router isatap.sjtu.edu.cn
netsh interface ipv6 isatap set state enabled
```

（部分 Windows 7 系统的电脑会在本地 LAN 中发出 IPv6 RA，导致相邻用户不走隧道，此时最好在本地网卡上禁用 IPv6 选项。）

Linux 设置如下：

```
ip tunnel add sit1 mode sit remote 202.120.58.150 local a.b.c.d
ifconfig sit1 up
ifconfig sit1 add 2001:da8:8000:d010:0:5efe:a.b.c.d/64
ip route add ::/0 via 2001:da8:8000:d010::1 metric 1
```

注意：上面的 a.b.c.d 请使用真实的 IPv4 地址代替。

配置好并 ipconfig 后应该看到一个 2001:da8:8000:d010 为前缀的 IPv6 地址，hostid 为 5efe:a.b.c.d，其中 a.b.c.d 为真实的 IPv4 地址。

推荐使用 ISATAP 隧道方式接入，不要和下面的另一种 6 to 4 隧道同时使用。

（2）网络中心 6 to 4 隧道点 IP 地址是 202.112.26.246。如果无法使用 ISATAP 方式接入，可以考虑使用这种方式。

用户设置 6 to 4 隧道的终节点 relay 为 202.112.26.246。

Windows XP/2003 设置如下：

```
C:\Documents and Settings\Administrator>netsh
netsh>int
netsh interface>ipv6
netsh interface>ipv6>install
netsh interface ipv6>6to4
netsh interface ipv6 6to4>set relay 202.112.26.246 enable
```

ipconfig 后应该看到一个 2002:xx:xx 为前缀的 IPv6 地址，hostid 亦为 xx:xx，其中 xx.xx 为真实的 IPv4 地址转化成的 IPv6 地址。

自动获得的默认网关是 2002:ca70:1af6::ca70:1af6。

12.3 IPv4 到 IPv6 过渡

随着 3G、NGN 等潜在业务需求的增长，IPv6 的市场前景日趋看好。2003 年，我国启动了基于 IPv6 的“下一代互联网示范网 CNGI 工程”，更使得 IPv6 成了国内业界关注的焦点。

尽管目前我国已经开始了较大规模的 IPv6 网络建设，但 IPv6 业务的发展还将是个漫长的过程，在 IPv6 完全取代 IPv4 之前，两种协议不可避免地有很长一段共存期，IPv4 向 IPv6 的过渡需要相当长的时间才能完成。因此，有必要制定相应的方案保证 IPv4 和 IPv6 的互操作性和平滑过渡。

在这方面，IETF 的 IPv6 过渡工作组已经提出了许多建议方案，并定义了多种 IPv4/IPv6 过渡技术，以实现 IPv4 向 IPv6 的过渡。这些技术各有不同的特点和适用场合。下面我们对主要的过渡技术进行介绍。

1. 双栈技术

双栈是指同时支持 IPv4 协议栈和 IPv6 协议栈。双栈节点同时支持与 IPv4 和 IPv6 节点的通信，当和 IPv4 节点通信时需要采用 IPv4 协议栈，当和 IPv6 节点通信时需要采用 IPv6 协议栈。双栈节点访问业务时支持通过 DNS 解析结果选择通信协议栈。即当域名解析结果返回 IPv4 或 IPv6 地址时，节点可用相应的协议栈与之通信。

双栈方式是一种比较直观的解决 IPv4/IPv6 共存问题的方式，但只有当通信双方数据链路上的所有节点设备（路由器等）都支持双栈技术后，这种方式才能充分发挥其作用。

2. 手工配置隧道

隧道技术是一种利用现有 IPv4 网络传送 IPv6 数据包的方法，通过将 IPv6 数据包封装在 IPv4 数据包中，实现在 IPv4 网络中的数据传送。隧道的起点和终点设备都同时支持 IPv4 和 IPv6 协议的节点，隧道起点将要经过隧道传送的 IPv6 数据包封装在 IPv4 包中发给隧道终点，隧道终点将 IPv4 封装去掉，取出 IPv6 数据包。

在实际实现中，隧道封装时还涉及对 MTU、TTL 等的处理。

隧道技术在设置 IPv4 包头的目的 IP 地址时分为手动和自动两种方式，不同的目的地址设置方式也成为几种隧道技术的重要区别。这里介绍的手工配置隧道技术，是指通过人工方式预先设置隧道终点 IPv4 地址的方式。每条隧道的终点 IPv4 地址都是隧道起点从人工配置信息中获得的。手工配置隧道实现简单，但每条隧道都要人工管理，大量使用时管理难度很大。

3. 兼容地址自动配置隧道

这种技术通过使用 IPv4 兼容地址，使得隧道起点可以从 IPv6 包头中自动获得隧道终点的 IPv4 地址，自动完成隧道的配置。

IPv4 兼容地址是一类专门指定给这种自动配置隧道方式使用的 IPv6 地址，该地址是由 96 位全为 0 的前缀和后 32 位 IPv4 地址组成的。可以看出这种 IPv6 地址可以方便隧道起点设备通过该地址取得内嵌的 IPv4 地址。

当一个连接在 IPv4 网络中的 IPv6 节点想要使用兼容地址自动配置隧道方式与另一个节点进行 IPv6 通信时，只要知道对方节点的 IPv4 兼容地址，就能自动建立与对方节点的隧道，通过隧道实现 IPv6 通信。隧道入口节点从采用兼容地址格式的目的地址中获取后 32 位 IPv4 地址，使用该 IPv4 地址作为隧道终点地址建立隧道。

这种方式虽然比较简单、直观地实现了隧道的自动配置，但这种方式扩展性差，每个主机需要 1 个 IPv4 地址，无法发挥 IPv6 地址空间的优势。

4. 6 to 4 隧道

6 to 4 隧道也支持隧道的自动建立。6 to 4 隧道支持 IPv6 子网通过 IPv4 网络中的隧道相连。6 to 4 方式使用 IANA 指定的专用地址前缀：2002::/16，其地址格式如图 12-3-1 所示。

3 位	13 位	32 位	16 位	64 位
FP 001	TLA 0 0000 0000 0010	IPv4 地址	SLA ID	Interface ID

图 12-3-1　6 to 4 方式地址格式

在 2002::/16 前缀后是 32 位的 IPv4 地址。该地址是隧道端点的 IPv4 地址。地址格式中后 80 位是用户自己分配的，一个 IPv6 子网只要有 1 个公开的 IPv4 地址就可以用其构建自己的 6 to 4 格式地址，80 位的地址空间能满足任何大容量子网的需求。子网中 1 台设备作为 6 to 4 网关与 IPv4 网络相连，使用公开的 IPv4 地址。子网中的 IPv6 用户可以使用 6 to 4 地址通过 6 to 4 网关与其他 6 to 4 子网通信。两个子网的网关之间通过自动建立的 IPv4 隧道连接。使用 6 to 4 地址的用户如果需要与远端的 IPv6 公共网络的用户（使用非 6 to 4 地址）通信，可以通过 IPv6 公共网络中的 6 to 4 中继路由器实现。

6 to 4 技术使用方便，IPv4 地址消耗很少，IPv6 子网可以不申请独立的 IPv6 地址就可以使用 6 to 4 地址通信，具有较好的灵活性。

5. 6 to 4 隧道功能的配置

RTA 与 RTC 为华为 NE40 且为双栈路由器，版本 Version 5.30，Release 0228；通过配置

IPv6 的 6 to 4 隧道，使得两个纯 IPv6 网络（分别用 RTA、RTC 的两个 Loopback 口模拟）通过中间的 IPv4（用 RTB 模拟）网络互通。

（1）配置步骤

1）按照图 12-3-2 所示配置各接口地址。

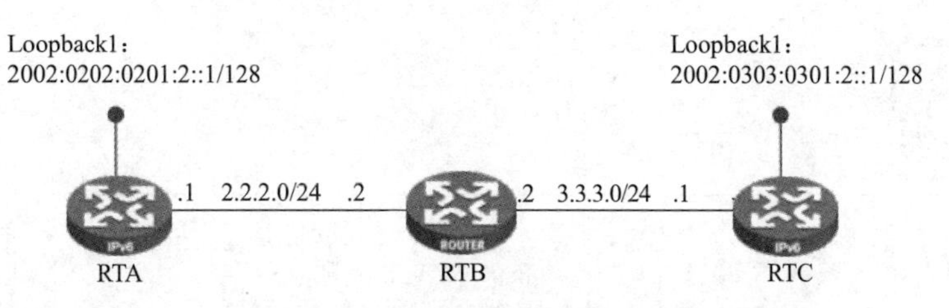

图 12-3-2　6 to 4 隧道配置网络图

2）配置路由协议，确保 RTA 与 RTC 学习到各网段的 IPv4 路由。

3）RTA 配置如下：

```
ipv6
ipv6 route-static 2002::16 Tunnel 1/0/0
int Tunnel 1/0/0
ipv6 address 2002:0202:0201::1/64
tunnel-protocol ipv6-ipv4 6to4
source 2.2.2.1
undo shutdown
```

4）RTC 配置如下：

```
ipv6 route-static 2002::16 Tunnel 1/0/0
ospf 1
area 0
network 3.3.3.0 0.0.0.255
int Tunnel 1/0/0
ipv6 address 2002:0303:0301::1/64
tunnel-protocol ipv6-ipv4 6to4
source 3.3.3.1
undo shutdown
```

（2）配置关键点

- 配置隧道首先要配置路由协议，保证隧道目的地址可达。
- 手工隧道的 IPv4 地址必须是公网地址。
- 两台 NE40 上必须配置缺省路由以触发数据包的封装。
- 对于 tunnel 接口一定要 undo shutdown。

习题十二

简答题

1．IPv6 与 IPv4 相比有何优势？

2．通过手动隧道功能来实现 IPv4 到 IPv6 过渡。

附录 A

中小型校园网组建方案设计

根据 CNNIC 最新调查结果，我国目前的上网总人口已近 4 亿，其中学生用户占了 30%，是最大的用户群。另据华为公司市场部提供的资料，中国大学生群体中的上网普及率是 93%。同时，随着国家信息化工作的深入开展，提高教育系统信息化水平成为当前工作的重点，而校园网建设则是教育系统信息化建设的关键，尤其是高校校园网建设。因此，校园网将成为推进教育信息化的基石，成为联系学校与学生的纽带，建设校园网是教育化的必然趋势。

A.1 校园网的主要功能

1. 信息交流功能

（1）互联网信息服务。教师可以在任何一个办公室的电脑上浏览、查询互联网上的信息，对外进行学术交流，与学生进行师生交流。

学校还可以在互联网上开设对外宣传网站，通过主页展示学校的形象。

（2）校内信息服务。校园网建成后，可以通过网站平台在校园网上发布各类信息，为教育教学和管理决策提供各项信息服务。如各部门发布的部门通告、教师发布的教学信息，在 BBS 上进行的讨论，改进传统的信息交流方式。

2. 教学服务功能

（1）专业园地网页。专业园地网页有各专业教师提供的教育教学资料和教学课件供参考。

（2）多媒体教学资源数据库。教学资源库建设包括各课程的电子教材、电子教案、试题、录像、图片等对教师备课有参考价值的多媒体素材。

（3）远程教学。这种崭新形式的教学活动是通过网络与国内、国际的教学机构联系，相互之间直接通过网络交流信息，具备观摩教学、演示、指导学习等功能。

（4）学生自我学习功能。网络使学生的学习方式发生了很大变化，学生利用网络进行自主学习，已成为一种重要的学习方式，如上网查资料、学知识、通过网络与教师沟通等。这种方式既能让学生在网上自主获取感兴趣的信息，又能最大程度地满足学生对知识的渴望，提高综合素质和终身学习能力。

3. 学校管理功能

校园网使学校建立完善及时的信息发布体系，以此为基础可以实现学校管理信息系统的现代化，学校管理主要涉及教育行政管理、图书馆管理、财务管理、后勤管理等领域，分为教学管理、学生管理、通用服务、互联网络和图书馆管理等分系统，以及教务管理、教师管理、教材管理、设备管理、学籍管理、考绩管理、人事管理、文书管理、综合查询、通用查询、电子邮件、远程登录、图书编目、图书流通、图书检索等管理子系统。

4. 扩展图书馆功能

电子图书馆信息量非常大，信息更新也很及时，如超星图书，可以在校园网中提供在线书目检索服务，教师或学生可在网上实现图书检索、全文浏览等。另外，一些图书馆业务，如借阅情况查阅、预约及续借手续的办理等服务可以通过网络进行，进而实现图书管理信息化。

5. 为校园一卡通提供基础

校园一卡通可以结合学校的统一身份认证、人事、学工等 MIS 和应用系统等建设。通过共同的身份认证机制，实现数据管理的集成与共享，使校园卡成为方便学生学习、生活的工具，使校园网能更加方便地为学生提供学习、生活方面的服务。

A.2 校园网设计原则

1. 开放性

校园网设计应具备开放性，使得网络硬件和软件兼容性更好。网络系统应符合 IEEE 802.3、IEEE 802.3u、IEEE 802.3z 等以太网标准和 IEEE 802.1p、IEEE 802.1q、IEEE 802.1d、IEEE 802.1ad 等网络管理标准，使得校园网的网络系统可以兼容不同种类、层次和品牌的设备，以满足校园网中多种应用的需求。网络通信协议和接口应符合国际标准，网络软硬件设备应支持广泛流行的协议标准，如 TCP/IP、HTTP、SNMP、RMON 等，从而保证与其他系统或异构网络互连，具有良好的开放性和兼容性。

2. 先进性

计算机技术发展日新月异，应用千变万化，在网络设计时应考虑到各种应用和技术的需要，采用相对先进并且在实践中证明是成熟的技术。

目前，在计算机局域网的建设中，主要采用交换以太网技术。因为以太网既是一种十分成熟的技术，又是不断向前发展的技术。目前，千兆以太网正在普及，万兆以太网技术发展得也很快。校园网主干应采用先进且成熟的千兆以太网和链路聚合等技术，提供高带宽，对多媒体能够完美支持，使校园网师生充分享受高速连接的网络。

3. 充分考虑性价比

校园网的一切应用都应根据客户的实际需求而定。学校资金有限，但同时校园网的性能要求又较高，因此校园网的性价比是衡量方案是否成功的重要因素之一。

目前许多网络产品功能设计十分齐全，价格高昂，但如果用在中小型校园网中，实际用到的功能却只是其中一小部分，这对用户来说实际上是很大的浪费，而且相应的网络管理维护也更为复杂。坚持能用、实用、够用为建网的基本原则，选择性价比高的产品构建网络，不但可以做到为用户省钱，同时也使设备的易操作性和易维护性得到了很大的增强。

4. 网络系统要有一定的冗余

适度的冗余可以增强网络的稳定性，这样，局部的故障不至造成网络系统瘫痪。电源冗余、硬盘冗余，在很大程度上可以提高服务器的可用性和数据安全性，而网卡冗余，既可以提供网卡出错冗余，又可提高服务器的网络吞吐能力，解决服务器由于频繁的网络访问而造成的瓶颈问题。

5. 易升级和可扩展能力

网络要能满足用户当前需求以及将来需求的增长、新技术发展等变化，在保护原有的投资同时，用户能够随时随地增加设备、增加网络功能等。随着应用规模的发展，系统能灵活方便地进行硬件或软件系统的扩展和升级。

6. 可靠性与安全机制

网络是校园网信息系统应用所依赖的基础，要求系统连续安全可靠地运行，所以在系统结构设计、网络设备型号选择、供应商技术、维护服务等方面都要严格考察。尽可能利用成熟的技术，使用知名厂商的产品，网络关键部分要有备份措施，对于重要的网络节点应采用先进可靠的容错技术，以保证网络系统的可靠性和安全性。

目前许多校园网对网络安全重视不够，实际上网络安全对于校园网是至关重要的。校园网用户有不同的角色，如老师、学生、行政人员以及校外访问者，他们分别从内部和外部访问校园网，而不同的角色对校园网资源的访问权限是不同的，如教师和学生能够访问的资源通常都会不同。如果受到某些蓄意的破坏和攻击，造成的损失是巨大的，因此安装防火墙和规划合理的 VLAN 来对网络实行隔离是非常重要的，能够从内外两方面提高网络的安全性。

A.3 校园网总体设计

校园网不只是涉及技术方面，而是包括网络设施、应用平台、信息资源、专业应用、人员素质等众多因素组成的综合化、信息化教学环境系统。因此，在总体上如何筹划、组织网络建设和开发应用的设计思想是校园网建设中最重要的问题。

总体设计是校园网建设的总体思路和工程蓝图，是搞好校园网建设的核心任务。进行校园网总体设计，第一，是进行对象研究和需求调查，弄清学校的性质、任务和发展的特点，对学校的信息化环境进行准确的描述，明确系统建设的需求和条件；第二，在应用需求分析的基础上，确定学校 Intranet 服务类型，进而确定系统建设的具体目标，包括网络设施、服务器配置、开发应用和管理等方面的目标；第三，确定网络拓扑结构和功能，根据应用需求、建设目标和学校主要建筑分布特点，进行系统分析和设计；第四，确定技术设计的原则要求，如在技术选型、布线设计、设备选择、软件配置等方面的标准和要求；第五，规划安排校园网建设的实施步骤。

1. 总体结构设计

（1）核心层。核心层的功能主要是实现骨干网络之间的优化传输，负责整个网络的网内数据交换。网络的功能控制最好尽量少在核心层上实施，核心层设计任务的重点通常是保证有冗余能力、可靠性和高速的传输。核心层是流量的最终承受者和汇聚者，所以要求核心交换机拥有较高的可靠性和性能。

校园网内部服务器通过千兆网卡实现和核心交换机的千兆连接，为避免出现网络中最有可能出现的瓶颈，网络中心要有一两台核心交换机，以满足在校园网内高速访问服务器的需求。

在校园网网络建设中，根据实际应用和长远设计，核心交换机使用高性能的模块化交换机，为整个校园网提供高性能的交换功能，在资金许可的情况下，可以采用双机，互为容错备份，两台核心交换机之间相连实现互为热备份，整个主干交换系统不存在单点故障，可以保证网络的高可靠性。

（2）分布层。分布层主要负责连接访问层节点和核心层中心，汇集分散的接入点，扩大核心层设备的端口密度和种类，汇聚各区域数据流量，实现骨干网络之间的优化传输。汇聚交换机还负责本区域内的数据交换，汇聚交换机一般与中心交换机同类型，仍需要较高的性能和比较强的功能，但吞吐量可以较低。

我们选用千兆网管型交换机作为分布层交换机，其高速及多功能的特点，对整个网络的连通起到至关重要的作用。利用其 VLAN 功能可以对校园网内的相应用户进行必要的隔离，也可对某个端口的带宽进行控制，并支持对某些用户实现灵活的计费。

在学校网络中心，通过光纤连接分布层交换机，当一幢大楼的信息点较多时，可向下级联交换机，增加网络节点，实现弹性扩展。

（3）访问层。访问层网络作为二层交换网络，提供工作站等设备的网络接入。在整个网络中访问层接入交换机的数量最多，具有即插即用的特性。对此类交换机的要求，一是价格合理；二是可管理性好，易于使用和维护；三是有足够的吞吐量；四是稳定性好，能够在比较恶劣的环境下稳定地工作。

在访问层，交换机可选择智能型交换机或普通型交换机，用来将分布在各信息点的工作站接入校园网络。

图 A-1 为某高校的校园网拓扑结构。

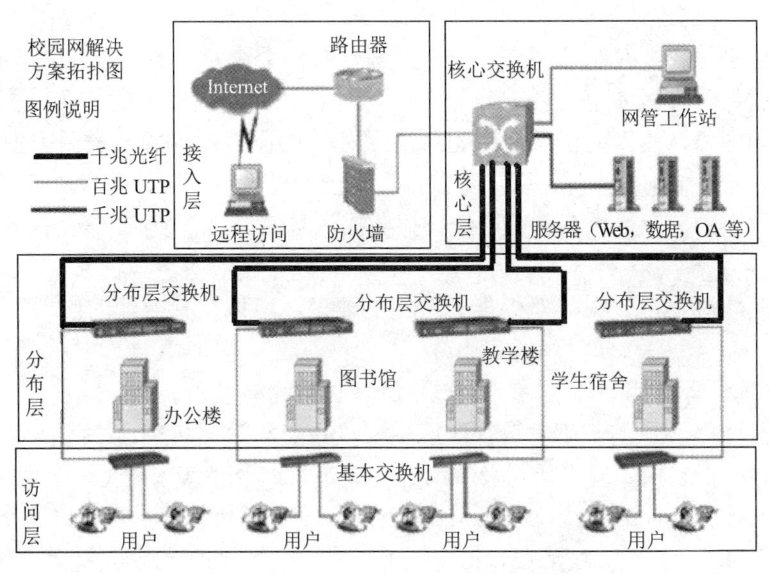

图 A-1　某高校校园网拓扑结构

2. 各功能子网设计

校园网分布层的各子网连接各个专门应用模块，它主要分为：教学子网、资源子网、管理子网、宿舍子网。

（1）教学子网和资源子网的设计。校园网建设的主要目的是服务于教学应用，其中多媒体教学（如多媒体网络教室、多功能教室等）和多媒体辅助教学（如教学资源、教师备课、制作课件、学生学习等）是教学应用的核心。

教学子网和资源子网在应用中主要的数据流是多媒体数据，包括高质量的图像、图形、数据、实时语音和视频流传输等，因此在网络建设时应考虑多媒体信息的特点，如信息量大、传输延迟低、抖动小等，同时要考虑网络的并发信息控制能力等诸多因素，合理设计教学子网的网络架构。

（2）管理子网的设计。管理子网包括教务管理子网、办公子网、图书馆子网、后勤管理子网。

教务管理子网和办公子网是为简化学校传统的教务管理和实现自动化办公而设计的，通过构建基于 Intranet/Internet 模式的网络，实现电子化教务管理环境和无纸化办公环境。

图书馆子网主要功能是通过计算机进行文献检索、电子阅读、图书借还流通等应用。

（3）宿舍子网的设计。为了使学生在宿舍里也能方便自如地上网、学习、交流信息，校园网需要与各宿舍信息点相连，提供各种类型的服务，为学生提供高质量的网络服务。为避免滥用网络带来的危害，需要对宿舍子网进行认证、计费，本方案采用基于 802.1x 的计费管理模式，另外为了防止某一工作站过多地使用网络资源，可通过访问层交换机的带宽限制功能，将端口的带宽限制在一定范围内。

A.4 校园网具体设计

1. 应用服务系统设计

学校的应用系统主要有 Web 系统、文件系统、邮件系统和教务系统，构建这些应用系统，需要从硬件和软件两方面考虑。

对于面向国内外、校内外用户使用的系统，用户使用 WWW 浏览器最方便。在职能管理部门，大多数信息为结构化数据，用户对数据有复杂的操作，应以数据库的管理方式为主，在各办公室之间流通的信息，大多数是非结构化数据，且信息流程复杂，采用 Lotus Notes 的数据组织方式。

根据校园网实际情况，如果对性能有较高的要求，可以选择专业的应用软件，尽管要付可观的费用。

2. 布线系统设计

布线系统是网络实现的基础，选择时应主要以带宽和数据传输速率为衡量标准，同时考虑其发展余地、投资费用、安装质量及二次开发成本。综合布线系统是一个用于语音、数据、影像和其他信息技术的标准结构化布线系统，它由许多部件组成，主要有传输介质、线路管理硬件、连接器、插座、插头、适配器、传输电子线路、电气保护设施等，由这些部件构造各种子系统，包括工作区子系统、水平布线子系统、干线子系统、设备间子系统、管理子系统、建筑群子系统。

综合布线系统建设时应该严格按照国家标准实施，这样可以达到以下目标：结构清晰，便于管理和维护；材料统一先进，适应今后的发展需要；灵活性强，适应各种不同的需求；便于扩展，节约费用，提高了系统的可靠性。

3. 网络设备选择

（1）交换机。交换机的性能对网络的运行影响非常大，在选择交换机时应重点考虑设备的性能和稳定性，而知名品牌厂商的交换机通常性能都不错，知名品牌主要有思科、华为、D-Link 等。

WS-C2960-48T 系列全千兆智能弹性交换机是思科公司为设计和构建高弹性和高智能网络需求而推出的新一代以太网交换机产品，适合于核心层应用。分布层可选用思科公司 WS 系列的 WS-C2960-24T，价格方面更有优势。

（2）路由器。路由器连接内外网，承担校园网与 Internet 之间数据交换的重要任务。路由器知名品牌主要有华为、思科等。

就中小型校园网而言，由于大量的数据都发生在局域网内部，对路由器的性能要求不高，因此，可以选用中低端路由器。低端路由器主要适用于中小网络的应用，选择时考虑的一个主要因素是端口数量，另外还要看包交换能力。中端路由器适用于大中型网络，选用的原则也是考虑端口支持能力和包交换能力。

本方案路由器选用华为 Quidway AR46-40，它属于中端路由器，用于实现中型网络的 Internet 接入。此路由器具有较高的数据转发率，支持 VPN 和防火墙。

4. 服务器

用户可以根据自己的实际情况来选择适合自己的服务器。首先是对性能的要求，服务器软硬件性能要确保稳定，这直接影响到用户数量和承担的服务种类，影响到校园网的运行；其次是考虑性价比，从自身的需求出发，在保证系统稳定的基础上，以能满足服务器的功能需求为目标，不需要追求高档；最后是服务器的扩展性，由于校园网处于不断发展之中，快速增长的应用不断对服务器的性能提出新的要求，为了减少更新服务器带来的额外开销和对教学的影响，服务器应当具有较高的可扩展性，可以及时调整配置来适应校园网的发展。

服务器可采用 PC 服务器或 UNIX 服务器。PC 服务器由于采用了 SCSI 技术、集群技术、智能 I/O 技术等，在处理能力、可靠性、扩展性、管理性四个方面得到充分体现，并且 PC 服务器有更高的性价比，越来越多地受到用户的青睐。

UNIX 服务器主要是以 Sun、Siemens、SGI 公司为代表厂商，硬件性能稳定，并且配以大量应用软件，从软件和硬件两方面保证校园网能够提供高质量的服务。

服务器系统软件和应用软件是整个网络的运行基础，它的选择直接影响网络的使用效率。系统软件主要有 UNIX、Linux、Windows Server。

本方案中选用 PC 服务器，系统软件选用 Linux。

5. IP 地址规划与分配

校园网内部需要使用私有地址，私有地址需要进行规划，以分配给不同部门，可以在 A 类地址：10.0.0.1～10.255.255.254、B 类地址：172.16.0.1～172.31.255.254 和 C 类地址：192.168.0.1～192.168.255.254 中选择。

使用 Windows Server 2008 的 DHCP 服务为网络中的计算机分配 IP 地址及 TCP/IP 设置，可以解决因采用人为设置 IP 地址而造成的劳动量大且易出错的问题。安装 DHCP 服务之前，需要先为服务器设置一个静态 IP 地址，并升级为 Active Directory 域控制服务器，最后通过 Windows 组件向导或配置您的服务器向导来安装 DHCP 服务。

6. 虚拟网 VLAN 的设计

校园网的虚拟局域网的设计可以有效地隔离用户，增强网络中敏感数据的安全性。

WS-C2960-48T 提供划分 VLAN（虚拟局域网）的功能，使网络管理员可以根据需要将用户划分为几个不同的组。这样既便于管理，又可以提高安全性。虚拟局域网不受设备物理位置的限制，灵活性较大。

Cisco 交换机的 VLAN 实现通常以端口为中心，节点相连的端口确定该节点所属的 VLAN。将端口分配给 VLAN 的方式有两种，分别是静态的和动态的，形成静态 VLAN 的过程是将端口强制性地分配给 VLAN 的过程。即我们先在 VTP（VLAN Trunking Protocol）Server 上建立 VLAN，然后将每个端口分配给相应的 VLAN 的过程。这是我们创建 VLAN 最常用的方法。

7. VPN

校园网中很多内网服务功能需要能够通过 Internet 访问，如电子图书资源服务器，教师不但可以在校园内部访问，而且应该可以通过 Internet 在家中进行访问。虚拟专用网（VPN）能够在互联网的基础上通过创建私有网络来提供信息传输的机密性和安全性保障，避免非法用户访问。合理地架构校园网 VPN 服务，既方便使用，又能保证安全。

8. 无线网络设计

无线局域网可以解决随着个人数据通信的发展，校园网内用户能够在任何时间、任何地点均能实现数据通信的问题，无线局域网 WLAN 技术不仅是对校园网传统布线方式的有效补充，更是未来网络应用发展的趋势。我们采用集中控制模式组建无线局域网，便于集中管理、控制。

附录 B

局域网实验环境建设

B.1 使用虚拟机软件

采用分组实验，每组至少一台服务器（安装 Windows Server 2008），如用辅助域控制器，则需两台服务器、两台以上工作站、一个 Hub 或交换机。

VMware 是一种虚拟机软件，虚拟机就是利用软件技术，在电脑（母机）中虚拟出另一台电脑（子机），而在子机中，可以随意进行任何操作，并且都不会影响到母机系统。它既可以在软件开发过程中，进行软件对操作系统的适应能力的测试，也可以模拟网络环境，进行网络试验。利用它进行网络课程教学，将使网络课程教学的演示操作方便可行，极大地提高网络操作系统的教学效果，另外，它使得我们可以在一台计算机上模拟出网络环境，这对于可能只有一台计算机的学生在课余时间进行网络课程实验很有帮助。需要注意的是，虚拟机软件对系统的要求很高，在内存方面，至少要有 256MB，而对于 CPU，最好能有 600MHz 以上的主频。

VMware 可以从 www.vmware.com 上去下载，下面简单介绍一下虚拟机的安装方法。

运行 VMware 后，在如图 B-1 所示窗口中单击 New Virtual Machine 图标，即进入虚拟机的安装阶段。

按下来，我们需要选择在虚拟机上安装何种操作系统，输入虚拟机的名称和选择虚拟机在母机上的存放位置等信息，然后出现如图 B-2 所示对话框，选择 Typical 安装模式，此种模式对于初次使用者比较适合。

接下来出现选择网络工作模式对话框，我们一般选择桥接方式（Use bridged networking），此种方式不需要复杂的网络配置即可完成常规的网络设置。

按下来定义虚拟机的硬盘，出现如图 B-3 所示对话框。我们需要指定虚拟机的硬盘大小，虚拟机的硬盘实质上是个镜像，在母机上实际上是一个文件，因此，在选择虚拟机在母机上的存放位置时，需要考虑母机上的硬盘分区大小，应该选择一个较大的硬盘分区，否则，此时选择的 Disk size 如果超过虚拟机硬盘镜像文件所在分区的剩余空间，则会出现错误。我们选择 Disk size 项为 1.5GB。

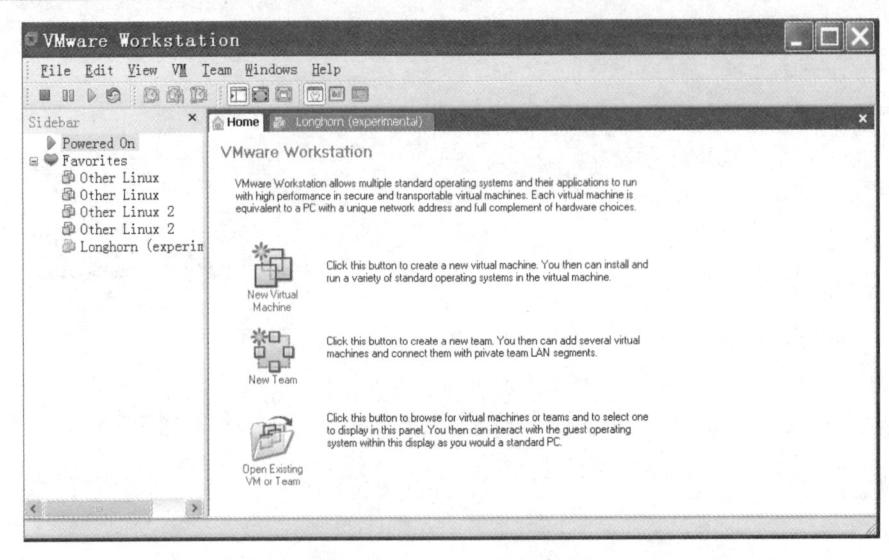

图 B-1　VMware 运行窗口

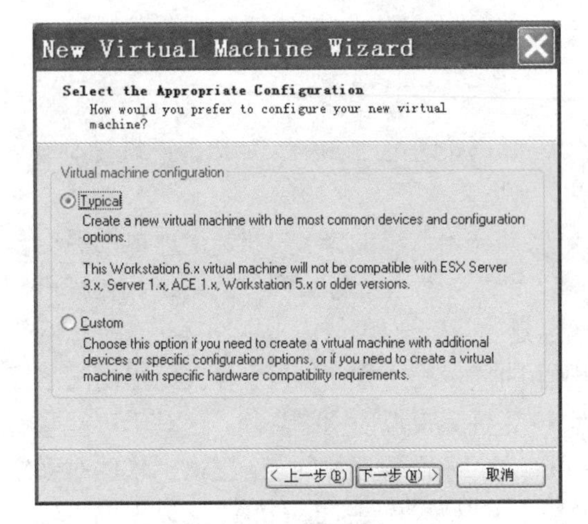

图 B-2　选择 VMware 安装方式

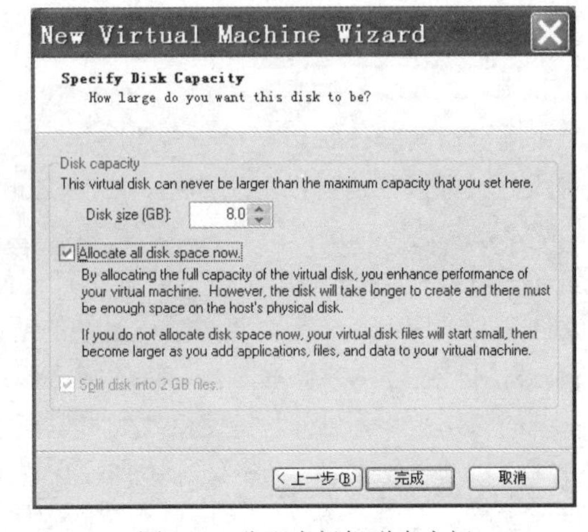

图 B-3　分配虚拟机磁盘空间

在安装虚拟机操作系统之前，可以对虚拟机的参数进行设置，如内存大小、光驱类型等。也可以将光驱连接到硬盘上的 ISO 类型的文件（利用 WINISO 软件生成），来提高安装速度，如图 B-4 所示。

至此，虚拟机硬件配置完毕，虚拟机会重新启动，出现虚拟机自检画面，可以按 F2 键进行虚拟机 CMOS 相关参数设置。然后，就可以像安装系统一样来安装虚拟机操作系统了。

最后，为了提高虚拟机的显示效果和鼠标性能，应该安装 VMware 自带的工具，在虚拟机运行的情况下，单击 VM 菜单中的 Install VMware Tools 菜单项，进行 VMware 自带工具的安装，如图 B-5 所示。

重要提示：从母机系统到虚拟机系统之间切换用 Ctrl+Alt+Enter 组合键，返回母机系统用 Ctrl+Alt 组合键。为避免混淆，虚拟机登录时用 Ctrl+Alt+Insert 组合键代替 Ctrl+Alt+Del 组合键。

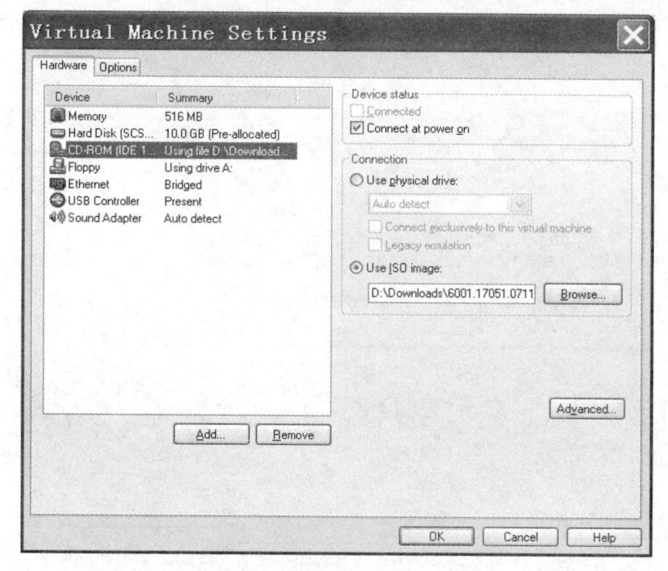

图 B-4　配置虚拟机光驱选项

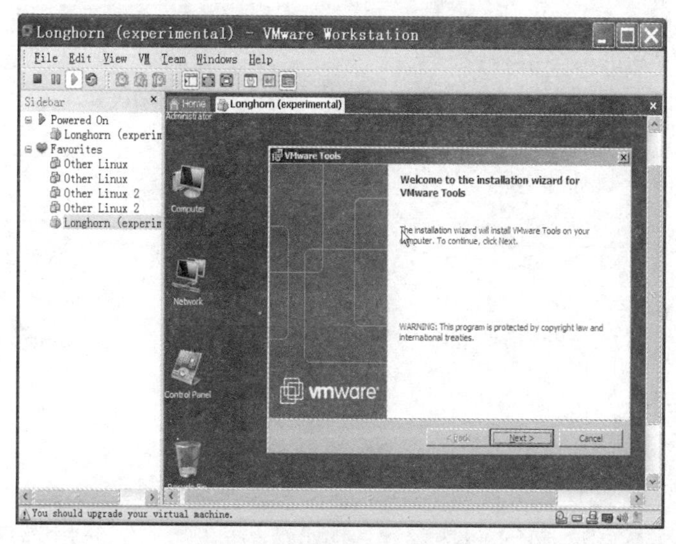

图 B-5　虚拟机自带工具安装

利用 Windows Server 2008 提供的远程桌面连接功能还可以进行远程控制，这个功能对网络教学也有一定的帮助，教师可以通过呼叫，连接到设置了远程桌面共享的学生机上，对学生机上的设置进行查看和指导。当然，远程桌面共享功能不仅仅用于局域网中，我们甚至可以通过 Internet 来进行技术支持服务。

B.2　使用模拟器

所谓模拟器，就是使用软件来模拟出一种虚拟的实验环境，其中包含了实验所需要的路由器、交换机、各种连接方式，单击进入相关的设备即可进行操作。目前针对思科、华为等知名厂商的设备均有相应的模拟器。

附录 C

Windows Server 2008 中常见命令

在 Windows Server 2008 的网络环境下，出现网络故障时，我们通常要通过命令来进行故障检查，下面就介绍几个常见的命令。

1．CMD

说明：打开一个新的命令解释器。

执行方法是单击“开始”→“运行”，在命令行中输入“CMD”。

2．hostname

说明：显示当前计算机的名称。

语法：

```
hostname
```

3．ipconfig

说明：显示或设置所有的 TCP/IP 配置值，如本机 IP 地址、默认网关、子网掩码、DNS 服务器等。

语法：

```
ipconfig [/all | /renew | /release | /flushdns]
```

其中：/all，完整显示 TCP/IP 配置值；/release，释放 DHCP 配置参数；/renew，重建 DHCP 配置参数；/flushdns，清除本机的 DNS 缓存，通常在本机更新了所选用的 DNS 服务器地址时使用，以便使新的 DNS 服务器地址生效。

4．nbtstat

说明：显示协议统计和当前使用的 NBT 的 TCP/IP 连接，用此命令可以查看指定计算机的 MAC 地址。

语法：

```
nbtstat [-a 计算机名] [ -A 计算机的 IP 地址]
```

例如，命令：

```
nbtstat -A 192.168.0.1
```

显示局域网内远端 IP 地址为 192.168.0.1 的计算机的网络信息，如 MAC 地址。

5．net

说明：这条命令允许用户通过命令提示符对网络、用户、组和服务的很多方面进行监控、启动、停止和更改。如可以在网络中发送消息、查看本机的共享资源的详细资料。

（1）net send：向用户或计算机发送消息。

语法：

```
net send <计算机名/用户名> 消息内容
```

（2）net share：创建/删除/显示共享。

语法：

```
net share [共享名/d] /[共享名=共享文件夹路径]
```

例如，命令：

```
net share mysharefile=d:\file
```

共享本机目录为 d:\file，共享名为 mysharefile。

（3）net user：创建用户。

语法：

```
net user username <password> /add
```

例如，命令：

```
net user teacher admin /add
```

创建用户 teacher，用户密码为 admin。

（4）net user：删除用户。

语法：

```
net user username /delete
```

（5）net localgroup：创建组。

语法：

```
net localgroup groupname /add
```

6．ping

说明：检验 TCP/IP 连接和显示连接统计。用此命令可以检测与目标计算机的 TCP/IP 的连通性，也可以在知道目标计算机的名称或域名的情况下，来查看其 IP 地址。

语法：

```
ping [-t ] [-a] 目标计算机名或 IP 地址
```

其中：-t，Ping 直到中断；-a，解析地址到计算机名。

7．tracert

说明：通过 TCP/IP 跟踪目的地的路由。

语法：

```
tracert [-d] 目标计算机名
```

其中，-d，不解析地址到计算机名。

8．convert

说明：转换目标磁盘的文件系统格式。

语法：

```
convert 目标盘符/FS:NTFS
```

附录D
安装与配置 Apache 服务器

Apache 是一款功能强大的 Web 服务器软件，它具有很好的跨平台性，是目前市场占有率最高的 Web 服务器软件。Apache 官方下载软件包为 apache_2.0.55-win32-x86-no_ssl.msi。下面介绍 Apache 的安装与配置。

1. 安装 Apache

运行下载好的“apache_2.0.55-win32-x86-no_ssl.msi”，在出现的对话框中单击 Next 按钮，在“许可协议”对话框中选择“同意”，单击 Next 按钮后，在图 D-1 中输入相关内容。

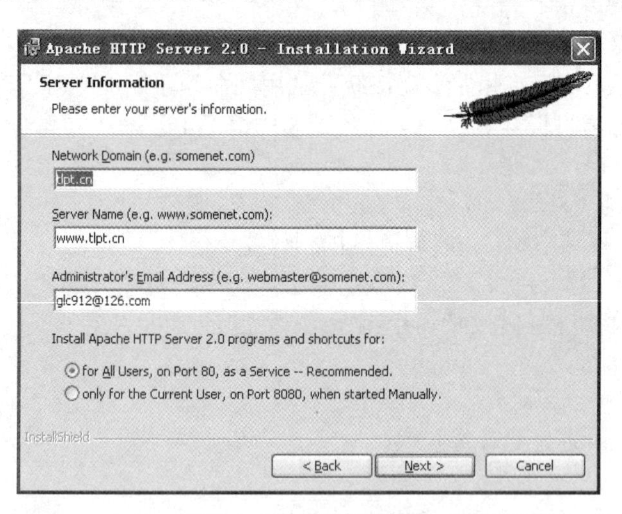

图 D-1　输入服务器信息

设置系统信息，在 Network Domain 文本框中填入域名（比如：tlpt.cn），在 Server Name 文本框中填入服务器名称（比如：www.tlpt.cn，也就是主机名加上域名），在 Administrator's E-mail Address 文本框中填入系统管理员的联系电子邮件地址（比如：glc912@126.com），其中电子邮件地址会在系统故障时提供给访问者，三条信息均可任意填写（无效的也行）。

下面有两个单选按钮，上面一个表示为系统所有用户安装，使用默认的 80 端口，并作为系统服务自动启动；下面一个表示仅为当前用户安装，使用端口 8080，手动启动。一般选择如图 D-1 所示，单击 Next 按钮继续。

接下来，均采用默认安装，最后完成安装操作。

特别注意：如果我们在图 4-1 中选择的是使用默认的 80 端口，那么系统中的 80 端口就不能被占用，也就是说，在安装 Apache 前，Windows 中不能启动其他 Web 服务器软件，如微软的 IIS，否则 Apache 无法安装成功。

安装向导成功完成，这时桌面右下角状态栏出现如图 D-2 所示的绿色图标，表示 Apache 服务已经开始运行，单击 Finish 按钮结束 Apache 的软件安装。

在图 D-3 所示图标上单击左键，出现“Start（启动）”“Stop（停止）”、“Restart（重启动）”三个选项，可以很方便地对安装的 Apache 服务器进行上述操作，或者双击此图标，启动如图 D-4 所示的对话框，也可以在此对话框中 Start（启动）、Stop（停止）、Restart（重启动）Web 服务器。

图 D-2　状态栏图标

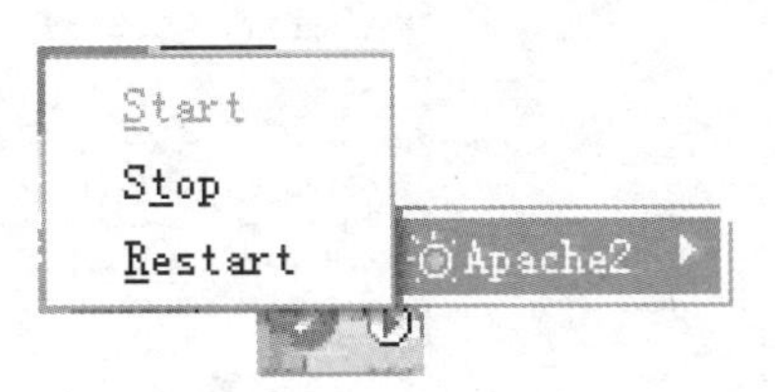

图 D-3　状态栏操作菜单

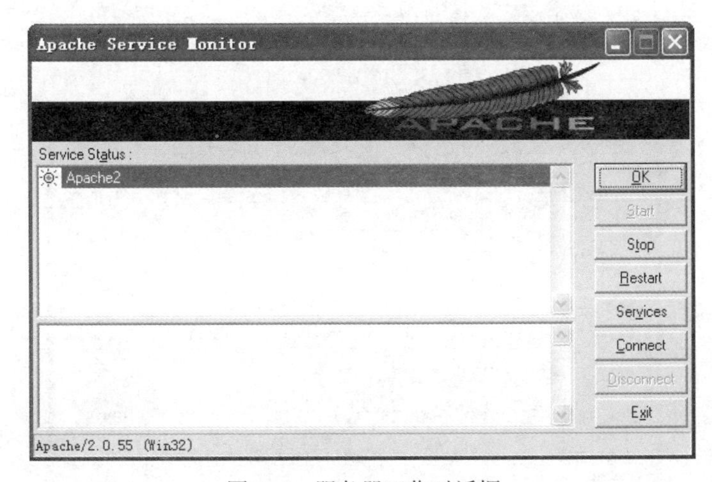

图 D-4　服务器工作对话框

2. 配置 Apache

我们可以采用 Apache 的默认配置，如果不配置，安装目录下的 Apache2\htdocs 文件夹就是网站的默认根目录，将网站的文件复制到此文件夹中即可。下面简单介绍配置 Apache 服务器。

单击“开始”→“程序”→“Apache HTTP Server 2.0.55”→“Configure Apache Server”→“Edit the Apache httpd conf Configuration File”，在记事本中打开 httpd.conf 文件，此文件为网站的配置文件。

（1）配置站点主目录。查找关键字“DocumentRoot”（也就是网站根目录），找到如图

D-5 所示地方，然后将双引号内的地址改成我们的网站根目录，如 E:/web，地址格式请照图上的书写。注意，一般文件地址的“\”在 Apache 里要改成“/”。

（2）配置网站默认文档。查找关键字 DirectoryIndex（目录索引，也就是在仅指定目录的情况下，访问网站时默认显示的文件的文件名），可以添加很多，系统会根据从左至右的顺序来优先显示，以单个半角空格隔开，比如有些网站的首页是 index.aspx，就在光标那里加上“index. aspx”，如图 D-6 所示。文件名是任意的，不一定非得是“index.html”，比如“test.php”等都可以。

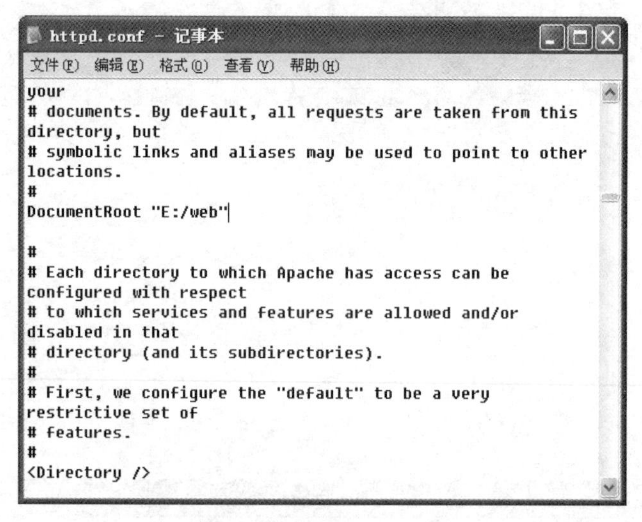

图 D-5　修改站点主目录

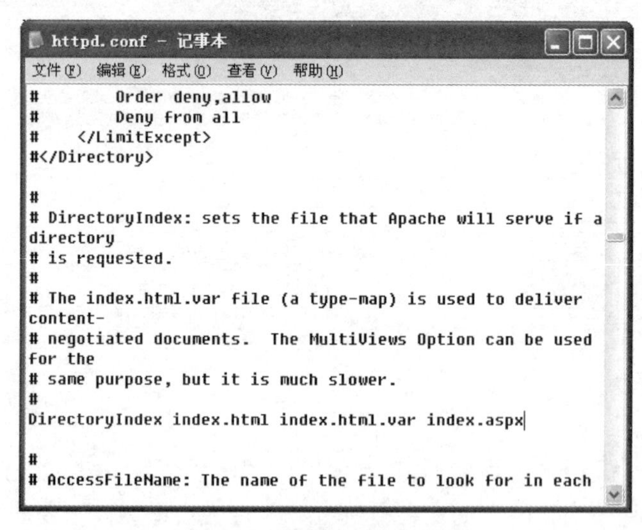

图 D-6　修改站点默认文档

至此，简单的 Apache 配置就结束了。特别需要注意的是，配置文件改变后，必须在 Apache 服务器重启动后才能生效，我们可以用前面讲的使用“Restart”方法（见图 D-3）方便地控制服务器重启动，使得设置生效。

附录 E
SOHO 网络组建教学设计

项目名称：SOHO 网络的组建

学习任务：由教师提示，设计方案，组建符合一定功能需要的 SOHO 网络，如家庭网络、小型办公网络，使之能满足实际需求。

教学目标：

（1）使学生初步具备选购网络设备、安装网络设备、双绞线制作能力。

（2）使学生初步具备网络资源共享使用能力。

（3）使学生掌握 Internet 接入方法。

（4）使学生初步具备网络组建方案的设计能力。

（5）培养学生沟通交流能力和评议表达能力。

学生已有基础：计算机应用基础。

工具：网线、压线钳、水晶头、网卡、ADSL、交换机、路由器、PC 机、操作系统软件、打印机。

教学方法：项目教学法、任务驱动法、演示法、讨论法。

项目教学过程

一、课题引入

SOHO 网络是指小型办公网络或家庭网络，应用范围很广，我们完成的工作是组建一个 SOHO 网络，具体要求是：根据 SOHO 网络（办公网络）客户提出的共享和上网等功能及经济方面的需求，来制定组建方案，确定网络设备、相关硬件设备及软件；确定计划后实施计划，安装网络设备，安装系统软件，共享网络资源，配置 Internet 拨号接入。计划完成后，进行评估。

二、明确任务

经过与用户交流（可由教师扮演用户角色），确定组建小型办公网络，具体要求：

（1）组建 SOHO 网络，计算机之间能够互相访问。

（2）共享文件夹和打印机。

（3）能够接入到 Internet。

（4）设备数量要求。

- 网络中计算机数量为三台。
- 打印机一台。

其他设备综合考虑功能需求和经济性方面的要求。

三、制定方案

制定方案之前，我们需要了解一些知识，如网络的概念、分类、网线及跳线制作、网络设备及安装、网络操作系统及安装、文件共享、打印机共享、ADSL 接入 Internet 配置等。

（内容略）

四、参考方案

1. 实际应用价值

网络已深入到人们的生活、工作中，人们已经离不开网络，家庭、办公室上网已是很平常的事，组建 SOHO 网络会经常遇到。

2. SOHO 网络的设计原则

（1）实用性：SOHO 网络需要具备良好的网络性能，以满足工作和生活的全方位需要。

（2）经济性：由于 SOHO 网络功能较为单一，实效性和经济性就显得尤为重要，注重性价比是搭建 SOHO 网络的重要原则。

（3）可扩展性：SOHO 网络必须满足用户网络根据实际需要方便地对网络实现扩展，而不必增加另外的网络设备。

3. 功能需求分析

SOHO 网络的主要功能：

（1）局域网资源共享功能。通过将 SOHO 家庭中的所有计算机连接起来，使得所有的资源在局域网内部实现文件、打印等共享。

（2）共享上网功能。所有计算机都能共享一条线路，实现对 Internet 的访问，并能实现享受 Internet 提供的各种服务。

（3）灵活的无线接入功能。SOHO 网络能根据用户的需要灵活地接入 WLAN 设备，为用户省去了在家庭中布线的麻烦，同时使用户在家庭任何角落都能自由实现对局域网和 Internet 的访问。

（4）打印共享。

4. 网络结构设计

画出网络拓扑结构图，描述设计依据。

5. 设备选择

列出所选设备的型号与数量。

6. 实施步骤

（1）购买设备（教学过程可由学生选择设备）。

（2）水晶头与双绞线连接。

（3）网线与网卡、ADSL（或交换机）连接。

（4）安装操作系统，并配置网卡信息。

（5）设置文件共享。

（6）设置打印机共享。

（7）配置拨号接入。

7. 检查

在实施过程中、实施完成后进行检查。

五、确定方案

根据用户的功能需求和经济方面的要求，选择组建方案。

六、实施方案

以 3～5 人为小组，按照选定方案组织实施。

七、检查控制

（1）以小组为单位对本小组网络进行测试，从连通性、功能需求等方面进行检查，确定能满足方案的设计要求。

（2）对各小组进行检查，对方案设计及实施情况进行评价，填写表 E-1，选出最佳方案，并进行总结。

表 E-1 评价反馈表

组别		功能实现（40 分）	经济性（15 分）	设备性能可靠性（10 分）	技术规范（15 分）	总体评价（20 分）	总分
1	得分						
	理由						
2	得分						
	理由						
3	得分						
	理由						

评分标准说明：

（1）功能实现（40 分）。

- 双机互访。
- 共享访问。
- 共享打印。
- 拨号接入 Internet。
- 无线网络设备。

每少一项扣 8 分。

（2）经济性（15 分）。从 12 分开始，工程造价每超过预算 10%扣 2 分，扣满 8 分不再扣分。每少于预算 10%加 1 分，加满 3 分不再加分。

（3）设备性能可靠性（10 分）。

（4）技术规范（10 分）。跳线制作、设备连接等规范。

（5）总体评价（20 分）。包括方案的合理性及实施过程评价。

八、评估反馈阶段

（1）展示教师填写的评价表（表 E-1），并进行点评。

（2）教学小结。

我们完成了 SOHO 网络组建这个工作任务，在这个过程中，学习了计算机网络的概念、网络拓扑结构、网线、网络设备、共享的概念，并学会了网线与水晶头的连接、网络设备安装、操作系统安装与配置、共享设置等，同学们的方案制定能力和实践能力得到提高。

九、拓展任务

对不同的 Internet 接入方式的带宽进行分析，并配置无线网络设备。

附录 F

利用 H3C 模拟器完成交换机基本实验

H3C LITO 1.4.4 是一款功能强大的 H3C 模拟器，可以完成交换机与路由器的绝大部分实验。下面介绍如何利用它来完成交换机的本地登录、IP 地址修改等基本操作，并用它模拟一个最简单的网络，实验拓扑如图 F-1 所示，PC1 与 PC2 接到 SW1 的以太网端口 E0/4/0 和 E0/4/1。

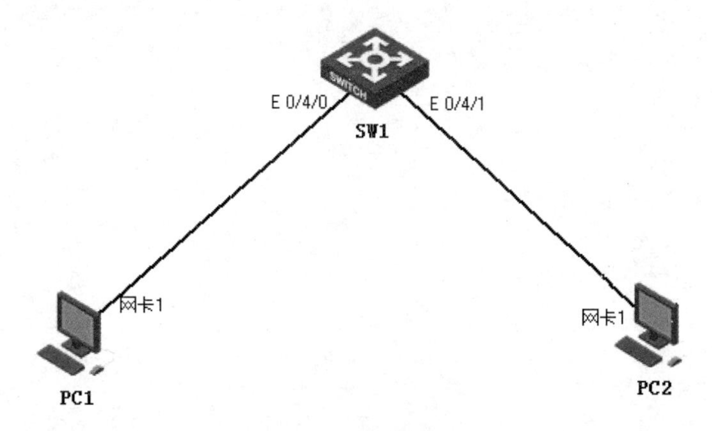

图 F-1　实验拓扑图

1. 本地登录交换机

在图 F-1 中，首先右击 SW1，选择“开启设备”，此时设备旁边出现绿色的圆点，等待一段时间（可以右击 SW1，选择“显示”，直到看到设备启动完成即可），然后双击 SW1，弹出 Secure CRT 软件的交换机连接的配置窗口（前提是：Secure CRT 软件中的“选项”→“全局选项”对话框中的配置文件夹设置为“盘符:\LITO 模拟器\SecureCRT”，也就是 LITO 软件的安装路径，此处如图 F-2 所示），接着按 Enter 键进入交换机 SW1 的用户视图的配置状态。

2. 交换机 SW1 设置

双击图 F-1 中的 SW1 图标，在出现的 Secure CRT 的窗口中按 Enter 键，进入交换机配置状态，在此状态或本地登录状态下进行以下操作。

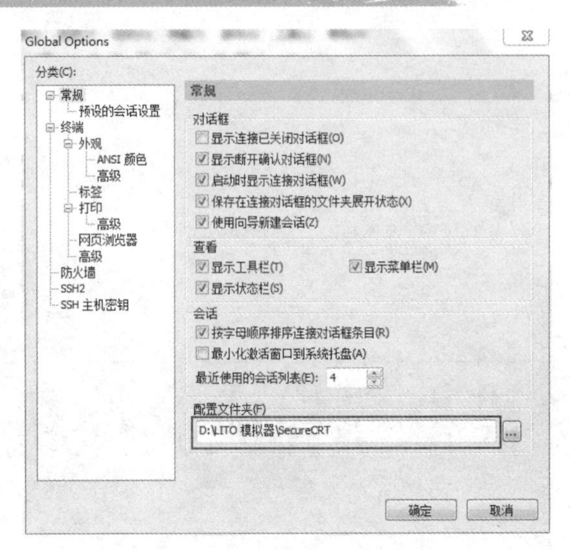

图 F-2　Secure CRT“全局选项”配置窗口

（1）进入系统视图

```
<SW1>system-view
[SW1]                    '命令提示符发生变化
```

（2）设置交换机名称

```
[SW1]sysname h3c
[h3c]                    '命令提示符发生变化
```

（3）退出系统视图

```
[SW1]quit
<SW1>
```

也可以按 Ctrl+Z 键直接回到用户视图。

（4）撤销命令 undo

例如：撤销上述交换机名称的配置

```
[h3c]undo sysname
[SW1]
```

（5）设置交换机 IP 地址

```
[sw1]interface vlan 1
[sw1-Vlan-interface1]ip address 192.168.1.10 255.255.255.0
[sw1-Vlan-interface1]quit
```

测试 1：

```
[sw1]ping 192.168.1.10
  PING 192.168.1.10: 56    data bytes, press CTRL_C to break
    Reply from 192.168.1.10: bytes=56 Sequence=1 ttl=255 time=39 ms
    Reply from 192.168.1.10: bytes=56 Sequence=2 ttl=255 time=10 ms
    Reply from 192.168.1.10: bytes=56 Sequence=3 ttl=255 time=10 ms
    Reply from 192.168.1.10: bytes=56 Sequence=4 ttl=255 time=1 ms
    Reply from 192.168.1.10: bytes=56 Sequence=5 ttl=255 time=5 ms
  --- 192.168.1.10 ping statistics ---
    5 packet(s) transmitted
    5 packet(s) received
    0.00% packet loss
```

```
round-trip min/avg/max = 1/13/39 ms
```

表示 Ping 交换机 SW1（即自己）成功。

3．计算机 PC1 和 PC2 的配置

如图 F-1 所示，双击 PC1，在图 F-3 中输入数字 1，表示 PC1，然后输入 ip 192.168.1.5 255.255.255.0；接着输入 2，表示 PC2，然后输入 ip 192.168.1.6 255.255.255.0。

```
D:\LITO模~1\vpcs\vpcs.exe
cygwin warning:
  MS-DOS style path detected: D:\LITO\xE6\xA8\xA1~1\vpcs\lito.liu
  Preferred POSIX equivalent is: /vpcs/lito.liu
  CYGWIN environment variable option "nodosfilewarning" turns off this warning.
  Consult the user's guide for more details about POSIX paths:
    http://cygwin.com/cygwin-ug-net/using.html#using-pathnames

Executing the startup file




VPCS[2]> 1
VPCS[1]> ip 192.168.1.5 255.255.255.0
Checking for duplicate address...
PC1 : 192.168.1.5 255.255.255.0

VPCS[1]> 2
VPCS[2]> ip 192.168.1.6 255.255.255.0
Checking for duplicate address...
PC2 : 192.168.1.6 255.255.255.0

VPCS[2]>
        半:
```

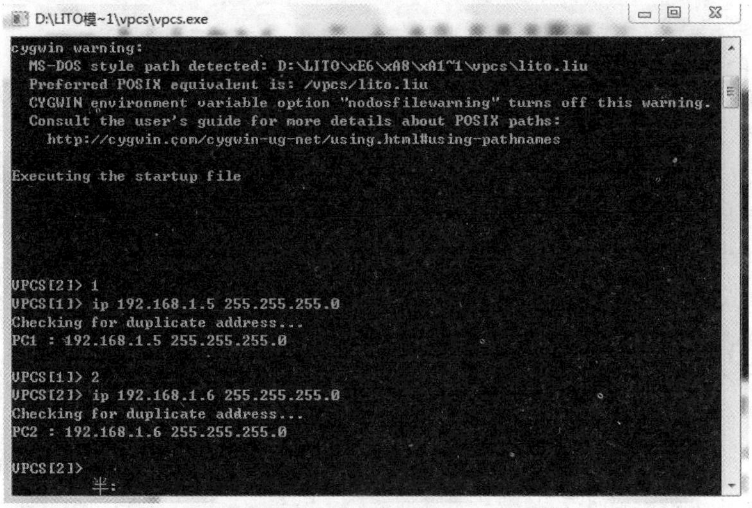

图 F-3　设置模拟 PC 的 IP 地址

测试 2：在图 F-3 中输入“ping 192.168.1.10”，结果如图 F-4 所示，表示 PC1 Ping 交换机 SW1 成功。

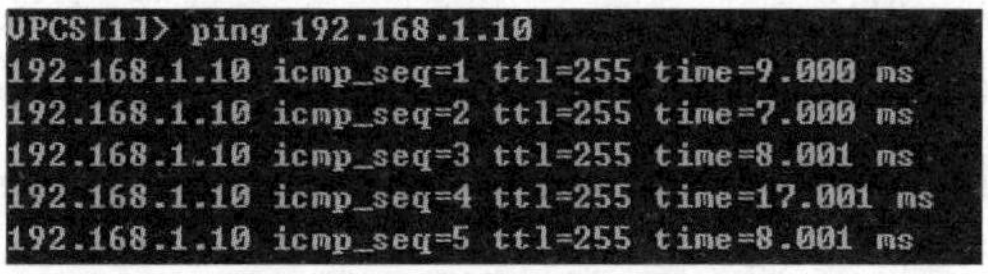

```
VPCS[1]> ping 192.168.1.10
192.168.1.10 icmp_seq=1 ttl=255 time=9.000 ms
192.168.1.10 icmp_seq=2 ttl=255 time=7.000 ms
192.168.1.10 icmp_seq=3 ttl=255 time=8.001 ms
192.168.1.10 icmp_seq=4 ttl=255 time=17.001 ms
192.168.1.10 icmp_seq=5 ttl=255 time=8.001 ms
```

图 F-4　Ping 交换机成功

测试 3：在图 F-3 中输入“ping 192.168.1.6”，结果如图 F-5 所示，表示连接在交换机 SW1 上的两台计算机 PC1 与 PC2 能互相 Ping 通。

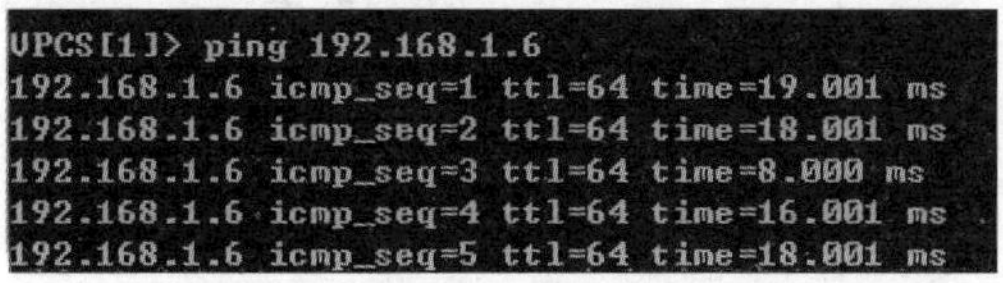

```
VPCS[1]> ping 192.168.1.6
192.168.1.6 icmp_seq=1 ttl=64 time=19.001 ms
192.168.1.6 icmp_seq=2 ttl=64 time=18.001 ms
192.168.1.6 icmp_seq=3 ttl=64 time=8.000 ms
192.168.1.6 icmp_seq=4 ttl=64 time=16.001 ms
192.168.1.6 icmp_seq=5 ttl=64 time=18.001 ms
```

图 F-5　两台计算机能互相 Ping 通

参考文献

[1] 王春梅，张晓莉，田浩．VPN 网络组建案例实录．北京：科学出版社，2008．
[2] 金汉均，仲红，汪双顶．VPN 虚拟专用网安全实践教程．北京：清华大学出版社，2010．
[3] [美]Todd Lammle 著．CCNA 学习指南．程代伟，徐宏，池亚平等译．第 6 版．北京：电子工业出版社，2008：640-802．
[4] 崔北亮．CCNA 学习与实验指南．北京：电子工业出版社．2010．
[5] 梁广民，王隆杰．思科网络实验室路由、交换实验指南．北京：电子工业出版社，2007．
[6] 吴怡．计算机网络配置、管理与应用．北京：高等教育出版社，2009．
[7] 刘晓辉．网络服务搭建、配置与管理大全．北京：电子工业出版社，2009．
[8] 段水福，历晓华，段炼．无线局域网（WLAN）设计与实践．杭州：浙江大学出版社，2007．
[9] 徐其兴．计算机组网技术与配置．北京：高等教育出版社，2007．
[10] 石淑华，池瑞楠．计算机网络安全技术．北京：人民邮电出版社，2008．
[11] 程良伦．网络工程概论．北京：机械工业出版社，2007．
[12] 刘晶璘．计算机网络概论．北京：高等教育出版社，2008．
[13] 杨阳．Windows Server 2003 入门与进阶．北京：海洋出版社，2006．
[14] 张公忠．现代网络技术教程．北京：清华大学出版社，2007．
[15] [美]Ciprian Popoviciv 等著．部署 IPv6 网络．王玲芳，张武，赵志强等译．北京：人民邮电出版社，2007．
[16] 杭州华三通信技术有限公司．路由交换技术．北京：清华大学出版社，2011．
[17] 天极网，http://www.yesky.com．
[18] http://www.ieee.org．